普通高等教育应用型系列教材·电子信息类
浙江省普通高校“十三五”新形态教材

传感器技术及工程应用

主　编　蔡卫明　李林功
副主编　应蓓华　郭希山　褚新建

科学出版社
北　京

内 容 简 介

本书以工程教育专业认证为导向、以工程应用为目标、以虚拟仿真为手段、以工程实例为载体，介绍传感器的工作原理、性能特点、应用方法等内容。全书按照传感器的工程应用形态，将传感器分为温敏、力敏、光敏、磁敏、气敏、湿敏、声敏、生化、智能等几类。每一类传感器都有具体的应用实例，全部例题都用 Proteus 仿真实现，既展示了传感器应用系统的设计、开发方法，又体现了传感器的技术性和应用性特点。每章设有精简、实用、开放的习题，习题也可作为实验教学内容，体现理论联系实际，“学中做、做中学”的工程教育理念。

本书可作为高等学校电子信息工程、通信工程、物联网工程、电气工程、自动化、计算机应用、机械工程、机电一体化、智慧农业等专业的“传感器技术及应用”及相关课程的教学用书，也可作为工程技术人员、传感器爱好者的技术参考书。

图书在版编目（CIP）数据

传感器技术及工程应用/蔡卫明，李林功主编. —北京：科学出版社，2021.11
（普通高等教育应用型系列教材 • 电子信息类　浙江省普通高校“十三五”新形态教材）

ISBN 978-7-03-070136-7

Ⅰ.①传…　Ⅱ.①蔡…　②李…　Ⅲ.①传感器　Ⅳ. ①TP212

中国版本图书馆 CIP 数据核字（2021）第 214067 号

责任编辑：孙露露　王会明 / 责任校对：王万红
责任印制：吕春珉 / 封面设计：东方人华平面设计部

科学出版社 出版
北京东黄城根北街 16 号
邮政编码：100717
http://www.sciencep.com

北京九州迅驰传媒文化有限公司 印刷
科学出版社发行　各地新华书店经销

*

2021 年 11 月第 一 版　开本：787×1092　1/16
2023 年 8 月第二次印刷　印张：17 1/4
字数：406 000

定价：52.00 元

（如有印装质量问题，我社负责调换<九州迅驰>）
销售部电话 010-62136230　编辑部电话 010-62138978-2010

前 言

随着现代科技的发展，各行各业生产作业方式正朝着数字化与智能化方向迈进，智能设备作为传感器的载体，可以实现生命体、物品、环境、计算机、云端设备等的无缝交互，让智能设备与人工智能结合从而拥有“智慧”，使得人类的感知能力得到拓展和延伸。目前我国研制与生产的传感器，无论是在生命健康医疗电子、智能制造、智慧工厂、智慧农业、智慧渔业，还是智慧城市、智慧港口与数字乡村建设，都发挥着关键作用。

传感器技术正改变着人类生活和工程生产，未来的世界万物都有望通过网络联系起来，并被赋予一个电子神经系统，使它成为具有感知信息的生命，能够担当这一重任的核心就是传感器。

本书是作者多年教学科研经验和团队集体智慧的结晶，具有以下鲜明特色。

1. 以工程应用为目标。以培养读者选择与使用传感器的方法和能力为目标，重点介绍各类传感器的工作原理、性能指标、应用系统的设计与扩展方法，帮助读者学会选择和使用传感器。

2. 以虚拟仿真为手段。书中所有例题都可以用 Proteus 仿真实现，教学过程中，随时可以展示仿真过程和仿真结果。既培养读者的仿真能力，加深读者对教学内容的理解和掌握程度，又提高读者对传感器应用系统的分析、设计能力和工程实践能力。

3. 以应用实例为载体。书中所有例题都有一定的实际工程应用背景，每一章都有一个综合应用实例。通过科研实例展示传感器应用系统的设计与开发方法，从而加深读者对传感器的理解，提高读者应用传感器解决复杂工程问题的能力。

4. 实用有趣。教学内容，特别是例题、思考与实践题紧密结合生活实际和工程生产应用实际，既有实用性，又有趣味性。可以边讲、边学、边做，充分体现“学中做、做中学”的工程教育理念。学习有困难的读者可以完成例题、思考与实践题的基本要求；普通读者可以在现有例题、实践题基础上，根据自己的需求实现自主扩展或扩充；优秀读者可以自我设计，创新应用，实现超越。力求使教学内容适合读者的需求，使教学过程有声有色有滋味，使读者易学易懂易应用。各章的思考与实践题，既可作为学生的课外实践作业，也可作为课堂实验内容，一书两用，方便实用。

5. 易学易用。本书主要面向传感器初学者，内容安排遵循由易到难、由简到繁、循序渐进、实用、有趣、易学、易懂、易用的原则，重点讲述传感器的基础知识，培养读者掌握传感器的应用方法和技能。书中重点难点配有讲解视频，知识点讲解融入思政元素，以我国传感器研发与制造中的“卡脖子”技术为例延伸讲解内容，提升读者掌握知识和攻克技术难点的决心、信心和责任心。图文并茂，一看就懂；实例引导，一学就会。

6. 实例引导。每一种传感器都有具体的应用举例，每一章都有一个综合应用实例。

一方面综合应用传感器技术的相关内容，另一方面综合应用多门课程的知识和技术，使读者通过应用实例复习、提高、掌握、应用专业知识和专业技能。读者可以根据自己的理解和爱好，在实例基础上进行优化和扩展。各章的思考与实践题以传感器在智能工厂中的实际应用为主线，以科研应用实例贯穿全书，便于读者开展解决复杂工程问题实践。

7. 内容开放。书中所有内容，特别是例题、思考与实践题都是开放的，可以扩展。读者可以从基础内容开始，逐步过渡到深入的、复杂的内容。体现强化基础、强调应用，突出特色，适合不同读者不同需求的教学理念。将例题、思考与实践题设置成开放的形式，不设标准答案，目的有两个：一是鼓励读者的个性发展，每个读者都可以按照自己的理解、自己的需求、自己的能力给出独立的答案，培养读者的创新能力；二是培养良好的学习习惯，所有读者都可以根据自己的实际情况给出自己的答案，可多可少，可简单可复杂，可局部可整体，培养读者的独立思考能力，养成良好的学习习惯。

8. 注重过程考核。书中各章思考与实践环节均提供电子评分记录表，方便学生自评、教师统计学生作业成绩，以及方便教师及时了解学生对各知识点的掌握情况。

全书将传感器分为温敏、力敏、光敏、磁敏、气敏、湿敏、声敏、生化、智能等几类，每一章介绍一类，方便读者学习、选择、应用。全书共分 10 章，第 1 章介绍传感器的分类、特性和应用领域；第 2 章到第 10 章，分别介绍温敏、力敏、光敏、磁敏、气敏、湿敏、声敏、生化、智能传感器的原理与结构、性能特点、典型应用等内容。

本书由浙大宁波理工学院信号智能检测与生命行为感知研究所所长、信息电子系主任蔡卫明和浙大宁波理工学院李林功担任主编，浙江工商职业技术学院应蓓华、浙江大学/之江实验室智能感知研究院郭希山和郑州工业应用技术学院褚新建担任副主编。参与本书编写的还有郑州轻工业大学张云翼，清华大学集成电路学院伍晓明，三门峡职业技术学院杜雪峰，浙大宁波理工学院范胜利、白杨、王朗、马新莉、金婧，宁波工程学院郑德春、周裕鸿，郑州工业应用技术学院赵义爱，中国中车集团有限公司林益耳等。

本书配有 PPT 课件、核心知识点讲解视频、例题的 Proteus 仿真资料、思考与实践题参考答案、考试资料，欢迎广大读者到科学出版社网站（www.abook.cn）下载。

在本书编写与出版过程中，编者参阅借鉴了许多优秀教材和工程技术专家的宝贵经验、技术资料以及研究成果，并得到了科学出版社的大力支持，在此深表感谢。

由于编者水平有限，书中错误和不妥之处在所难免，敬请读者不吝指正，有任何问题读者均可直接联系编者（caiwm@nit.zju.edu.cn）。

目　录

第1章　传感器概述

传感器（sensor）是一种常见而且很重要的器件或装置，传感器技术作为现代科技的前沿技术，被认为是现代信息产业的三大支柱技术之一，也是国内外公认的具有极广阔发展前途的高新技术。如果说计算机是人类大脑的升级，通信网络是人类神经的拓展，那么传感器就是人类五官的延伸。近年来，计算机技术与通信技术飞速发展，但传感器技术的发展则相对滞后，所以，有人指出现在的信息产业是“大脑发达、五官不灵”。

传感器技术是测量技术、微电子学、物理学、化学、生物学、精密机械、材料科学等众多学科相互交叉的综合性高新技术，广泛应用于航空、航天、国防、科研、机械、电力、能源、交通、冶金、石油、建筑、通信、生物、医学、环保、材料、农林、渔业、食品、家电、机器人、智能工厂等诸多领域，在现代社会中，传感器无处不在。

传感器技术是衡量一个国家综合实力和科学技术水平的重要标志之一，因此，大力发展传感器及其在各工程领域中的应用技术是十分必要的。

1.1　传感器的基本概念

传感器的基本概念

国际电工委员会（International Electrotechnical Committee，IEC）对传感器的定义是：传感器是测量系统中的一种前置部件，它将输入变量转换成可供测量的信号。

国家标准《传感器通用术语》（GB 7665—2005）对传感器的定义是：传感器是能感受指定的被测量，并按照一定的规律将被测量转换成可用输出电信号的器件或装置。

这一定义包含了以下几方面的内容。

（1）传感器是检测器件或装置，能完成指定的检测任务。

（2）传感器的输入可能是物理量或非物理量，如化学量、生物量等。

（3）传感器的输出量一般是便于传输、转换、显示的电信号。

（4）传感器的输出与输入有对应的关系，且有一定的精度要求。

在现代科技中，传感器往往能获取人类感官无法获得的大量信息。例如，利用传感器可以观察到 10^{-10}cm 的微粒，能测量 10^{-24}s 的时间，能获取人耳听不到的超声波信号。一艘宇宙飞船就是一个高性能传感器的集合体，可以捕捉和收集宇宙中的各种信息。

1.2 传感器的基本组成

传感器一般由敏感元件、换能元件、调节电路、辅助电路、输出电路等组成，如图 1-1 所示。

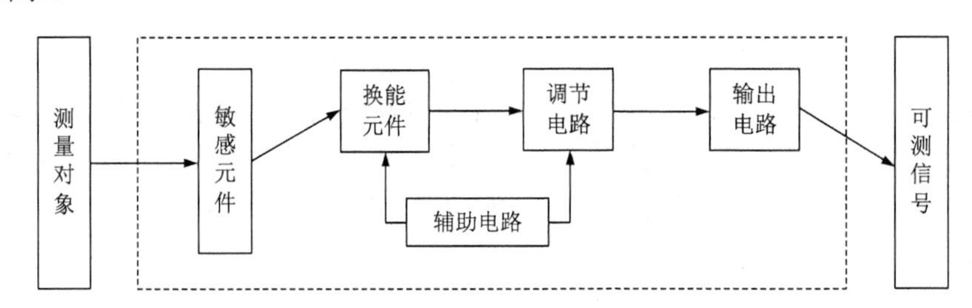

图 1-1 传感器的组成

敏感元件：直接感受被测非电量并按一定规律转换成与被测量有确定关系的其他量。

换能元件：又称变换器。将敏感元件感受到的非电量转换成电量。

调节电路：把换能元件输出的电信号转换为便于显示、记录、处理、控制的电信号。

辅助电路：保证传感器安全、正确、稳定工作的电路。

输出电路：放大、输出电信号。

实际上，不同的传感器，结构差异很大。有些传感器很简单，如热电偶、热敏电阻等，它感受被测量时直接输出电量；有些传感器则较复杂，可能转换元件不止一个，要经过多次转换才能输出有用信号。

1.3 传感器的分类

随着材料科学、制造工艺的不断发展，传感器的品种也如雨后春笋般层出不穷。

1. 按被测特征信息分类

按被测特征信息划分，传感器可分为温敏传感器、光敏传感器、力敏传感器、湿敏传感器、磁敏传感器、声敏传感器、气敏传感器等。这种分类方法给使用者选择使用传感器提供了方便。

2. 按输出量形式分类

按输出量形式划分，传感器可分为模拟传感器和数字传感器。模拟传感器是指传感器的输出信号为模拟量；数字传感器是指传感器的输出信号为数字量。数字量便于传输、存储、计算、转换、显示，因此数字传感器越来越多。

3. 按基本效应分类

根据传感技术所蕴含的基本效应，可以将传感器分为物理型、化学型、生物型等。

（1）物理型传感器是指传感器依靠敏感元件材料的物理特性随被测量变化而变化的特点来实现信号的变换，如水银温度计是利用水银的热胀冷缩现象把温度变化转变为水银柱的高低变化，从而实现对温度的测量。

（2）化学型传感器是指传感器依靠敏感元件材料本身的电化学反应来实现信号的变换，如恒电位电解式气敏传感器。当改变电极电位时，气体的氧化与还原反应就会变化，测量电解电流就能反映气体的浓度，如氨氮传感器。

（3）生物型传感器是指传感器依靠敏感元件材料本身的生物效应来实现信号的变换。待测物质经扩散作用进入生物敏感膜层，经分子识别，发生生物学反应，产生的信息被相应的化学或物理换能器转换成可处理的电信号，如酶传感器、免疫传感器等。

4. 按工作原理分类

按照工作原理，传感器可划分为应变式传感器、电容式传感器、电感式传感器、压电式传感器、热电式传感器等。这种分类方法通常在讨论传感器的工作原理时比较方便。

5. 按能量变换关系分类

按能量变换关系，传感器可划分为能量变换型传感器和能量控制型传感器。

（1）能量变换型传感器，又称为发电型或有源型传感器，其输出的能量是被测对象提供的，或是经转换而来的。它无须外加电源就能将被测的非电量转换成电量输出。它要求从被测对象获取的能量越小越好。这类传感器包括热电偶传感器、光电池传感器、压电式传感器、磁电感应式传感器、固体电解质气敏传感器等。

（2）能量控制型传感器，又称为参量型或无源型传感器。这类传感器的输出电能量必须由外加电源供给。但被测对象的信号控制着由电源提供给传感器输出端的能量，并将电压（或电流）作为与被测量相对应的输出信号。由于能量控制型传感器的输出能量是由外加电源供给的，因此，传感器输出端的电能可能大于输入端的非电能量，所以这种传感器具有一定的能量放大作用，如电阻式传感器、电感式传感器、电容式传感器、霍尔式传感器、谐振式传感器等。

1.4　传感器的基本特性

传感器的特性是指传感器的输入量和输出量之间的对应关系。通常把传感器的特性划分为静态特性和动态特性两类。

1.4.1　传感器的静态特性

静态特性是指不随时间而变化的特性，它表示传感器在被测量处于稳定状态时输入与输出的关系。

1. 线性度

传感器的线性度是指传感器的输出与输入之间关系的线性程度。输出与输入关系可分为线性特性和非线性特性。从传感器的性能看，具有线性关系是最理想的，但实际遇到的传感器大多是非线性的。如果不考虑迟滞和蠕变等因素，传感器的输出与输入关系可用一个多项式表示，即

$$Y = a_0 + a_1X + a_2X^2 + \cdots + a_nX^n \tag{1-1}$$

式中 X——传感器的输入量，即被测量；

Y——传感器的输出量，即测量值；

a_0——输入量 X 为零时的输出量；

a_1——传感器线性灵敏度；

$a_2,a_3,\cdots,a_n$——非线性项系数。

静态特性曲线可通过实际测量获得。在实际使用中，为了标定和数据处理的方便，希望得到线性关系，因此常常引入各种非线性补偿措施。例如，采用非线性补偿电路或计算机软件进行线性化处理，从而使传感器的输出与输入关系变为线性或接近线性。但如果传感器非线性的方次不高，输入量变化范围不大时，可用一条直线（切线或割线）近似地代表实际曲线的一段，使传感器输出/输入特性曲线线性化，如图 1-2 所示。实际特性曲线与拟合直线之间的偏差称为传感器的非线性误差（或线性度），通常用相对误差 r_L 表示，即

$$r_L = \pm\frac{\Delta L_{max}}{Y_{FS}}\times 100\% \tag{1-2}$$

式中 ΔL_{max}——最大非线性绝对误差；

Y_{FS}——满量程输出值。

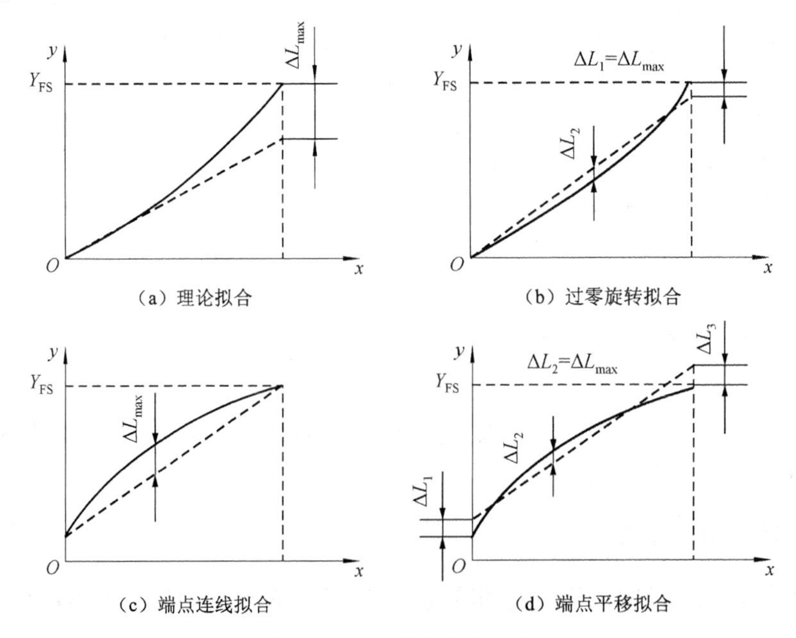

图 1-2 几种直线拟合方式

从图 1-2 中可见，即使是同类传感器，拟合直线不同，其线性度也是不同的。

2. 灵敏度

传感器的灵敏度 S_n 是指传感器在稳态工作情况下输出量的变化 dy 与输入量的变化 dx 的比值，如图 1-3 所示，即

$$S_n=\frac{\mathrm{d}y}{\mathrm{d}x} \tag{1-3}$$

传感器的灵敏度就是输出/输入特性曲线的斜率。如果传感器的输出和输入之间呈线性关系，则灵敏度 S_n 是一个常数；否则，它将随输入量的变化而变化。

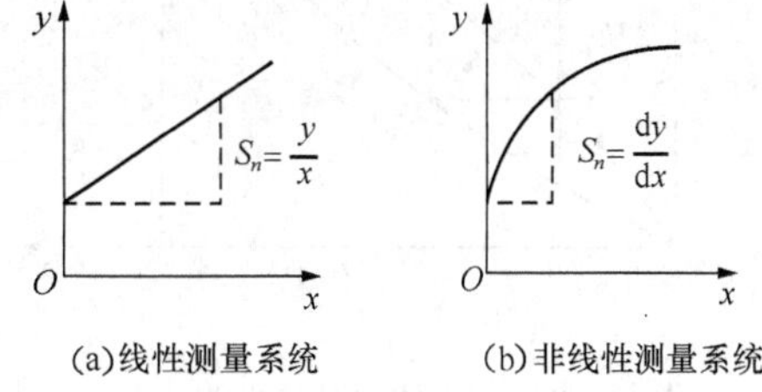

图 1-3　传感器的灵敏度

灵敏度的量纲是输出量、输入量的量纲之比。例如，某位移传感器，在位移变化 1mm 时，输出电压变化为 200mV，则其灵敏度应表示为 200mV/mm。当传感器的输出量、输入量的量纲相同时，灵敏度可理解为放大倍数。提高灵敏度，可提高测量精度。但灵敏度越高，测量范围越窄，稳定性也往往越差。

3. 迟滞

迟滞是指传感器在正、反行程中输出/输入曲线不重合的现象，如图 1-4 所示。其数值用最大偏差或最大偏差的一半与满量程输出值的百分比表示，即

$$\gamma_{\mathrm{H}}=\pm\frac{1}{2}\frac{\Delta H_{\max}}{Y_{\mathrm{FS}}}\times 100\% \tag{1-4}$$

式中　$\Delta H_{\max}$——正、反行程输出值的最大差值；

Y_{FS}——满量程输出值。

迟滞现象反映了传感器机械结构和制造工艺上的缺陷，如轴承摩擦、间隙、螺钉松动、元件腐蚀及灰尘等因素对传感器性能的影响。

4. 重复性

重复性是指传感器在输入量按同一方向做全量程连续性多次变化时，所得特性曲线不一致的程度，如图 1-5 所示。重复性误差属于随机误差，常用标准偏差表示，也可用正、反行程中的最大偏差表示，即

$$r_{\mathrm{R}}=\pm\frac{1}{2}\frac{\Delta R_{\max}}{Y_{\mathrm{FS}}}\times 100\% \tag{1-5}$$

式中　$\Delta R_{\max}$——多次测量输出值的最大差值；

Y_{FS}——满量程输出值。

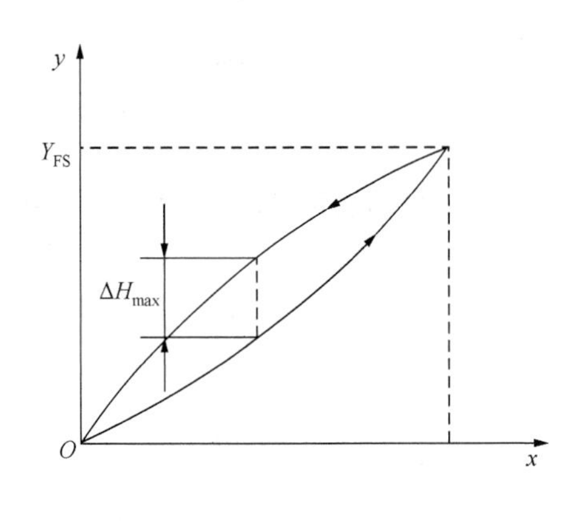

图 1-4　迟滞特性曲线

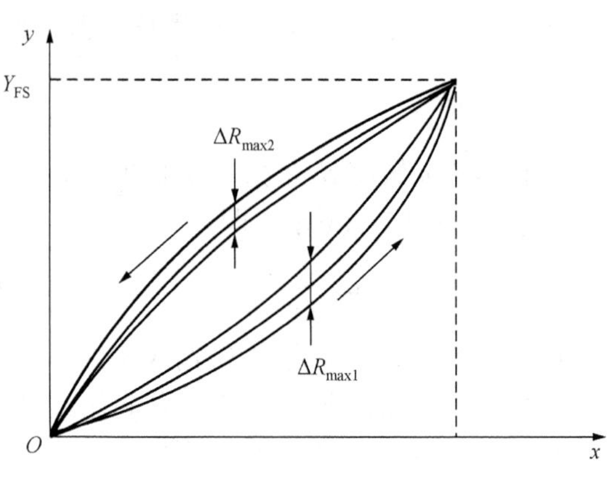

图 1-5　重复性特性曲线

5. 分辨力

分辨力是指传感器能检测到的最小输入量的增量。分辨力可用绝对值表示，也可用与满量程的百分比表示。在传感器输入零点附近的分辨力称为阈值。

6. 温度稳定性

温度稳定性又称为温漂，表示温度变化时传感器输出值的偏离程度。一般用温度变化 1℃，输出最大偏差与满量程的百分比来表示，即

$$温漂 = \frac{\varDelta_{max}}{Y_{FS}\Delta T} \times 100\% \tag{1-6}$$

式中　$\varDelta_{max}$——输出最大偏差；

ΔT——温度变化；

Y_{FS}——满量程输出值。

1.4.2　传感器的动态特性

传感器的动态特性是指输入量随时间变化时传感器的输出响应特性。只要输入量是时间的函数，则其输出量也将是时间的函数，其间的关系要用动态特性来说明。理想的传感器，其输出将再现输入量的变化规律，即具有相同的时间函数。实际的传感器，输出信号将不会与输入信号具有相同的时间函数，这种输出与输入间的差异就是动态误差。

虽然传感器的种类很多，但其动态特性一般都可以用常系数微分方程来表示，即

$$\begin{aligned} & a_n \frac{d^n y}{dt^n} + a_{n-1} \frac{d^{n-1} y}{dt^{n-1}} + \cdots + a_1 \frac{dy}{dt} + a_0 y \\ & = b_m \frac{d^m x}{dt^m} + b_{m-1} \frac{d^{m-1} x}{dt^{m-1}} + \cdots + b_1 \frac{dx}{dt} + b_0 x \end{aligned} \tag{1-7}$$

式中　y——输出量；

x——输入量；

t——时间；

$a_0,a_1,a_2,\cdots,a_n$ 和 $b_0,b_1,b_2,\cdots,b_m$——与传感器的结构特性有关的常系数。

用微分方程来表示传感器的动态模型的优点是通过解微分方程易于分清暂态响应和稳态响应。缺点是求解微分方程很麻烦，尤其是通过增减环节来改善传感器的特性时显得更不方便。但是，线性定常系统有两个十分重要的性质，即叠加性和频率保持性。根据叠加性，当一个系统有 n 个激励同时作用时，那么它的响应就等于这 n 个激励单独作用的响应之和，即各个输入量引起的输出是互不影响的。这样，在分析常系数线性系统时，总可以将一个复杂的激励信号利用数学方法（傅里叶变换）分解成若干个简单的激励（一系列谐波），然后求出这些分量激励响应之和。

频率保持性表明，当线性系统的输入为某一频率时，则系统的稳定状态响应也为同一频率的信号。这个重要的性质给分析具有复杂输入传感器的动态特性带来了很大的方便。这也就是为什么在用传感器组成检测系统时，经常需要将传感器的特性进行线性化的原因之一。但是对于复杂系统和复杂的输入信号，求解微分方程是一件困难的事情。因此，在信息论和工程控制理论中，通常采用一些足以反映系统动态特性的函数，将系统的输出与输入联系起来，这些函数有传递函数、频率响应函数和脉冲响应函数等。

1. 零阶传感器

在零阶传感器中，只有 a_0 与 b_0 两个系数，式（1-7）变为

$$a_0 y = b_0 x$$

$$y = \frac{b_0}{a_0} x = Kx \tag{1-8}$$

式中　K——静态灵敏度，$K = \frac{b_0}{a_0}$。

零阶系统具有理想的动态特性，无论被测量 $x(t)$ 如何随时间变化，零阶系统的输出都不会失真，其输出在时间上也无任何滞后，所以零阶系统又称为比例系统。在实际应用中，许多高阶系统在变化缓慢、频率不高时，都可以近似地当成零阶系统处理。

2. 一阶传感器

在式（1-7）中，除系数 a_1、a_0、b_0 外，其他系数均为 0 时，则有

$$a_1 \frac{\mathrm{d}y}{\mathrm{d}t} + a_0 y = b_0 x$$

即

$$\frac{a_1}{a_0} \frac{\mathrm{d}y}{\mathrm{d}t} + y = \frac{b_0}{a_0} x$$

于是有

$$\tau \frac{\mathrm{d}y}{\mathrm{d}t} + y = Kx \tag{1-9}$$

其中，时间常数为

$$\tau=\frac{a_1}{a_0}$$

静态灵敏度为

$$K=\frac{b_0}{a_0}$$

传递函数为

$$W(s)=\frac{K}{1+\tau s}$$

频率特性为

$$H(\mathrm{j}\omega)=\frac{K}{1+\mathrm{j}\omega\tau}$$

幅频特性为

$$|A(\omega)|=\frac{K}{\sqrt{1+(\omega\tau)^2}}$$

相频特性为

$$\varphi(\omega)=\arctan(\omega\tau)$$

时间常数 τ 具有时间的量纲，它反映传感器惯性的大小。一阶系统又称为惯性系统，如不带套管的热电偶测温系统、阻容滤波器等均可看成一阶系统。

3. 二阶传感器

很多传感器，如振动传感器、力敏传感器等都属于二阶传感器，带有套管的热电偶、电磁式的动圈仪表及 RLC 振荡电路等均可看成二阶系统。其微分方程为

$$a_2\frac{\mathrm{d}^2y}{\mathrm{d}t^2}+a_1\frac{\mathrm{d}y}{\mathrm{d}t}+a_0y=b_0x$$

则有

$$(\tau^2s^2+2\xi\tau s+1)Y=KX \tag{1-10}$$

其中，时间常数为

$$\tau=\sqrt{\frac{a_2}{a_0}}$$

自振角频率为

$$\omega_0=\frac{1}{\tau}$$

阻尼比为

$$\xi=\frac{a_1}{\left(2\sqrt{a_0a_2}\right)}$$

静态灵敏度为

$$K=\frac{b_0}{a}$$

传递函数为

$$W(s)=\frac{K}{[s^2+2\xi s\tau+1]}$$

频率特性为

$$H(\mathrm{j}\omega)=\frac{K}{[1-\omega^2\tau^2+2\mathrm{j}\xi\omega\tau]}$$

幅频特性为

$$A(\omega)=\frac{K}{\sqrt{(1-\omega^2\tau^2)^2+(2\xi\omega\tau)^2}}$$

相频特性为

$$\varphi(\omega)=-\arctan\frac{2\xi\omega\tau}{(1-\omega^2\tau^2)}$$

根据二阶微分方程特征方程根的性质不同，二阶系统又可分以下几种。

二阶惯性系统：特征方程的根为两个负实根，相当于两个一阶系统串联。

二阶振荡系统：特征方程的根为一对带负实部的共轭复根。

4. 传感器的动态响应特性

传感器的动态特性不仅与传感器的“固有因素”有关，还与传感器输入量的变化形式有关。也就是说，同一个传感器在不同形式的输入信号作用下，输出量的变化是不同的，通常选用几种典型的输入信号作为标准输入信号，研究传感器的响应特性。

1）瞬态响应特性

传感器的瞬态响应是时间响应。在研究传感器的动态特性时，有时需要从时域中对传感器的响应和过渡过程进行分析，这种分析方法称为时域分析法。传感器在进行时域分析时，用得比较多的标准输入信号有阶跃信号和脉冲信号，对应的输出瞬态响应分别称为阶跃响应和脉冲响应。

下面简单分析一阶传感器的单位阶跃响应。

一阶传感器的微分方程为

$$\tau\frac{\mathrm{d}y(t)}{\mathrm{d}t}+y(t)=Kx(t) \tag{1-11}$$

设传感器的静态灵敏度 $K=1$，它的传递函数为

$$H(s)=\frac{Y(s)}{X(s)}=\frac{K}{\tau s+1}=\frac{1}{\tau s+1} \tag{1-12}$$

对初始状态为零的传感器，若输入一个单位阶跃信号，即

$$x(t)=\begin{cases}0, & t\leqslant 0\\ 1, & t>0\end{cases}$$

输入信号 $x(t)$的拉普拉斯变换为

$$X(s)=\frac{1}{s}$$

一阶传感器的单位阶跃响应拉普拉斯变换为

$$Y(s)=H(s)X(s)=\frac{1}{\tau s+1}\cdot\frac{1}{s} \tag{1-13}$$

对式（1-13）进行拉普拉斯反变换，可得一阶传感器的单位阶跃响应信号为

$$y(t)=1-\mathrm{e}^{-\frac{t}{\tau}} \tag{1-14}$$

相应的响应曲线如图 1-6 所示。由图 1-6 可见，传感器存在惯性，它的输出从零开始按指数规律上升，最终达到稳态值。理论上，传感器的响应只在 t 趋于无穷大时才达到稳态值，但通常认为 $t=(3\sim4)\tau$，如当 $t=4\tau$ 时，其输出就可达到稳态值的 98.2%，可以认为已达到稳态。所以，一阶传感器的时间常数 τ 越小，响应越快，响应曲线越接近输入阶跃曲线，即动态误差小。因此，τ 是一阶传感器重要的性能参数。

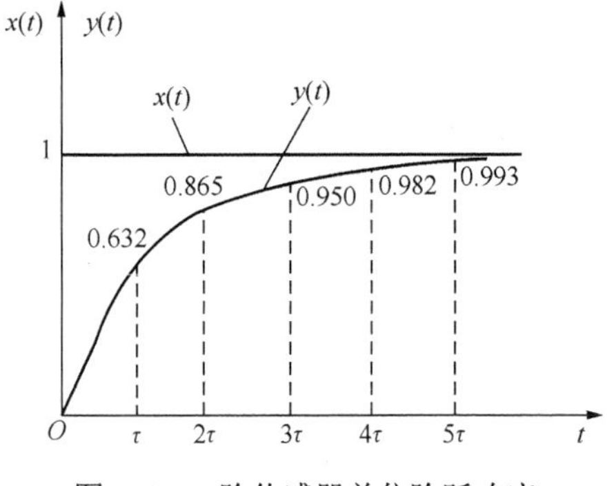

图 1-6 一阶传感器单位阶跃响应

2）频率响应特性

传感器对不同频率成分的正弦输入信号的响应特性，称为频率响应特性。一个传感器输入端有正弦信号作用时，其输出响应仍然是同频率的正弦信号，只是与输入端正弦信号的幅值和相位不同。频率响应法是从传感器的频率特性出发研究传感器的输出与输入的幅值比和两者相位差的变化。

将一阶传感器传递函数式中的 s 用 $\mathrm{j}\omega$ 代替后，即可得以下的频率特性表达式，即

$$H(\mathrm{j}\omega)=\frac{1}{\mathrm{j}\omega\tau+1}=\frac{1}{1+(\omega\tau)^2}-\mathrm{j}\frac{\omega\tau}{1+(\omega\tau)^2} \tag{1-15}$$

幅频特性为

$$A(\omega)=\frac{1}{\sqrt{1+(\omega\tau)^2}}$$

相频特性为

$$\varphi(\omega)=-\arctan(\omega t)$$

从式（1-15）可看出，时间常数 τ 越小，频率响应特性越好。当 $\omega\tau\ll1$ 时，$A(\omega)\approx1$，$\varphi(\omega)\approx0$，表明传感器输出与输入呈线性关系，且相位差也很小，输出 $y(t)$ 比较真实地反映了输入 $x(t)$ 的变化规律。因此，减小 τ 可改善传感器的频率特性。除了用时间常数 τ 表示一阶传感器的动态特性外，在频率响应中也用截止频率来描述传感器的动态特性。截止频率是指幅值比下降到零频率幅值比的 $1/\sqrt{2}$ 倍时所对应的频率，截止频率反映传感器的响应速度，截止频率越高，传感器的响应越快。对一阶传感器，其截止频率为 $1/\tau$。

1.5　传感器的选择

传感器的选择

传感器种类繁多，性能千差万别，如何根据具体的应用目的、测量对象以及测量环境合理地选用传感器，是应用系统设计者必须要解决的问题。因为传感器的选择是否合理，在很大程度上决定了应用系统的成败。

1. 类型的选择

要进行一项具体测量工作，首先要考虑采用何种类型的传感器，这需要分析多方面因素后才能确定。因为，即使是测量同一物理量，也有多种类型的传感器可供选用，哪一种传感器更为合适，则需要根据被测量的特点和传感器的使用条件考虑。通常应考虑以下因素：量程大小；被测位置对传感器体积要求；测量方式为接触式还是非接触式；信号的引出方法，信号的传输方式，有线还是无线；传感器的来源，国产还是进口，抑或自行研制；价格能否承受等。在确定传感器的类型后，再考虑传感器的性能指标。

2. 灵敏度的选择

通常在传感器的线性范围内，希望传感器的灵敏度越高越好。因为只有灵敏度高时，与被测量变化对应的输出信号的值才比较大，才有利于信号处理。但要注意的是，传感器的灵敏度越高，与被测量无关的外界噪声也越容易混入，被系统放大，影响测量精度。因此，要求传感器本身应具有较高的信噪比，尽量减少从外界引入的干扰信号。传感器灵敏度是有方向性的。当被测量是单向量，而且对其方向性要求较高时，应选择有效方向灵敏度高、无效方向灵敏度低的传感器；如果被测量是多维向量，则要求传感器的交叉灵敏度越小越好。

3. 频率响应特性

传感器的频率响应特性决定了被测量的频率范围，必须保证在允许频率范围内不失真。实际上，传感器的响应总有一定延迟，希望延迟时间越短越好。传感器的频率响应越高，可测的信号频率范围就越宽。但由于受到结构特性和机械系统惯性的影响，频率响应低的传感器可测信号的频率也较低。在动态测量中，应根据被测信号特点（稳态、瞬态、随机等）确定传感器响应特性，以免产生过大误差。

4. 线性范围

传感器的线性范围是指输出与输入成正比的范围。从理论上讲，在线性范围内，灵敏度保持定值。传感器的线性范围越宽，则其量程越大，并且能保证一定的测量精度。但实际上，任何传感器都不能保证绝对的线性，其线性度也是相对的。在选择传感器时，当传感器的种类确定以后，首先要看其量程是否满足要求。当所要求的测量精度比较低时，在一定的范围内，可将非线性误差较小的传感器近似看作是线性的，这会给测量带来极大的方便。

5. 稳定性

传感器使用一段时间后，其性能保持不变的能力称为稳定性。影响稳定性的因素除传感器本身的结构外，主要是传感器的使用环境。因此，要使传感器具有良好的稳定性，传感器本身必须要有较强的环境适应能力。在选择前，应对传感器使用环境进行调查，并根据具体使用环境选择合适的传感器，或采取适当措施以减小环境影响。

6. 精度

传感器的精度关系到整个测量系统的精度。一般来说，传感器的精度越高，其价格就越昂贵。因此，传感器的精度只要满足整个测量系统的精度要求即可，不必选得过高。可以在满足同一测量目的的诸多传感器中选择比较便宜和简单的传感器。如果测量是用于定性分析的，选用重复精度高的传感器即可，不宜选用绝对量精度高的；如果是为了定量分析，必须获得精确的测量值，就需选用精度等级能满足相应要求的传感器。对于某些特殊场合，无法选到合适精度的传感器时，则需自行设计制作传感器。

1.6 传感器的应用

传感器的应用领域十分广泛，包括现代工业生产、智慧农业、基础科学研究、宇宙开发、海洋探测、军事国防、环境保护、资源调查、医学诊断、智能建筑、汽车、家用电器、生物工程、商检质检、公共安全和文物保护等领域。

现代工业生产中自动化过程控制的四大参量为流量、压力、温度和液位检测。

智慧农业：土壤温湿度、pH、营养元素、盐分电导率、光照、二氧化碳、气象等。

基础科学研究：超高温、超高压、超低温、超高真空、超强磁场检测等。

航空航天宇宙飞船：飞行的速度、加速度、位置、姿势、温度、气压、磁场、振动测量检测等。“阿波罗 10 号”飞船对 3295 个参数进行检测，其中：温敏传感器 559 个，压敏传感器 140 个，遥控传感器 142 个。有专家认为，整个宇宙飞船就是高性能传感器的集合体。

智能建筑：智能建筑包括三大基本要素，即楼宇自动化系统（building automating system，BAS）、通信自动化系统（communication automating system，CAS）、办公自动化系统（office automating system，OAS），简称 3A。智能建筑通过计算机控制管理各种机电设备，如空调制冷、给水排水、变配电系统、照明系统、电梯等。实现这些功能就要使用温敏、湿敏、液位、流量、压敏等传感器。智能建筑的安全防护包括防盗、防火、防燃气泄漏等，需要使用电子眼监视器、烟雾传感器、气敏传感器、红外传感器、玻璃破碎传感器等。自动识别门禁管理系统具有感应式 IC 卡识别、指纹识别能力。远程抄表与管理系统可以使水、电、气、热量等通过传感器实现远程自动抄表。

现代家用电器：电视机、空调、电风扇等使用红外遥控器；傻瓜照相机、数码相机中自动曝光装置使用光敏传感器；电饭煲、电冰箱使用温敏传感器；抽油烟机使用气敏传感器；全自动洗衣机使用水位、浊度传感器等。

未来社会还会有智能房屋（自动识别主人，由太阳能提供能源）、智能衣服（自动调节温度和监测人体健康）、智能汽车（无人驾驶、卫星定位）等智能系统，它们无疑也是传感器的集合体。

思考与实践

1.1　试列举几个生活中的传感器应用实例。

1.2　传感器的定义是什么？

1.3　传感器主要由哪些部分构成？

1.4　如何选择传感器？

1.5　查阅资料，了解水产养殖智能工厂中主要包含哪些传感器。

第2章　温敏传感器

温度是表征物体冷热程度的物理量，是物体内部分子无规则运动剧烈程度的标志，分子运动越剧烈，温度就越高。温度也是与人类生活息息相关的物理量，日常生活、工农业生产、商业活动、科学研究、航天航空探索、医学检测等都与温度有着密切的关系。人类生活离不开温度，因此也离不开用于测量温度的温敏传感器。

2.1　温标

温度是描述热平衡系统冷热程度的物理量。表示物体温度高低的尺度叫作温度的标尺，简称温标，它规定了温度的读数起点（零点）和测量温度的基本单位。目前国际上常用的温标有热力学温标、国际实用温标、摄氏温标和华氏温标 4 种。

1. 热力学温标

1848 年，威廉·汤姆首先提出以热力学第二定律为基础，建立温度仅与热量有关，而与物质无关的热力学温标。因为是由开尔文（Kelvin）总结出来的，故又称开尔文温标，用符号 K 表示，温度变量用 T 表示。它是国际基本单位制之一。

根据热力学中的卡诺定理，如果在温度为 T_1 的热源与温度为 T_2 的冷源之间实现了卡诺循环，则存在下列关系式：

$$\frac{T_1}{T_2}=\frac{Q_1}{Q_2} \tag{2-1}$$

式中　Q_1——热源给予热机的热量；

Q_2——热机传给冷源的热量。

1954 年，国际计量会议选定水的三相点温度为 273.16K，并将它的 1/273.16 定为 1K，这样热力学温标就完全确定了，即 $T=273.16\dfrac{Q_1}{Q_2}$。水的三相点是指纯水在固态、液态及气态三相平衡时的温度，热力学温标规定水的三相点温度为 273.16K，这就建立了温标的唯一基准点。

2. 国际实用温标

为解决国际上温度标准的统一及实用问题，经协商决定，建立一种既能体现热力学温度（即能保证一定的准确度），又使用方便、容易实现的温标，即国际实用温标（International practical temperature scale of 1968，IPTS-68），又称国际温标。

国际实用温标规定：热力学温度是基本温度，用 T 表示，其单位是开尔文，符号为 K。

国际实用温标以 11 个可复现的平衡态（定义固定点）的温度指定值，以及在这些固定点上分度的标准内插仪表为基础。固定点之间的温度，由内插公式确定。这 11 个定义固定点及其温度指定值如表 2-1 所示。

表 2-1　国际实用温标（IPTS-68）的定义固定点及其温度指定值

物质	平衡状态	温度	
		T68/K	T68/℃
氢	三相点	13.81	-259.31
	沸点 25/76atm*	7.042	-256.108
	沸点	20.8	-252.87
	沸点	27.102	-246.048
氧	三相点	54.361	-218.798
	沸点	90.188	-182.962
水	三相点	273.16	0.01
	沸点	373.15	100.0
锌	凝固点	692.73	419.58
银	凝固点	1235.08	961.93
金	凝固点	1337.58	1064.43

*1atm≈101.3kPa。

3. 摄氏温标

摄氏温度规定：在标准大气压下（101 325Pa），规定冰的融点为 0 度，水的沸点为 100 度，中间划分 100 等份，每等份为摄氏 1 度，符号为℃，温度变量用小写字母 t 表示。

摄氏温标与国际实用温标之间的关系为

$$t = (T - 273.15)\ ℃,\quad T = (t + 273.15)\ \mathrm{K} \tag{2-2}$$

4. 华氏温标

华氏温标规定：在标准大气压下冰的融点为 32 华氏度，水的沸点为 212 华氏度，中间等分为 180 份，每一等份称为华氏 1 度，符号为℉，温度变量用 t_F 表示，它和摄氏温度的关系为

$$t_F=1.8t+32,\quad t=\frac{5}{9}(t_F-32) \tag{2-3}$$

2.2 温敏传感器的分类

温度不能被直接测量，需要借助某种对温度变化敏感的物体的物理或生化参数进行间接测量。温敏传感器就是能将物体温度的变化转换为电量变化的装置。

温敏传感器主要由感温元件、转换电路和输出电路组成，如图 2-1 所示。

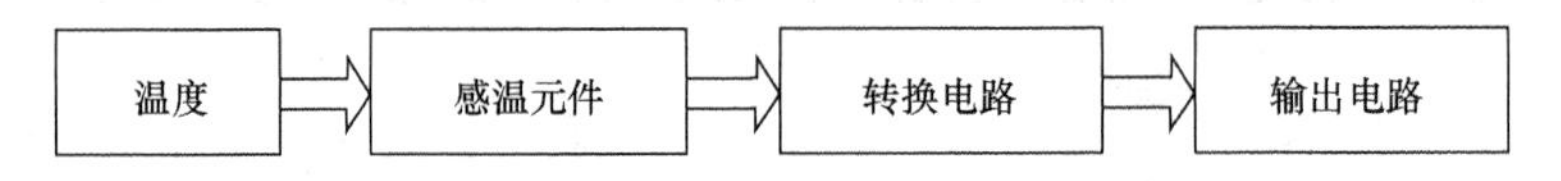

图 2-1　温敏传感器的组成

温度的测量方法有接触式与非接触式两种。其中接触式是感温元件与被测对象直接接触，彼此进行热量交换，使感温元件与被测对象处于同一温度下，感温元件感受到的冷热变化就是被测对象的温度。这种测量方法由于被测物体的热量传递给传感器，降低了被测物体温度，当被测物体热容量较小时测量精度较低。因此，采用这种方法要测得物体的真实温度的前提条件是被测物体的热容量要足够大。常用的接触式测温传感器主要有热膨胀式温敏传感器、热电偶传感器、热电阻传感器、热敏电阻传感器、半导体温敏传感器等。

非接触式测温传感器是利用物体表面的热辐射强度与温度的关系来测量温度的。通过测量一定距离处被测物体发出的热辐射强度来确定被测物体的温度。优点是：不从被测物体上吸收热量，不会干扰被测对象的温度场，连续测量不会产生消耗，反应快等。缺点是：制造成本较高，测量精度较低。常见的非接触式测温传感器有辐射高温计、光学高温计、比色高温计、热红外辐射温敏传感器等。

在实际应用中，要根据不同的测量需求，选择不同的温敏传感器。

不同温度测量范围对应的温敏传感器如表 2-2 所示。

表 2-2　不同温度测量范围对应的温敏传感器分类

	分类	特征	传感器名称
测温范围	超高温	1500℃以上	光学高温计、辐射传感器
	高温	1000～1500℃	光学高温计、辐射传感器、热电偶
	中高温	500～1000℃	光学高温计、辐射传感器、热电偶
	中温	0～500℃	热流计、射流测温计、光纤温敏传感器
	低温	-250～0℃	晶体管、热敏电阻、压力式玻璃温度计
	极低温	-270～-250℃	$BaSrTiO_3$ 陶瓷

不同温度测量特征对应的温敏传感器如表 2-3 所示。

表 2-3　不同温度测量特征对应的温敏传感器分类

	分类	特征	传感器名称
测温特征	线性型	测温范围宽、输出小	电阻器、晶体管、晶闸管、石英晶体振荡器、压力式温度计、玻璃温度计
	指数型函数	测温范围窄、输出大	热敏电阻
	开关型特性	特定温度、输出大	感温铁氧体、双金属温度计

不同温度测量精度对应的温敏传感器如表 2-4 所示。

表 2-4　不同温度测量精度对应的温敏传感器分类

	分类	特征	传感器名称
测温精度	温度标准	测温精度|±0.1|～|±0.5|℃	铂电阻、石英晶体振荡器、玻璃制温度计、气体温度计、光学高温计
	绝对值测定	测温精度|±0.5|～|±5|℃	热电偶、电阻器、热敏电阻、双金属温度计、压力式温度计、玻璃温度计、辐射传感器、晶体管、二极管、晶闸管
	管理温度测定	相对值|±1|～|±5|℃	

2.3　热电偶

热电偶是目前温度测量中使用非常普遍的传感元件之一，具有结构简单，测量温度范围宽、准确度高、热惯性小，输出信号为电信号，便于远距离传输等优点。热电偶属于自发电型传感器，测量时不需外加电源，可直接驱动动圈式仪表；热电偶的测温范围广，下限可达-270℃，上限可达 1800℃。它既可以用于流体温度测量，也可以用于固体温度测量；既可以测量静态温度，也可以测量动态温度。

2.3.1　热电偶的工作原理

热电偶的工作原理

两种不同的导体或半导体 A 和 B 组合成如图 2-2 所示的闭合回路，若导体 A 和 B 的连接处温度不同（设 $T>T_0$），则在此闭合回路中就有电流产生，也就是说，回路中有电动势存在，这种现象叫作热电效应。热电效应是在 1821 年首先由泽贝克（Seebeck）发现的，所以又称泽贝克效应。回路中所产生的电动势叫作热电势。热电势由接触电势和温差电势两部分组成。

1. 接触电势

两种不同的金属相互接触时在它们之间产生的电势差叫作接触电势差，其数值取决于金属的性质和接触面的温度，如图 2-3 所示。

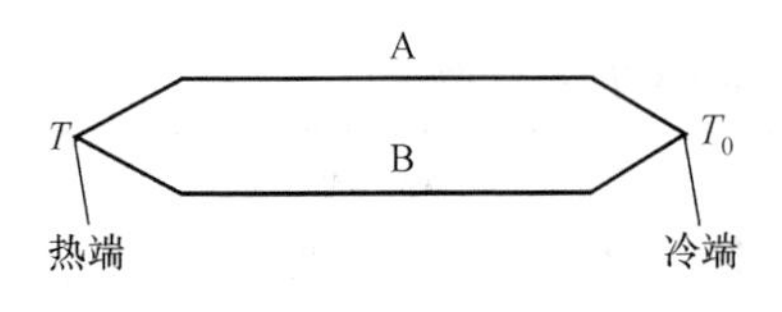

图 2-2 热电效应

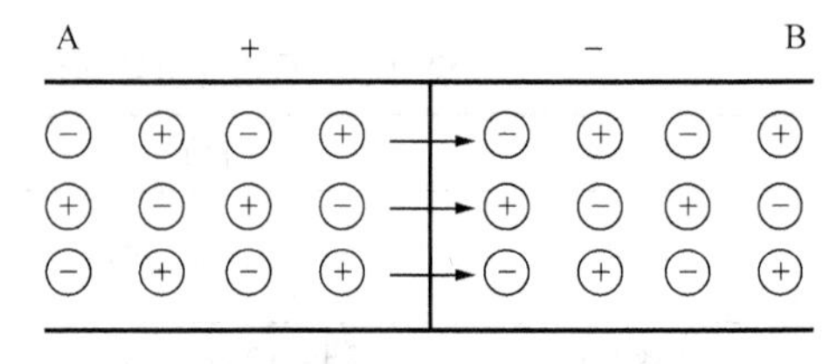

图 2-3 接触电势差

产生接触电势差的原因有两个：一是两种金属电子的逸出功不同；二是两种金属的电子密度不同。设 A、B 两种金属的逸出功分别为 V_A 和 V_B，电子密度分别为 N_A 和 N_B，则它们之间的接触电势差为

$$V_{AB}=V_A-V_B+\frac{kT}{e}\cdot\ln\frac{N_A}{N_B} \tag{2-4}$$

式中 e——单位电荷，e=1.6×10^{-19}C；

k——玻尔兹曼常数，k=1.38×10^{-23} J/K；

N_A，N_B——导体 A、B 在温度为 T 时的电子密度。

由此可知，接触电势的大小与温度高低及导体中的电子密度有关。几种金属依次连接时，接触电势差只与两端金属的性质有关，与中间金属无关。

2. 温差电势

温差电势又称汤姆逊电势，是一根导体上因两端温度不同而产生的热电动势，如图 2-4 所示。

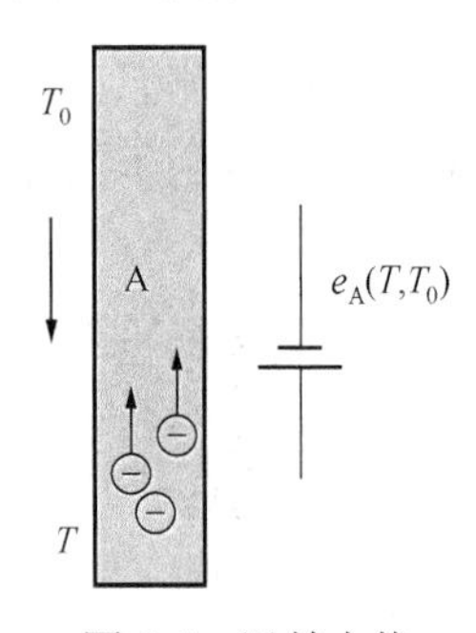

图 2-4 温差电势

当同一根导体两端温度不同时，在导体内部两端的自由电子相互扩散的速率不同，高温端跑到低温端的电子数量比低温端跑到高温端的电子数量多，结果使高温端因失去电子而带正电荷，低温端因得到电子而带负电荷，这样在高、低温端之间形成一个由高温端指向低温端的静电场。该电场阻止电子从高温端向低温端扩散，最后达到动态平衡状态，此时在导体上产生一个相应的电位差，称该电位差为温差电势。此电势只与导体性质和导体两端的温度有关，而与导体的长度、截面大小、沿导体长度上的温度分布无关。温差电势可表示为

$$e_A(T,T_0)=\int_{T_0}^{T}\sigma_A\mathrm{d}T \tag{2-5}$$

式中 $e_A(T,T_0)$——导体 A 两端温度为 T、T_0 时形成的温差电动势；

T，T_0——导体 A 两端的绝对温度；

σ_A——汤姆逊系数，表示导体 A 两端的温度差为 1℃时所产生的温差电动势，如在 0℃时铜的 σ_A=2μV/℃。

两种不同的金属接触，如果两个触点间有一定温度差时，也会产生温差电势。

3. 回路总电势

由导体 A、B 组成的闭合回路，其结点温度分别为 T、T_0，如果 $T>T_0$，则必存在两个接触电势和两个温差电势，如图 2-5 所示。回路总电势为

$$\begin{aligned}E_{AB}(T,T_0)&=e_{AB}(T)-e_{AB}(T_0)-e_A(T,T_0)+e_B(T,T_0)\\&=\frac{kT}{e}\ln\frac{N_{AT}}{N_{BT}}-\frac{kT_0}{e}\ln\frac{N_{AT_0}}{N_{BT_0}}+\int_{T_0}^{T}(-\sigma_A+\sigma_B)\mathrm{d}T\end{aligned} \tag{2-6}$$

式中　N_{AT}，N_{AT_0}——导体 A 在结点温度为 T 和 T_0 时的电子密度；

N_{BT}，N_{BT_0}——导体 B 在结点温度为 T 和 T_0 时的电子密度；

σ_A，σ_B——导体 A 和 B 的汤姆逊系数。

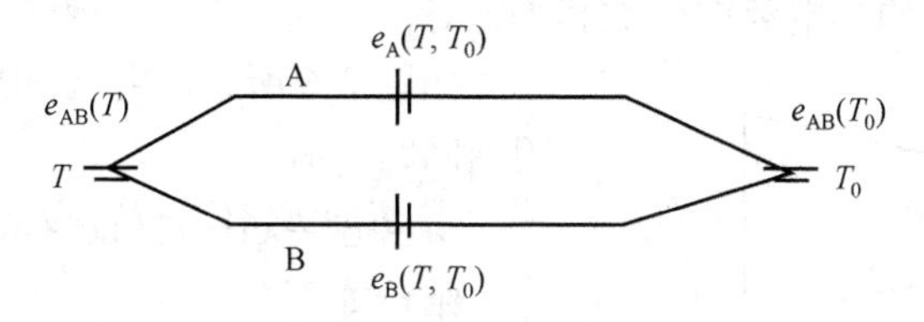

图 2-5　回路总电势

根据电磁场理论，有

$$E_{AB}(T,T_0)=\frac{k}{e}\int_{T_0}^{T}\frac{N_A}{N_B}\mathrm{d}T \tag{2-7}$$

由于 N_A、N_B 是温度的单值函数，可得

$$E_{AB}(T,T_0)=E_{AB}(T)-E_{AB}(T_0)=f(T)-C=g(T) \tag{2-8}$$

在工程应用中，常用实验的方法得出温度与热电势的关系并做成表格，以供备查。对上述公式进行变换可得

$$\begin{aligned}E_{AB}(T,T_0)&=E_{AB}(T)-E_{AB}(T_0)\\&=E_{AB}(T)-E_{AB}(0)-[E_{AB}(T)-E_{AB}(T_0)]\\&=E_{AB}(T,T_0)-E_{AB}(T_0,0)\end{aligned} \tag{2-9}$$

根据上述分析，可以得出下列结论。

（1）热电偶的热电势，等于两端温度分别为 T 和零度以及 T_0 和零度的热电势之差。

（2）热电偶回路热电势只与组成热电偶的材料及两端温度有关；与热电偶的长度、粗细无关。

（3）只有用不同性质的导体（或半导体）才能组成热电偶；相同材料不会产生热电势，因为当 A、B 两个导体是同一种材料时，$\ln(N_A/N_B)=0$，即 $E_{AB}(T,T_0)=0$。

（4）导体材料确定后，热电势的大小只与热电偶两端的温度有关。如果使 $E_{AB}(T_0)=$ 常数，则回路热电势 $E_{AB}(T,T_0)$ 就只与温度 T 有关，而且是 T 的单值函数，这就是利用热电偶测温的原理。

2.3.2 热电偶回路的性质

1. 均质导体定律

由一种均质导体组成的闭合回路，不论其导体是否存在温度梯度，回路中均没有电流（即不产生电动势）；反之，如果有电流流动，则此材料一定是非均质的，即热电偶必须采用两种不同材料作为电极。

2. 中间导体定律

一个由几种不同导体材料连接成的闭合回路，只要它们彼此连接的结点温度相同，则此回路各结点产生的热电势的代数和为零。

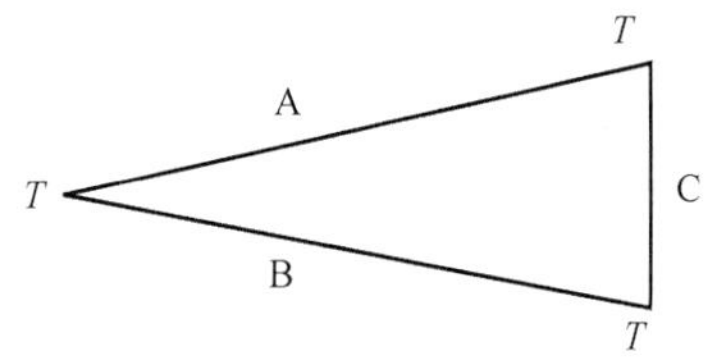

图 2-6 3 种不同导体组成的热电偶回路

如图 2-6 所示，由 A、B、C 3 种材料组成的闭合回路，有

$$E_{总}=E_{AB}(T)+E_{BC}(T)+E_{CA}(T)=0 \quad (2\text{-}10)$$

结论如下。

（1）将第三种材料 C 接入由 A、B 组成的热电偶回路，如图 2-7 所示，则图 2-7（a）中的 A、C 结点 2 与 C、A 的结点 3，均处于相同的温度 T_0 之中，此回路的总电势不变，即

$$E_{AB}(T_1,T_2)=E_{AB}(T_1)-E_{AB}(T_2) \quad (2\text{-}11)$$

同理，图 2-7（b）中 C、A 的结点 2 与 C、B 的结点 3，同处于温度 T_0 之中，此回路的电势为

$$E_{AB}(T_1,T_2)=E_{AC}(T_1)-E_{CB}(T_2) \quad (2\text{-}12)$$

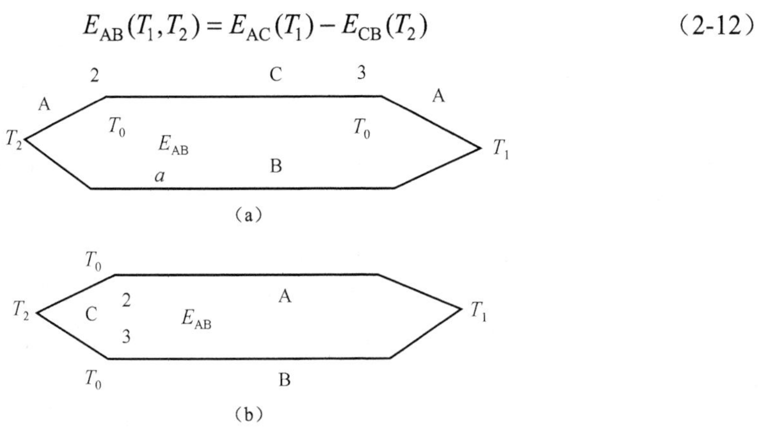

图 2-7 第三种材料接入热电偶回路

根据上述原理，可以在热电偶回路中接入电位计 E，只要保证电位计与连接热电偶处的结点温度相等，就不会影响回路中原来的热电势，接入的方式如图 2-8 所示。

（2）如果任意两种导体材料的热电势是已知的，它们的冷端和热端的温度又分别相等，如图 2-9 所示，它们相互间热电势的关系为

$$E_{AB}(T,T_0)=E_{AC}(T,T_0)+E_{CB}(T,T_0) \quad (2\text{-}13)$$

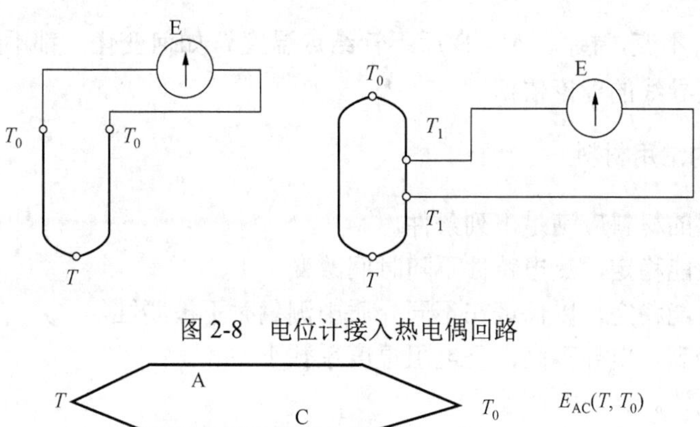

图 2-8　电位计接入热电偶回路

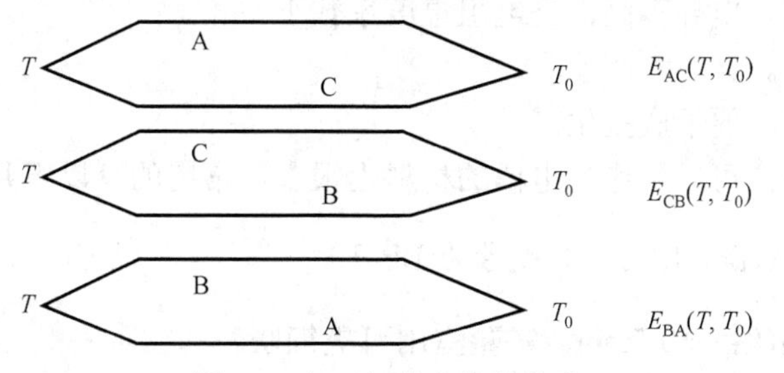

图 2-9　相互间热电势的关系

3. 中间温度定律

如果用两种不同的导体材料组成热电偶回路，其结点温度分别为 T_1、T_2，如图 2-10 所示，其热电势为 $E_{AB}(T_1,T_2)$；当结点温度为 T_2、T_3 时，其热电势为 $E_{AB}(T_2,T_3)$；当结点温度为 T_1、T_3 时，其热电势为 $E_{AB}(T_1,T_3)$，则有

$$E_{AB}(T_1,T_3)=E_{AB}(T_1,T_2)+E_{AB}(T_2,T_3) \tag{2-14}$$

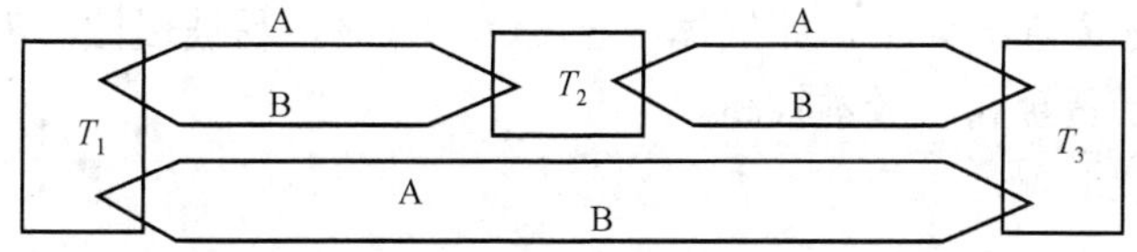

图 2-10　不同的导体材料组成热电偶回路

这就为当热电偶冷端温度不是零度时，如何分度提供了依据。例如，当 T_2=0℃时，有

$$\begin{aligned}E_{AB}(T_1,T_3) &= E_{AB}(T_1,0)+E_{AB}(0,T_3)\\ &= E_{AB}(T_1,0)-E_{AB}(T_3,0)=E_{AB}(T_1)-E_{AB}(T_3)\end{aligned} \tag{2-15}$$

当在原来热电偶回路中分别引入与导体材料 A、B 具有同样热电特性的材料 A′、B′ 时，如图 2-11 所示，即引入所谓补偿导线，当 $E_{AA'}(T_2)=E_{BB'}(T_2)$ 时，回路总电动势为

$$E_{AB}=E_{AB}(T_1)-E_{AB}(T_0) \tag{2-16}$$

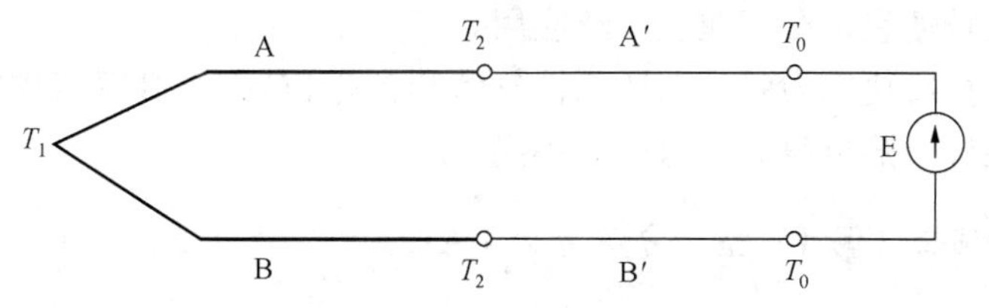

图 2-11　热电偶补偿导线接线原理

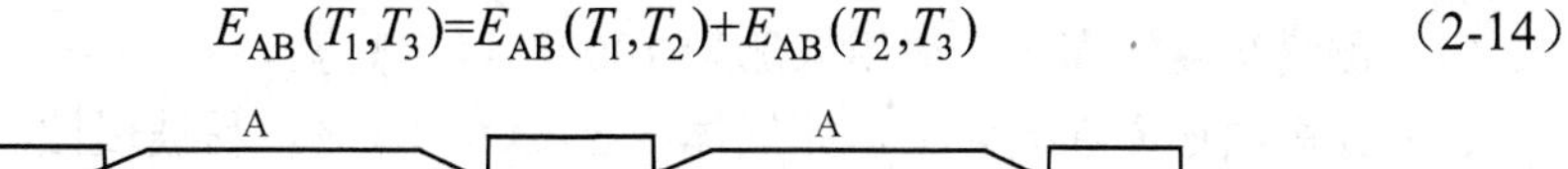

只要T_1、T_0不变，接入 A′、B′后不管结点温度T_2如何变化，都不影响总热电势。这便是引入补偿导线的理论依据。

2.3.3 热电偶的常用材料

制作热电偶的材料应满足下列条件。

（1）物理性能稳定，热电特性不随时间改变。

（2）化学性能稳定，以保证在不同介质中测量时不被腐蚀。

（3）热电势高，电导率高，且电阻温度系数小。

（4）便于制造。

（5）复现性好，便于成批生产。

根据上述要求，可以用作热电偶的材料也很多，常用的有以下几种。

1. 铂-铂铑热电偶（S 型，分度号为 LB-3）

工业用热电偶丝：ϕ0.5mm，实验室用可更细些。

正极：铂铑合金丝（90%铂和 10%铑）冶炼而成。

负极：铂丝。

测量温度：长期为 1300℃，短期为 1600℃。

其特点如下。

（1）材料性能稳定，测量准确度较高；可做成标准热电偶或基准热电偶。可作为校验热电偶。

（2）测量温度较高，一般用来测量 1000℃以上高温。

（3）在高温还原性气体中，如气体中含 CO、H_2等，易被侵蚀，需要用保护套管。

（4）材料属于贵金属，成本较高。

（5）热电势较弱。

2. 镍铬-镍硅（镍铝）热电偶（K 型，分度号为 EU-2）

工业用热电偶丝：ϕ1.2～ϕ2.5mm，实验室用可细些。

正极：镍铬合金（88.4%～89.7%镍，9%～10%铬，0.6%硅，0.3%锰，0.4%～0.7%钴）冶炼而成。

负极：镍硅合金（95.7%～97%镍，2%～3%硅，0.4%～0.7%钴）冶炼而成。

测量温度：长期为 1000℃，短期为 1300℃。

其特点如下。

（1）价格比较便宜，在工业上广泛应用。

（2）高温下抗氧化能力强，在还原性气体和含有 SO_2、H_2S 等气体中易被侵蚀。

（3）复现性好，热电势大，但精度不高。

3. 镍铬-考铜热电偶（E 型，分度号为 EA-2）

工业用热电偶丝：ϕ1.2～ϕ2mm，实验室用可更细些。

正极：镍铬合金。

负极：考铜合金（56%铜，44%镍）冶炼而成。

测量温度：长期为 600℃，短期为 800℃。

其特点如下。

（1）价格比较便宜，工业上广泛应用。

（2）在常用热电偶中它产生的热电势最大。

（3）气体硫化物对热电偶有腐蚀作用。考铜易氧化变质，适合在还原性或中性介质中使用。

4. 铂铑 30-铂铑 6 热电偶（B 型，分度号为 LL-2）

正极：铂铑合金（70%铂，30%铑）冶炼而成。

负极：铂铑合金（94%铂，6%铑）冶炼而成。

测量温度：长期为 1600℃，短期为 1800℃。

其特点如下。

（1）材料性能稳定，测量精度高。

（2）还原性气体中易被侵蚀。

（3）低温热电势极小，冷端温度在 50℃以下可不加补偿。

（4）成本高。

几种特殊用途的热电偶。

（1）铱和铱合金热电偶：如铱 50 铑-铱 10 铑热电偶能在氧化气氛中测量高达 2100℃的高温。

（2）钨铼热电偶：这是 20 世纪 60 年代发展起来的，是目前一种较好的高温热电偶，可使用在真空惰性气体介质或氢气介质中，但高温抗氧化能力差。国产钨铼-钨铼 20 热电偶使用温度范围为 300～2000℃，分度精度为 1%。

（3）金铁-镍铬热电偶：主要用于低温测量，可在 2～273K 范围内使用，灵敏度约为 10μV/℃。

（4）钯-铂铱 15 热电偶：这是一种高输出性能的热电偶，在 1398℃时的热电势为 47.255mV，比铂-铂铑 10 热电偶在同样温度下的热电势高出 3 倍，因而可配用灵敏度较低的指示仪表，常应用于航空工业。

（5）铁-康铜热电偶，分度号为 TK。灵敏度高，约为 53μV/℃，线性度好，价格便宜，可在 800℃以下的还原介质中使用。主要缺点是铁极易氧化。

（6）铜-康铜热电偶，分度号为 MK。该热电偶的热电势略高于镍铬-镍硅热电偶，约为 43μV/℃。复现性好，稳定性好，精度高，价格便宜。缺点是铜易氧化，广泛用于 20～473K 的低温测量中。

2.3.4 常用热电偶的结构

1. 工业用热电偶结构

图 2-12 所示为典型工业用热电偶结构示意图。它由热电偶丝、绝缘套管、保护套管及接线盒等部分组成。在实验室使用时，也可不装保护套管，以减小热惯性。

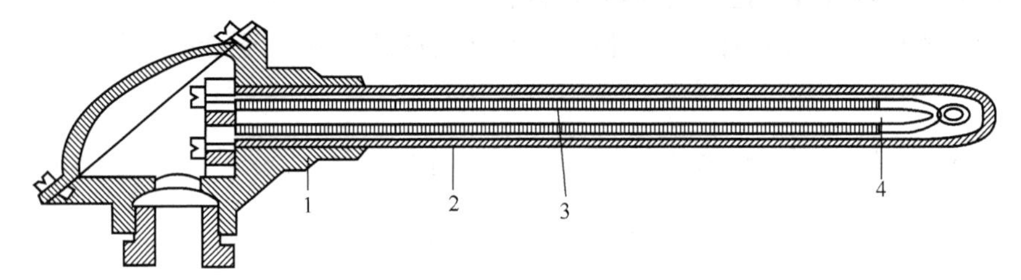

1—接线盒；2—保护套管；3—绝缘套管；4—热电偶丝。

图 2-12 工业用热电偶结构示意图

2. 铠装式热电偶

铠装式热电偶（又称套管式热电偶），断面结构如图 2-13 所示。它由热电偶丝、绝缘材料、金属套管三者拉细组合成一体，又由于它的热端形状不同，可分为碰底型、不碰底型、露头型和帽型 4 种形式。优点是小型化（直径为 0.25～12mm）、热惯性小、使用方便。测温范围在 1100℃以下的有镍铬-镍硅、镍铬-考铜铠装式热电偶。

3. 薄膜热电偶

用真空蒸镀等方法将两种热电极材料蒸镀到绝缘板上可形成薄膜热电偶，如图 2-14 所示。其热结点极薄（0.01～0.1μm），因此，特别适用于对壁面温度的快速测量。安装时，用黏结剂将它粘贴在被测物体壁面上。目前我国试制的有铁-镍、铁-康铜和铜-康铜 3 种，尺寸为 60mm×6mm×0.2mm，绝缘基板用云母、陶瓷片、玻璃及酚醛塑料纸等；测温范围在 300℃以下；反应时间仅为几毫秒（ms）。

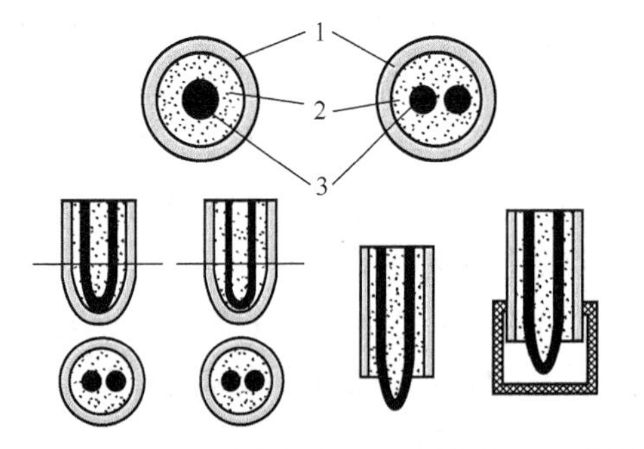

（a）碰底型 （b）不碰底型 （c）露头型 （d）帽型

1—金属套管；2—绝缘材料；3—热电偶丝。

图 2-13 铠装式热电偶断面结构

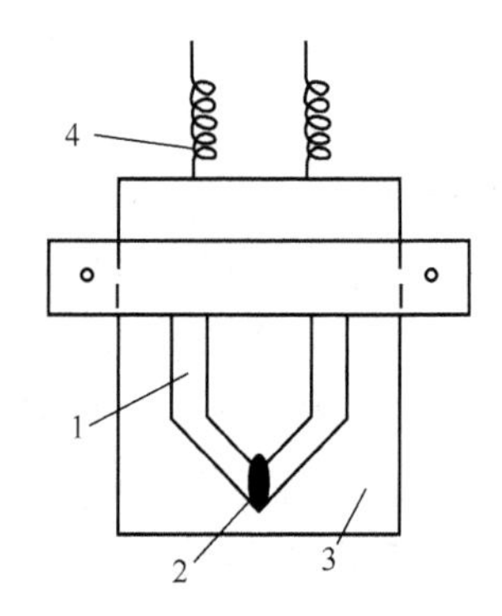

1—热电偶丝；2—热结点；3—绝缘基板；4—引出线。

图 2-14 快速反应薄膜热电偶结构

4. 微型热电偶

图 2-15 所示为一种测量钢水温度的热电偶。它是用直径为 0.05～0.lmm 的铂铑 10–铂铑 30 热电偶装在 U 型石英管中，注入高温绝热水泥，外面再用钢帽保护。这种热电偶使用一次就焚化，但它的优点是热惯性小，只要注意它的动态标定，测量精度可达±5～±7℃。

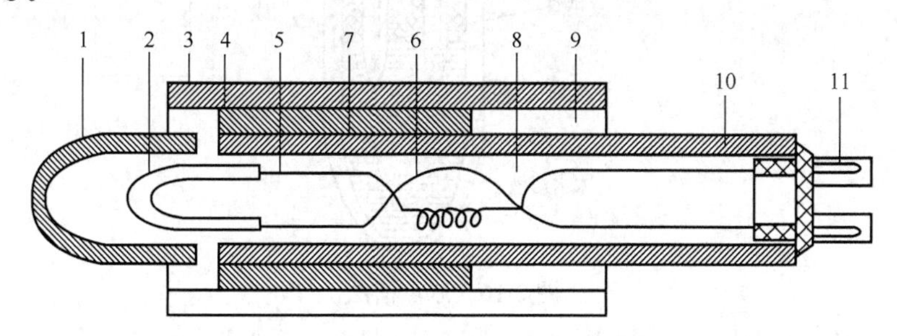

1—钢帽；2—石英；3—纸环；4—绝热水泥；5—冷端；6—补偿导线；7—绝缘纸管；8—棉花；9—套管；10—塑料插座；11—簧片与引出线。

图 2-15　微型热电偶的结构

2.3.5　热电偶的冷端处理及补偿

热电偶需要冷端处理及补偿的原因有以下两点。

（1）热电偶热电势的大小是热端和冷端温度的函数差，为保证输出热电势是被测温度的单值函数，必须使冷端温度保持恒定。

（2）热电偶分度表给出的热电势是以冷端温度 0℃为依据的；否则会产生误差。

进行冷端处理及补偿的方法有冰点槽法、计算修正法、补正系数法、零点迁移法、冷端补偿器法和软件处理法等。

1. 冰点槽法

把热电偶的参比端置于冰水混合物容器里，使 T_0=0℃。这种办法仅限于科学实验中使用。为了避免冰水导电引起两个连接点短路，必须把连接点分别置于两个玻璃试管里，浸入同一冰点槽，使其相互绝缘，如图 2-16 所示。

2. 计算修正法

利用公式，用普通室温计算出参比端实际温度 T_H，查表修正，即

$$E_{AB}(T,T_0)=E_{AB}(T,T_H)+E_{AB}(T_H,T_0) \tag{2-17}$$

例2-1　用铜–康铜热电偶测某一温度 T，参比端在室温环境 T_H 中，测得热电动势 $E_{AB}(T,T_H)$ =1.999mV，又用室温计测出 T_H =21℃，查此种热电偶的分度表可知，$E_{AB}(21,0)$ =0.832mV，故得

$$\begin{aligned}E_{AB}(T,0)&=E_{AB}(T,21)+E_{AB}(21,T_0)\\&=(1.999+0.832)\text{mV}\\&=2.831\text{mV}\end{aligned}$$

再次查分度表，与 2.831mV 对应的热端温度为 T=68℃。

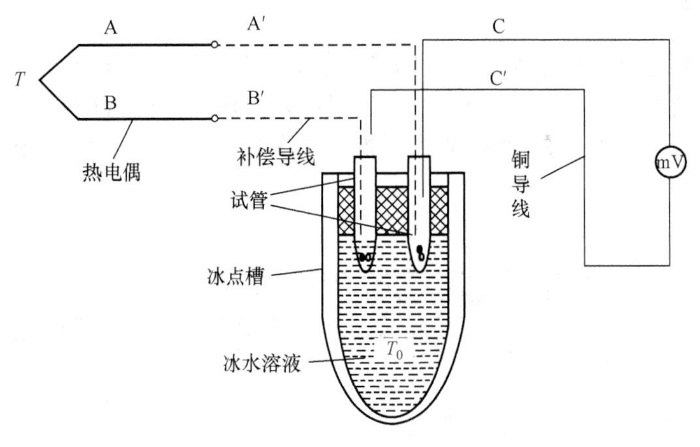

图 2-16 冰点槽法

3. 补正系数法

把参比端实际温度 T_H 乘上系数 k，加到由 $E_{AB}(T,T_H)$ 查分度表所得的温度上，即为被测温度 T。用公式表示为

$$T = T' + kT_H \tag{2-18}$$

式中 T'——参比端在室温下热电偶电势与分度表上对应的某个温度；

T_H——室温；

k——补正系数。

例 2-2 用铂铑 10-铂热电偶测温，已知冷端温度 T_H=35℃，这时热电动势为 11.348mV。查 S 型热电偶的分度表，得出与此相应的温度 T'=1150℃。再从表 2-5 中查出与 1150℃对应的补正系数 k=0.53。于是，被测温度为

$$T=(1150+0.53\times35)℃=1168.3℃$$

用这种办法稍简单些，比使用计算修正法的误差可能大点，但不大于 0.14%。

表 2-5 热电偶补正系数

温度 T'/℃	补正系数 k	
	铂铑 10-铂（S）	镍铬-镍硅（K）
100	0.82	1.00
200	0.72	1.00
300	0.69	0.98
400	0.66	0.98
500	0.63	1.00
600	0.62	0.96
700	0.60	1.00
800	0.59	1.00

续表

温度 T/℃	补正系数 k	
	铂铑 10-铂（S）	镍铬-镍硅（K）
900	0.56	1.00
1000	0.55	1.07
1100	0.53	1.11
1200	0.53	—
1300	0.52	—
1400	0.52	—
1500	0.53	—
1600	0.53	—

4. 零点迁移法

应用领域：冷端不是 0℃，但十分稳定（如恒温车间或有空调的场所）。

实质：在测量结果中人为地加一个恒定值，因为冷端温度稳定不变，电动势 $E_{AB}(T_H,0)$ 是常数，利用指示仪表上调整零点的办法，加上某个适当的值而实现补偿。

例 2-3　用动圈仪表配合热电偶测温时，如果把仪表的机械零点调到室温 T_H 的刻度上，在热电动势为零时，指针指示的温度值并不是 0℃而是 T_H。热电偶的冷端温度已经是 T_H，则只有当热端温度 $T=T_H$ 时，才能使 $E_{AB}(T,T_H)=0$，这样，指示值就和热端的实际温度一致了。这种办法非常简便，而且一劳永逸，只要冷端温度总保持在 T_H 不变，指示值就永远正确。

5. 冷端补偿器法

利用不平衡电桥产生的热电势补偿热电偶因冷端温度变化而引起热电势的变化即为冷端补偿器法。不平衡电桥由 R_1、R_2、R_3（锰铜丝绕制）、R_{Cu}（铜丝绕制）4 个桥臂和桥路电源组成，如图 2-17 所示。

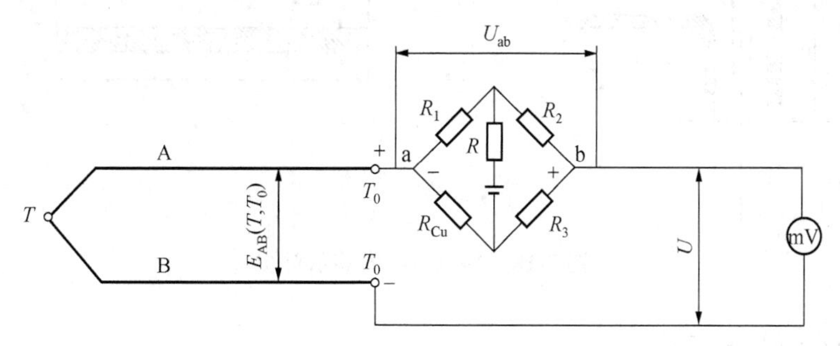

图 2-17　冷端补偿器电路

设计时，在 0℃下使电桥平衡（$R_1=R_2=R_3=R_{Cu}$），此时 $U_{ab}=0$，电桥对仪表读数无影响。供电 4V 直流，在 0～40℃或−20～20℃的范围起补偿作用。

注意：① 不同材质的热电偶所配的冷端补偿器，其中的限流电阻 R 不一样，互换时必须重新调整。

② 桥臂 R_{Cu} 必须与热电偶的冷端靠近，使其处于同一温度之下。

6. 软件处理法

对于计算机系统，不必全靠硬件进行热电偶冷端处理。例如，冷端温度恒定但不为0℃的情况，只需在采样后加一个与冷端温度对应的常数即可。

对于 T_0 经常波动的情况，可利用热敏电阻或其他传感器把 T_0 信号输入计算机，按照运算公式设计一些程序，便能自动修正。后一种情况必须考虑输入的采样通道中除了热电动势外还应该有冷端温度信号，如果多个热电偶的冷端温度不相同，还要分别采样，若占用的通道数太多，宜利用补偿导线把所有的冷端接到同一温度处，只用一个冷端温敏传感器和一个修正 T_0 的输入通道即可。

2.3.6 热电偶的选择与使用

1. 热电偶的选择、安装和使用

应该根据被测介质的温度、压力、介质性质、测温时间长短来选择热电偶和保护套管。其安装地点要有代表性，安装方法要正确。图 2-18 所示是将热电偶安装在管道上常用的两种方法。在工业生产中，热电偶常与毫伏表联用或与电子电位差计联用，后者精度较高，且能自动记录。另外，也可通过温度变送器放大后再接指示仪表，或作为控制用的信号。

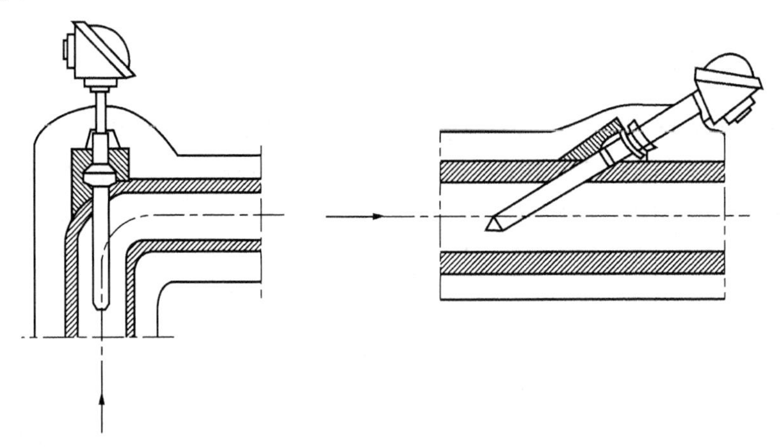

图 2-18　热电偶的安装示意图

2. 热电偶的定期校验

热电偶使用一段时间之后，应该进行校验，以保证热电偶的准确性。校验方法是将标准热电偶与被校验热电偶装在同一校验炉中进行对比，误差超过规定允许值的为不合格。图 2-19 所示为热电偶校验装置示意图，最佳校验方法可通过查阅有关标准获得。

工业热电偶的允许偏差如表 2-6 所示。

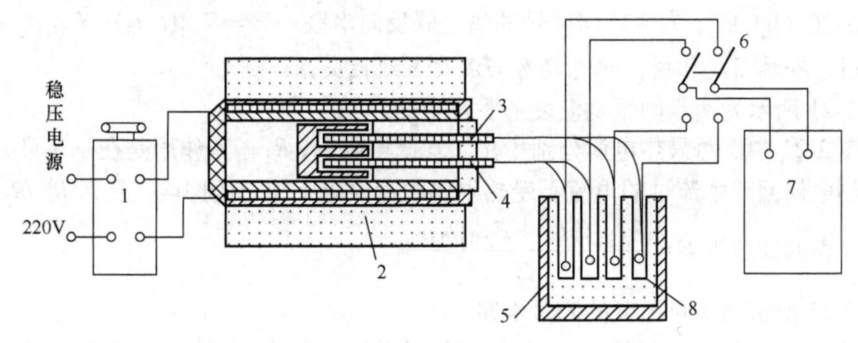

1—调压变压器；2—管式电炉；3—标准热电偶；4—被校热电偶；
5—冰瓶；6—切换开关；7—测试仪表；8—试管。

图 2-19　热电偶校验装置示意图

表 2-6　工业热电偶的允许偏差

热电偶分度号	校验温度/℃	热电偶允许偏差/℃			
		温度	偏差	温度	偏差
LB-3	600，800，1000，1200	0～600	±2.4	>600	占所测热电势的±0.4%
EU-2	400，600，800，1000	0～400	±4	>400	占所测热电势的±0.75%
EA-2	300，400，600	0～300	±4	>300	占所测热电势的±1%

2.3.7　热电偶的典型应用

1. 热电偶的测温线路

图 2-20 所示为常用的两点间温度测量电路。

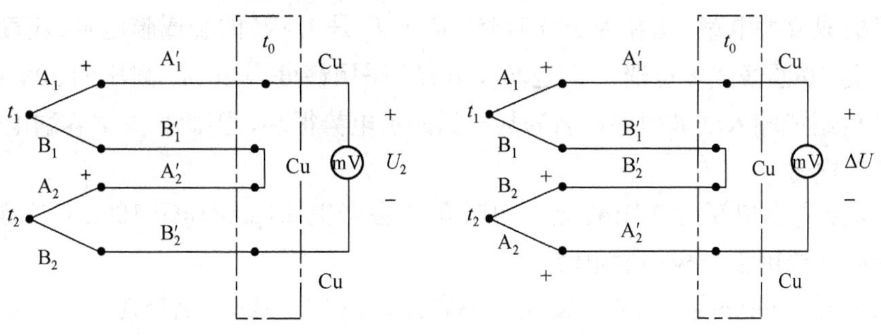

(a) 两点间温度之和测量电路　　(b) 两点间温度之差测量电路

图 2-20　两点间的温度测量电路

图 2-20（a）所示为两只同型号的热电偶正向串联：$E = E_{AB}(t_1,t_0) + E_{AB}(t_2,t_0)$。

图 2-20（b）所示为两只同型号的热电偶反向串联：$E = E_{AB}(t_1,t_0) - E_{AB}(t_2,t_0)$。

注意： 冷端温度相同；热电动势与温度呈线性关系。

图 2-21 所示为两点间平均温度的测量电路。

在图 2-21 中，两只热电偶分别串接了均衡电阻 R_1、R_2，其作用是在 t_1、t_2 不相等时，使每只热电偶回路中流过的电流不受热电偶本身内阻不相等的影响，所以 R_1、R_2 的阻值很大。仪表的读数为 $E = \dfrac{E_{AB}(t_1,t_0) + E_{AB}(t_2,t_0)}{2}$。

图 2-22 所示为多点温度的测量电路。

通过波段开关，可以用一台显示仪表分别测量多点温度。这种连接方法要求每只热电偶型号相同，测量范围不能超过仪表指示量程，热电偶的冷端处于同一温度下。多点测量电路多用于自动巡回检测，可以节约测量经费。

2. 热电偶的基本放大电路

热电偶的输出电压极小，其值为每摄氏度几十微伏（μV/℃）。因此，要采用低失调运算放大器进行电压放大。合适的运算放大器种类很多，而且价格便宜，较易选择，主要是外围元器件的选用。

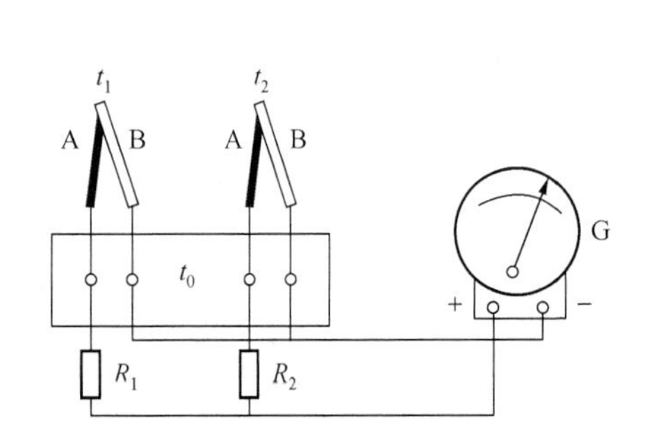

图 2-21　两点间平均温度的测量电路

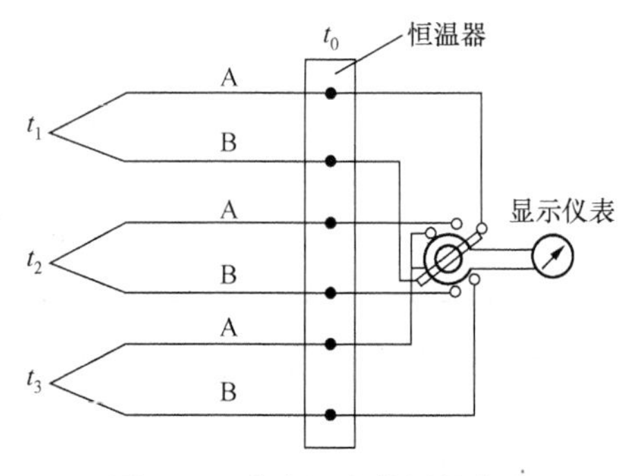

图 2-22　多点温度的测量电路

图 2-23 所示为 K 型热电偶放大电路。电路中，运算放大器选用 AD OP07 型，它与周围电阻构成放大电路，增益为 240.9445；$R_1 \sim R_3$ 是 1/4W 的金属膜电阻，精度为 20%；R_{P_1} 和 R_{P_2} 是 10 圈线绕电位器；C_1 是滤波电容，采用精度为 20%、耐压为 50V 的电解电容，它与 R_3 组成输入滤波电路。因为热电偶的热电势很小，因此如果电容漏电较大，就会产生漂移电压。

例如，若 C_1 漏电流为 0.1μA，则在电阻 R_3 上会产生 0.1μA×1kΩ=100mV 的漂移电压。因此，有必要选用漏电极小的电容。

由 K 型热电偶分度表可知，K 型热电偶在 0℃时产生的热电势为 0mV，600℃时产生的热电势为 24.902mV。如果用 R_{P_1} 设置运算放大器的增益为 240.94，则 0℃时运算放大器的输出电压为 0V，600℃时运算放大器的输出电压为 6.0V。

热电偶的特性都是非线性的。在各类热电偶中，K 型热电偶的线性是最好的，温度在 0～600℃时，最大非线性误差为 1%。因此，使用热电偶时，都要进行线性化处理。

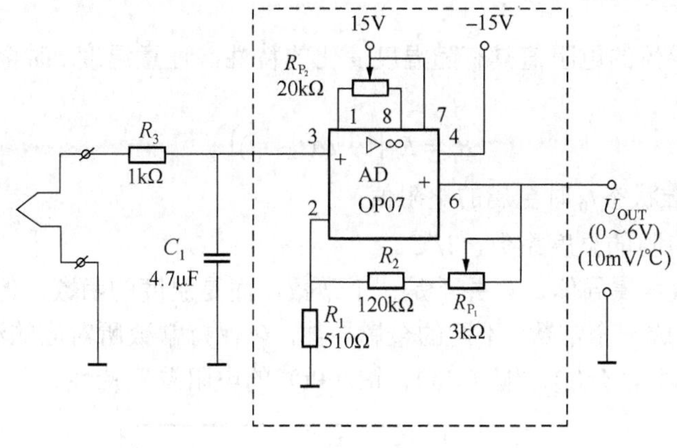

图 2-23　K 型热电偶放大电路

2.4　热电阻

热电阻是利用金属导体的电阻值随温度变化而变化的原理把温度变化转换为电阻变化的装置。目前，制造热电阻应用最多的金属材料是铂和铜，也有采用镍、锰和铑等材料的，但使用得较少。金属热电阻的主要特点是测量精度高，性能稳定。其中铂热电阻的测量精确度最高，它不仅广泛应用于工业测温，而且被制成标准的基准仪。金属热电阻一般适用于-200～500℃的温度测量。常用热电阻的性能指标如表 2-7 所示。

表 2-7　常用热电阻的性能指标

名称		分度号	温度范围	温度为 0℃时阻值 R_0/Ω	电阻比 R_{100}/R_0	主要特点
标准热电阻	铂电阻	Pt10	-200～850℃	10±0.01	1.385±0.001	测量精度高，稳定性好，可作为基准仪器
		Pt50		50±0.05	1.385±0.001	
		Pt100		100±0.1	1.385±0.001	
	铜电阻	Cu50	50～150℃	50±0.05	1.428±0.002	稳定性好，价格低，但体积大，机械强度较低
		Cu100		100±0.1	1.428±0.002	
	镍电阻	Ni100	-60～180℃	100±0.1	1.617±0.003	灵敏度高，体积小，但稳定性和复制性较差
		Ni300		300±0.3	1.617±0.003	
		Ni500		500±0.5	1.617±0.003	
低温热电阻	铟电阻		3.4～90K	100		材质软，易变形
	铑铁热电阻		2～300K	20，50，100	$R_{4.2k}/R_{273k}$≈0.07	灵敏度高，长期稳定性和复制性较差
	铂钴热电阻		2～100K	100	$R_{4.2k}/R_{273k}$≈0.07	热响应好，力学性能好

2.4.1 热电阻的工作原理

大多数金属导体的电阻值具有随温度变化的特性，任意温度 t 时金属的电阻值可表示为

$$R_t = R_0\left[1+\alpha(t-t_0)\right] \tag{2-19}$$

式中 R_0——基准状态 t_0 时金属的电阻值；

α——热电阻的温度系数，1/℃。

对于绝大多数金属导体，α 并不是一个常数，而是温度的函数，但在一定的温度范围内，可近似地看成一个常数。不同的金属导体，α 保持常数所对应的温度范围也不同。图 2-24 所示为金属镍（Ni）、铜（Cu）、铂（Pt）的电阻温度特性。

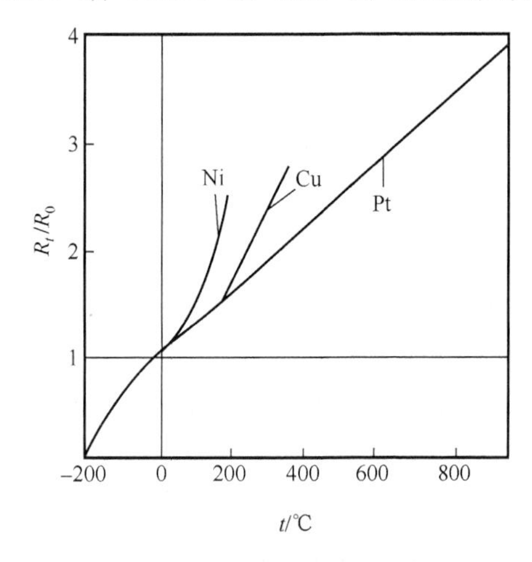

图 2-24 几种金属的电阻温度特性曲线

1. 铂热电阻

铂是一种较理想的热电阻材料，它的物理、化学性能在高温和氧化性介质中很稳定，并且在很宽的温度范围内都可以保持良好的特性。铂热电阻中的铂丝纯度用电阻比 W_{100} 来表示，它是铂热电阻在 100℃时的阻值 R_{100} 与 0℃时的阻值 R_0 之比。按国际电工委员会（IEC）标准，工业用铂热电阻的 W_{100}>1.385。因此，铂不仅在工业上作为测温元件，而且还作为温度标准。铂热电阻与温度之间的关系可以近似表示成以下形式。

在−190～0℃范围内为

$$R_t = R_0\left[1+At+Bt^2+C(t-100)t^3\right] \tag{2-20}$$

在 0～630.755℃范围内为

$$R_t = R_0(1+At+Bt^2) \tag{2-21}$$

式中 R_t，R_0——温度为 t 和 0℃时的电阻值；

A，B，C——常数。

铂的 W_{100}=1.391 时，A=3.968 47×10^{-3}/℃，B=−5.847×10^{-3}/℃，C=−4.22×10^{-12}/℃；铂

的$W_{100}=1.389$时，$A=3.948\ 51\times10^{-3}$/℃，$B=-5.851\times10^{-7}$/℃，$C=-4.04\times10^{-12}$/℃。

从式（2-20）可以看出，热电阻在温度t时的电阻值与R_0有关，温度t和电阻值R_t呈非线性。目前，我国规定工业用铂热电阻有$R_0=10\Omega$和$R_0=100\Omega$两种，它们的分度号分别为Pt10和Pt100，其中以Pt100最为常用。通常将铂热电阻的阻值与温度的对应关系制作成分度表，即R_t-t的关系表，这样在实际应用中，只要测得铂热电阻的阻值R_t，便可从分度表上查出对应的温度值。

由于铂为贵金属，价格较高，因此铂热电阻一般用于高精度工业测量或作为标准电阻温度计。在一般测量精度和测量范围较小时可采用铜热电阻。

2. 铜热电阻

铜丝在-50～150℃时性能很稳定，电阻与温度的关系可表示为

$$R_t = R_0(1 + At + Bt^2 + Ct^3) \tag{2-22}$$

式中 R_t，R_0——温度为t和0℃时的阻值；

A，B，C——常数，分别为$4.288\ 99\times10^{-3}$/℃、-2.133×10^{-7}/℃、1.233×10^{-9}/℃。

铜的温度特性也可表示为

$$R_t=R_0(1+\alpha t) \tag{2-23}$$

式中 α——铜热电阻的电阻温度系数，$\alpha=4.28\times10^{-3}$/℃。

铜热电阻的两种分度号分别为Cu50（$R_0=50\Omega$）和Cu100（$R_0=100\Omega$）。铜热电阻的缺点是电阻率低，电阻体积较大，热惯性大，而且易于氧化，不适合在有腐蚀性的介质中或高温下工作，故一般只用于150℃以下、无水分和无侵蚀性的低温环境中。

3. 其他热电阻

金属铁和镍的电阻温度系数较铂和铜高，电阻率也较大，故可做成体积小、灵敏度高的电阻温度计。但缺点是易氧化，不易提纯，且电阻值与温度的关系是非线性的，仅用于测量-50～100℃的温度，目前应用较少。铟电阻适宜在-269～-258℃使用，测量精度高，灵敏度高，是铂电阻的10倍，但重现性差。锰电阻适宜在-271～-210℃使用，灵敏度高；但脆性大，易损坏。碳电阻适宜在-273～-268.5℃使用，热容量小，灵敏度高，价格低廉，操作简便；但是热稳定性较差。

2.4.2 热电阻的结构

如图2-25所示，热电阻主要由电阻体、绝缘套管和接线盒等组成。电阻体的主要组成部分为电阻丝、骨架、引出线等。

1. 电阻丝

由于铂的电阻率较大，而且相对机械强度较大，通常铂丝的直径范围为（0.03～0.07）mm±0.005mm，单层绕制。若铂丝较细，电阻体可做得较小，但强度较低；若铂丝较粗，虽强度较大，但电阻体较大，热惰性也较大，成本较高。由于铜的机械强度

较低，电阻丝的直径需较大，一般为（0.1±0.005）mm 的漆包铜线或丝包线分层绕在骨架上，并涂上绝缘漆。由于铜的电阻率较低，故可以重叠多层绕制，一般多用双绕法，即两根丝平行绕制，在末端把两个头焊接起来。这样工作电流从一根电阻丝进入，从另一根电阻丝反向出来，形成两个电流方向相反的线圈，其磁场方向相反，产生的电感互相抵消，故又称无感绕法。这种双绕法也有利于引线的引出。

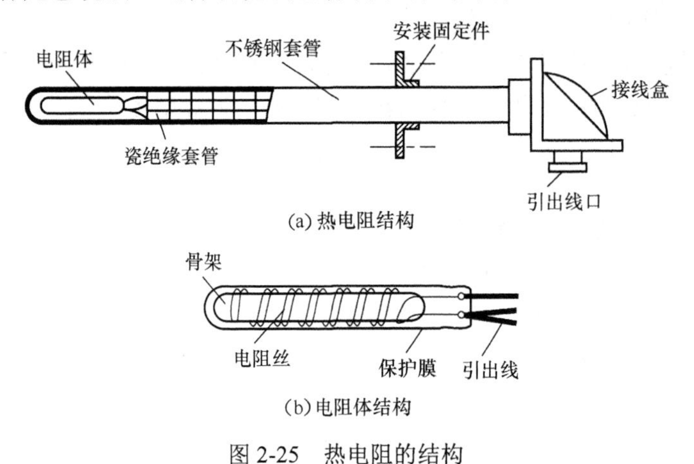

图 2-25 热电阻的结构

2. 骨架

热电阻丝是绕制在骨架上的，骨架用来支持和固定电阻丝。骨架应使用电绝缘性能较好，高温下机械强度较高，体膨胀系数较小，物理、化学性较稳定，对热电阻丝无污染的材料制造，常用的材料有云母、石英、陶瓷、玻璃和塑料等。

3. 引出线

引出线的直径应当比热电阻丝大几倍，以减小引出线的电阻，增加引出线的机械强度和连接的可靠性。对于工业用的铂热电阻，一般采用 1mm 的银丝作为引出线。对于标准的铂热电阻则可采用 0.3mm 的铂丝作为引出线。对于铜热电阻则常用 0.5mm 的铜线。

在骨架上绕制好热电阻丝，并焊好引线之后，在其外面加上云母片进行保护，再装入外保护套管中，并和接线盒或外部导线相连接，即成为热电阻传感器。

2.4.3 热电阻测量电路

热电阻传感器的测量电路一般采用精度较高的电桥电路。由于工业用热电阻安装在生产现场，离控制室较远，因此热电阻的引出线对测量结果有较大影响。为了减小或消除引出线电阻随环境温度变化而造成的测量误差，常采用三线和四线连接法，如图 2-26 和图 2-27 所示。其中，R_1、R_2、R_3为固定电阻；R_a为调零电阻；r_1、r_2、r_3、r_4均为导线补偿电阻。三线式接法和四线式接法中都要求接在相邻桥臂上的r_1和r_2的长度和温度系数相等，这样电阻的变化不影响电桥的状态；三线式接法中R_a的触点会导致电桥零点的不稳定，而四线式接法中触点的不稳定不会破坏电桥的平衡。

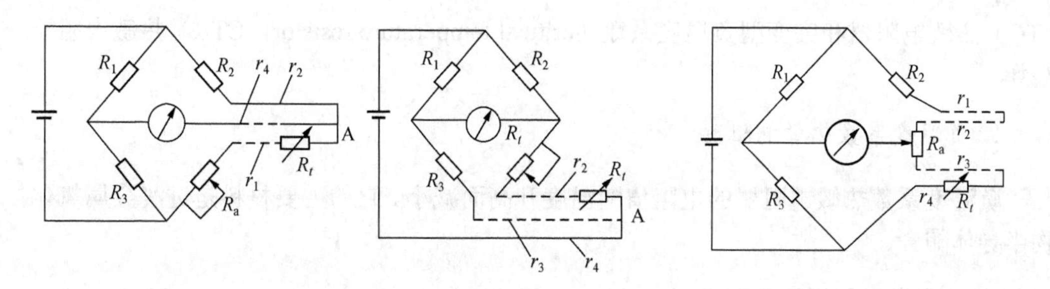

图 2-26　热电阻测温电桥的三线连接法　　　图 2-27　热电阻测温电桥的四线连接法

热电阻式传感器性能稳定，测量范围宽，精度也高，特别是在低温测量中得到广泛的应用。其缺点是需要辅助电源，热容量大，限制了其在动态测量中的应用。为避免热电阻中流过电流的加热效应，在设计电桥时，应使流过热电阻的电流尽可能地小，避免温度升高太多，影响测量精度，一般电流应小于 10mA。

2.4.4　热电阻的典型应用

图 2-28 所示电路是一种恒温器控制电路，可用于检测印制电路板上功率晶体管周围的温度。

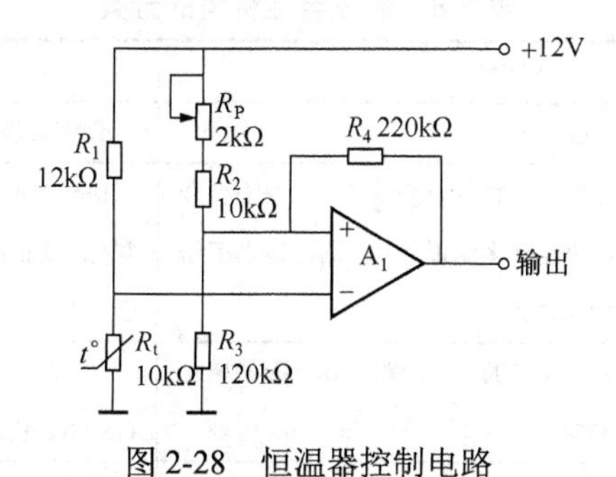

图 2-28　恒温器控制电路

在图 2-28 中，R_t 为铂电阻。当功率晶体管周围温度低于 60℃时，A_1 的同相输入端电位（由 R_P、R_2、R_3 分压确定）高于反相输入端，A_1 输出高电平；温度超过 60℃时，则 R_t 阻值增大到 123.24Ω（0℃时为 100Ω），A_1 的反相输入端电位高于同相输入端，A_1 输出变为低电平，从而控制有关电路进行温度调节。

2.5　热敏电阻

热敏电阻是利用半导体材料的电阻率随温度变化而变化的性质制成的。热敏电阻体积小，对温度变化的响应速度快，在许多场合（−40～350℃）热敏电阻已被广泛应用。

2.5.1　热敏电阻的分类

按热敏电阻的阻值与温度的关系，可将热敏电阻分为负温度系数（negative temperature coefficient，NTC）热敏电阻器、正温度系数（positive temperature coefficient，

PTC）热敏电阻器和突变型负温度系数（critical temperature resistor，CTR）热敏电阻器3类。

1. 负温度系数热敏电阻器

负温度系数热敏电阻器的电阻值随温度升高而减小。它的主要材料是过渡金属氧化物半导体陶瓷。

2. 正温度系数热敏电阻器

正温度系数热敏电阻器的电阻值随温度升高而增大。它的主要材料是掺杂 $BaTiO_3$ 的半导体陶瓷。

3. 突变型负温度系数热敏电阻器

突变型负温度系数热敏电阻器的电阻值在某特定温度范围内随温度升高而降低3～4个数量级，即具有很大的负温度系数。其主要材料是 VO_2 并添加一些金属氧化物。

表2-8列出了不同热敏电阻器使用的电阻材料。

表2-8 热敏电阻材料的分类

大分类	小分类		代表示例
NTC	单晶	金刚石、Ge、Si	金刚石热敏电阻
	多晶	迁移金属氧化物复合烧结体、无缺陷型金属氧化物烧结体多结晶单体、固溶体型多结晶氧化物SiC系	Mn、Co、Ni、Cu、Al氧化物烧结体；ZrY氧化物烧结体；还原性 TiO_3、Ge、Si、Ba、Co、Ni氧化物；溅射SiC薄膜
	玻璃	Ge、Fe、V（钒）等的氧化物；硫硒碲化合物；玻璃	V、P、Ba 氧化物；Fe、Ba、Cu 氧化物；Ge、N、K氧化物；$(As_2Se_3)_{0.8}$、$(Sb_2SeI)_{0.2}$
	有机物	芳香族化合物、聚酰亚釉	表面活性添加剂
	液体	电解质溶液、熔融硫硒碲化合物	水玻璃；As、Se、Ge系
PTC	无机物	$BaTiO_3$ 系；Zn、Ti、Ni氧化物系；Si系；硫硒碲化合物	（Ba、Sr、Pb）TiO_3 烧结体
	有机物	石墨系、有机物	石墨、塑料、石蜡、聚乙烯、石墨
	液体	三乙烯醇混合物	三乙烯醇、水、NaCl
CTR		V、Ti氧化物系；Ag_2S、AgCu、ZnCdHg、$BaTiO_3$ 单晶	V、P、（Ba、Sr）氧化物；Ag_2S-CuS

2.5.2 热敏电阻的结构

热敏电阻主要由热敏探头、壳体、引线3部分组成，如图2-29（a）所示。热敏电阻的图形符号如图2-29（b）所示。

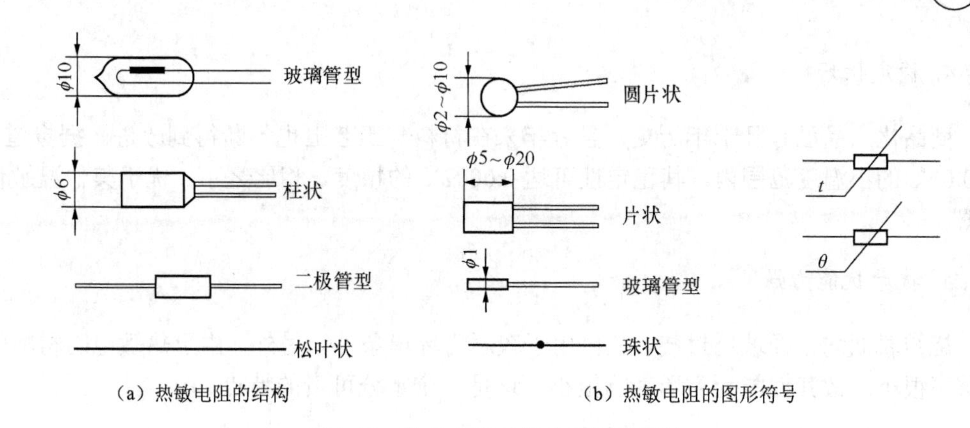

图 2-29　热敏电阻的结构及图形符号

图 2-30 所示为测量物体表面温度时热敏电阻器的安装方式。

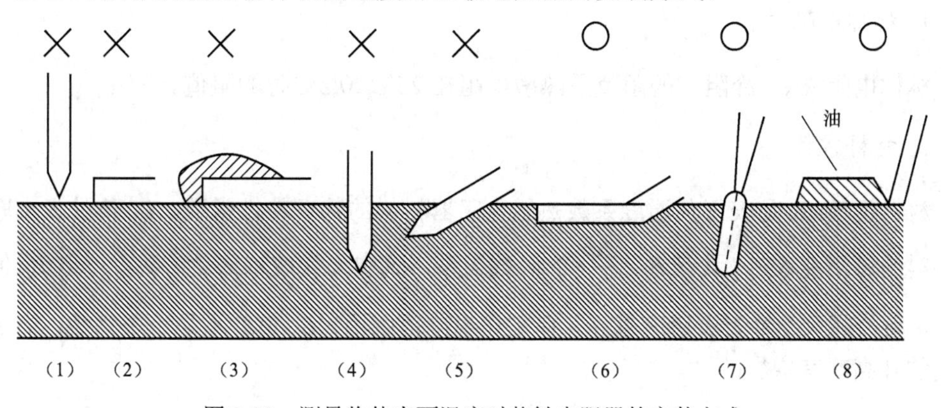

图 2-30　测量物体表面温度时热敏电阻器的安装方式

2.5.3　热敏电阻的特点

1. 电阻温度系数的范围宽

有正、负温度系数和在某一特定温度区域内阻值突变的 3 种热敏电阻元件。电阻温度系数的绝对值为金属的 10～100 倍。

2. 材料加工容易

可根据使用要求加工成各种形状，特别是能够做到小型化。目前，最小的珠状热敏电阻其直径仅为 0.2mm。

3. 阻值在 1～10MΩ 可供选择

使用时，一般可不必考虑线路引线电阻的影响；由于其功耗小，故不需采取冷端温度补偿，所以适合远距离测温和控温使用。

4. 稳定性好

商品化产品已有几十年历史，且近年来在材料与工艺上也不断得到改进。据报道，在 0.01℃的小温度范围内，其稳定性可达 0.0002℃的精度，相比之下，优于其他温敏传感器。

5. 抗干扰能力强

烧结表面均已经玻璃封装，故可用于较恶劣环境条件。另外，由于热敏电阻材料的迁移率很小，故其性能受磁场影响很小，这是一个十分可贵的特点。

2.5.4 热敏电阻的基本参数

1. 标称电阻 R_{25}

标称电阻 R_{25}（冷阻）的阻值是热敏电阻在 25℃±0.2℃时的阻值。

2. 材料常数

材料常数 B_N 是表征负温度系数热敏电阻器材料的物理特性常数。B_N 值的大小取决于材料的激活能 ΔE，具有 $B_N=\dfrac{\Delta E}{2k}$ 的函数关系，式中 k 为玻尔兹曼常数。一般 B_N 值越大，电阻值越大，绝对灵敏度越高。在工作温度范围内，B_N 值并不是一个常数，而是随温度的升高略有增加的。

3. 电阻温度系数

电阻温度系数（%/℃）是指热敏电阻的温度变化 1℃时电阻值的变化率。

4. 耗散系数

耗散系数 H 是指热敏电阻器温度变化 1℃所耗散的功率变化量。在工作范围内，当环境温度变化时，H 值随之变化，其大小与热敏电阻的结构、形状和所处介质的种类及状态有关。

5. 时间常数

热敏电阻器在零功率测量状态下，当环境温度突变时，电阻器的温度变化量从开始到最终变化量的 63.2%所需的时间（τ）。它与热容量 C 和耗散系数 H 之间的关系为 $\tau = C/H$ 。

6. 最高工作温度

最高工作温度（T_{max}）是指热敏电阻器在规定的技术条件下长期连续工作所允许的

最高温度，即 $T_{max} = T_0 + \frac{P_E}{H}$（$T_0$ 为环境温度；P_E 为环境温度为 T_0 时的额定功率；H 为耗散系数）。

7. 最低工作温度

最低工作温度（T_{min}）是指热敏电阻器在规定的技术条件下能长期连续工作的最低温度。

8. 转变点温度

转变点温度（T_c）是指热敏电阻器的电阻-温度特性曲线上的拐点温度，主要指正电阻温度系数热敏电阻和临界温度热敏电阻。

9. 额定功率

额定功率（P_E）是指热敏电阻器在规定的条件下，长期连续负荷工作所允许的消耗功率。在此功率下，它自身温度不应超过 T_{max}。

10. 测量功率

测量功率（P_0）是指热敏电阻器在规定的环境温度下，受到测量电流加热而引起的电阻值变化不超过 0.1%时所消耗的功率，即 $P_0 \leqslant \frac{H}{1000\alpha_{tn}}$。

11. 工作点电阻

工作点电阻（R_G）是指在规定的温度和正常气候条件下，施加一定的功率后使电阻器自热而达到某一给定的电阻值。

12. 工作点耗散功率

工作点耗散功率（P_G）是指电阻值达到 R_G 时所消耗的功率，即 $P_G = \frac{U_G^2}{R_G}$（U_G 为电阻器达到热平衡时的端电压）。

13. 功率灵敏度

功率灵敏度（K_G）是指热敏电阻器在工作点附近消耗 1mW 功率时所引起电阻值的变化，即 $K_G = R / P$。在工作范围内，K_G 随环境温度的变化略有改变。

14. 稳定性

稳定性是指热敏电阻在各种气候、机械、电气等使用环境中，保持原有特性的能力。它可用热敏电阻器的主要参数变化率来表示。最常用的是以电阻值的年变化率或对应的温度变化率来表示。

15. 热电阻值 R_H

热电阻值 R_H 是指旁热式热敏电阻器在加热器上通过给定的工作电流时，电阻器达到热平衡状态时的电阻值。

16. 加热器电阻值 R_r

加热器电阻值 R_r 是指旁热式热敏电阻器的加热器在规定环境温度条件下的电阻值。

17. 最大加热电流

最大加热电流 I_{max} 是指旁热式热敏电阻器上允许通过的最大电流。

18. 标称工作电流

标称工作电流 I 是指在环境温度为 25℃时，旁热式热敏电阻器的电阻值被稳定在某一规定值时加热器内的电流。

19. 标称电压

标称电压是稳压热敏电阻器在规定温度下标称工作电流所对应的电压值。

20. 元件尺寸

元件尺寸是指热敏电阻器的截面积 A、电极间距离 L 和直径 d。

2.5.5 热敏电阻的特性

1. 热敏电阻器的电阻-温度特性

图 2-31 所示为各类热敏电阻器的电阻值随温度变化的特性曲线（R_T-T）。

1）负电阻温度系数热敏电阻器的温度特性

NTC 的电阻-温度关系的一般数学表达式为

$$R_T = R_{T_0} \exp B_N\left(\frac{1}{T}-\frac{1}{T_0}\right),\quad \ln R_T = B_N\left(\frac{1}{T}-\frac{1}{T_0}\right)+\ln R_{T_0} \tag{2-24}$$

式中 R_T，R_{T_0}——温度为 T、T_0 时热敏电阻器的电阻值；

B_N——NTC 热敏电阻的材料常数。

测试结果表明，不管是由氧化物材料还是由单晶体材料制成的 NTC 热敏电阻器，在不太宽的温度范围内（小于 450℃），都能利用式（2-24），但这仅是一个经验公式。

如果以 $\ln R_T$、$1/T$ 分别作为纵坐标和横坐标，则式（2-24）是一条斜率为 B_N、通过点（$1/T$，$\ln R_T$）的直线，如图 2-32 所示。

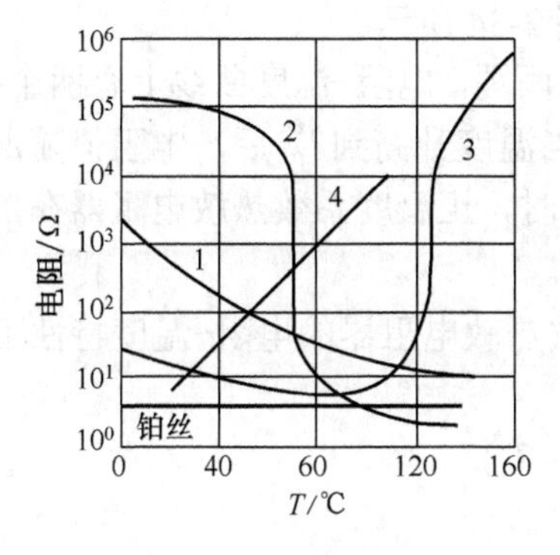

1—NTC；2—CTR；3，4—PTC。

图 2-31 热敏电阻器的电阻-温度特性曲线

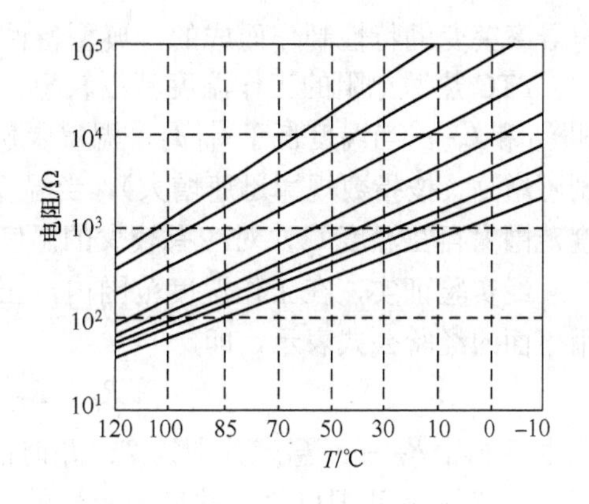

图 2-32 NTC 热敏电阻器的电阻-温度曲线

当材料不同或材料配方的比例不同时，B_N 也不同。用 $\ln R_T$ -1/T 曲线表示负电阻温度系数热敏电阻-温度特性曲线，在实际应用中比较方便。

为了使用方便，常取环境温度 25℃作为参考温度（即 T_0=25℃），则 NTC 热敏电阻器的电阻-温度关系式为

$$\frac{R_T}{R_{25}} = \exp B_N\left(\frac{1}{T} - \frac{1}{298}\right) \qquad (2\text{-}25)$$

图 2-33 所示为式（2-25）的图形表示，表 2-9 列出了 R_T/R_{25} 与 B_N 的系数。

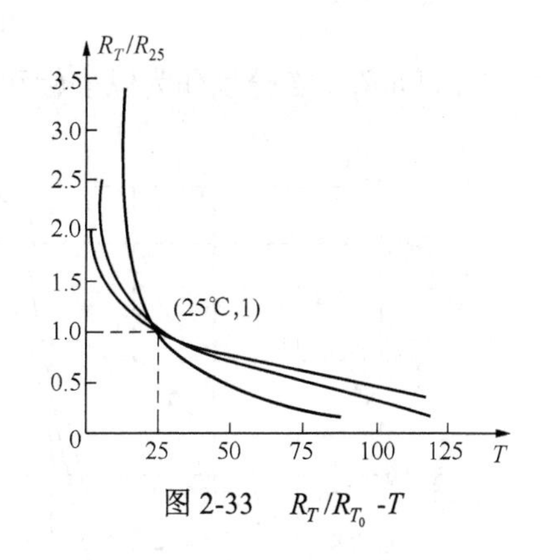

图 2-33 R_T/R_{T_0} -T

表 2-9 R_T/R_{25} 与 B_N 系数表

B_N	R_T/R_{25}					
	R_{20}/R_{25}	R_0/R_{25}	R_{50}/R_{25}	R_{75}/R_{25}	R_{100}/R_{25}	R_{150}/R_{25}
2200	3.175	1.963	0.565	0.347	0.227	0.113
2600	4.720	2.221	0.500	0.288	0.173	0.076
2800	5.319	2.362	0.483	0.259	0.149	0.062
3000	5.993	2.512	0.458	0.236	0.132	0.051
3200	6.751	2.671	0.435	0.214	0.115	0.042
3400	7.609	2.840	0.413	0.194	0.101	0.034
3600	8.6571	3.020	0.392	0.176	0.088	0.028
3800	9.660	3.211	0.372	0.160	0.077	0.023
4000	10.88	3.414	0.354	0.146	0.067	0.019
5000	19.77	4.642	0.273	0.092	0.034	0.007

2）正电阻温度系数热敏电阻器的电阻-温度特性

正电阻温度系数热敏电阻是利用正温度热敏材料在居里点附近，结构发生相变引起

电导率突变的特性制作而成的，典型特性曲线如图 2-34 所示。

PTC 热敏电阻的工作温度范围较窄，在工作区两端，电阻-温度曲线上有两个拐点，即T_{p1}和T_{p2}。当温度低于T_{p1}时，温度灵敏度低；当温度升高到T_{p1}后，电阻值随温度值剧烈增高（按指数规律迅速增大）；当温度升到T_{p2}时，正温度系数热敏电阻器在工作温度范围内存在温度T_c，对应有较大的温度系数α_{tp}。

经实验证实，在工作温度范围内，正温度系数热敏电阻器的电阻-温度特性可近似用下面的经验公式表示，即

$$R_T = R_{T_0} \exp B_P (T - T_0) \tag{2-26}$$

式中 R_T，R_{T_0}——温度分别为T、T_0时的电阻值；

B_P——正温度系数热敏电阻器的材料常数。

若对式（2-26）取对数，则得

$$\ln R_T = B_P (T - T_0) + \ln R_{T_0} \tag{2-27}$$

以$\ln R_T$、T分别作为纵坐标和横坐标，便得到图 2-35。

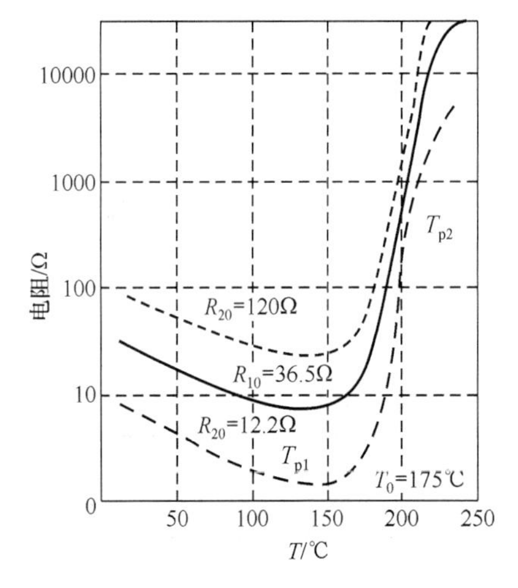

图 2-34 PTC 热敏电阻器的电阻-温度特性曲线

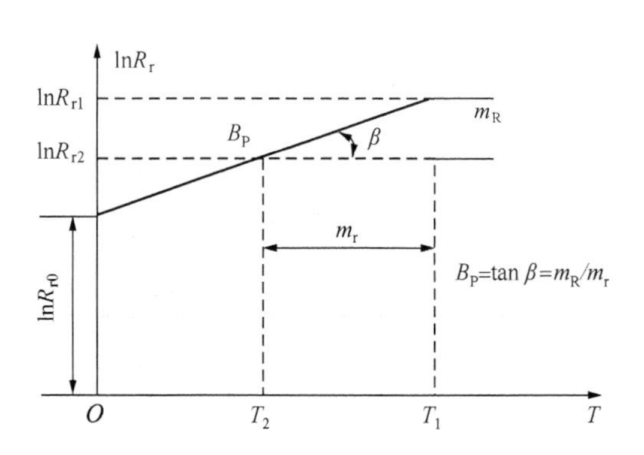

图 2-35 使用$\ln R_T$-T特性曲线表示的 PTC 热敏电阻器电阻-温度特性曲线

若对式（2-27）微分，可得 PTC 热敏电阻的电阻温度系数为

$$\alpha_{tP} = \frac{1}{R_T}\frac{dR_T}{dT} = \frac{B_P R_{T_0} \exp B_P (T - T_0)}{R_{T_0} \exp B_P (T - T_0)} = B_P \tag{2-28}$$

可见，正温度系数热敏电阻器的电阻温度系数α_{tP}，正好等于它的材料常数B_P的值。

2. 热敏电阻器的伏安特性

热敏电阻器伏安特性表示在热敏电阻器和周围介质热平衡时（即元件上的电功率和耗散功率相等）两端的电压和通过电流（U-I）的互相关系。

1）负温度系数（NTC）热敏电阻器的伏安特性

图 2-36 所示为 NTC 热敏电阻器的静态伏安特性曲线。

该曲线是在环境温度为 T_0 时的静态介质中测出的静态 U-I 曲线。

热敏电阻器的端电压 U_T 和通过它的电流 I 有以下关系，即

$$U_T = IR_T = IR_0 \exp B_N\left(\frac{1}{T}-\frac{1}{T_0}\right) = IR_0 \exp B_N\left(\frac{\Delta T}{T-T_0}\right) \tag{2-29}$$

式中　T_0——环境温度；

ΔT——热敏电阻的温升。

2）正温度系数（PTC）热敏电阻器的伏安特性

图 2-37 所示为 PTC 热敏电阻器的静态伏安特性曲线，与 NTC 热敏电阻器一样，曲线的起始段为直线，其斜率与热敏电阻器在环境温度下的电阻值相等。这是因为流过电阻器的电流很小时，耗散功率引起的温升可以忽略不计。当热敏电阻器温度超过环境温度时，引起电阻值增大，曲线开始弯曲。

当电压增至 U_m 时，存在一个电流最大值 I_m；如果电压继续增加，则由温升引起的电阻值的增加速度将超过电压的增加速度，电流反而减小，即曲线斜率由正变负。

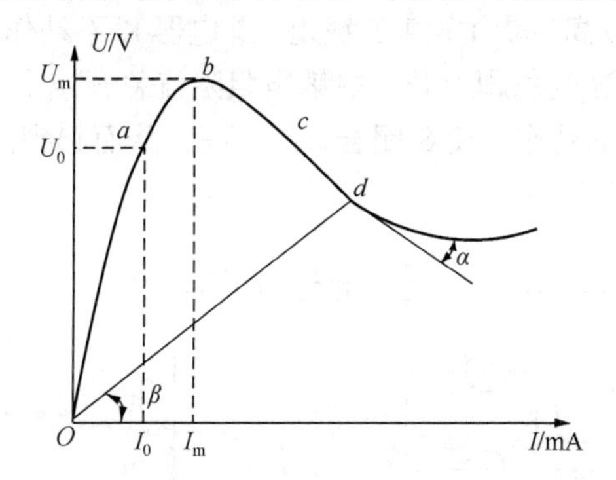

图 2-36　NTC 热敏电阻器的静态伏安特性曲线

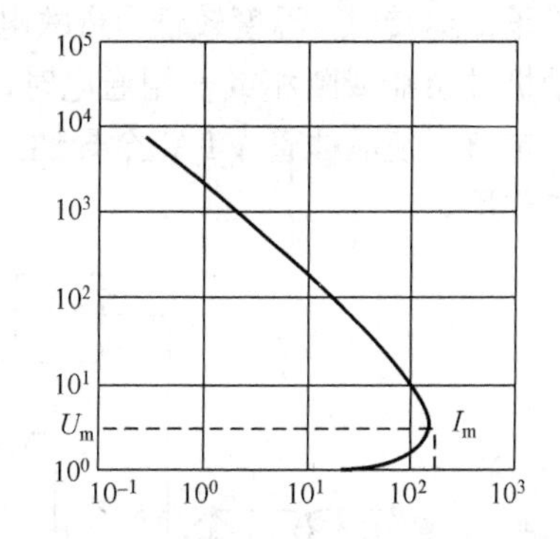

图 2-37　PTC 热敏电阻器的静态伏安特性曲线

3. 热敏电阻器的功率-温度特性

使用功率-温度特性（P_T-T）描述热敏电阻器的电阻体与外加功率之间的关系，该特性与电阻器所处的环境温度、介质种类和状态等相关。

4. 热敏电阻器的动态特性

热敏电阻器的电阻值变化完全是由热现象引起的，因此，它的变化必然有时间上的滞后现象。这种电阻值随时间变化的特性，叫作热敏电阻器的动态特性。

动态特性种类如下。

（1）周围温度变化所引起的加热特性。

（2）周围温度变化所引起的冷却特性。

（3）热敏电阻器通电加热所引起的自热特性。

当热敏电阻器由温度 T_0 增加到 T_u 时，其电阻值 R_{T_u} 随时间 t 的变化规律为

$$\ln R_{T_u} = \frac{B_N}{T_u - (T_u - T_0)\exp(-t/\tau)} - \frac{B_N}{T_a} + \ln R_{T_a} \tag{2-30}$$

式中：R_{T_u}——时间为 t 时，热敏电阻的阻值；

T_0——环境温度；

T_u——介质温度（$T_u > T_0$）；

R_{T_a}——温度为 T_a 时，热敏电阻器的电阻值；

t——时间。

当热敏电阻由温度 T_u 冷却到 T_0 时，其电阻值 R_{T_u} 与时间的关系为

$$\ln R_{T_u} = \frac{B_N}{(T_u - T_0)\exp(-t/\tau)} - \frac{B_N}{T_a} + \ln R_{T_a} \tag{2-31}$$

2.5.6 热敏电阻的典型应用

图 2-38 所示为 NTC 热敏电阻应用在电动机过热保护装置中的电路。把 3 只特性相同的 NTC 热敏电阻（如 RRC6 型，阻值在 20℃时为 10kΩ；100℃时为 1kΩ；110℃时为 0.6kΩ）放置在电动机内绕组旁，紧靠绕组，每相各放置一只，用万能胶固定。当电动机正常运转时，温度较低，热敏电阻阻值较高，晶体管 VT 截止，继电器 K 不动作。当电动机过负荷或断相或一相通电时，电动机温度急剧上升，热敏电阻阻值急剧减小，小到一定值，使晶体管 VT 完全导通，继电器 K 动作，使 S 闭合，红灯亮，从而起到提示保护作用。

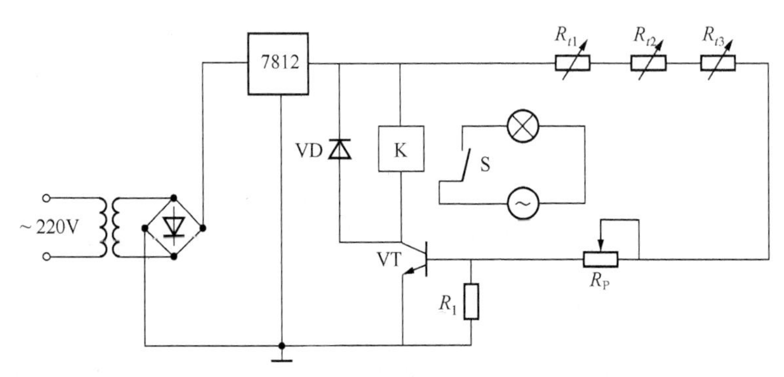

图 2-38 电动机过热保护电路

2.6 集成温敏传感器

集成温敏传感器是将感温元件、转换电路、驱动电路、信号处理电路等集成在一个芯片上，具有输出线性好、测量精度高、组件体积小、使用方便、价格便宜等特点，在测温技术中得到越来越广泛的应用。

集成温敏传感器主要分为电压输出型集成温敏传感器、电流输出型集成温敏传感器和数字输出型集成温敏传感器。

（1）电压型集成温敏传感器是将温敏传感器基准电压、缓冲放大器集成在同一芯片

上制成一个四端器件。因器件有放大器，故输出电压高，线性输出为 10mV/℃。另外，由于其具有输出阻抗低的特性，抗干扰能力强，特别适用于工业现场测量。

（2）电流型集成温敏传感器是把线性集成电路和薄膜工艺元器件集成在同一芯片上，再通过激光修版微加工技术制造出性能优良的测温传感器。这种传感器的输出电流正比于热力学温度，即 1μA/K；其次，因电流型输出为恒流，所以传感器具有高输出阻抗，其值可达 10MΩ，特别适用于远距离传输。

（3）数字输出型集成温敏传感器是将温度传感元器件和转换电路集成在同一芯片上，直接输出数字量的测温器件。其体积一般很小巧，特别适用于便携式设备。

2.6.1　电压输出型集成温敏传感器

AN6701S 是日本松下公司生产的电压输出型集成温敏传感器，它有 4 个引脚，3 种连线方式，如图 2-39 所示。图 2-39（a）所示为正电源供电；图 2-39（b）所示为负电源供电；图 2-39（c）所示为输出极性颠倒。

电阻 R_C 用来调整 25℃以下的输出电压，使其等于 5V，R_C 的阻值在 3～30kΩ 范围内。这时灵敏度可达 109～110mV/℃，在-10～80℃范围内误差不超过±1℃。

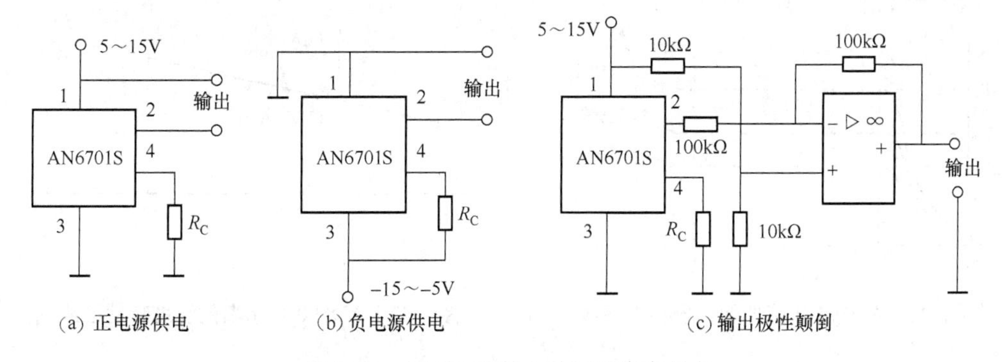

图 2-39　AN6701S 的 3 种不同连线方式

-10～80℃时，R_C 的值与输出特性曲线如图 2-40 所示。AN6701S 有很好的线性，非线性误差不超过 0.5%。若在 25℃时借助 R_C 将输出电压调整到 5V，则 R_C 的值为 3～30kΩ，相应的灵敏度为 109～110mV/℃。校准后，在-10～80℃范围内，误差不超过±1℃。这种集成温敏传感器在静止空气中的时间常数为 24s，在流动空气中为 11s。电源电压在 5～15V 间变化，所引起的测温误差一般不超过±2℃。整个集成电路的电流值一般为 0.4mA，最大不超过 0.8mA（R_L =∞时）。

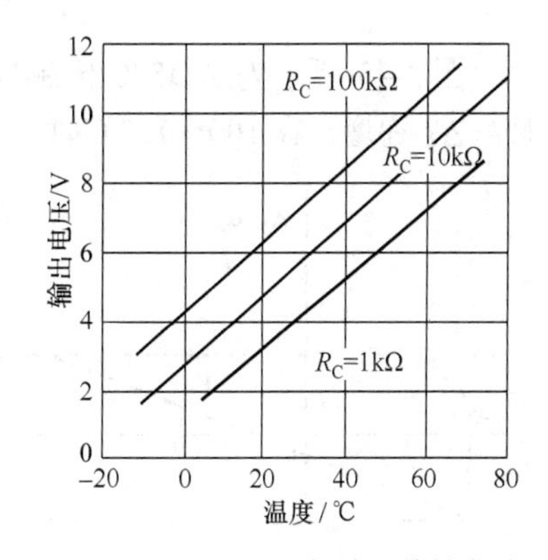

图 2-40　AN6701S 的输出特性曲线

2.6.2　电流输出型集成温敏传感器

电流输出型集成温敏传感器的典型代表是 AD590。

1. 伏安特性

图 2-41 所示为 AD590 传感器的伏安特性曲线。

工作电压：4～30V，I 为一个恒流值输出，$I \propto T_K$，即

$$I = K_T T_K$$

式中 K_T——标定因子，AD590 的标定因子为 1μA/℃。

2. 温度特性

AD590 传感器的温度特性曲线函数是以 T_K 为变量的 n 阶多项式之和，省略非线性项后有

$$I = K_T T_C + 273.2 \qquad (2\text{-}32)$$

式中 T_C——摄氏温度。

I 的单位为 μA。

可见，当温度为 0℃时，输出电流为 273.2μA，如图 2-42 所示。在常温 25℃时，标定输出电流为 298.2μA。

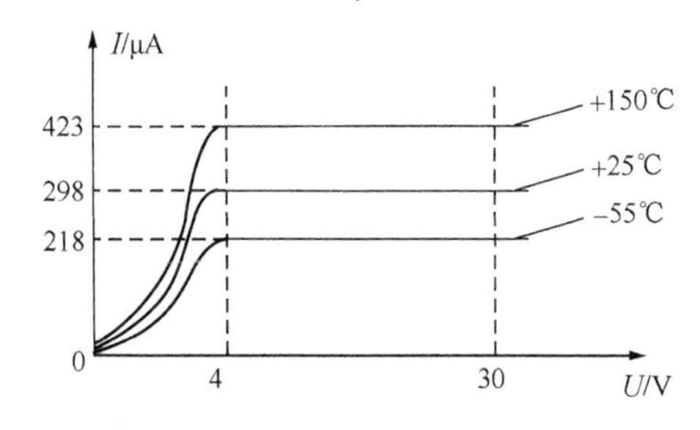

图 2-41 AD590 传感器的伏安特性曲线

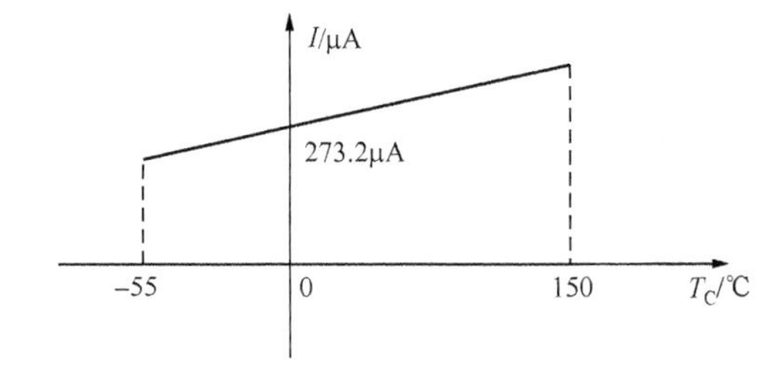

图 2-42 AD590 传感器的温度特性曲线

3. 非线性误差

图 2-43 所示为 AD590 传感器的非线性误差曲线。由图 2-43 可见，在−55～100℃时，ΔT 递增；在 100～150℃时，ΔT 递降。ΔT 最大可达|±3|℃，最小 ΔT <0.3℃，按级别分等。

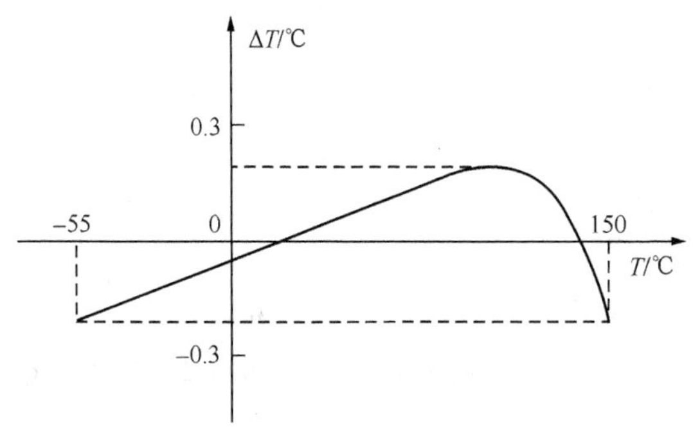

图 2-43 AD590 传感器的非线性误差曲线

在实际应用中，ΔT 通过硬件或软件进行补偿校正，使测温精度达±0.1℃。其次，AD590 传感器恒流输出，具有较好的抗干扰抑制比和高输出阻抗。当电源电压由+5V 向+10V 变化时，其电流变化仅为 0.2μA/V。长时间漂移最大为±0.1℃，反向基极漏电流小于 10pA。

4. AD590 传感器应用

在实际中，可使用 AD590 型传感器进行深井长线传输测温，并能对测温曲线的非线性误差进行校正。使用 AD590 传感器作为测温传感器时，传输电缆可达 1000m 以上，主要是因 AD590 传感器本身具有恒流、高阻抗输出特性，输出阻抗达 10MΩ。1000m 的铜质电缆，其直流阻值约为 150Ω。所以，电缆的影响是微乎其微的。实验证明，接入 1000m 电缆后的测量值与不接入电缆的测量值相差值小于 0.1℃。这一变化值是在规定的测温精度范围内的。长线传输摄氏温度测量的典型电路如图 2-44 所示。

由图 2-44 可得

$$U_1 = K_T T_K R_T \tag{2-33}$$

设 R_T =1kΩ，K_T 为标定因子（1μA/K），则有

$$U_1 = \frac{1\text{mV}}{KT_K}$$

因 VS 为 1.25V 稳压管，经 R_2、R_P 分压，取 U_2=273.2mV，放大倍数 A=10；于是有摄氏温度-电压（T_C-U）转换公式，即

$$U_0=(U_1-U_2)A=1\text{mV}\cdot T_C A=10\text{mV}/℃\cdot T_C \tag{2-34}$$

当 t=−55℃时，U_0=−550mV。

当 t=+150℃时，U_0=+1500mV。

此电路只要运算放大器漂移小，性能稳定，R_T 取 0.1%精密电阻，加上对 AD590 传感器的自身非线性补偿后，测温精度在测温范围内可达 0.1℃。对于标定因子 K_T 的离散性，可通过调节 R_P 来调整，R_P 为精密电位器。

在实际测温曲线中，需要进行测温曲线的非线性误差校正。若未经过校正，曲线如图 2-45 所示。

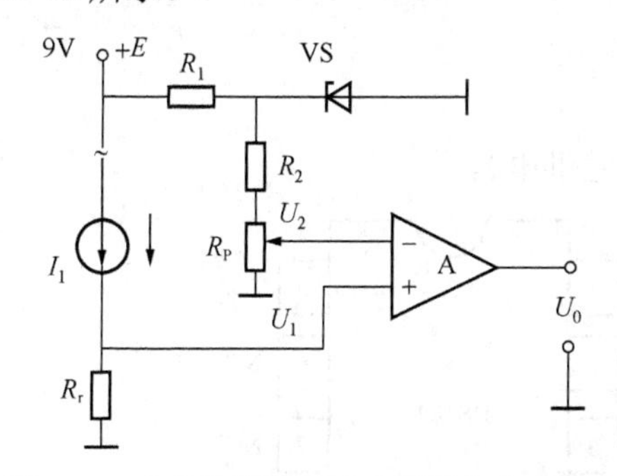

图 2-44　长线传输摄氏温度测量的典型电路

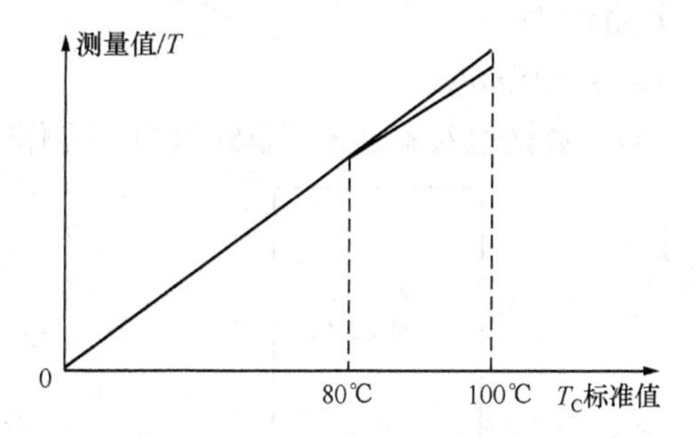

图 2-45　未经校正的测量误差曲线

0～100℃温域曲线是上升的，是由 AD590 传感器本身的非线性所致，在−55～100℃时，ΔT 是递增的；在 100～150℃时，ΔT 是递减的，即 $\frac{\Delta U_0}{\Delta T}$=$F$（≤1），$F$ 为测温电路的标定因子。

要使整个测温曲线有良好的线性关系，就要使 F=1，采取的办法是利用双积分 A/D 转换线性特性曲线，对曲线分段校正，线性双积分 A/D 转换的基本公式为

$$N_2=\frac{N_1}{U_{标}}U_{输入} \tag{2-35}$$

N_1是固定值，$U_{标}$是反向积分时所加的标准电压，实际上$N_1/U_{标}$为一个常数，故该公式为$N_2-U_{输入}$的线性关系式。如果由AD590传感器的非线性产生的$U_{输入}$值偏高，要使N_2保持不变，只要减小$U_{标}$的值，即可使曲线得到提升；反之，增加$U_{标}$值，曲线就会下降。

在实际电路中，是改变双积分转换器的参考电压 U_{REF} 的值来使测温读数值得到修正的。这种办法补偿了AD590传感器的非线性误差，提高了测量精度。

2.6.3 数字输出型集成温敏传感器

美国DALLAS公司生产的DS1820单总线数字温敏传感器，可把温度信号直接转换成串行数字信号供微机处理。由于每个DS1820芯片含有唯一的串行序列号，所以在一条总线上可挂接任意多个DS1820芯片。从DS1820芯片读出的信息或写入DS1820的信息，仅需要一根接口线（单总线接口）。读写及温度变换功率来源于数据总线，总线本身也可以向所挂接的DS1820芯片供电，而无须额外电源线。

1. DS1820芯片的特性

DS1820 芯片的特性如下：单线接口，即仅需一根接口线与微处理器连接；由总线提供电源；测温范围为-55～125℃，精度为0.5℃；9位温度读数；A/D变换时间为200ms；用户可以任意设置温度上、下限报警值。

2. DS1820芯片引脚

DS1820芯片的引脚及功能如图2-46所示。

GND：地。

U_{DD}：电源电压。

I/O：数据输入输出脚（单线接口，可作寄生供电）。

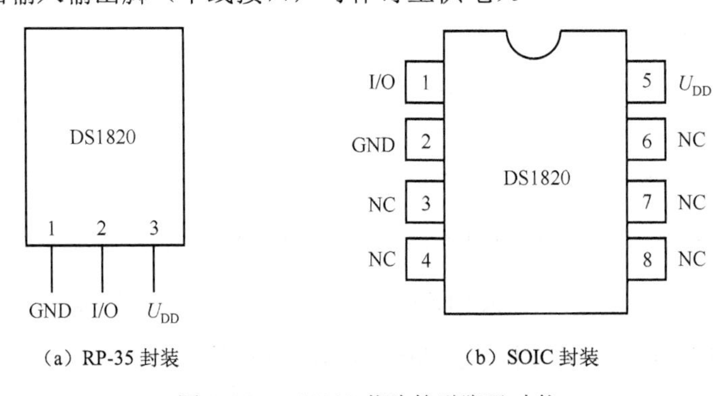

（a）RP-35封装　（b）SOIC封装

图2-46 DS1820芯片的引脚及功能

3. DS1820 芯片的工作原理

图 2-47 所示为 DS1820 芯片的内部结构，主要包括寄生电源、温敏传感器、64 位激光 ROM 单线接口、存放中间数据的存储器，用于存储用户设定的温度上、下限值的 TH 和 TL 触发器，存储器与控制逻辑、8 位循环冗余校验码（cyclic redundancy check，CRC）发生器等。

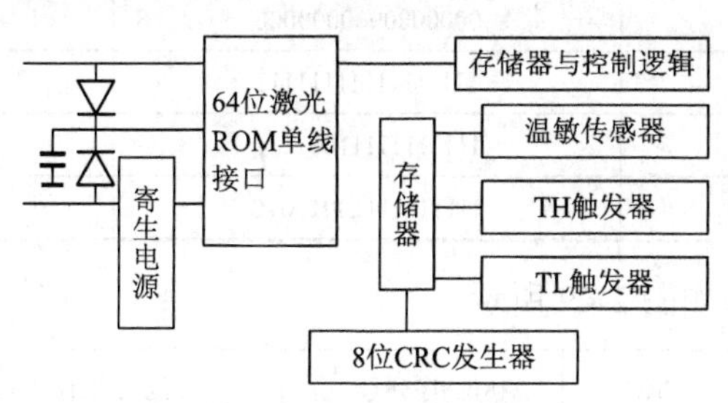

图 2-47　DS1820 芯片的内部结构

寄生电源由两个二极管和寄生电容组成。电源检测电路用于判定供电方式。寄生电源供电时，电源端接地，器件从总线上获取电能。在 I/O 线呈低电平时，改由寄生电容上的电压继续向器件供电。

寄生电源有两个优点：检测远程温度时无须本地电源；缺少正常电源时也能读 ROM。若采用外部电源，则通过二极管向器件供电。

DS1820 芯片内部的低温度系数振荡器能产生稳定的频率信号 f_0，高温度系数振荡器则将被测温度转换成频率信号 f。当计数门打开时，DS1820 芯片对 f_0 计数，计数门开通时间由高温度系数振荡器决定。芯片内部还有斜率累加器，可对频率的非线性予以补偿。测量结果存入温度寄存器，如图 2-48 所示。

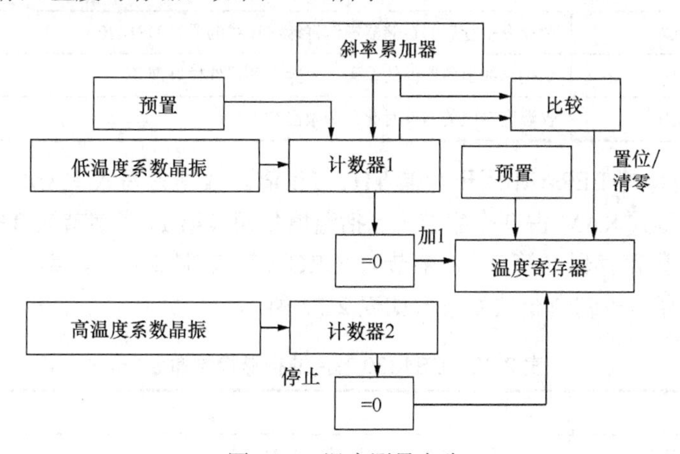

图 2-48　温度测量电路

一般情况下的温度值应为 9 位（符号点 1 位），但因符号位扩展成高 8 位，故以 16 位补码形式读出，表 2-10 给出了 DS1820 芯片的温度与数字量的对应关系。

表 2-10　DS1820 芯片的温度与数字量的对应关系

温度/℃	输出的二进制码	对应的十六进制码
+125	0000000011111010	00FAH
+25	0000000000110010	0032H
+1/2	0000000000000001	0001H
0	0000000000000000	0000H
−1/2	1111111111111111	FFFFH
−25	1111111111001110	FFCEH
−55	1111111110010010	FF92H

64 位 ROM 的结构如图 2-49 所示。

8位　检验　CRC	48位　序列号	8位　工厂代码(10H)
MSB　　LSB	MSB　　LSB	MSB　　LSB

图 2-49　64 位 ROM 的结构

开始 8 位是产品类型的编号(DS1820 芯片为 10H)，接着是每个器件的唯一序列号，共有 48 位，最后 8 位是前 56 位的 CRC，这也是多个 DS1820 芯片可以采用一线进行通信的原因。主机操作 ROM 的命令有 5 种，如表 2-11 所示。

表 2-11　主机操作 ROM 的命令

指令	说明
读 ROM（33H）	读 DS1820 的序列号
匹配 ROM（55H）	继读完 64 位序列号的一个命令，用于多个 DS1820 时定位
跳过 ROM（CCH）	此命令执行后的存储器操作将针对在线的所有 DS1820
搜 ROM（F0H）	识别总线上各器件的编码，为操作各器件做好准备
报警搜索（ECH）	仅温度越限的器件对此命令做出响应

非易失性电擦写 EERAM 用于存储 TH、TL 值。数据先写入 RAM，经校验后再传给 EERAM。便笺式 RAM 占 9 个字节，包括温度信息（第 1、2 字节）、TH 和 TL 值（第 3、4 字节）、计数寄存器（第 7、8 字节）、CRC（第 9 字节）等，第 5、6 字节不用。DS1820 芯片的存储控制命令共 6 条，如表 2-12 所示。

表 2-12　DS1820 芯片的存储控制命令

指令	说明
温度转换（44H）	启动在线 DS1820 芯片做温度 A/D 转换
读数据（BEH）	从高速缓存器读 9 位温度值和 CRC 值
写数据（4EH）	将数据写入高速缓存器的第 0 和第 1 字节中
复制（48H）	将高速缓存器中第 2 和第 3 字节复制到 EERAM

续表

指令	说明
读 EERAM（B8H）	将 EERAM 内容写入高速缓存器中第 2 和第 3 字节
读电源供电方式（B4H）	了解 DS1820 芯片的供电方式

DS1820 单线通信功能是分时完成的，它有严格的时隙概念。因此，系统对 DS1820 芯片的各种操作必须按协议进行。

4. DS1820 的应用

由于单线数字温敏传感器 DS1820 具有在一条总线上可同时挂接多片的特点，可同时测量多点的温度，而且 DS1820 的连接线可以很长，抗干扰能力强，便于远距离测量，因而得到了广泛应用。

多点温度检测系统如图 2-50 所示，该系统采用寄生电源供电方式。为保证在有效的 DS1820 时钟周期内提供足够的电流，使用一个 MOS 场效应管和 89C51 的一个 I/O 口（P1.0）完成对 DS1820 总线的上拉。当 DS1820 处于写存储器操作和温度 A/D 变换操作时，总线上必须有较强的上拉，上拉开启时间最大为 10μs。采用寄生电源供电方式时 U_{DD} 必须接地。由于单线制只有一根线，因此发送接收口必须是三态的，为了操作方便，使用 89C51 的 P1.1 口作为发送口 T_x，P1.2 口作为接收口 R_x。通过试验发现此种方法可挂接数十片 DS1820，距离可达到 50m，而用一个口时仅能挂接 10 片 DS1820，距离仅为 20m。同时，由于读写在操作上是分开的，故不存在信号竞争问题。

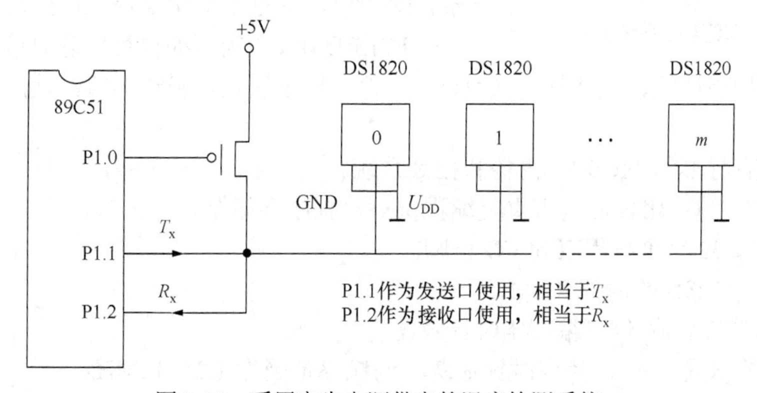

图 2-50　采用寄生电源供电的温度检测系统

DS1820 采用单总线系统，即用一根线连接主从器件，DS1820 作为从属器件，主控器件一般为微处理器。单总线仅由一根线组成，与总线相连的器件应具有漏极开路或三态输出，以保证有足够负载能力驱动该总线。DS1820 的 I/O 端是开漏输出的，单总线要求加上拉电阻。

若总线上只有一个 DS1820 芯片，可加 5kΩ 左右的上拉电阻；随着挂接的 DS1820 芯片数目增多，上拉电阻的阻值需减少，否则总线拉不成高电平，读出的数据全是 0。在测试时，上拉电阻可以换成一个电位器，通过调整电位器可以使读出的数据正确，当总线上有 8 片 DS1820 芯片时，电位器调到阻值为 1.25kΩ 时就能读出正确数据，在实际应用时可根据传感器数量选择合适的上拉电阻。

2.7 温度监控系统设计

2.7.1 温度监控系统的体系结构

温度监控系统主要由单片机最小系统（AT89C51 芯片、复位电路、晶振电路）、温敏传感器 DS18B20、LCD1602 显示模块、直流电动机及直流电动机驱动模块组成，如图 2-51 所示。温敏传感器 DS18B20 采集环境温度，发送至单片机。单片机将接收到的数据处理后，送 LCD1602 显示。当温度为 0～25℃时，电动机不转动。当温度为 25～50℃时，电动机正转，转动的速度与温度值呈正比例关系。当温度大于 50℃时，电动机全速正转。当温度低于 0℃时，电动机反转，转动的速度与温度值呈反比例关系。

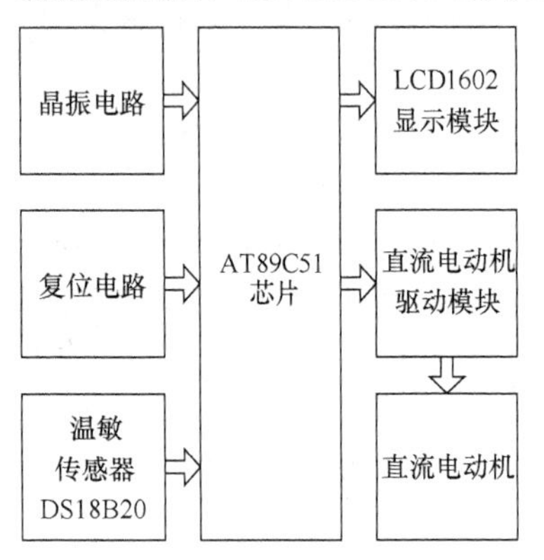

图 2-51 温度监控系统框图

2.7.2 温度监控系统的硬件设计

1. 单片机

目前，单片机种类繁多，性能各异。本系统选择 AT89C51，它是由美国 ATMEL 公司生产的 8 位带有 FPEROM（快闪可编程可擦除只读存储器）单片机，是一种高性能、低功耗的 CMOS 器件，价格便宜，资源丰富，使用方便，具有下列特点。

（1）具有标准的 MCS-51 内核和指令系统。

（2）具有片内 4KB 在线可重复编程快擦写程序存储器。

（3）具有 32 个可编程双向 I/O 引脚。

（4）具有 128B 的内部 RAM。

（5）具有两个 16 位可编程定时计数器。

（6）具有 8 位 CPU，片内时钟振荡器的频率范围为 1.2～12MHz。

（7）具有 5 个中断源，两个中断优先级。

（8）具有 5V 工作电压。

（9）具有可编程串行通信口。

（10）具有三级程序存储器加密功能。

（11）具有电源空闲和掉电模式。

AT89C51 单片机有 40 个引脚。按照功能可分为电源和晶振引脚、控制线、I/O 端口三类。

1）电源和晶振引脚

（1）U_{CC}（引脚 40）：芯片电源，接+5V。

（2）U_{SS}（引脚 20）：接地。

（3）XTAL1、XTAL2（引脚 19、18）：时钟振荡电路反相输入端和输出端。

2）控制线

（1）ALE/$\overline{\text{PROG}}$：地址锁存/编程脉冲。

ALE 用来锁存 PO 口送出的低 8 位地址。

$\overline{\text{PROG}}$用于片内有 EPROM 的芯片，在 EPROG 编程期间，此引脚输入编程脉冲。

（2）$\overline{\text{PSEN}}$：外部 ROM 读选通信号。

（3）RST/VPD：复位/备用电源。

RST（Reset）功能：复位信号输入端。

VPD 功能：在 U_{CC} 掉电情况下，接备用电源。

（4）$\overline{\text{EA}}$/U_{PP}：内外 ROM 选择/片内 EPROM 编程电源。

EA 功能：$\overline{\text{EA}}$ 接低电平时，使用片外 ROM。

U_{PP} 功能：片内有 EPROM 的芯片，在 EPROM 编程期间，施加编程电源 U_{PP}。

3）I/O 端口

P0 口（引脚 32～38）：包括 P0.0～P0.7。P0 口是三态双向口，在总线方式，作数据/地址总线复用口。由于是分时复用，故应在外部加锁存器将此地址锁存，地址锁存信号用 ALE。

P1 口（引脚 1～8）：P1 口是内部提供上拉电阻的 8 位双向 I/O 口，包括 P1.0～P1.7。

P2 口（引脚 21～28）：P2 口为有内部上拉电阻的 8 位双向 I/O 口，包括 P2.0～P2.7。在总线方式下，P2 口提供高 8 位地址总线。

P3 口（引脚 10～17）：P3 口是带内部上拉电阻的双向 I/O 口，包括 P3.0～P3.7。除了作为准双向 I/O 口使用外，还有第二功能。

AT89C51 的最小系统如图 2-52 所示。C_1、C_2、X_1 组成外部振荡电路，提供时钟信号。R_1、R_2、C_3、K 组成复位电路。

2. 温敏传感器

温敏传感器的种类很多，本系统选择美国 DALLAS 半导体公司生产的数字式温敏传感器 DS18B20。它具有结构简单、体积小、功耗小、抗干扰能力强、使用方便等优点。

3. LCD1602 显示模块

LCD1602 液晶显示器是目前广泛使用的一种字符型液晶显示模块，由液晶板、控制器 HD44780、驱动器 HD44100 组成。具有体积小、外形薄、重量轻、耗能少（1～10μW/cm^2）、发热低、工作电压低（1.5～6V）、无污染、无辐射、无静电感应、视域宽、显示信息量大、无闪烁以及能直接与 CMOS 集成电路相匹配等特点。LCD1602 中的“16”代表液晶每行可显示 16 个字符，“02”表示共 2 行，采用单一+5V 电源供电。

1）LCD1602 引脚功能

LCD1602 模块采用 14 引脚（无背光）或 16 引脚（带背光）封装，各引脚功能如表 2-13 所示。

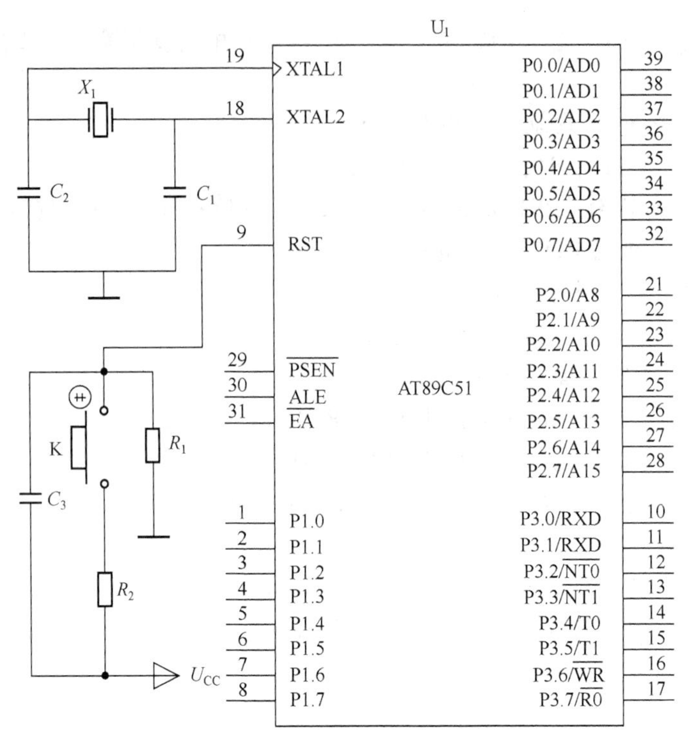

图 2-52　AT89C51 的最小系统

表 2-13　LCD1602 的引脚功能

引脚号	符号	功能
1	U_{SS}	电源地
2	U_{DD}	电源+5V
3	VL	对比度调整端
4	RS	寄存器选择，低电平选择指令寄存器，高电平选择数据寄存器
5	R/W	读写信号线，低电平进行写操作，高电平进行读操作
6	E	使能端，下降沿有效
7～14	D0～D7	8 位双向数据总线
15	BLA	背光正极
16	BLK	背光负极

2）LCD1602 的操作指令说明

LCD1602 液晶模块的读写操作、屏幕和光标操作都是通过指令编程来实现的。LCD1602 模块共有 11 条命令，如表 2-14 所示。

指令 1：清显示，指令码为 01H，光标返回到地址 00H。清 DDRAM 内容。

指令 2：光标归位，光标返回到地址 00H。保持 DDRAM 内容。

指令 3：光标和显示模式设置。I/D 是光标移动方向，高电平右移，低电平左移；S=1：写入数据后，全部内容右移 1 个字符；S=0：不移动。

表 2-14　LCD1602 的操作指令

序号	指令	RS	R/W	D7	D6	D5	D4	D3	D2	D1	D0
1	清显示	0	0	0	0	0	0	0	0	0	1
2	光标归位	0	0	0	0	0	0	0	0	1	*
3	设置输入模式	0	0	0	0	0	0	0	1	I/D	S
4	显示开/关控制	0	0	0	0	0	0	1	D	C	B
5	光标或字符移位	0	0	0	0	0	1	S/C	R/L	*	*
6	功能设置	0	0	0	0	1	DL	N	F	*	*
7	设置字符发生器地址	0	0	0	1	字符发生器地址					
8	设置数据存储器地址	0	0	1	显示数据存储器地址						
9	读忙标志位或地址	0	1	BF	计数器地址						
10	写 CGRAM 或 DDRAM	1	0	要写入的数据							
11	读 CGRAM 或 DDRAM	1	1	要读出的数据							

指令 4：显示开/关控制。D：显示开关，高电平表示开显示，低电平表示关显示；C：控制光标的开与关，高电平表示有光标，低电平表示无光标；B：控制光标是否闪烁，高电平闪烁，低电平不闪烁。

指令 5：光标或字符移位。S/C：高电平时移动显示的文字，低电平时移动光标。

指令 6：功能设置命令。DL：高电平时为 4 位总线，低电平时为 8 位总线；N：低电平时为单行显示，高电平时为双行显示；F：低电平时显示 5×7 的点阵字符，高电平时显示 5×10 的点阵字符。

指令 7：设置字符发生器地址。

指令 8：设置数据存储器地址。

指令 9：读忙标志位和光标地址。BF：忙标志位。高电平表示忙，此时模块不能接收命令或数据；低电平表示不忙。

指令 10：写数据。

指令 11：读数据。

3）电路连接

电路如图 2-53 所示。LCD1602 的 D0～D7 端口与 AT89C51 端口 P0.0～P0.7 相连接，P2.0～P2.2 作为 LCD 的 RS、R/W、E 的控制信号。通过滑动变阻器 R_{V2} 调节液晶的对比度。

4. 直流电动机驱动模块

用单片机控制直流电动机时，需要加驱动电路，以便为直流电动机提供足够大的驱动电流。本系统选用晶体管电流放大驱动，如图 2-54 所示。D 端控制转向，PWM 端控制转速。

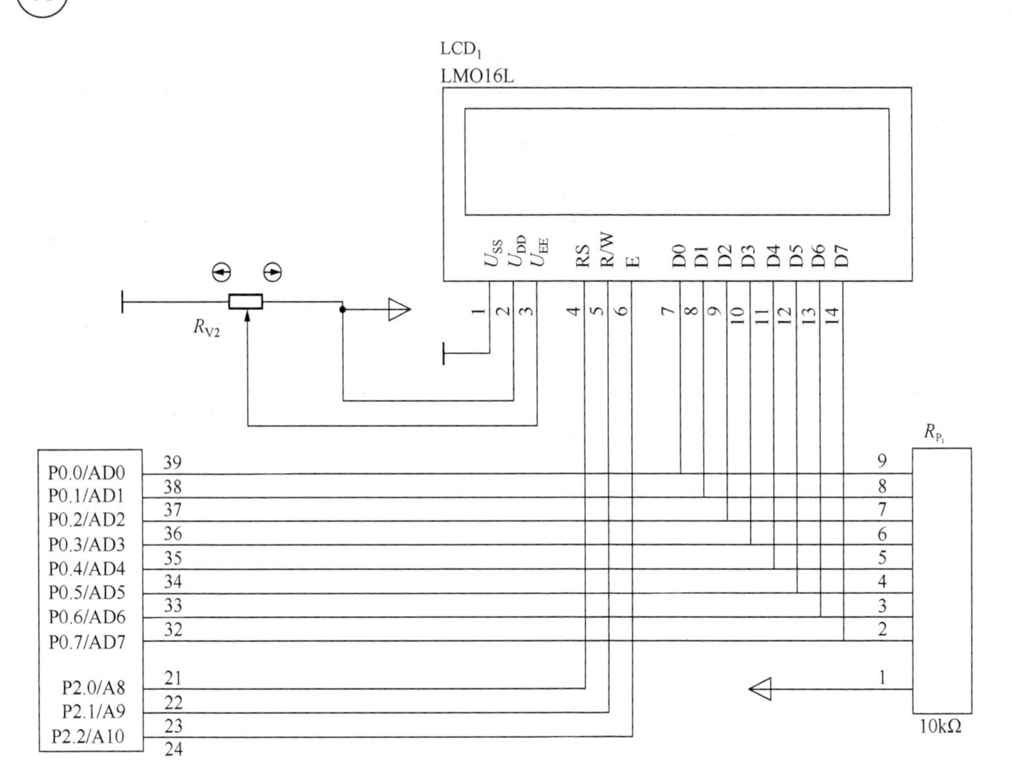

图 2-53 LCD1602 显示电路

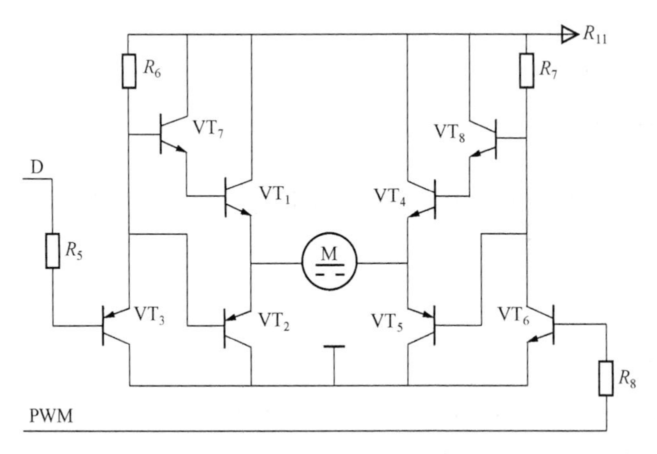

图 2-54 直流电动机控制电路

当 D 端为高电平时，VT_3 和 VT_2 导通，VT_1 和 VT_7 截止，此时图 2-54 中的电动机左端为低电平。当 PWM 端为低电平时，VT_5 和 VT_6 截止，VT_4 和 VT_8 导通，电流从 VT_4 流向 VT_2，电动机正转；若此时 PWM 端为高电平时，VT_5 和 VT_6 导通，VT_4 和 VT_8 截止，没有电流通过电动机，电动机制动停止。

当 D 端为低电平时，VT_3 和 VT_2 截止，VT_1 和 VT_7 导通，当 PWM 端为高电平时，VT_5 和 VT_6 导通，VT_4 和 VT_8 截止，电流从 VT_1 流向 VT_5，电动机反转；若此时 PWM 端为低电平，则没有电流通过电动机，电动机制动停止。

因此，只要控制 D 和 PWM 的电平就可以控制直流电动机的正转、反转和停转。在 D 端电平确定（高或低）的情况下，若 PWM 端的信号是脉冲信号，则可以通过脉冲信号的占空比控制电动机的转速。占空比越大，电动机的速度越快。

5. 系统电路原理

温度监控系统的硬件电路如图 2-55 所示。温度监控系统主要由单片机 AT89C51、温敏传感器模块、直流电动机驱动模块、液晶显示模块等组成。温敏传感器 DS18B20 检测环境温度，单片机从 DS18B20 读出温度信息，并将其转化为十进制数据，传递给显示系统 LCD1602 显示，根据当前温度值判断是否驱动直流电动机转动。

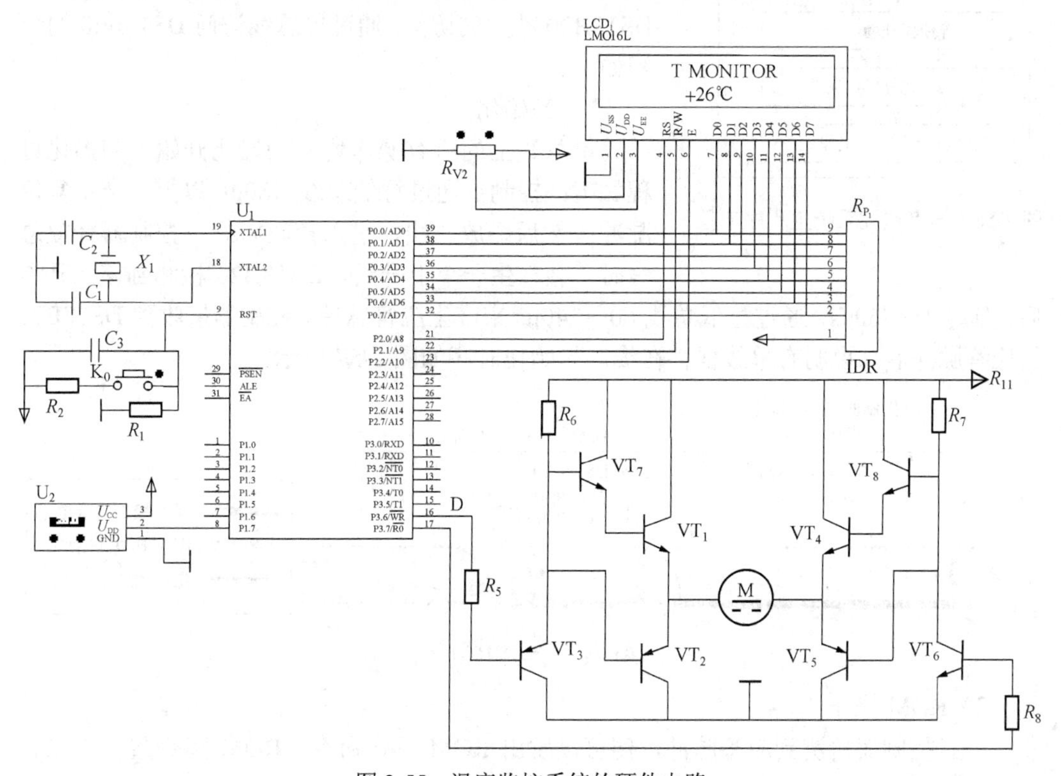

图 2-55　温度监控系统的硬件电路

2.7.3　温度监控系统的软件设计

1. 系统主程序

温度监控系统程序采用模块化设计，其流程如图 2-56 所示。系统上电后，首先进行变量定义、程序初始化、液晶显示初始化操作。然后，LCD1602 显示初始化界面，即在第一行显示“T MONITOR”。由于在 DS18B20 上电状态下温度寄存器默认值为+85℃，默认的精度为 12 位，则需要的最大转换时间为 750ms。因此，为了能正确地读取和显示实际温度，需要延时 1s。紧接着，单片机读取实际温度值，并对其进行转换，传递

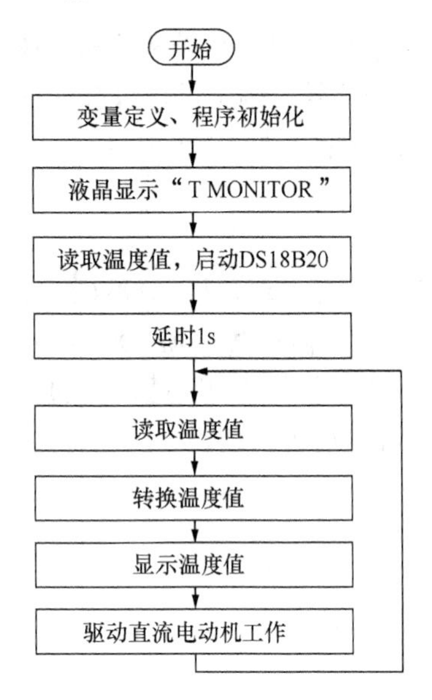

图 2-56　温度监控系统主程序流程

给 LCD 显示。单片机分析转换后的温度值，根据不同的温度值，以不同的方式驱动直流电动机工作。

2. 温度采集程序

温度监控系统使用的DS18B20数字温敏传感器采用的是单总线协议传送数据，即在一根数据线上实现数据的双向传输，这就需要一定的协议来读写数据，而 AT89C51 单片机的硬件并不支持单总线协议。因此，必须采用软件来模拟单总线协议的时序，以完成对 DS18B20 芯片的访问。通过单总线访问 DS18B20 的步骤如下。

1）初始化

单总线上的所有操作均从初始化开始。初始化过程如下：控制器通过拉低总线 480μs 以上，产生复位脉冲，然后释放总线，进入接收状态。控制器释放总线时，会产生一个上升沿。DS18B20 检测到该上升沿后，延时 15～60μs，通过拉低总线 60～240μs 来产生应答脉冲。控制器接收到 DS18B20 的应答脉冲后，说明有单线器件在线。初始化时序如图 2-57 所示。

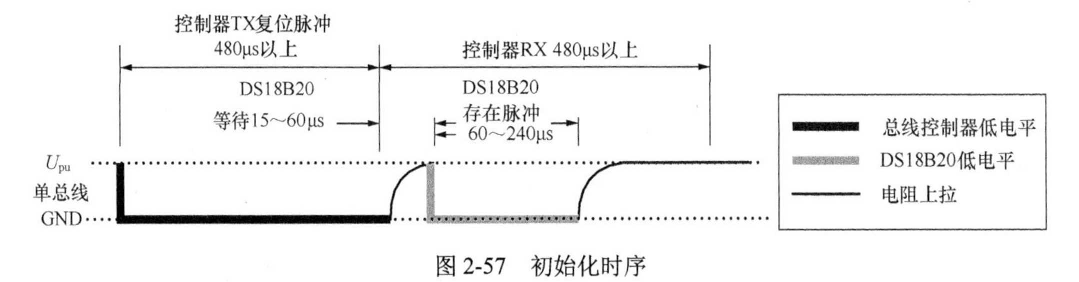

图 2-57　初始化时序

2）ROM 操作

一旦控制器检测到应答脉冲，便可以发出 ROM 操作命令。ROM 指令共有 5 条，每个工作周期只能发一条，ROM 指令分别是读取 ROM 指令、匹配 ROM 指令、跳跃 ROM 指令、搜索 ROM 指令和报警搜索指令。

3）存储器操作

在成功执行 ROM 操作命令后，才能使用存储器操作命令。存储器操作命令分别是写 RAM 数据、读 RAM 数据、将 RAM 数据复制到 EEPROM、温度转换、将 EEPROM 中的报警值复制到 RAM、工作方式切换等。

4）读写数据

DSl8B20 的读写操作时序不同，且有严格要求。

（1）写时序。写 1 时序和写 0 时序。数据单总线 DQ 被控制器拉至低电平后，启动一个写时序。DS18B20 在 DQ 线变低后的 15～60μs 内对 DQ 线进行采样，若为高电平，则写“1”；若为低电平，则写“0”。所有的写时序必须在 60～120μs 完成，两个写时序之间必须保证最短 1μs 的恢复时间。对于控制器产生写“1”时序的情况，数据线必须先被拉低，然后释放，在写时序开始后的 15μs，允许 DQ 线拉至高电平。对于控制器产生写“0”时序的情况，DQ 线必须被拉至低电平且至少保持低电平 60μs。写时序如图 2-58 所示。

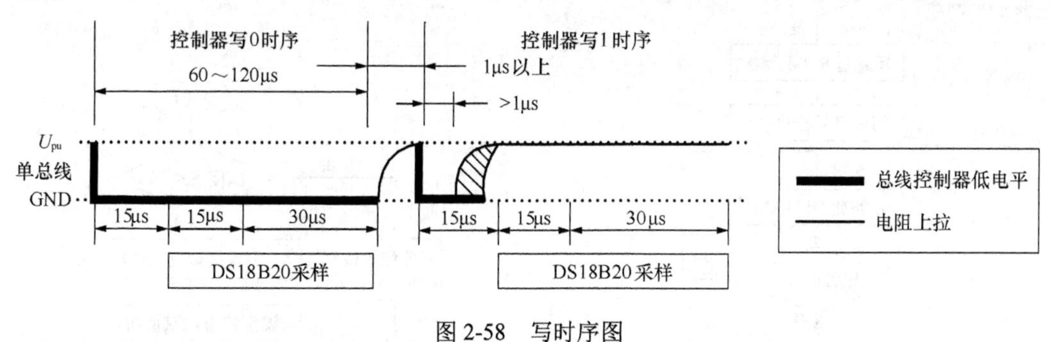

图 2-58　写时序图

（2）读时序。当控制器从 DS18B20 读数据时，把数据线从高电平拉至低电平，产生读时序。数据线 DQ 必须保持低电平至少 1μs，来自 DS18B20 的输出数据在读时序下降沿之后 15μs 内有效。因此，在此 15μs 内，控制器必须停止将 DQ 引脚置低。在读时序结束时，DQ 引脚将通过外部上拉电阻拉回高电平。所有的读时序必须至少持续 60μs，两个读时序之间必须保证最短 1μs 的恢复时间。读时序如图 2-59 所示。

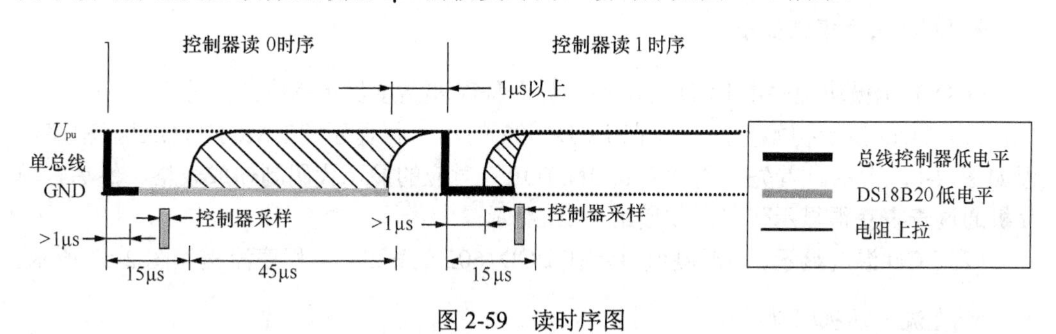

图 2-59　读时序图

DS18B20 的每一次操作都必须满足以上步骤，若缺少步骤或顺序混乱，器件将不会有返回值。单片机读取温度值流程如图 2-60 所示。

3. 温度转换程序

当温度值从 DS18B20 读出后，以两字节的二进制形式存放在指定位置。单片机需要将其转换成十进制数后显示。

对应的温度计算：当符号位 C=0 时，表示测得的温度值为正值，可直接将温度值转换为十进制数；当 C=1 时，表示测得的温度值为负值，温度值以补码的形式存在，则先将补码变为原码，再转换成十进制数。其中，单片机对温度进行四舍五入，保留小数点后两位。温度转换程序流程如图 2-61 所示。

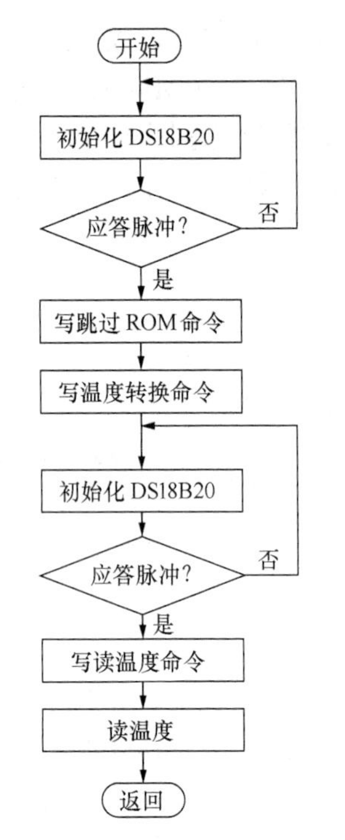

图 2-60 单片机读取温度值流程

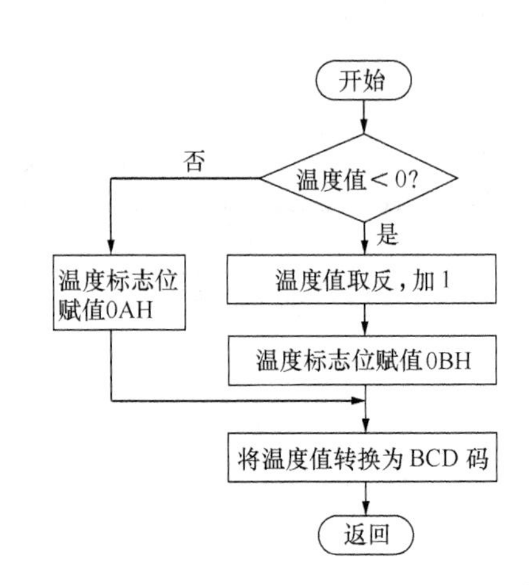

图 2-61 温度转换程序流程

4. LCD 显示模块程序

LCD 显示模块程序由 LCD 显示初始界面程序和温度显示程序两部分组成。

（1）LCD 显示初始界面，即在 LCD1602 的第一行显示“T MONITOR”，程序流程如图 2-62 所示。首先，将“T MONITOR”对应的显示代码制作成表格。然后，单片机通过查表获得显示代码，传递给 LCD 显示。

（2）LCD 温度显示，即温度值显示在 LCD1602 的第二行，程序流程如图 2-63 所示。

5. 直流电动机驱动程序

单片机根据温度值的不同，以不同的方式驱动直流电动机动作。当温度为 0～25℃时，电动机不转动。当温度为 25～50℃时，电动机正转，转动的速度与温度值呈正比例关系。当温度大于 50℃时，电动机全速反转。当温度低于 0℃时，电动机反转，转动的速度与温度值呈反比例关系。通过调节输入脉冲的占空比（脉宽调制），调节电动机的转动速度，占空比越大，电动机转动速度越快。本系统采用单边沿控制脉宽调制，在每个脉宽调制周期的开始，输出都会变为高电平，如图 2-64 所示。直流电动机驱动程序流程如图 2-65 所示。

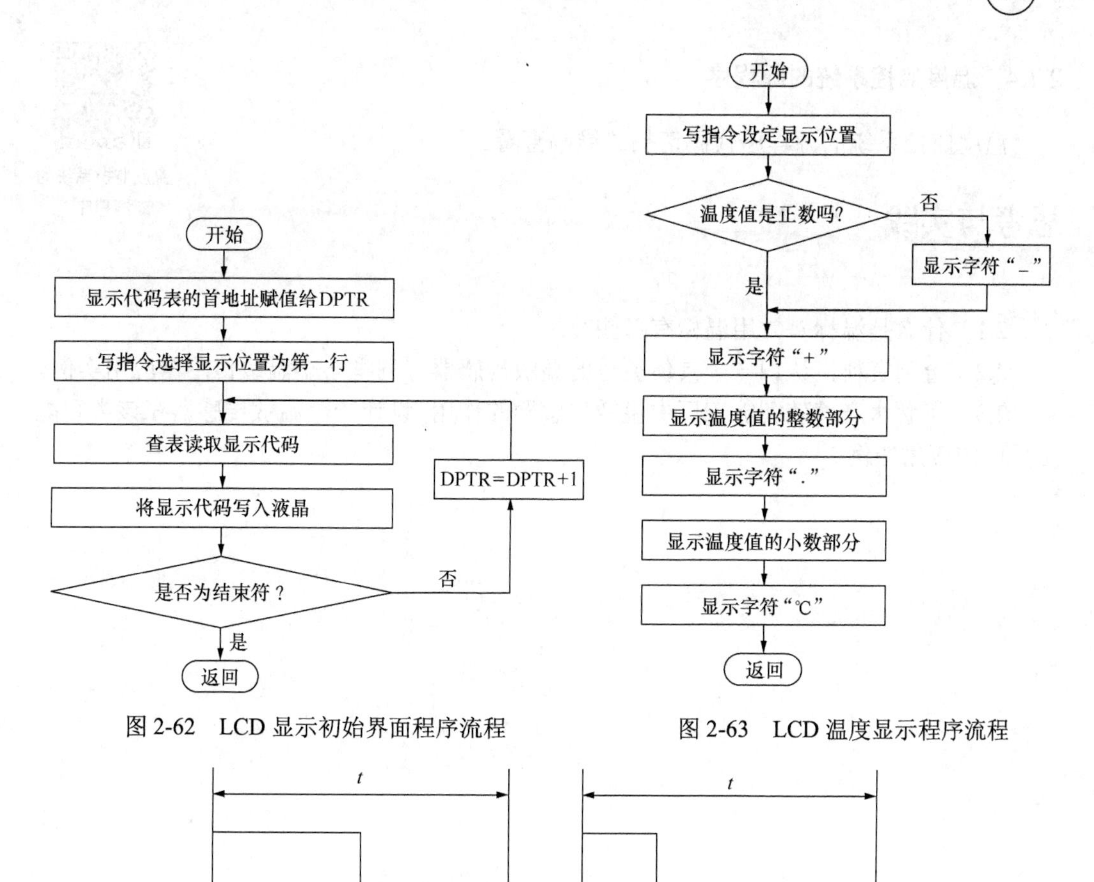

图 2-62　LCD 显示初始界面程序流程

图 2-63　LCD 温度显示程序流程

图 2-64　不同占空比的单边沿控制脉宽调制输出

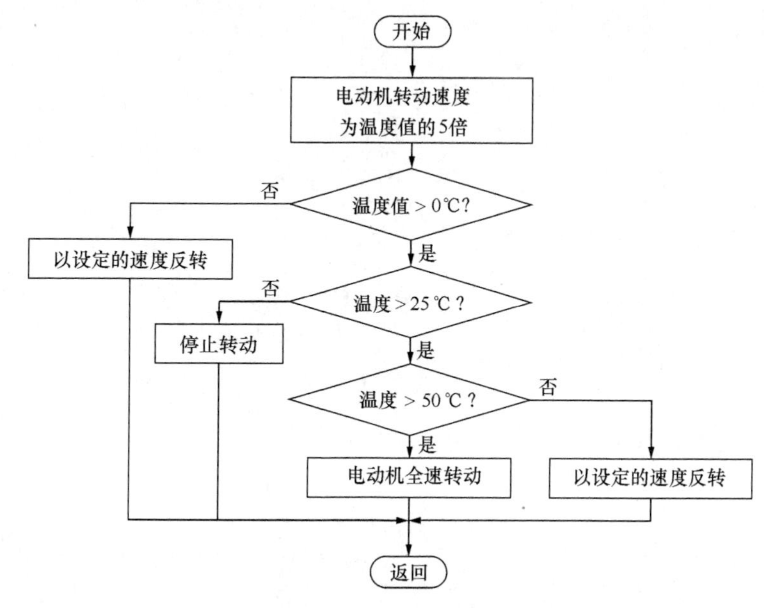

图 2-65　直流电动机转动程序流程

2.7.4 温度监控系统的源程序

温度监控系统的源程序

温度监控系统的源程序代码请扫二维码查看。

思考与实践

2.1 什么是温标？常用温标有哪些?

2.2 查阅资料，认识一个具体型号的温敏传感器，列举一个温敏传感器应用实例。

2.3 了解水产养殖智能工厂中温敏传感器的作用，设计一个温敏传感器在该类智能工厂中的应用实例。

第3章　力敏传感器

力是自然界非常常见的物理量之一，广泛存在于人们生活的各个方面。力是物体间的相互作用，它正比于物体此刻的加速度，也正比于物体的质量。这就是牛顿定义的力，即 $F=ma$。其中，m 代表物体的惯性质量，a 代表加速度。在国际单位制中，质量的单位为千克（kg），加速度的单位为米每平方秒（m/s^2），所以力的单位是千克·米每平方秒（$kg \cdot m/s^2$），即牛顿（N）。力敏传感器是将力学量转换成电学量的装置。传统的力敏传感器利用弹性元件的形变和位移来表征力的大小，具有体积庞大、笨重、输出非线性等缺点。随着微电子技术的发展，利用半导体材料的压阻效应研制出的半导体力敏传感器，具有体积小、重量轻、灵敏度高等优点，得到了广泛应用。力敏传感器广泛应用于自动控制、水利、交通、建筑、航空、航天、军事、石化、电力、船舶、机床等行业。

3.1　力敏传感器的分类

自然界中的力有多种表现形式。按性质可分为重力、弹力、摩擦力、分子力、电场力、磁场力等；按作用效果可分为拉力、推力、压力、支持力、动力、阻力等；按作用方式可分为接触力、场力等；按研究对象可分为内力、外力等。

力敏传感器就是将这些力学量转换为电学量的装置，其种类繁多、性能各异。有直接将力变换为电量的传感器，如压电式、压阻式等；有经弹性敏感元件转换后再转换成电量的传感器，如电阻式、电感式、电容式等。表3-1总结了各种力敏传感器的特点及用途。

表3-1　力敏传感器分类

类别		原理	特点	用途	器件
电阻式	电阻应变式	应变效应	结构简单，使用方便，性能稳定，灵敏度高，速度快，测量对象多	位移、加速度、力、力矩、压力等，如电子秤、发动机的推动力测试、水坝坝体承载状况的监测等	CZL206、CZL405、AK-2、SEO-DST30、CZL-401等
	压阻式	压阻效应	尺寸小，重量轻，频率响应好，工作可靠，精度高，使用寿命长，对温度比较敏感	航天、航空、航海、石油化工、动力机械、生物医学工程、气象、地质、地震测量等	85型超稳、1230型超稳、MPM489型、PC10系列
电感式	变间隙式	电感效应	灵敏度较高，但非线性误差较大，制作装配比较困难	位移、接近度、厚度、流量、重量、力矩、应变等	J30B系列接近开关、M12b接近开关等
	变面积式	电感效应	灵敏度较低，但线性度好，量程较大，使用比较广泛	位移、振动、压力、流量、重量、力矩、应变等	IFFM20P1501等

续表

类别		原理	特点	用途	器件
电感式	螺管式	电感效应	灵敏度较低，但量程较大，结构简单，易于制作，使用最广泛	位移、振动、压力、流量、重量、力矩、应变等	TYPTA25-QDS、IW250等
	互感式	电感效应	精度高，灵敏度高，结构简单，性能可靠	位移、振动、压力、流量、重量、力矩、应变等	Model265、R30D VDT等
电容式	极距变化式	电容效应	动态响应快，灵敏度高，可进行非接触测量，线性差	微小的线位移或由于力、压力、振动等引起的极距变化	CPS312、ST920 等
	面积变化式	电容效应	线性好，灵敏度较低	角位移、较大的线位移	LM351、HGT500 等
	介质变化式	电容效应	测量范围大、灵敏度高、结构简单、适应性强、动态响应时间短、易实现非接触测量	固体或液体物位测量，各种介质的温度、密度、湿度测定	HC2251、Model760 等
压电式	石英晶体	压电效应	精度高，线性范围宽，重复性好，固有频率高，动态特性好	加速度、压力测量，应用于飞机、汽车、船舶、桥梁、建筑、医学等领域	CJSD-YD、SMI 等
	压电陶瓷	压电效应	工作频带宽，灵敏度高，结构简单，体积小，重量轻，工作可靠	加速度、压力测量，应用于飞机、汽车、船舶、桥梁、建筑、医学等领域	AP681、BP8400、LMK 807、SHP901 等

本章以电阻应变式、压阻式、电感式、电容式和压电式力敏传感器为例，介绍力敏传感器的结构、原理和应用方法。

电阻应变式力敏传感器

3.2 电阻应变式力敏传感器

电阻应变式力敏传感器是将电阻应变片（也称应变片或应变计）粘贴到各种弹性敏感元件上制作而成的，具有结构简单、使用方便、性能稳定、灵敏度高、速度快、测量对象多等优点，广泛应用于航空、机械、电力、化工、建筑等领域的位移、加速度、力、力矩和压力测量等。

3.2.1 电阻应变式力敏传感器的原理与结构

根据所使用的材料不同，电阻应变式力敏传感器可分为金属应变片和半导体应变片两大类。金属应变片又可分为金属丝应变片、金属箔应变片、金属薄膜应变片；半导体应变片也可分为体型半导体应变片、扩散型半导体应变片、薄膜型半导体应变片、P-N 结器件等。较常用的是金属丝式应变片、金属箔式应变片、半导体型应变片，如图 3-1 所示。

电阻丝（敏感栅）是应变片的转换元件；基底是将传感器弹性体的应变传递到敏感栅的中间介质，并起到电阻丝和弹性体间的绝缘作用；面胶起着保护电阻丝的作用；黏合剂将电阻丝与基底粘贴在一起；引出线为连接测量导线。

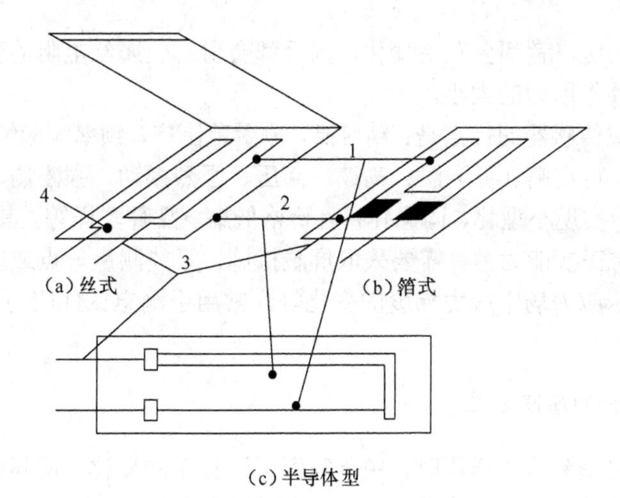

(c) 半导体型

1—电阻丝；2—基底和面胶；3—引出线；4—黏合剂。

图 3-1　应变片的结构

丝式应变片的基底材料可分为纸基、胶基、纸浸胶基和金属基等。丝式应变片的电阻丝直径为 0.02～0.05mm，常用的直径为 0.025mm；电流安全允许值为 10～12mA 和 40～50mA；电阻值一般在 50～1000Ω 范围内，常用值为 120Ω；引出线使用直径为 0.15～0.30mm 的镀银或镀锡铜带或铜丝。

箔式应变片的敏感栅是通过光刻、腐蚀等工艺制成的；其箔栅厚度一般为 0.003～0.01mm；箔金属材料为康铜或合金（卡玛合金、镍熔锰硅合金等）；基底可用环氧树脂、酚醛或酚醛树脂等制成。箔式应变片有很多优点，如可根据需要制成任意形状的敏感栅；表面积大，散热性能好，可允许通过较大电流；蠕变小，耐疲劳，寿命长；便于成批生产且生产效率比较高等。

厚度在 1μm 以下的膜称为薄膜，厚度在 25μm 左右的膜称为厚膜。箔式应变片属于厚膜。金属薄膜应变片是采用真空溅射或真空沉积的方法制成的，它可以将产生应变的金属或合金直接沉积在弹性元件上而不用黏合剂，应变片的滞后和蠕变均很小，灵敏度较高。

半导体应变片是利用半导体的压阻效应制成的一种转换元件。它与金属丝式应变片和箔式应变片相比，具有灵敏度高（比金属应变片的灵敏度系数大 50～100 倍）、机械滞后小、体积小及耗电量少等优点。但半导体应变片的电阻温度系数大，非线性也大。这些缺点不同程度地制约了它的应用发展。不过，随着半导体集成电路工艺的迅速发展，相继出现了扩散型、外延型和薄膜型半导体应变片，使其性能得到了改善。

按应变片的工作温度，可将应变片分为低温应变片（低于-30℃）、常温应变片（-30～60℃）、中温应变片（60～300℃）和高温应变片（300℃以上）。

1. 金属的电阻应变效应

电阻应变片的工作原理是金属的应变效应。金属丝的电阻值随着它的机械形变（拉伸或压缩）的大小而发生相应变化的现象称为金属的电阻应变效应。由于金属丝的电阻 $R=\rho l/S$ 与材料的电阻率（ρ）、几何尺寸（长度 l 和截面积 S）有关，而金属丝在承受机械变形的过程中，这三者都会发生变化，因而都会引起金属丝电阻的变化。测量阻值的大小即可反映外界作用力的大小。

金属应变片式传感器的优点是：精度高，测量范围广，频率响应特性好，结构简单，尺寸小，重量轻，可在高（低）温、高速、高压、强烈振动、强磁场、化学腐蚀等恶劣条件下工作；易于实现小型化、固态化，且价格低廉、品种多样等。其缺点是：非线性，输出信号微弱，抗干扰能力差，需要采取屏蔽措施，只能测量一点或应变栅范围内的平均应变，不能显示应力场中应力梯度的变化等。常用于测定试件应力、扭矩、加速度、压力等物理量。

2. 半导体材料的压阻效应

当半导体材料受到应力作用时，由于载流子迁移率的变化，使其电阻率发生变化的现象称为半导体的压阻效应。它是 C.S.史密斯在 1954 年对硅和锗的电阻率与应力变化特性测试中发现的。压阻效应的强弱可以用压阻系数 π 来表征。压阻系数 π 被定义为单位应力作用下电阻率的相对变化。压阻效应具有各向异性特征，沿不同的方向施加应力和沿不同方向通过电流，其电阻率变化会不相同。不同半导体材料的压阻系数也不一样。由于半导体压阻传感器具有灵敏度高、精度高、易于小型化和集成化、结构简单、工作可靠、耐疲劳、动态特性好等特点，已被广泛应用于航空、化工、航海、动力和医疗等行业。

3.2.2 电阻应变式力敏传感器的接口电路

1. 单臂电桥测量

电阻应变式力敏传感器单臂电桥测量电路如图 3-2 所示，设 R_2 为应变片。直流电桥电路的输出电压可表示为

$$U_o = U_{ad} - U_{db} = E\left(\frac{R_2}{R_1+R_2} - \frac{R_4}{R_3+R_4}\right)$$

$$U_o = E\frac{R_1R_4 - R_2R_3}{(R_1+R_2)(R_3+R_4)} \tag{3-1}$$

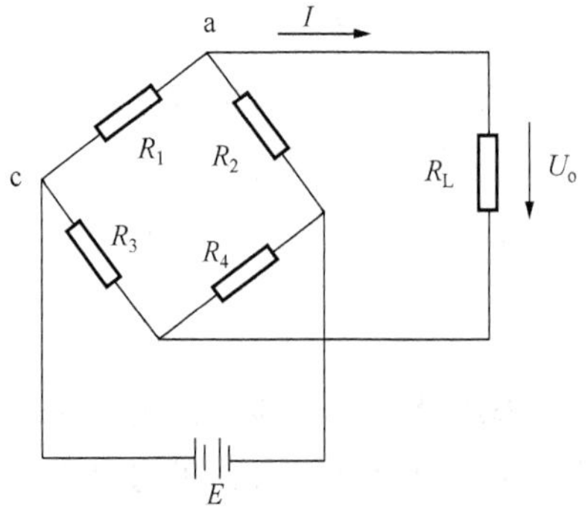

图 3-2 单臂电桥测量电路

在不考虑温度对电阻影响的前提下，若电路中 R_1、R_3 和 R_4 阻值固定，R_2 的零应变电阻值能使电桥满足无压力时平衡，即输出电压为零。由式（3-1）可得无压力时的平衡条件为

$$R_1R_4 = R_2R_3 \tag{3-2}$$

当受应变力作用时，应变片电阻的变化为 ΔR_2，则电桥的输出电压为

$$U_o = E\left(\frac{R_2+\Delta R_2}{R_1+\Delta R_2+R_2}-\frac{R_4}{R_3+R_4}\right)=E\frac{\left(\dfrac{R_3}{R_4}\right)\left(\dfrac{\Delta R_2}{R_2}\right)}{\left(1+\dfrac{\Delta R_2}{R_2}+\dfrac{R_1}{R_2}\right)\left(1+\dfrac{R_3}{R_4}\right)} \tag{3-3}$$

设桥臂比 $n = R_1/R_2$，由于 $\Delta R_2 \ll R_2$，分母中 $\Delta R_2/R_2$ 可忽略，并考虑到起始平衡条件，电桥的输出电压可简化为

$$U_o' \approx E\frac{n}{(1+n)^2}\cdot\frac{\Delta R_2}{R_2}$$

半桥单臂电桥的灵敏度为

$$S=\frac{U_o}{\dfrac{\Delta R_1}{R_1}}=\frac{n}{(1+n)^2}E \tag{3-4}$$

此式表明：①U_o 正比于 E；②U_o 正比于 $n/(1+n)^2$；③U_o 正比于电阻的相对变化。

2. 双臂电桥测量

双臂电桥测量电路如图 3-3 所示。设 R_1、R_2 为应变片，R_3、R_4 为固定电阻。当有应力作用时，应变片 R_1、R_2 感受到的应变及产生的电阻增量正负号相间，可以使输出电压成倍增大。采用双臂电桥还能实现温度自补偿。

3. 全桥测量

全桥测量电路如图 3-4 所示。全桥的 4 个桥臂都为应变片，如果设法使试件受力后，应变片 R_1～R_4 产生的电阻增量正负号相间，就可以使输出电压成倍增大。采用全桥测量电路还能实现温度自补偿。

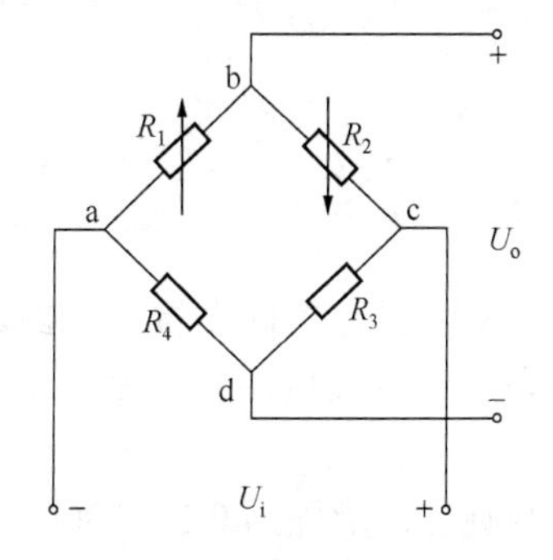

图 3-3　双臂电桥测量电路

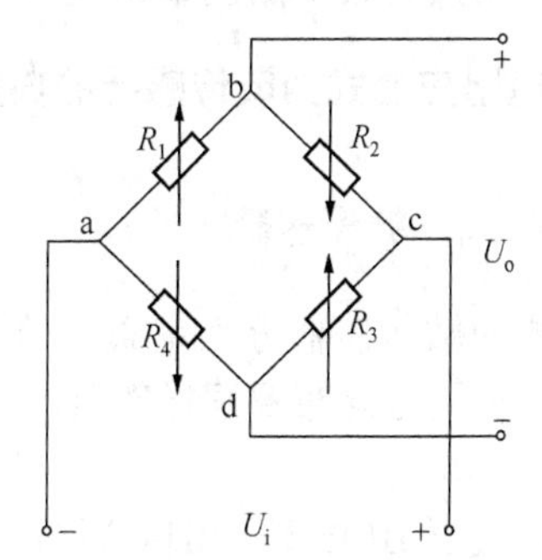

图 3-4　全桥测量电路

4. 测量放大器

测量放大器电路如图 3-5 所示。选择性能相同的运算放大器 A_1、A_2 组成对称电路，提高输入阻抗，可把 R_G 中点看作零电位，A_3 是差动放大器。

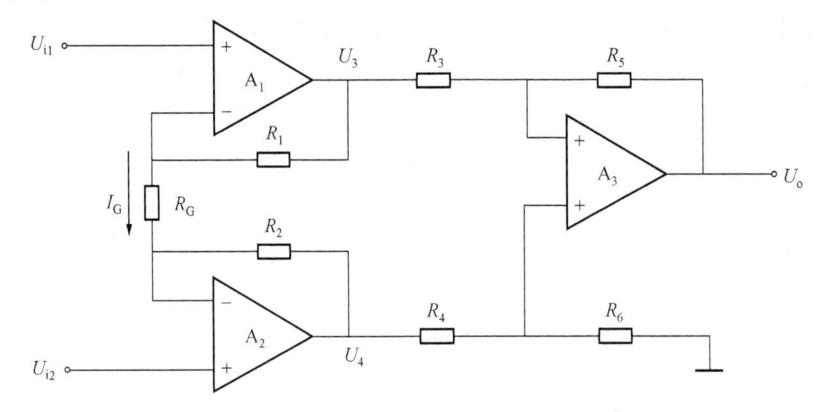

图 3-5　测量放大器电路

电路额定增益为

$$K=\frac{U_o}{U_{i1}-U_{i2}}=\frac{(U_3-U_4)U_o}{(U_{i1}-U_{i2})(U_3-U_4)} \tag{3-5}$$

$$U_3=U_{i1}+I_G R_1$$

$$U_4=U_{i2}-I_G R_2$$

$$I_G=\frac{U_{i1}-U_{i2}}{R_G} \tag{3-6}$$

为提高共模抑制比和降低温漂影响，测量放大器采用对称结构，有

$$R_1=R_2，R_3=R_4，R_5=R_6$$

整理可得

$$K=\frac{U_o}{U_{i1}-U_{i2}}=-\left(1+\frac{2R_1}{R_G}\right)\frac{R_5}{R_3} \tag{3-7}$$

此电路具有较高的测量精度和良好的性能。

3.2.3　电阻应变式力敏传感器的典型应用

1. 柱式力敏传感器

柱式力敏传感器分为空心（筒形）、实心（柱形）两种。在轴向布置一个或几个应变片，在圆周方向布置同样数目的应变片，圆周方向取符号相反的横向应变，构成差动对，如图 3-6 所示。

目前我国 BLR 型、BHR 型荷重传感器都采用空心圆柱，量程为 0.1～100t。火箭发动机承受载荷试验台架也多用空心结构。

弹性元件上应变片的粘贴和桥路连接应尽可能消除偏心、弯矩的影响。一般应变片均匀贴在圆柱表面中间部分，当有偏心应力时，一方受拉，另一方受压，产生相反变化，可减小弯矩的影响。横向粘贴的应变片为温度补偿片，有提高灵敏度的作用。

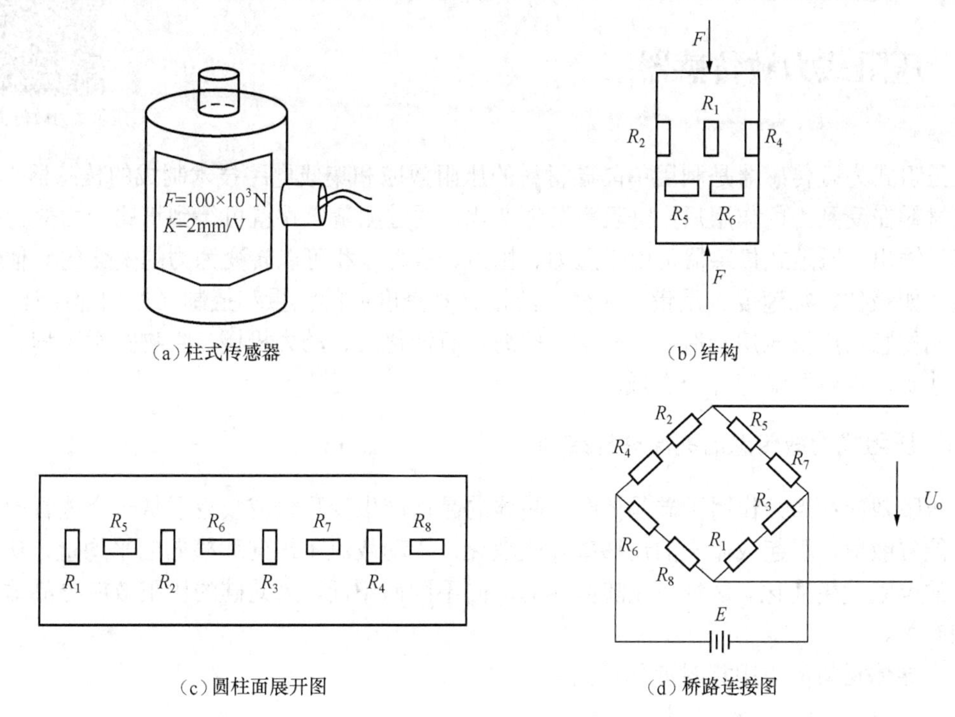

图 3-6　柱式力敏传感器

2. 轮辐式测力传感器

轮辐式测力传感器的结构如图 3-7 所示，主要由 5 部分组成，即轮毂、轮圈、轮辐条、受拉和受压应变片。轮辐条可以是 4 根或 8 根呈对称形状，轮毂由顶端的钢球传递重力，圆球的压头有自动定位的功能。当外力 F 作用在轮毂上端和轮圈下面时，矩形轮辐条产生平行四边形变形，轮辐条对角线方向产生 45° 的线应变。将应变片按±45° 角方向粘贴，8 个应变片分别粘贴在 4 个轮辐条的正、反两面，组成全桥。

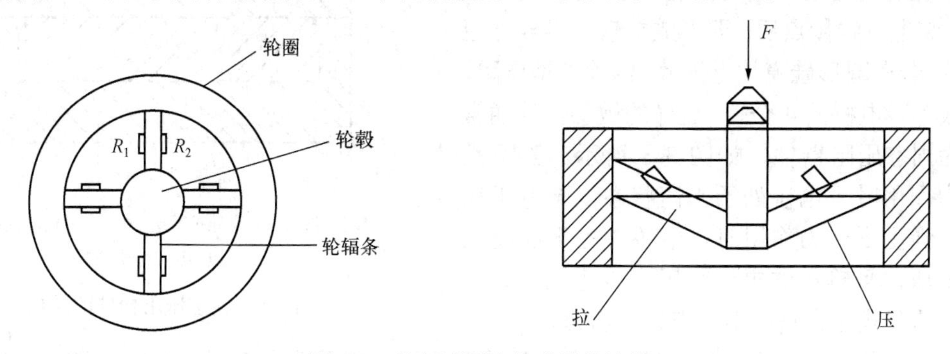

图 3-7　轮辐式测力传感器的结构

轮辐式测力传感器具有良好的线性，可承受较大的偏心和侧向力，扁平外形抗载能力大，广泛用于矿山、料厂、仓库、车站，测量行走中的拖车、卡车，可根据输出数据对超载车辆报警。

压阻式力敏传感器

3.3 压阻式力敏传感器

压阻式力敏传感器是利用单晶硅材料的压阻效应和集成电路技术制成的传感器。单晶硅材料在受到力的作用后，电阻率发生变化，通过测量电路就可得到正比于力变化的电信号输出。压阻式传感器可用于压力、拉力、压力差和可以转变为力的变化的其他物理量（如液位、加速度、重量、应变、流量、真空度）的测量和控制（如加速度计）。压阻式传感器广泛应用于航天、航空、航海、石油化工、动力机械、生物医学工程、气象、地质、地震测量等各个领域。

3.3.1 压阻式力敏传感器的原理与结构

压阻效应：当力作用于硅晶体时，晶体的晶格产生变形，使载流子从一个能谷向另一个能谷散射，引起载流子的迁移率发生变化，扰动载流子纵向和横向的平均量，从而使硅的电阻发生变化。这种变化随晶体的取向不同而不同，因此硅的压阻效应与晶体的取向有关。

半导体材料的电阻相对变化量为

$$\frac{\mathrm{d}R}{R}=\pi\sigma+(1+2\mu)\varepsilon=(\pi E+1+2\mu)\varepsilon \tag{3-8}$$

式中 π——压阻系数；

E——弹性模量；

σ——应力；

ε——应变；

μ——磁导率。

利用固体扩散技术，将P型杂质扩散到一片N型硅底层上，形成一层极薄的导电P型层，装上引线接点后，即形成扩散型半导体应变片。若在圆形硅膜片上扩散出4个P型电阻，构成单臂电桥的4个臂，这样的敏感器件通常称为固态压阻器件，如图3-8所示。当不受压力作用时，电桥处于平衡状态，无电压输出；当受到压力作用时，电桥失去平衡而输出电压，且输出的电压与压力成正比例。

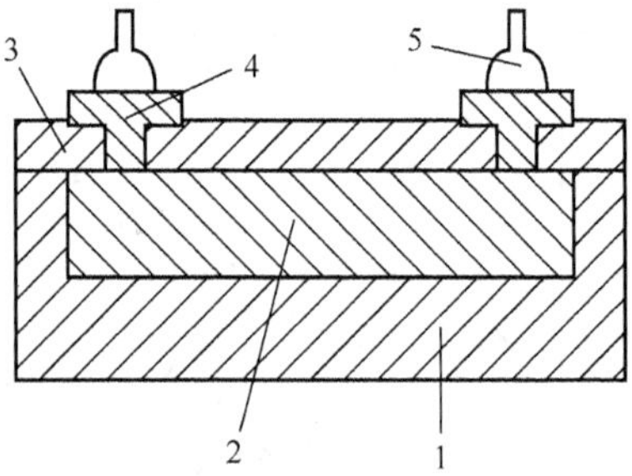

1—N型硅；2—P型硅扩散层；3—二氧化硅绝缘层；4—铝电极；5—引线。

图3-8 固态压阻器件的结构

压阻式压力传感器具有以下特点。

（1）灵敏度系数比金属应变式力敏传感器的灵敏度系数大50～100倍。有时压阻式力敏传感器的输出不需要放大器就可以直接使用。

（2）由于采用集成电路工艺加工，因而尺寸小、重量轻。

（3）压力分辨率高，它可以检测出像血压那么小的微压。

（4）频率响应好，它可以测量几十千赫（kHz）的脉动压力。

（5）由于传感器的力敏元件和测量电路都制作在同一块硅片上，所以其工作可靠，综合精度高，使用寿命长。

（6）由于采用半导体硅材料制作，传感器对温度比较敏感，如不采用温度补偿，其温度误差较大。

3.3.2　压阻式力敏传感器的接口电路

为了减少温度影响，压阻器件一般采用恒流电桥进行测量，如图3-9所示。

假设电桥中两个支路的电阻相等，故有

$$I_{\mathrm{ABC}} = I_{\mathrm{ADC}} = \frac{1}{2}I \tag{3-9}$$

电桥的输出为

$$U_{\mathrm{SC}} = U_{\mathrm{BD}} = \frac{1}{2}I(R + \Delta R + \Delta R_{\mathrm{T}}) - \frac{1}{2}I(R - \Delta R + \Delta R_{\mathrm{T}}) \tag{3-10}$$

整理后得

$$U_{\mathrm{SC}} = I\Delta R \tag{3-11}$$

可见，电桥输出电压与电阻变化（ΔR）成正比，即与被测量成正比，与恒流源电流成正比，即与恒流源电流大小和精度有关。但与温度（ΔR_T）无关，因此不受温度的影响。但是，压阻器件本身受到温度影响后，要产生零点温度漂移和灵敏度温度漂移，因此必须采取温度补偿措施。

零点温度漂移是由于4个扩散电阻的阻值及其温度系数不一致造成的。一般用串、并联电阻法补偿，如图3-10所示。其中，R_{S}是串联电阻，R_{P}是并联电阻。串联电阻主要起调零作用；并联电阻主要起补偿作用。

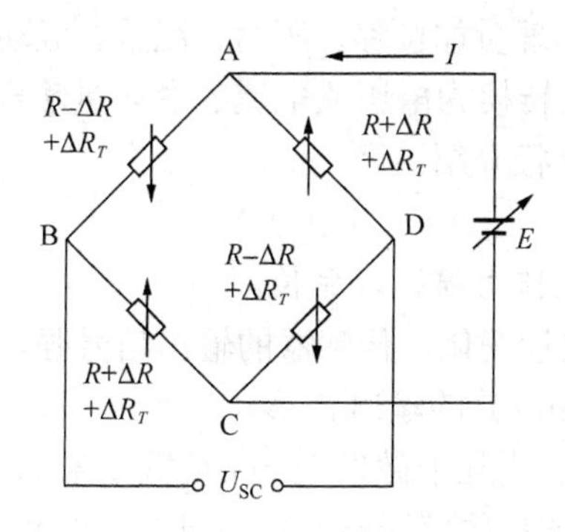

图3-9　恒流电桥电路

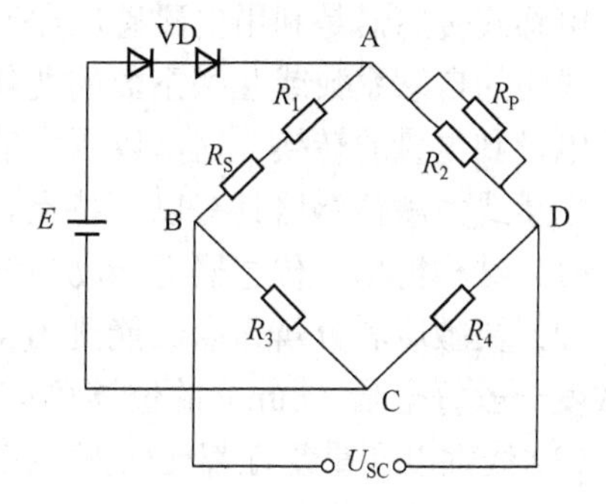

图3-10　零点温度补偿电路

由于零点漂移，导致B、D两点电位不等。例如，当温度升高时，R_2阻值的增加比较大，使D点电位低于B点，B、D两点的电位差即为零点漂移。要消除B、D两点的电位差，最简单的办法是在R_2上并联一个温度系数为负、阻值较大的电阻R_{P}，用来

约束 R_2 的变化。这样，当温度变化时，可减小 B、D 之间的电位差，以达到补偿的目的。当然，如果在 R_3 上并联一个温度系数为正、阻值较大的电阻进行补偿，作用也是一样的。

3.3.3 压阻式力敏传感器的典型应用

MPX2000 系列压阻式力敏传感器的压力测量电路如图 3-11 所示。该电路中的 IC_{1-1}、IC_{1-2}、IC_{1-3} 及其外围元件构成了仪表放大电路，其增益可由 R_{P_1} 来进行调整（满量程调整）。IC_{1-4} 及其外围元件构成了零压力调整电路，调整 R_{P_2} 的电阻值，可使零压力时输出为零（零点调整）。

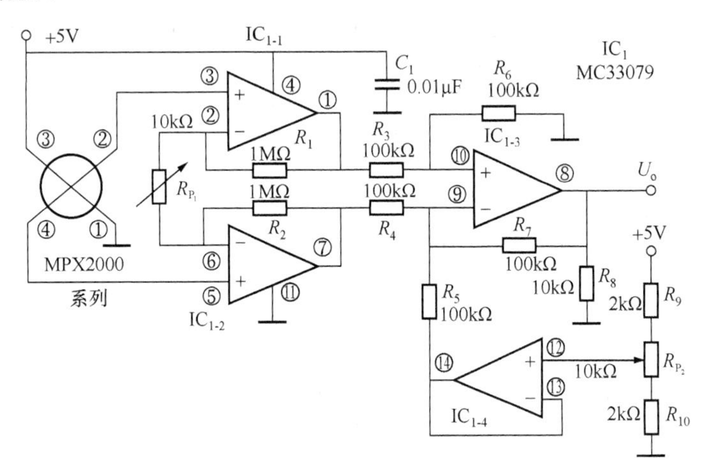

图 3-11 压力测量电路

3.4 电感式力敏传感器

电感式传感器是利用电磁感应原理把被测的物理量如位移、压力、流量、振动等转换成线圈的自感系数或互感系数的变化，再由电路转换为电压或电流的变化量输出，实现非电量到电量的转换。这里以压力的转换为例进行介绍。

电感式力敏传感器具有以下特点。

（1）结构简单，传感器无活动电触点，因此工作可靠、寿命长。

（2）灵敏度和分辨力高，能测出 0.01μm 的位移变化。传感器的输出信号强，电压灵敏度一般每毫米（mm）的位移可达数百毫伏（mV）的输出。

（3）线性度和重复性都比较好，在一定位移范围［几十微米（μm）至数毫米（mm）］内，传感器非线性误差只有 0.05%～0.1%。同时，这种传感器能实现信息的远距离传输、记录、显示和控制，在工业自动控制系统中广泛应用。缺点是频率响应较低，不宜做快速动态测控。

3.4.1　电感式力敏传感器的原理与结构

电感式力敏传感器常见的有自感式、互感式和电涡流式3种形式。

1. 自感式电感传感器

自感式电感传感器又可分为变间隙式、变面积式和螺线管式3种。

1）变间隙式电感传感器

变间隙式电感传感器的结构如图3-12所示。

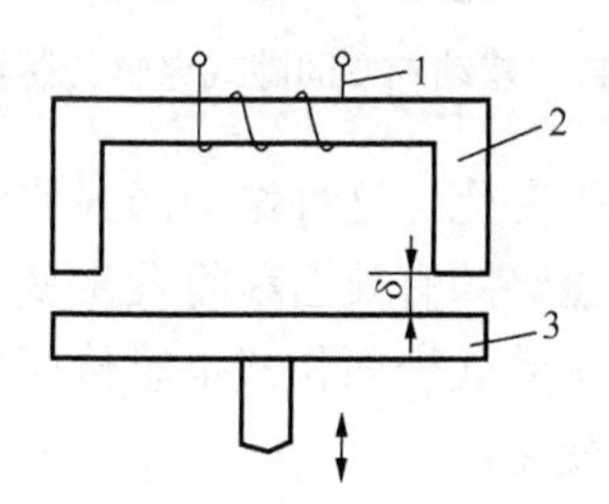

1—线圈；2—铁芯；3—衔铁。

图3-12　变间隙式电感传感器的结构

传感器由线圈、铁芯和衔铁组成。工作时衔铁与被测物体连接，当被测物体移动引起气隙的长度变化时，气隙磁阻发生变化，将导致线圈电感量的变化。

线圈的电感可用下式表示，即

$$L=\frac{N^2}{R_{\mathrm{m}}} \tag{3-12}$$

式中　N——线圈匝数；

R_{m}——磁路总磁阻。

对于变间隙式电感传感器，如果忽略磁路损耗，则磁路总磁阻为

$$R_{\mathrm{m}}=\frac{l_1}{\mu_1 A}+\frac{l_2}{\mu_2 A}+\frac{2\delta}{\mu_0 A} \tag{3-13}$$

式中　l_1——铁芯磁路长；

l_2——衔铁磁路长；

A——截面积；

μ_1——铁芯磁导率；

μ_2——衔铁磁导率；

μ_0——空气磁导率；

δ——空气气隙厚度。

因此，有

$$L=\frac{N^2}{R_{\mathrm{m}}}=\frac{N^2}{\dfrac{l_1}{\mu_1 A}+\dfrac{l_2}{\mu_2 A}+\dfrac{2\delta}{\mu_0 A}} \tag{3-14}$$

一般情况下，导磁体的磁阻与空气隙磁阻相比是很小的，因此线圈的电感值可近似地表示为

$$L=\frac{N^2\mu_0 A}{2\delta} \tag{3-15}$$

由此可以看出，传感器的灵敏度随气隙的增大而减小。为了减小非线性，气隙的相对变化量要很小，但过小又将影响测量范围，所以要兼顾考虑两个方面。

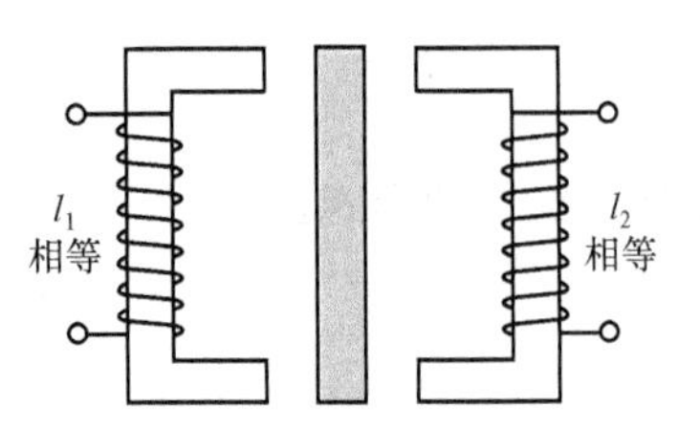

图 3-13　差动式变间隙式电感传感器的结构

差动式变间隙式电感传感器的结构如图 3-13 所示。当衔铁移动时，便产生差动电感变化。

2）变面积式电感传感器

由变气隙式电感传感器可知，当气隙长度不变，铁芯与衔铁之间相对而言覆盖面积 A 随被测量的变化而改变时，也可导致线圈的电感量发生变化，这种结构形式称为变面积式电感传感器，如图 3-14 所示。衔铁上下移动时，磁路的有效面积将发生变化，电感也将发生变化。

差动式变面积式电感传感器的结构如图 3-15 所示。当衔铁移动时，便产生差动电感的变化。

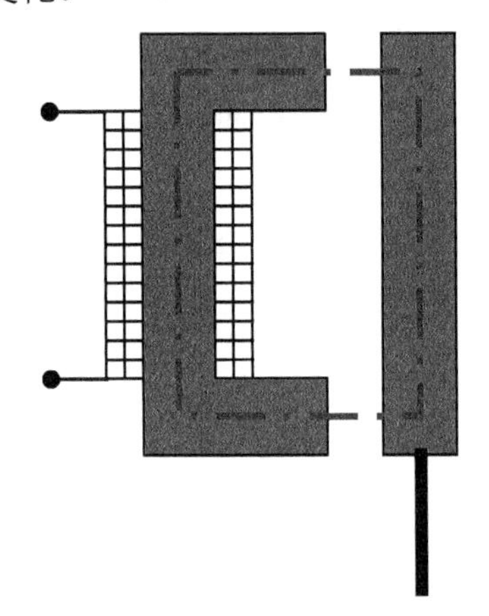
图 3-14　变面积式电感传感器的结构

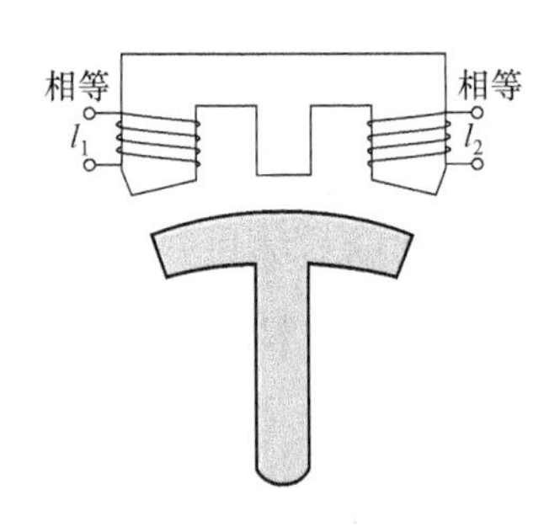

图 3-15　差动式变面积式电感传感器的结构

3）螺线管式电感传感器

图 3-16 所示为螺线管式电感传感器的结构。当衔铁随被测对象移动时，线圈磁力线路径上的磁阻发生变化，线圈电感量也因此发生变化。线圈电感量的大小与衔铁插入线圈的深度有关。

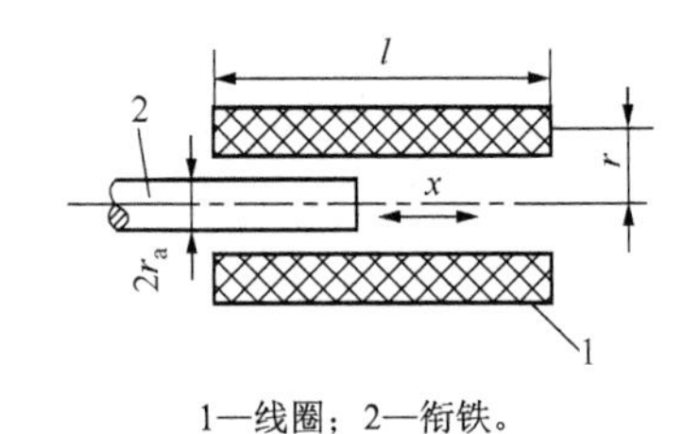

1—线圈；2—衔铁。

图 3-16　螺线管式电感传感器的结构

设线圈长度为 l、线圈的平均半径为 r、线圈的匝数为 N、衔铁进入线圈的长度为 l_a、衔铁的半径为 r_a、铁芯的有效磁导率为 μ_m，则线圈的电感量 L 与衔铁进入线圈的长度 l_a 的关系可表示为

$$L = \frac{4\pi^2 N^2}{l^2}\left[lr^2 + (\mu_m - 1)l_a r_a^2\right] \tag{3-16}$$

由此可见，当衔铁移动时，电感量将发生变化。

通过以上 3 种形式的电感传感器的分析，可以得出以下结论。

（1）变间隙式电感传感器灵敏度较高，但非线性误差较大，且制作装配比较困难。

（2）变面积式电感传感器灵敏度较小，但线性较好，量程较大，使用比较广泛。

（3）螺线管式电感传感器灵敏度较低，但量程大，且结构简单，易于制作和批量生产，是使用最广泛的电感传感器。

2. 互感式电感传感器

互感式电感传感器也叫差动变压器，其工作原理类似于变压器。这种类型的传感器主要由衔铁、一次绕组和二次绕组等组成。一、二次绕组间的耦合能随衔铁的移动发生变化，即绕组间的互感随被测位移改变而变化。由于在使用时采用两个二次绕组反向串接，以差动方式输出，所以把这种传感器称为差动变压器式电感传感器，通常简称差动变压器。图 3-17 所示为差动变压器的结构。

在理想情况下（忽略涡流损耗、磁滞损耗和分布电容等影响），差动变压器的等效电路如图 3-18 所示。图中 U_1 为一次绕组激励电压；M_1、M_2 分别为一次绕组与两个二次绕组间的互感；L_1、R_1 分别为一次绕组的电感和有效电阻；L_{21}、L_{22} 分别为两个二次绕组的电感；R_{21}、R_{22} 分别为两个二次绕组的有效电阻。

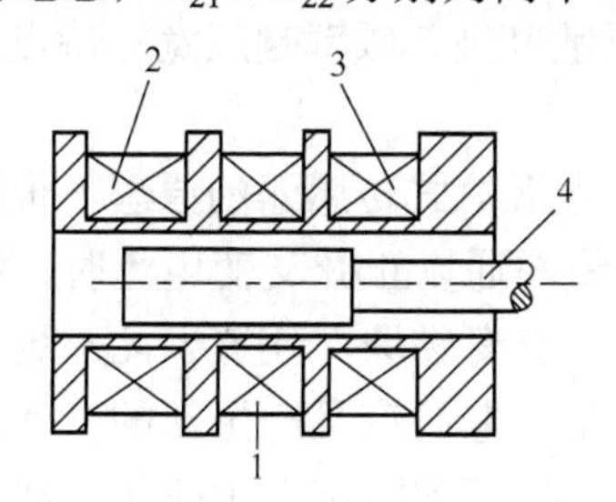

1—一次绕组；2、3—二次绕组；4—衔铁。

图 3-17　差动变压器的结构

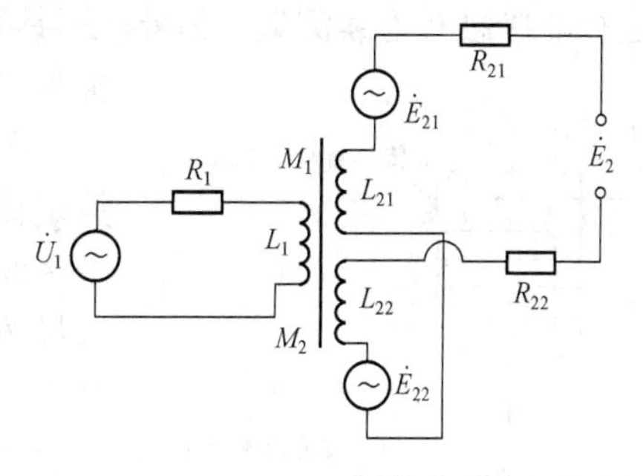

图 3-18　差动变压器的等效电路

由图 3-18 可以看出，一次绕组的电流为

$$\dot{I}_1 = \frac{\dot{U}_1}{R_1 + \mathrm{j}\omega L_1} \tag{3-17}$$

二次绕组的感应电动势为

$$\dot{E}_{21} = -\mathrm{j}\omega M_1 \dot{I}_1,\quad \dot{E}_{22} = -\mathrm{j}\omega M_2 \dot{I}_1$$

由于二次绕组反向串接，所以输出总电动势为

$$\dot{E}_2 = -\mathrm{j}\omega(M_1 - M_2)\frac{\dot{U}_1}{R_1 + \mathrm{j}\omega L_1} \tag{3-18}$$

其有效值为

$$E_2 = \frac{\omega(M_1 - M_2)U_1}{\sqrt{R_1^2 + (\omega L_1)^2}} \tag{3-19}$$

当衔铁处于中间位置时，两个二次绕组互感相同，因而由一次侧激励引起的感应电动势相同。由于两个二次绕组反向串接，所以差动输出电动势为零。

当衔铁移向二次绕组 L_{21} 一边，这时互感 M_1 大，M_2 小，因而二次绕组 L_{21} 内感应电

动势大于二次绕组 L_{22} 内感应电动势，这时差动输出电动势不为零。在传感器的量程内，衔铁移动越大，差动输出电动势就越大。

同理，当衔铁向二次绕组 L_{22} 一边移动，差动输出电动势仍不为零，但由于移动方向改变，所以输出电动势反相。通过测量差动变压器输出电动势的大小和相位可以知道衔铁位移量的大小和方向。

3. 电涡流式电感传感器

根据法拉第电磁感应原理，块状金属导体置于变化的磁场中或在磁场中做切割磁力线运动时，导体内将产生呈涡旋状的感应电流，此电流叫电涡流，此现象称为电涡流效应。

根据电涡流效应制成的传感器称为电涡流式传感器。按照电涡流在导体内的贯穿情况，此传感器可分为高频反射式和低频透射式两类，但从基本工作原理上来说仍是相似的。电涡流式传感器最大的特点是能对位移、厚度、表面温度、速度、应力、材料损伤等进行非接触式连续测量。另外，还具有体积小、灵敏度高、频率响应宽等特点，应用极其广泛。

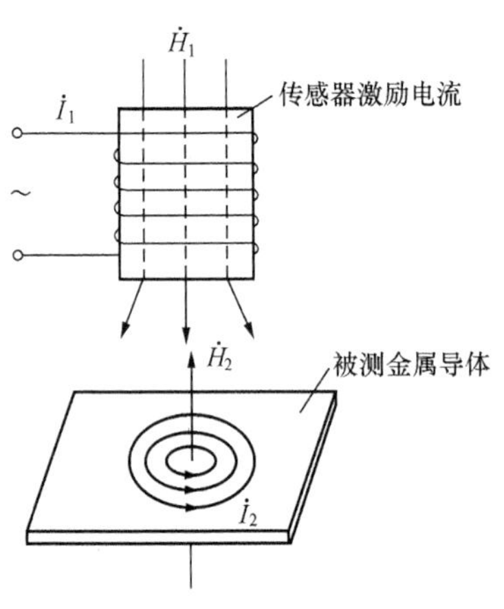

图 3-19 电涡流式传感器原理

图 3-19 所示为电涡流式传感器的原理。根据法拉第定律，当传感器线圈通以正弦交变电流时，线圈周围空间必然产生正弦交变磁场，使置于此磁场中的金属导体中感应电涡流，电涡流又产生新的交变磁场，这将导致传感器线圈的等效阻抗发生变化。线圈阻抗的变化完全取决于被测金属导体的电涡流效应。电涡流效应既与被测体的电阻率 ρ、磁导率 μ、几何形状 r 有关，又与线圈的几何参数、线圈中励磁电流频率 f、线圈与导体间的距离 x 有关。

传感器线圈受电涡流影响时的等效阻抗 Z 的函数关系式为

$$Z=F(\rho,\mu,r,f,x) \tag{3-20}$$

如果保持式（3-20）中其他参数不变，而只改变其中一个参数，传感器线圈阻抗 Z 就仅仅是这个参数的单值函数。通过与传感器配合使用的测量电路测出阻抗 Z 的变化量，即可实现对该参数的测量。

3.4.2 电感式力敏传感器的接口电路

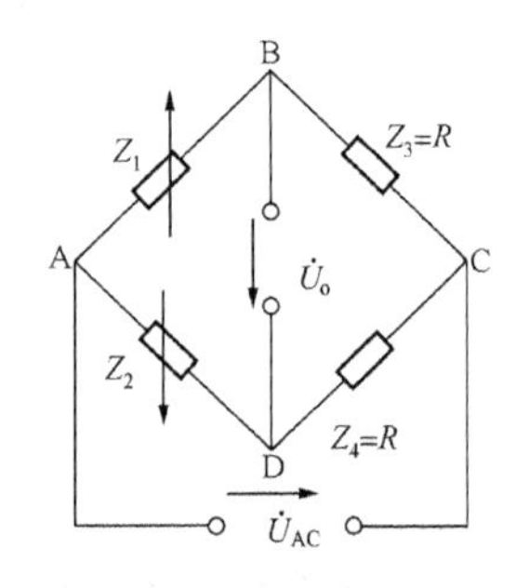

图 3-20 交流电桥测量电路

图 3-20 所示为交流电桥测量电路，把电感传感器的两个线圈作为电桥的两个桥臂 Z_1 和 Z_2，另外两个相邻的桥臂用纯电阻代替，对于高 Q 值（$Q=\omega L/R$）的差动式电感传感器，其输出电压为

$$\dot{U}_{o}=\frac{\dot{U}_{AC}}{2}\frac{\Delta Z_{1}}{Z_{1}}=\frac{\dot{U}_{AC}}{2}\frac{j\omega\Delta L}{R+j\omega\Delta L}\approx\frac{\dot{U}_{AC}}{2}\frac{\Delta L}{L} \tag{3-21}$$

式中　L——衔铁在中间位置时单个线圈的电感；

ΔL——单线圈电感的变化量。

3.4.3　电感式力敏传感器的典型应用

图 3-21 所示为透射式涡流厚度测量传感器的原理。在被测金属板的上方设有发射线圈 L_1，在被测金属板下方设有接收传感器线圈 L_2。当在 L_1 上加低频电压 U_1 时，将在 L_1 上产生交变磁通 Φ_1，若两线圈间无金属板，则交变磁场直接耦合至 L_2 中，L_2 产生感应电压 U_2。如果将被测金属板放入两线圈之间，则 L_1 线圈产生的磁通将使金属板中产生电涡流。此时磁场能量受到损耗，到达 L_2 的磁通将减弱为 Φ'，从而使 L_2 产生的感应电压 U_2 下降。金属板越厚，涡流损失就越大，U_2 电压就越小。因此，可根据 U_2 电压的大小得知被测金属板的厚度，透射式涡流厚度检测范围可达 1～100mm，分辨率为 0.1μm，线性度为 1%。

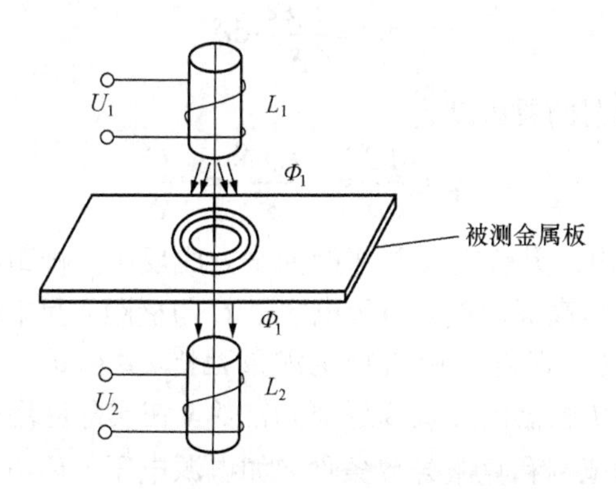

图 3-21　透射式涡流厚度测量传感器的原理

电容式力敏传感器

3.5　电容式力敏传感器

电容式传感器是一种将被测量的变化转换为电容量变化的传感器。它结构简单、体积小、分辨力高、测量精度高，可实现非接触测量，并能在高温、辐射和强烈振动等恶劣条件下工作。广泛应用于压力、差压、液位、振动、位移、加速度、成分含量等方面的测量。这里以在压力方面的测量为例进行介绍。

3.5.1　电容式力敏传感器的原理与结构

在忽略边缘效应的情况下，图 3-22 所示的平板电容器的电容量为

$$C=\frac{\varepsilon_{0}\varepsilon S}{\delta} \tag{3-22}$$

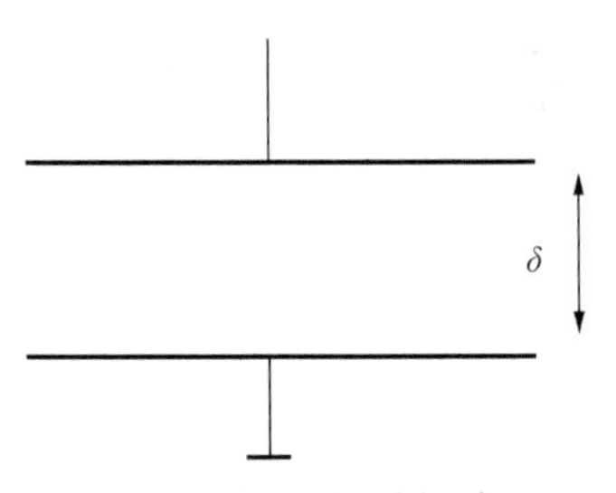

图 3-22 平板电容器的结构

式中 ε_0——真空的介电常数，$\varepsilon_0=8.854\times10^{-12}$F/m；

S——极板的遮盖面积；

ε——极板间介质的相对介电系数，在空气中，$\varepsilon=1$；

δ——两平行极板间的距离。

式（3-22）表明，当 δ、S 或 ε 发生变化时，都会引起电容的变化。如果保持其中两个参数不变，仅改变第三个参数，就可以把该参数的变化变换为单一电容量的变化，再通过配套的测量电路，将电容的变化转换为电信号输出。根据电容器参数变化的特性，电容式力敏传感器可分为极距变化式、面积变化式和介质变化式 3 种，其中极距变化式和面积变化式应用较广。

1. 极距变化式

根据式（3-22），如果两极板相互覆盖面积及极间介质不变，当两极板在被测参数作用下发生位移时，引起电容量的变化为

$$\mathrm{d}C=\frac{\varepsilon_0\varepsilon S}{\delta^2}\mathrm{d}\delta \tag{3-23}$$

由此可以得到传感器的灵敏度为

$$K=\frac{\mathrm{d}C}{\mathrm{d}\delta}=-\frac{\varepsilon_0\varepsilon S}{\delta^2}=-\frac{C}{\delta} \tag{3-24}$$

从式（3-24）可看出，灵敏度 K 与极距的平方成反比，极距越小，灵敏度越高。一般通过减小初始极距来提高灵敏度。由于电容量 C 与极距 δ 呈非线性关系，这将引起非线性误差。为了减小这一误差，通常规定测量范围 $\Delta\delta\ll\delta_0$。一般取极距变化范围为 $\Delta\delta\ll\delta_0\approx0.1$，此时，传感器的灵敏度近似为常数。在实际应用中，为了提高传感器的灵敏度、增大线性工作范围和克服外界条件（如电源电压、环境温度等）的变化对测量精度的影响，常常采用差动型电容式力敏传感器。

2. 面积变化式

这种传感器为改变极板间的覆盖面积的电容式传感器，常用的有角位移型和线位移型两种。图 3-23 所示为典型的角位移型电容式力敏传感器。

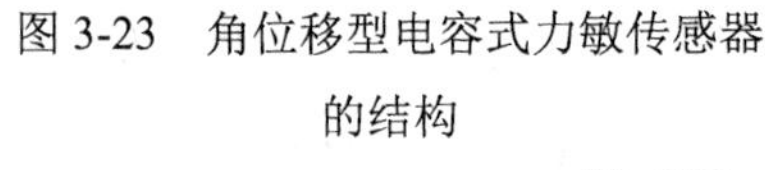

图 3-23 角位移型电容式力敏传感器的结构

当动板有一个转角时，与定板之间相互覆盖的面积就会变化，因而导致电容量变化。当覆盖面积对应的中心角为α、极板半径为 r 时，覆盖面积为

$$S=\frac{\alpha r^2}{2} \tag{3-25}$$

电容量为

$$C=\frac{\varepsilon\varepsilon_0\alpha r^2}{2\delta} \tag{3-26}$$

灵敏度为

$$K = \frac{\mathrm{d}C}{\mathrm{d}a} = \frac{\varepsilon\varepsilon_0 r^2}{2\delta} = 常数$$

面积变化式电容传感器的优点是输出与输入呈线性关系，但与极板变化式电容传感器相比，其灵敏度较低，适用于较大角位移及直线位移的测量。

3. 介质变化式

这种电容传感器有较多的结构形式，可以用来测量纸张、绝缘薄膜等的厚度，也可用来测量粮食、纺织品、木材或煤等非导电固体物质的湿度。在图 3-24 中，两平行极板固定不动，极距为 δ_0，相对介电常数为 ε_{r2} 的电介质以不同深度插入电容器中，从而改变两种介质的极板覆盖面积。传感器的总电容量 C 为 C_1 和 C_2 并联的结果，即

$$C = C_1 + C_2 = \frac{\varepsilon_0 b_0}{\delta_0}[\varepsilon_{r1}(l_0 - l) + \varepsilon_{r2} l] \tag{3-27}$$

式中　l_0，b_0——极板长度和宽度；

l——第二种电介质进入极间的长度。

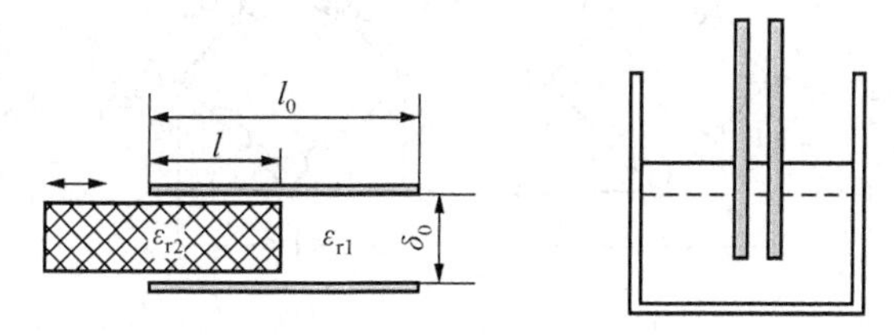

图 3-24　介质变化式传感器的结构

若电介质 1 为空气（$\varepsilon_{r1}=1$），当 l=0 时传感器的初始电容为 C_0；当电介质 2 进入极间后，引起电容的相对变化为

$$\frac{\Delta C}{C_0} = \frac{C - C_0}{C_0} = \frac{(\varepsilon_{r2} - 1)L}{L_0} \tag{3-28}$$

可见，电容的变化与电介质 2 的移动量呈线性关系。上述原理可用于非导电材料的物位测量。例如，将电容器极板插入被监测的介质中，随着灌装量的增加，极板覆盖面积增大，使测出的电容量反映灌装的高度 L。

3.5.2　电容式力敏传感器的接口电路

将电容量转换成电量（电压或电流）的电路称为电容式传感器的转换电路，它们的种类很多，目前常采用的有电桥电路、谐振电路、调频电路及运算放大电路等。

1. 运算放大电路

前面已经讲到，变极距型电容式力敏传感器的极距变化与电容变化量成非线性关系。这一缺点使电容式力敏传感器的应用受到了一定的限制。采用比例运算放大器电路，可以使输出电压与位移的关系转换为线性关系，如图 3-25 所示。

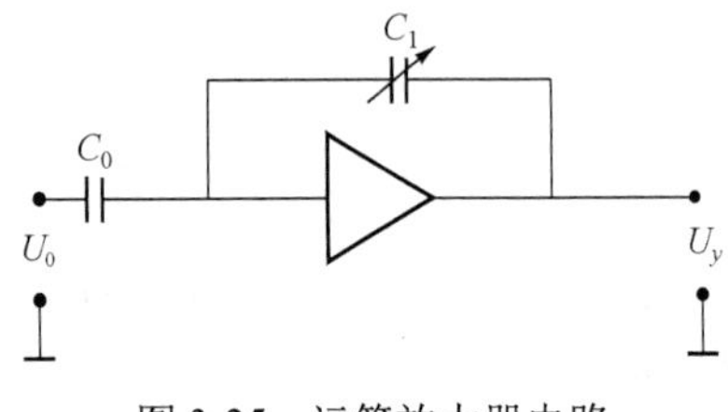

图 3-25 运算放大器电路

反馈回路中的 C_0 为极距变化型电容式传感器的输入电容，采用固定电容，U_0 为稳定的工作电压。由于放大器的高输入阻抗和高增益特性，比例器的运算关系为

$$U_y = -U_0 \frac{Z_{C1}}{Z_{C0}} - U_0 \frac{C_0}{C_x} \tag{3-29}$$

代入 $C_x = \varepsilon_0 \varepsilon A/\delta$，得

$$U_y = -U_0 \frac{C_0 \delta}{\varepsilon_0 \varepsilon A} \tag{3-30}$$

由此可知，输出电压与电容式力敏传感器的间隙呈线性关系。

2. 交流电桥

将电容式力敏传感器接入交流电桥作为电桥的一个臂或两个相邻臂，另两个臂可以是电阻、电容或电感，也可以是变压器的两个二次绕组，如图 3-26 所示。

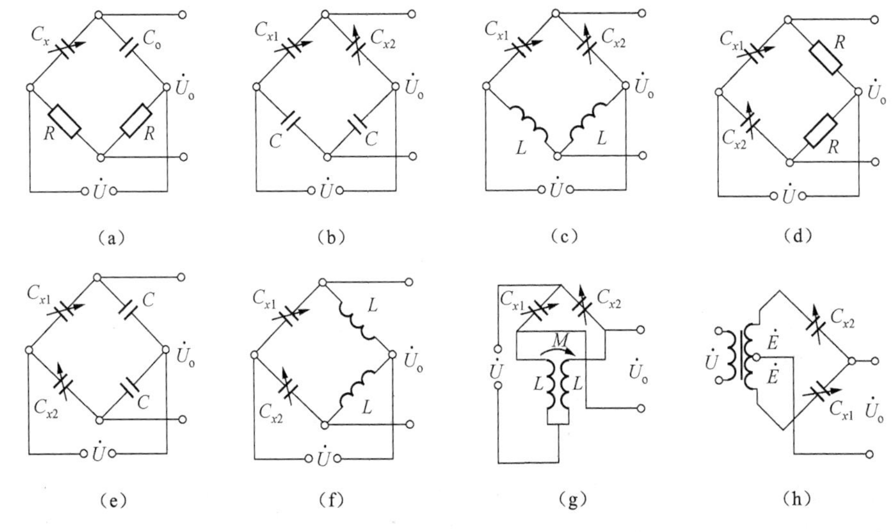

图 3-26 电容式力敏传感器构成交流电桥电路

从电桥灵敏度考虑，以图 3-26（f）所示形式为最高，图 3-26（d）所示次之。在设计和选择电桥形式时，除了考虑其灵敏度外，还应考虑输出电压是否稳定（即受外界干扰影响大小）、输出电压与电源电压间的相移大小、电源与元件所允许的功率以及结构上是否容易实现等。在实际电桥电路中，还附加有零点平衡调节、灵敏度调节等环节。

3. 调频电路

调频电路将电容式力敏传感器作为 LC 振荡器谐振回路的一部分，当电容式力敏传感器工作时，电容 C_x 发生变化，就使振荡器的频率 f 产生相应的变化，即

$$f = \frac{1}{2\pi\sqrt{L_0 C}} \tag{3-31}$$

调频电路如图 3-27 所示。

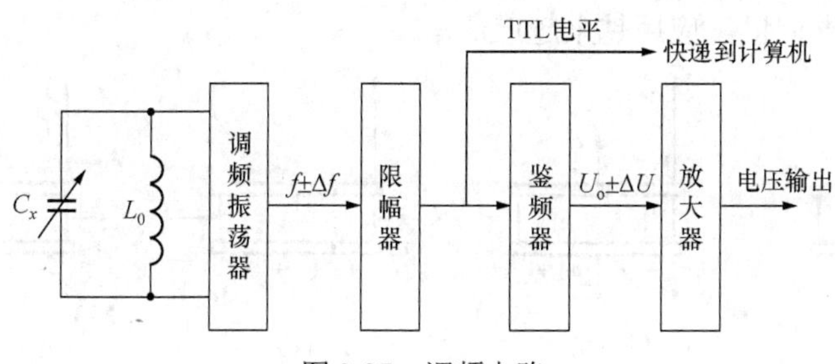

图 3-27　调频电路

3.5.3　电容式力敏传感器的典型应用

在矩形的特殊弹性元件上，加工若干个贯通的圆孔，每个圆孔内固定两个端面平行的“丁”字形电极，每个电极上贴有铜箔，构成由多个平行板电容器并联组成的测量电路。在力 F 作用下，弹性元件变形使极板间距发生变化，从而改变电容量，如图 3-28 所示。测量电容量的变化，就可反映力的变化。

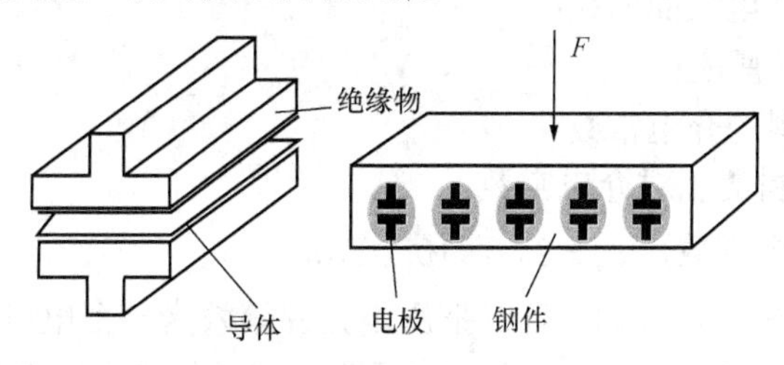

图 3-28　电容式力敏传感器的工作原理示意图

压电式力敏传感器

3.6　压电式力敏传感器

压电式力敏传感器是利用某些电介质受力后产生的压电效应制成的传感器。具有结构简单、体积小、功耗小、寿命长等特点，特别是它的动态特性良好，因此适合测量有很宽频带的周期作用力和高速变化的冲击力。

3.6.1　压电式力敏传感器的原理与结构

某些电介质物体，在沿一定方向对其施加压力和拉力而使之变形时，内部会产生极化现象，同时在其表面会产生电荷，如图 3-29 所示。当将外力去掉后，它们又重新回到不带电的状态。这种现象就称为压电效应。有时候，人们又把这种机械能转化为电能的现象，称为“顺压电效应”。反之，在电介质的极化方向上施加电场，它会产生机械变形，当去掉外加电场后，电介质的变形随之消失。这种将电能转换为机械能的现象，称为“逆压电效应”。具有压电效应的电介质称为压电材料。在自然界中，大多数晶体都具有压电效应。但大多数晶体的压电效应很微弱，没有实用价值。石英是晶体中性能良好的压电材料。随着科学技术的发展，人工制造的压电陶瓷，如钛酸钡、锆钛酸铅等多晶压电材料相继问世，应用越来越广泛。

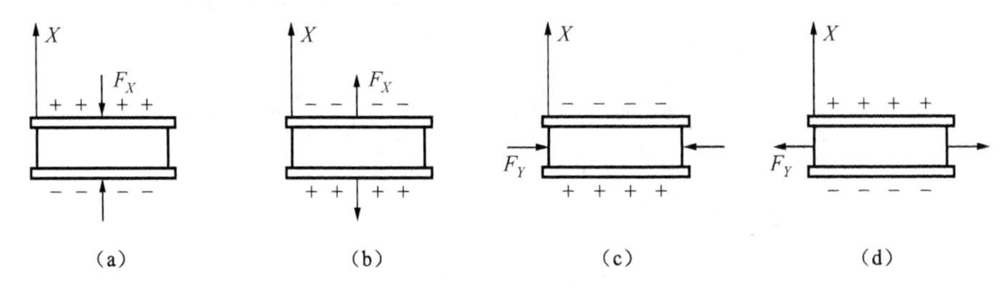

图 3-29　压电效应

当压电传感器的压电元件受力时，在电极表面就会出现电荷，且两个电极表面聚集的电荷量相等、极性相反。因此，可以把压电传感器看作一个静电荷发生器，而压电元件可以看作一个电容器，其电容量为

$$C_a = \frac{\varepsilon S}{t} = \frac{\varepsilon_r \varepsilon_0 S}{t} \tag{3-32}$$

式中　S——压电元件电极面面积；

t——压电元件厚度；

ε——压电材料的介电常数；

ε_r——压电材料的相对介电常数；

ε_0——真空介电常数，$\varepsilon_0 = 8.85 \times 10^{-12}\,\text{F/m}$。

当需要压电元件输出电荷时，可以把压电元件等效为一个电荷源与一个电容相并联的电荷等效电路，如图 3-30（a）所示。在开路状态，其输出端电荷为

$$q = C_a U_a \tag{3-33}$$

当需要压电元件输出电压时，可以把它等效成一个电压源与一个电容相串联的电压等效电路，如图 3-30（b）所示。在开路状态，其输出端电压为

$$U_a = \frac{q}{C_a} \tag{3-34}$$

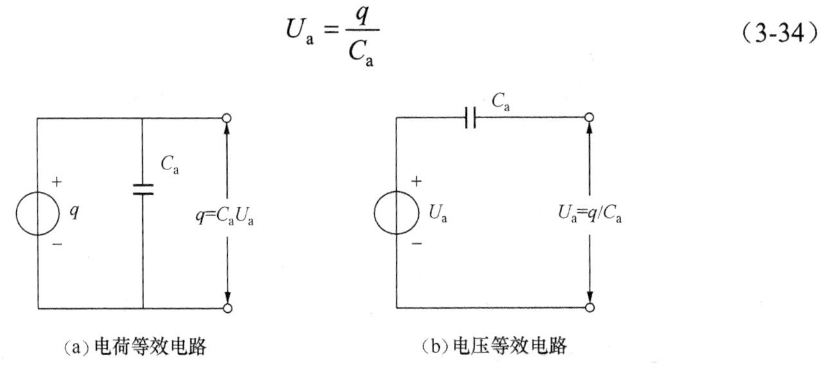

图 3-30　压电元件的等效电路

需要说明的是，上述等效电路及其输出，只有在压电元件自身理想绝缘、无泄漏、输出端开路（即其绝缘电阻 $R_a = R_i = \infty$）条件下才成立。压电元件的输出信号非常微弱，一般要把它的输出信号通过电缆送入前置放大器放大。这样，在等效电路中就必须考虑

前置放大器的输入电阻 R_i、输入电容 C_i、电缆电容 C_c 以及传感器的泄漏电阻（绝缘电阻）R_a 等的影响。实际的等效电路如图 3-31 所示。

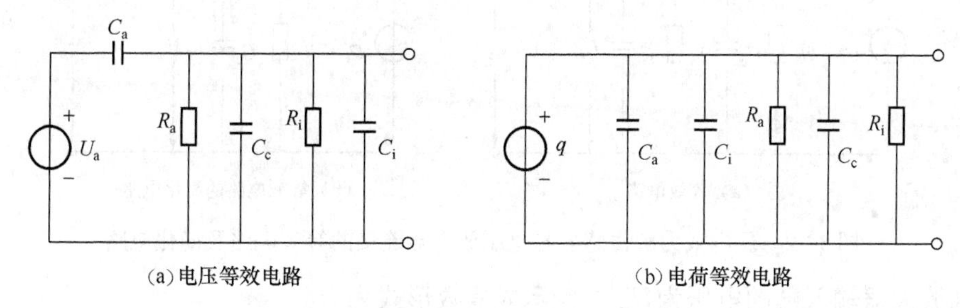

图 3-31　压电元件实际等效电路

3.6.2　压电式力敏传感器的接口电路

压电式力敏传感器只有与合适的测量电路相连接，才能组成一个完整的测量系统。由于压电式力敏传感器的内阻极高，因此，通常应当将传感器的输出信号输入到测量电路的高输入阻抗前置放大器中变换成低阻抗输出信号，然后再送到测量电路的放大、检波、数据处理电路或显示设备。由此看来，压电式力敏传感器测量电路中的关键部分是前置放大器，而该前置放大器必须具有两个功能：一是放大，把压电式力敏传感器的微弱信号放大；二是阻抗变换，把压电式力敏传感器的高阻抗输出变换为前置放大器的低阻抗输出。

前置放大器有两种形式：一种是电压放大器；另一种是电荷放大器。当把压电式力敏传感器与电压放大器连接时，适合用电压等效电路分析；而对压电式力敏传感器与电荷放大器相连的系统，则应使用电荷等效电路分析。

1. 电压放大器

压电式力敏传感器相当于一个静电荷发生器或电容器，为了尽可能保持压电式力敏传感器的输出电压（或电荷）不变，要求电压放大器应具有很高的输入阻抗（大于 1000MΩ）和很低的输出阻抗（小于 100Ω）。

压电式力敏传感器与电压放大器连接的等效电路如图 3-32 所示。图 3-32（b）为图 3-32（a）的简化电路。在图 3-32（b）中，等效电阻为

$$R=\frac{R_aR_i}{R_a+R_i} \tag{3-35}$$

等效电容为

$$C=C_c+C_i$$

假设施加给石英晶体压电元件的沿着电轴作用的交变力为 $F=F_m\sin\omega t$，则压电元件上产生的电压值为

$$U_a=\frac{q}{C_a}=\frac{d_{11}F}{C_a}=\frac{d_{11}F_m\sin(\omega t)}{C_a} \tag{3-36}$$

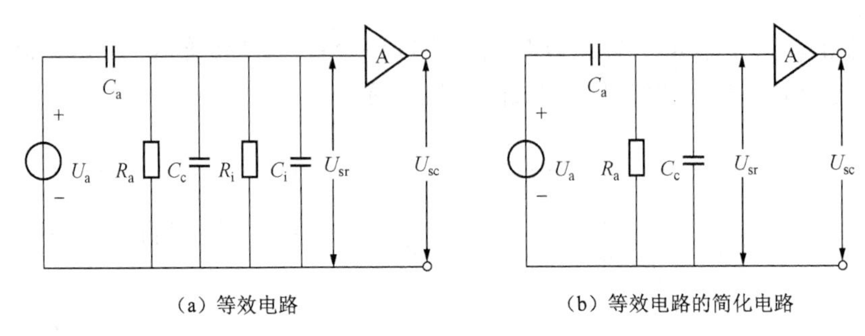

（a）等效电路　　（b）等效电路的简化电路

图 3-32　压电式力敏传感器与电压放大器连接的等效电路及简化电路

而送到放大器输入端的电压为U_{sr}，表示成复数形式为

$$\dot{U}_{sr}=\dot{U}_a\cdot\frac{R//Z_C}{Z_{C_a}+(R//Z_C)}=\frac{d_{11}\dot{F}}{C_a}\frac{1}{Z_{C_a}+(R//Z_C)}R//Z_C=d_{11}\dot{F}\frac{j\omega R}{1+j\omega R(C_a+C)} \tag{3-37}$$

于是前置放大器的输入电压的幅值为

$$U_{srm}=\frac{d_{11}F_m\omega R}{\sqrt{1+(\omega R)^2(C_a+C_c+C_i)^2}} \tag{3-38}$$

输入电压与作用力之间的相位差为

$$\phi=\frac{\pi}{2}-\arctan\left[\omega(C_a+C_c+C_i)R\right] \tag{3-39}$$

可以看出，当作用在压电元件上的力是静态力时，即ω=0 时，$U_{srm}=0$，前置放大器的输入电压等于 0，这从原理上决定了压电式力敏传感器不能用于静态测量。还可以看出，当$(\omega R)^2(C_a+C)^2\gg 1$时，有

$$U_{srm}=\frac{d_{11}F_m}{C_a+C_c+C_i}$$

这说明，满足一定的条件后，前置放大器的输入电压近似与压电元件上的作用力的频率无关。

在回路时间常数$R(C_c+R)$一定的条件下，作用力频率越高，越能满足$(\omega R)^2(C_a+C)^2\gg 1$的条件；同样，在作用力频率一定的条件下，回路时间常数越大，越能满足$(\omega R)^2(C_a+C)^2\gg 1$的条件。于是，前置放大器的输入电压越接近压电式力敏传感器的实际输出电压。

需要注意的是，如果被测物理量是缓慢变化的动态量，而测量回路的时间常数又不大，则必将造成压电式力敏传感器的灵敏度下降，而且频率的变化还会使灵敏度变化。为了扩大传感器的低频响应范围，就必须想办法提高回路的时间常数。应当指出，不能靠增加电容容量来提高时间常数。这是因为，若传感器的电压灵敏度定义为

$$k=\frac{U_{srm}}{F_m}=\frac{d_{11}\omega R}{\sqrt{1+(\omega R)^2(C_a+C)^2}} \tag{3-40}$$

当$(\omega R)^2(C_a+C)^2\gg 1$时，则有

$$k = \frac{d_{11}}{C_a + C} = \frac{d_{11}}{C_a + C_c + C_i} \tag{3-41}$$

显而易见，当增大回路电容时，k 将下降。因此，应该用增大 R 的办法来提高回路时间常数。采用输入电阻 R_i 很大的前置放大器就是为此目的。

压电式力敏传感器与前置放大器之间的连接电缆不能随意乱用。电缆的长度变化，将使 C_c 变化，从而使 U_{sr} 变化，系统就得重新进行校正。对于电缆问题，随着固态电子器件和集成电路的迅速发展，已有了新的解决办法，就是将一种电压放大器（阻抗变换器）直接装进传感器内部，使其一体化。由于该阻抗变换器充分靠近压电元件，引线非常短，引线电容几乎为零，这就避免了长电缆对传感器灵敏度的影响。这种装入压电式力敏传感器内部的阻抗变换器电路如图 3-33 所示。

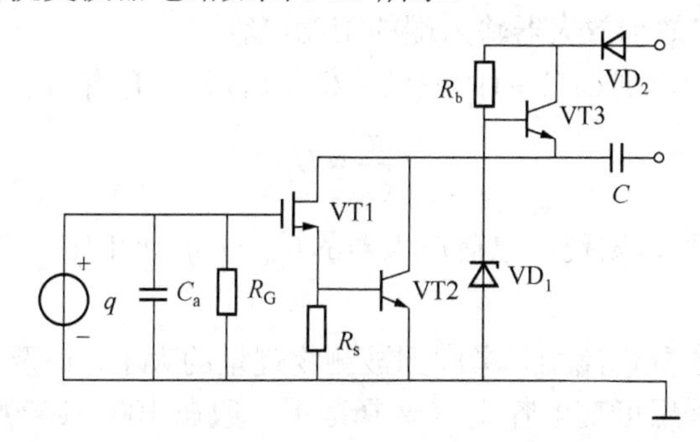

图 3-33　装入压电式力敏传感器内部的阻抗变换器电路

第一级是自给栅偏压的 MOS 型场效应晶体管构成的源极输出器，VT_3 为 VT_1 和 VT_2 的有源负载。由于 VT_2 的集电极和发射极之间的动态电阻非常大，因此提高了放大器的输出电压。同时，由于电路具有很强的负反馈，所以放大器的增益非常稳定，以致几乎不受晶体管特性变化和电源波动的影响。这种一体化的石英压电传感器能直接输出高电平、低阻抗的信号（输出电压可达几伏），因此，一般不需要再附加放大器，而用普通的同轴电缆即可输出满足一定要求的信号。

2. 电荷放大器

电荷放大器是一种具有反馈电容 C_f 的高增益运算放大器。压电式力敏传感器与电荷放大器连接的等效电路如图 3-34 所示。

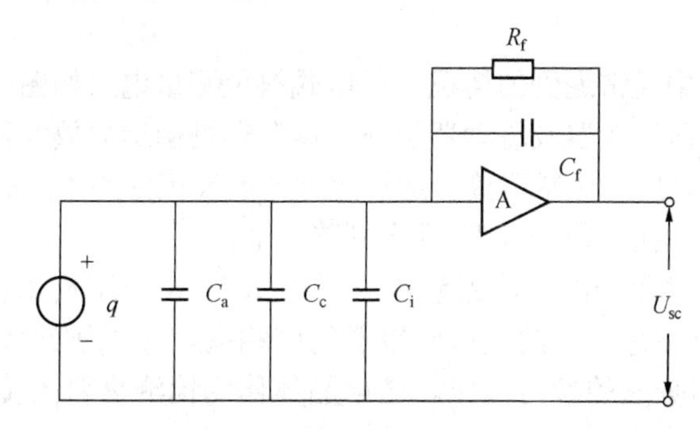

图 3-34　压电式力敏传感器与电荷放大器连接的等效电路

当放大器开环增益 k 和输入电阻 R_i、反馈电阻 R_f 相当大，视为开路时，放大器的输出电压 U_{sc} 正比于输入电荷 q。

$$U_{sc}=-kU_{sr} \tag{3-42}$$

因为

$$U_{sr}=\frac{q}{C}$$

$$C=C_a+C_c+C_i+C_f(k+1)$$

所以有

$$U_{sc}=-k\frac{q}{C}=-k\frac{q}{C_a+C_c+C_i+C_f(k+1)} \tag{3-43}$$

式中　$C_f(k+1)$——等效到放大器输入端的密勒电容。

一般情况下 k 很大，则 $C_f(k+1)\gg(C_a+C_c+C_i)$，于是有

$$\frac{q}{C_f}\approx U_{sc} \tag{3-44}$$

观察式（3-44），可以发现，电荷放大器的 U_{sc} 与 q 成正比；电荷放大器的 U_{sc} 与电缆电容 C_c 无关。

在电荷放大器的实际电路中，考虑到被测物理量的大小，以及后级放大器不致因输入信号太大而饱和，采用可变电容 C_f（选择范围一般在 100～10000pF），以便改变前置级输出的大小。另外，考虑到电容负反馈支路在直流工作时相当于开路，对电缆噪声比较敏感，放大器零漂较大，因此，为了提高放大器的工作稳定性，一般在反馈电容的两端并联一个大电阻 R_f（为 10^{10}～10^{14}）以提供直流反馈。

电荷放大器的时间常数 R_fC_f 很大（10^5s 以上），下限截止频率 f_L $\left(f_L=\frac{1}{2\pi R_fC_f}\right)$ 可达 3×10^{-6}Hz，上限截止频率可高达 100kHz，输入阻抗大于 $10^{12}\Omega$，输出阻抗小于 100Ω。压电传感器配用电荷放大器时，低频响应比配用电压放大器要好得多，可以实现对准静态的物理量进行测量。

3.6.3 压电式力敏传感器的典型应用

1. 料位测量

料位测量是生活中经常遇到的情况，压电式料位测量电路如图 3-35 所示。系统由振荡器、整流器、电压比较器及驱动器组成。振荡器是由运算放大器 IC_1 和外围 RC 组成的自激方波振荡器。压电传感器接在运算放大器的反馈回路中。振荡器的振荡频率是压电晶体的自振频率，振荡信号经 C_2 耦合到整流器。

进入整流器的振荡信号经整流器整流，再经 R_7、R_8 分压及 C_3 滤波后，得到一稳定的直流电压加在由 IC_2 构成的电压比较器的同相端。在电压比较器的反相端加有由 R_9、R_{10} 和 R_w 分压器分压的参考电压。压电晶体作为检测物料的传感器被粘贴在一个壳体上。

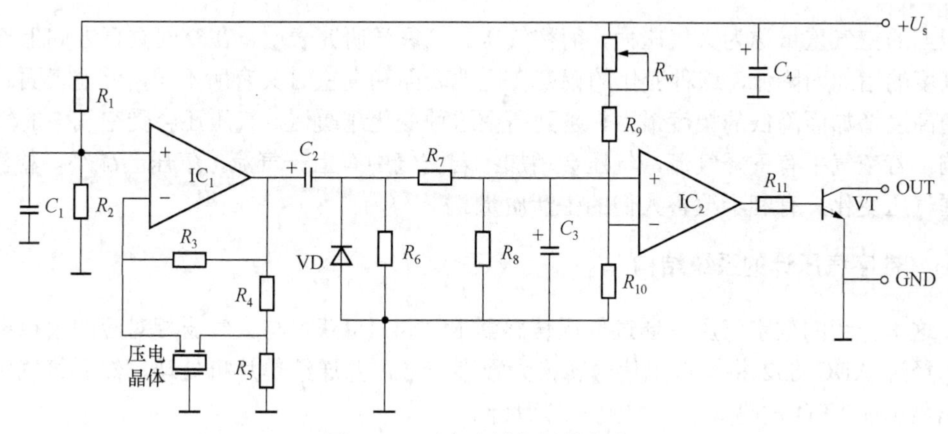

图 3-35　压电式料位测量电路

当没有物料接触到压电晶体片时，振荡器正常振荡，经调整 R_W 使电压比较器同相输入端的电压大于参考电压，故电压比较器输出为高电平，这个高电平使 VT 导通。若在输出端与电源$+U_s$间接入负载，负载中将有电流流过。

当物料升高接触到压电晶体片时，则振荡器停振，电压比较器同相端相对于参考电压变为低电平，电压比较器输出低电平，VT 截止，负载中无电流流过。显然，可以从系统输出端输出的电压或负载的动作上得知料位的变化情况。该系统实际上可起到料位开关的作用。

这种系统可方便地做成常闭型和常开型两种形式。常闭型是在振荡器起振时，让驱动器导通；常开型是在振荡器起振时，让驱动器截止。

使用压电传感器时，要充分注意消除环境温度和湿度的影响、传感器基座应变的影响、电缆噪声的影响等，以保证系统的精度。

2. 表面粗糙度测量

如图 3-36 所示，压电传感器由驱动箱拖动使其触针在工件表面以恒速滑行。工件表面的起伏不平使触针上下运动，通过针杆使压电晶体随之变形，在压电晶体表面就产生电荷，由引线输出与触针位移成正比的电信号，即可测量物体表面的粗糙度。

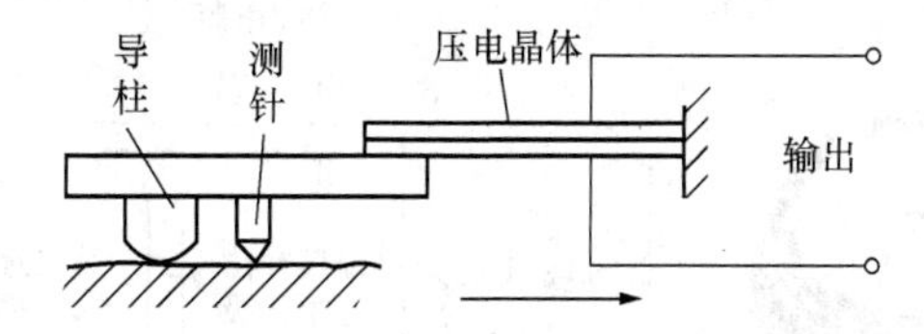

图 3-36　物体表面粗糙度测量原理

3.7　数字气压计的设计

大气具有重量，并且向人们施加压力，这是一件非常简单并且似乎显而易见的现象。气压已经成为人们生活中的一部分，时刻影响着人们的日常生活。人们常把作用于单位面积上的空气重量称为大气压力，简称气压。气象学研究表明，在空间垂直方向上气压随高度的增加而降低，这种变化的幅度在近地表面和高空时又有所不同，近地表面时气压随高度增加而降低的幅度最大，越到高空这种变化越缓慢。气压还会受空气中的气流影响，若空气中有下降气流，气压会增加；若空气中有上升气流，气压会减小。检测、掌握气压变化，有利于改善人们的生活质量。

3.7.1 数字气压计的系统结构

这里介绍的数字气压计通过气压传感器 MPX4115 获得与大气压相对应的模拟电压值，经过 ADC0832 将模拟电信号转换为数字信号，并送给单片机处理，然后将气压值输出显示在 LED 数码管上，如图 3-37 所示。

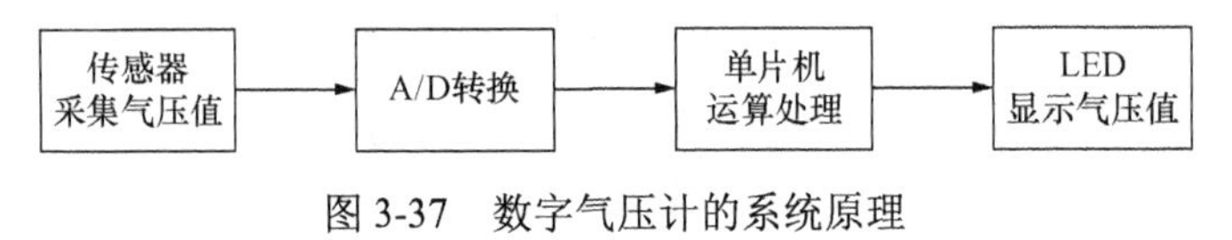

图 3-37 数字气压计的系统原理

3.7.2 数字气压计的硬件设计

1. 气压传感器 MPX4115

系统选用 Motorola 公司生产的新型 MEMS 器件 MPX4115 单片集成硅力敏传感器，它集成度高，质量小（有 4g、1.5g 两种型号），尺寸小，具有测量准确度高、预热时间短、响应速度快、长期稳定、可靠性高、过载能力强等优点。MPX4115 的量程为 15～115kPa，在–40～125℃范围内具有温度补偿功能；输出模拟信号，电压输出为 0.2～4.8V，高度测量范围为海拔-1100～13 000m，可以满足小型无人机的测控需要。国内外商品化飞行控制器用 MPX4115 作为气压高度传感器均取得不错效果。

MPX4115 的工作温度适应条件很宽，工作电压为 5V 直流电源，工作功率为 35mW，它把压感单元、温度补偿单元、电压放大电路、模拟信号输出单元等集成在一块芯片上，使用非常方便。它的外观及内部结构如图 3-38 所示。

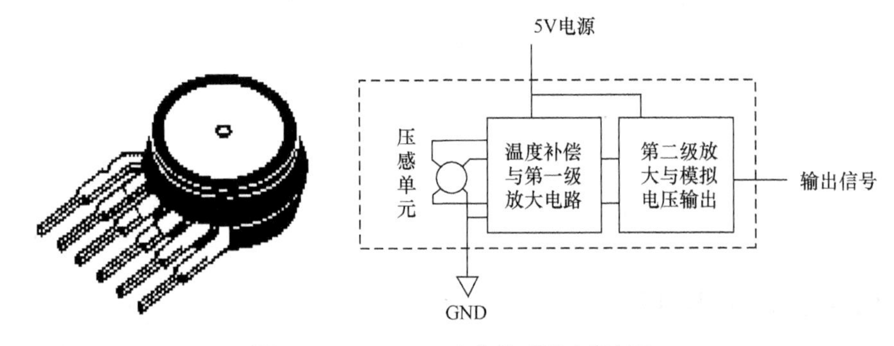

图 3-38 MPX4115 实物外观及内部结构

MPX4115 的引脚功能描述如表 3-2 所示。

表 3-2 MPX4115 的引脚功能

引脚	功能	引脚	功能
1	输出电压	4	悬空
2	GND	5	悬空
3	5V 电源	6	悬空

MPX4115 的输出电压与气压的关系式为

$$U_o=U_s\cdot(0.009P-0.095) \tag{3-45}$$

式中 U_s——电源电压，值为 5V；

P——要测的大气压强。

温度、压强的变化会造成传感器的测量误差，需要对它进行输出电压补偿，补偿电压的表达式为

$$U_{error}=U_s\cdot 0.009P_{error}T_{error} \tag{3-46}$$

式中 T_{error}、P_{error}——温度、压强的补偿系数。

T_{error} 的表达式为

$$T_{error}=\begin{cases}\dfrac{-3T}{40}, & T<0\\ 1, & 0\leqslant T<85\\ \dfrac{3T-255}{40}, & 85\leqslant T\end{cases} \tag{3-47}$$

式中：T——传感器工作时的温度。

在传感器量程范围内，传感器的压强补偿系数 P_{error} 值均为 1.5。

MPX4115 的输出电压与压强变化具有良好的线性关系，如图 3-39 所示。

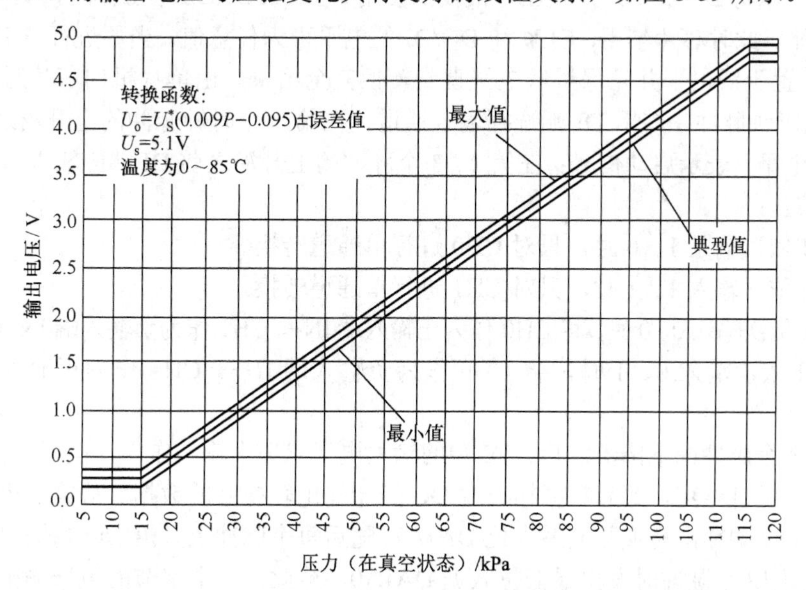

图 3-39 MPX4115 的输出电压与压强的关系曲线

2. ADC0832

ADC0832 是美国国家半导体公司生产的一种 8 位分辨率、双通道 A/D 转换芯片。由于它体积小、兼容性好、性价比高而深受单片机爱好者及企业的欢迎，目前已经有很高的普及率。ADC0832 为 8 位分辨率 A/D 转换芯片，最高可达 256 级，可以适应一般的模拟量转换要求。

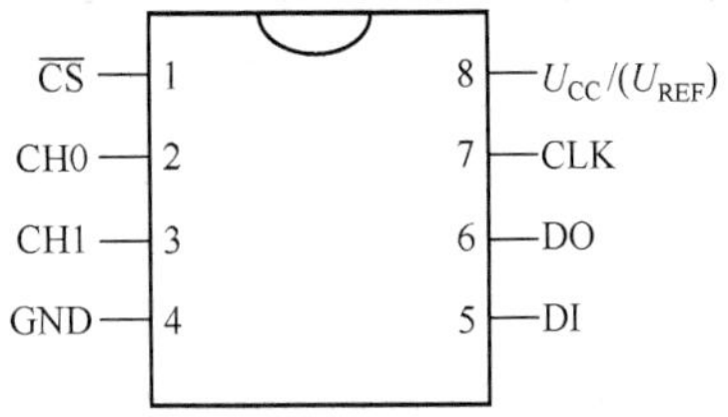

ADC0832 是 8 引脚双列直插式封装，5V 电源供电，输入电压为 0～5V，工作频率为 250kHz，转换时间为 32μs，一般功耗仅为 15mW。引脚排列如图 3-40 所示。它能分别对两路模拟信号实现 A/D 转换，可以在单端输入方式和差分输入方式下工作。

图 3-40　ADC0832 的引脚

ADC0832 引脚功能如下。

$\overline{CS}$：片选使能，低电平有效。

CH0：模拟输入通道 0，或作为 IN+/−使用。

CH1：模拟输入通道 1，或作为 IN+/−使用。

GND：芯片参考 0 电位（地）。

DI：数据信号输入，选择通道控制。

DO：数据信号输出，转换数据输出。

CLK：芯片时钟输入。

U_{CC}/U_{REF}：电源输入及参考电压输入（复用）。

正常情况下，ADC0832 与单片机的接口应有 4 条线，分别是$\overline{CS}$、CLK、DO、DI。但由于 DO 端与 DI 端在通信时并不能同时有效，并与单片机的接口是双向的，所以电路设计时可以将 DO 和 DI 并联在一根线上使用。当 ADC0832 不工作时，其$\overline{CS}$输入端应为高电平，此时芯片禁用，CLK 和 DO/DI 的电平可为任意值。当要进行 A/D 转换时，须先将$\overline{CS}$置于低电平并且保持低电平直到转换完全结束。由单片机向芯片时钟输入端 CLK 输入时钟脉冲。使用 DI 端选择输入通道，在第 1 个时钟脉冲的上升沿之前 DI 端必须是高电平，表示启动信号；在第 2、3 个脉冲的上升沿之前 DI 端应输入 2 位数据用于选择通道。

当 DI 依次输入 1、0 时，只对 CH0 进行单通道转换。

当 DI 依次输入 1、1 时，只对 CH1 进行单通道转换。

当 DI 依次输入 0、0 时，将 CH0 作为正输入端 IN+、CH1 作为负输入端 IN−进行转换。

当 DI 依次输入 0、1 时，将 CH0 作为负输入端 IN−、CH1 作为正输入端 IN+进行转换。

到第 3 个脉冲的下降沿之后，DI 端的输入电平就失去输入作用，但要保持高电平，直到第 4 个脉冲结束，此后数据输出端 DO 开始输出转换后的数据。从第 5 个脉冲上升沿开始由 DO 端输出转换数据最高位 DATA7，随后每个脉冲上升沿 DO 端输出下一位数据，直到第 12 个脉冲时发出最低位数据 DATA0。至此，一个字节的数据输出完成。然后，开始输出下一个相反字节的数据，即从第 12 个脉冲输出数据的最低位，直到第 19

个脉冲时数据输出完成，也标志着一次 A/D 转换的结束。后一相反字节的 8 个数据位作为校验位使用，一般只读出第一个字节的数据位即能满足要求（对于后 8 位数据，可以让片选端 $\overline{CS}$ 置于高电平而将其丢弃）。最后将 $\overline{CS}$ 置高电平，禁用芯片，直接将转换后的数据进行处理即可。ADC0832 的时序如图 3-41 所示。

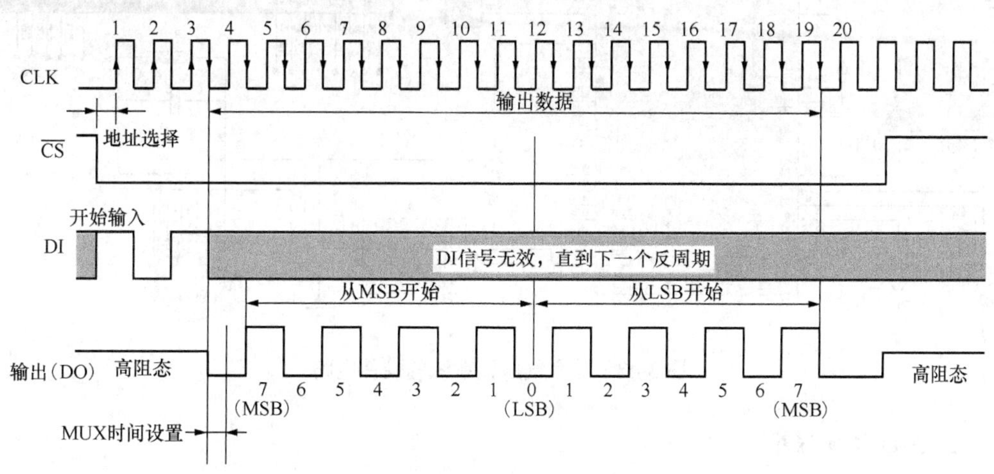

图 3-41　ADC0832 的时序

作为单通道模拟信号输入时，ADC0832 的输入电压 U_i 的范围是 0～5V。当输入电压 U_i=0 时，转换后的输出值 VAL=0x00；而当 U_i=5V 时，转换后的输出值 VAL=0xff，即十进制数的 255。所以，转换输出值（数字量 D）为

$$D=\frac{255}{5}\cdot U_i \tag{3-48}$$

式中　D——转换后的数字量；

U_i——输入的模拟电压。

3. 显示模块

本设计采用 4 位七段共阳 LED 显示模块，以简化程序设计。

4. 系统硬件电路

气压传感器 MPX4115 将气压值转换成电压值输出，经 ADC0832 转换成数字量，并送单片机处理，然后在数码管上显示。其电路如图 3-42 所示。

3.7.3　数字气压计的软件设计

1. 主程序

系统启动后，首先进行系统初始化，然后启动 ADC0832 对传感器的输出电压进行转换，再将数字电压信号进行处理，最后将气压值显示在数码管上。其流程如图 3-43 所示。

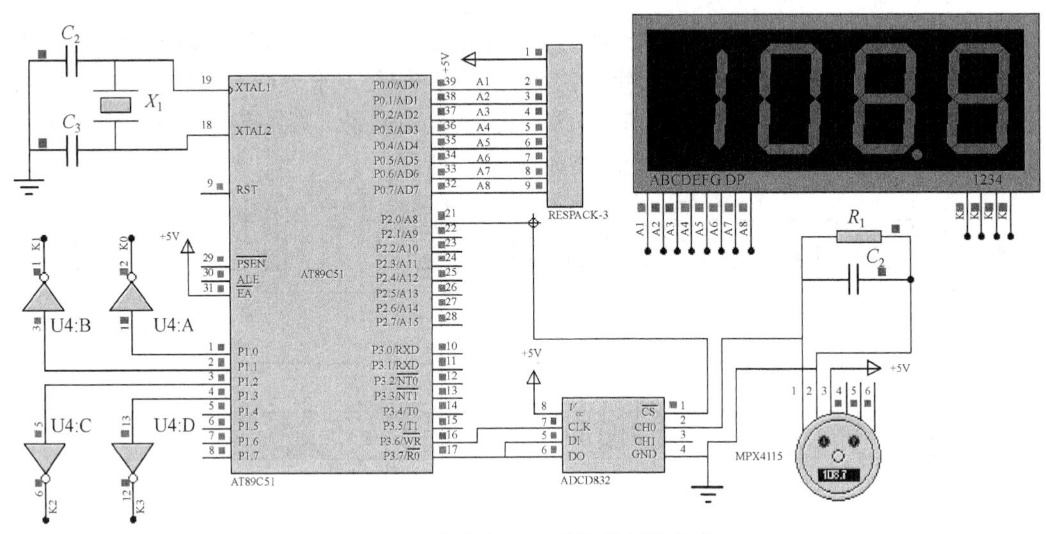

图 3-42　数字气压计系统的硬件电路

2. A/D 转换程序

ADC0832 的工作有严格的时序，由单片机控制产生必要的时序信号，控制 ADC0832 将 MPX4115 输出的模拟信号转换为数字信号。其流程如图 3-44 所示。

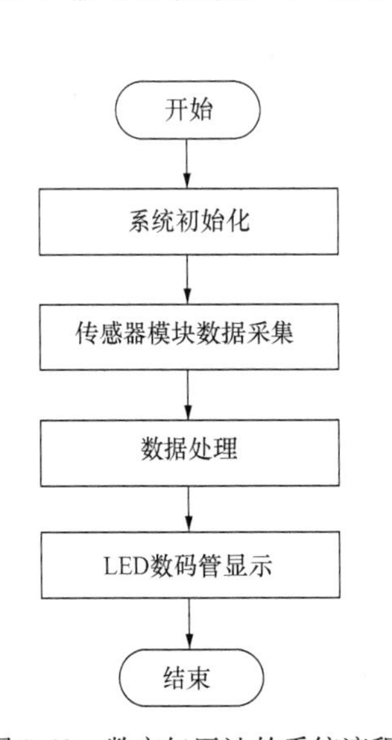

图 3-43　数字气压计的系统流程

开始

函数初始化

获取模拟信号

A/D转换

获取数字信号

输入到单片机

结束

图 3-44　数字气压计的 A/D 转换流程

3.7.4　数字气压计的源程序

数字气压计的源程序代码请扫二维码查看。

数字气压计的源程序

思考与实践

3.1　简述应变效应、压阻效应、压电效应。

3.2　查阅资料，描述一个力敏传感器。

3.3　了解水产养殖智能工厂中力敏传感器的作用，设计一个力敏传感器在该类智能工厂中的应用实例。

第4章　光敏传感器

光是人类眼睛可以看见的电磁波。据统计，在人类感官收到的外部世界的总信息中，90%以上是通过眼睛获得的。在自然界中，光是非常重要的信息媒体之一。物体对光的反应，直接或间接地反映了物体本身的一些特性。光敏传感器是以光电器件作为转换元件的传感器，它是一种能将物体光学量的变化转换成电信号变化的装置。光敏传感器的基本工作原理是物质的光电效应。光敏传感器属于无损伤、非接触测量器件，具有体积小、重量轻、响应快、灵敏度高、功耗低、便于集成、可靠性高、适于批量生产等优点，广泛应用于自动控制、机器人、航空航天、家用电器、工农业生产等领域。

4.1　光及其表示

光的电磁学说认为光是物体发出的电磁波，是电子跃迁释放的能量。当原子核外电子得到能量时，可以跃迁到更高的轨道上；当电子从高轨道跃迁回低轨道时，会释放一部分能量，这就是光子；跃迁的能级不同，释放出来的能量不同，光子的波长和频率就不同，光的颜色也不一样。红光频率最低，紫光频率最高，如图4-1所示。

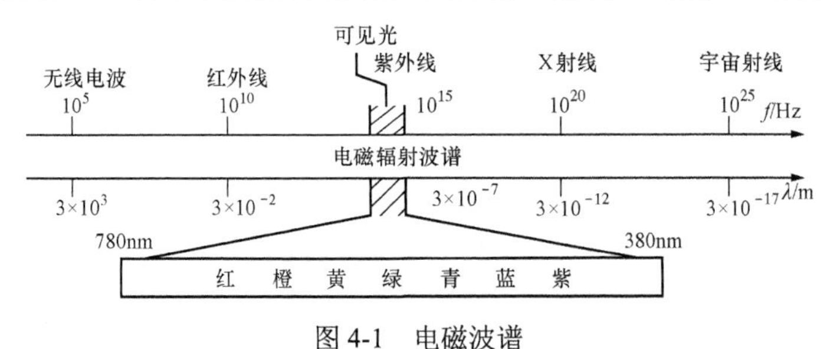

图4-1　电磁波谱

光的波长与频率的关系由光速确定，在不同介质中，光的传播速度是不同的，真空中的光速 c=2.99793×10^{10}cm/s，通常用 $c\approx3\times10^{10}$cm/s 表示。光的波长 λ 和频率 ν 的关系为 $\nu\lambda=3\times10^{10}$cm/s。$\nu$ 的单位为Hz，λ 的单位为cm。表4-1列出了光的波长与颜色的关系。

光的量子学说认为，光是一种带有能量的粒子（称为光子）所形成的粒子流，且每个光子具有的能量正比于光的频率，光的频率越高，光子的能量就越大。例如，绿色光的光子就比红色光的光子能量大，而相同光通量的紫外线能量比红外线的能量大很多。因此，红外线可以杀灭病菌、改变物质的结构等。

光电元件的理论基础是光电效应。用光照射某一物体，可以看作物体受到一连串能量为 $h\nu$ 的光子的轰击。组成该物体的材料吸收光子能量而发生相应的电效应的物理现象称为光电效应。根据是否有材料中的电子逸出表面，通常把光电效应分为外光电效应和内光电效应。内光电效应还可分为光电导效应和光生伏特效应。根据这些光电效应可制成不同的光电转换器件（光电元器件），如光电管、光电倍增管、光敏电阻、光敏晶体管、光电池等。

表 4-1　可见光的波长与颜色的关系

颜色	中心波长/nm	波长范围/nm
红光	660	760～622
橙光	610	622～597
黄光	570	597～577
绿光	550	577～492
青光	460	492～450
蓝光	440	450～435
紫光	410	435～390

1. 外光电效应

在光线作用下，物体内的电子逸出物体表面，向外发射的现象称为外光电效应。基于外光电效应的光电器件有光电管、光电倍增管等。

光子是具有能量的粒子，每个光子具有的能量由下式确定，即

$$E=h\nu \tag{4-1}$$

式中　h——普朗克常数，$h=6.63\times10^{-34}\text{J}\cdot\text{s}$；

ν——光的频率。

若物体中电子吸收的入射光的能量足以克服逸出功 A_0 时，电子就逸出物体表面，产生电子发射。故要使一个电子逸出，则光子能量 $h\nu$ 必须大于逸出功 A_0，超过部分的能量，表现为逸出电子的动能，即（爱因斯坦光电效应方程）

$$h\nu=\frac{1}{2mu^2}+A_0 \tag{4-2}$$

式中　m——电子质量；

u——电子溢出速度。

由于逸出功与材料的性质有关，当材料选定后，要使物体表面有电子逸出，入射光的频率 ν 有一最低的限度，当 $h\nu$ 小于 A_0 时，即使光通量很大，也不可能有电子逸出。这个最低限度的频率称为红限频率 f_0，相应的波长称为红限波长。在 $h\nu$ 大于 A_0（入射光频率超过红限频率）的情况下，光通量越大，逸出的电子数目就越多，电路中光电流也越大。

2. 内光电效应

受光照的物体电导率发生变化，或产生光生电动势的效应叫作内光电效应。内光电

效应又可分为光电导效应和光生伏特效应。

1）光电导效应

光电导效应是指半导体因光照射而产生更多的电子-空穴对，使其导电性能增强，即光导致电阻值发生变化的现象。基于这种效应的元器件有光敏电阻等。

光电导效应的形成过程如图 4-2 所示。

当光照射到半导体材料上时，价带中的电子受到能量不小于禁带宽度的光子轰击，并使其由价带越过禁带跃入导带，使材料中导带内的电子数和价带内的空穴浓度增加，从而使电导率变大。

与外光电效应相同，并非任何频率的光都能激发电子的跃迁，只有能量足以使电子越过禁带能级宽度的光才能使半导体材料表现出光电导效应。除金属外，大多数的绝缘体和半导体都有光电导效应，其中以半导体尤为显著。光电导效应中没有电子向外发射，改变的仅是物体内部的电阻。

2）光生伏特效应

在光线作用下，物体产生一定方向电动势的现象叫作光生伏特效应。基于该效应的元器件有光电池和光敏晶体管等。具有该效应的材料有硅、硒、氧化亚铜、硫化镉、砷化镓等。

如图 4-3 所示，当一定波长的光照射 PN 结时，就会产生电子-空穴对，在 PN 结内电场的作用下，空穴移向 P 区，电子移向 N 区，于是 P 区和 N 区之间产生电压，即光生电动势。根据材料的不同，一般可产生 0.2～0.6V 的电压。利用该效应可制成各类光电池。

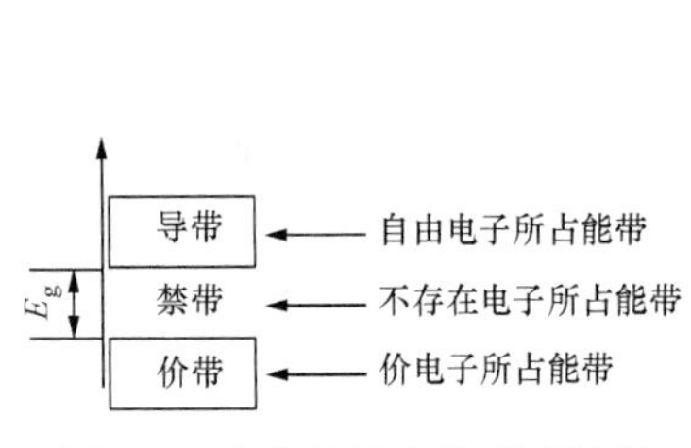

图 4-2　光电导效应的形成过程

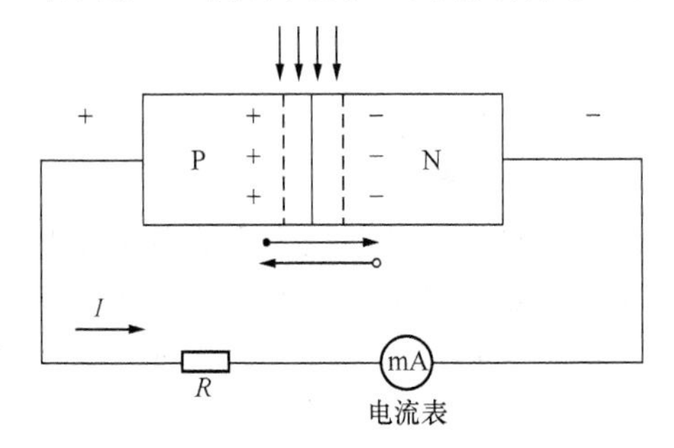

图 4-3　光生伏特效应

4.2　光电管及光电倍增管

光电管和光电倍增管都是基于外光电效应制成的光电转换器件。

4.2.1　光电管

1. 光电管的结构

光电管有真空光电管和充气光电管，或称电子光电管和离子光电管两类，两者结构相似，如图 4-4 所示。它们由一个阴极和一个阳极构成，并且密封在一只真空玻璃管内。阴极装在玻璃管内壁上，其上涂有光电发射材料。阳极通常用金属丝弯曲成矩形或圆形，置于玻璃管的中央。

普通光电管在一个真空泡内装有两个电极，即光电阴极和光电阳极。光电阴极通常是用逸出功小的光敏材料涂覆在玻璃泡内壁上做成，其感光面对准光的照射孔。

当入射光照射在阴极时，光子的能量传递给阴极表面的电子，当电子获得的能量足够大时，就有可能溢出金属表面，形成电子而发射，这种电子称为光电子。在光照频率高于阴极材料红限频率时，溢出电子数取决于光通量，光通量越大，溢出电子越多。当光电管阴极与阳极间加适当正向电压（数十伏）时，光电子则被具有正向电压的阳极所吸引，在光电管中形成电流，称为光电流，如图 4-5 所示。光电流正比于光电子数，而光电子数又正比于光通量。

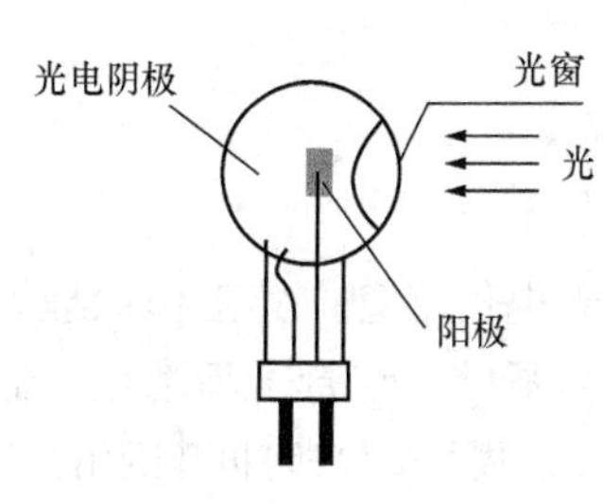

图 4-4　光电管的结构

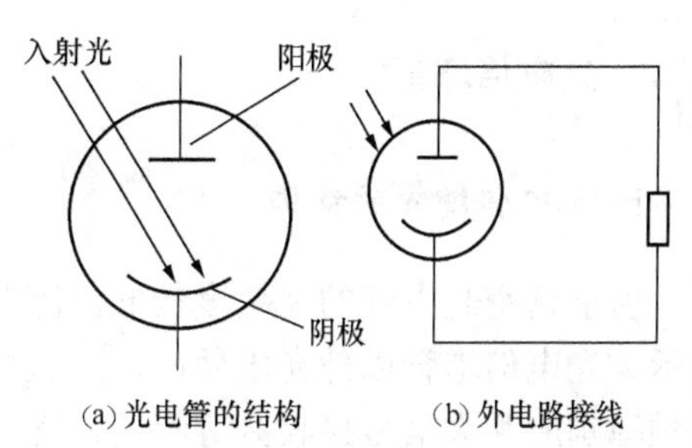

图 4-5　光电管的结构和外电路

2. 光电管的特性

1）伏安特性

在一定的光照射下，对光电器件的阴极所加电压与阳极所产生的电流之间的关系称为光电管的伏安特性，如图 4-6 所示。伏安特性是光敏传感器应用的主要依据。

2）光照特性

光照特性通常是指当光电管的阳极和阴极之间所加电压一定时，光通量与光电流之间的关系为光电管的光照特性，如图 4-7 所示。

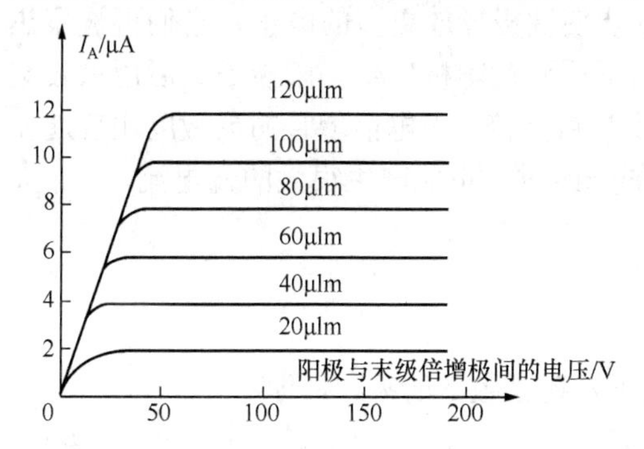

图 4-6　光电管的伏安特性曲线

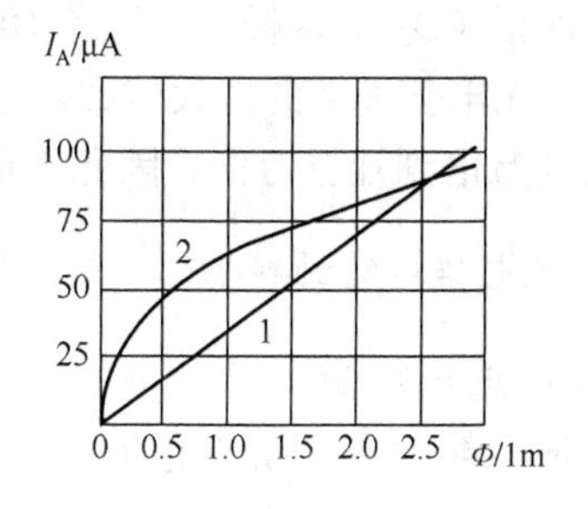

图 4-7　光电管的光照特性曲线

曲线 1 表示氧铯阴极光电管的光照特性，光电流 I 与光通量呈线性关系。曲线 2 为锑铯阴极的光电管光照特性，呈非线性关系。光照特性曲线的斜率（光电流与入射光光通量之比）称为光电管的灵敏度。

3）光谱特性

由于光电阴极对光谱有选择性，因此光电管对光谱也有选择性。保持光通量和阴极电压不变，阳极电流与光波长之间的关系叫作光电管的光谱特性。

一般对于光电阴极材料不同的光电管，它们有不同的红限频率 f_0，因此它们可用于不同的光谱范围。

此外，即使照射在阴极上的入射光的频率高于红限频率 f_0，并且强度相同，随着入射光频率的不同，阴极发射的光电子数量也会不同，即同一光电管对于不同频率的光的灵敏度不同，这就是光电管的光谱特性。所以，对各种不同波长的光，应选用不同材料的光电阴极。

4.2.2 光电倍增管

1. 光电倍增管的结构

由于真空光电管的灵敏度较低，因此人们研制了光电倍增管，其工作原理如图 4-8 所示。光电倍增管以外光电效应、二次电子发射效应为基础，结合了高增益、低噪声、高频率响应和大信号接收区等特征，是一种具有极高灵敏度和超快时间响应的光敏电真空器件，能在低能级光度学和光谱学方面测量波长为 200～1200nm 的极微弱辐射功率。

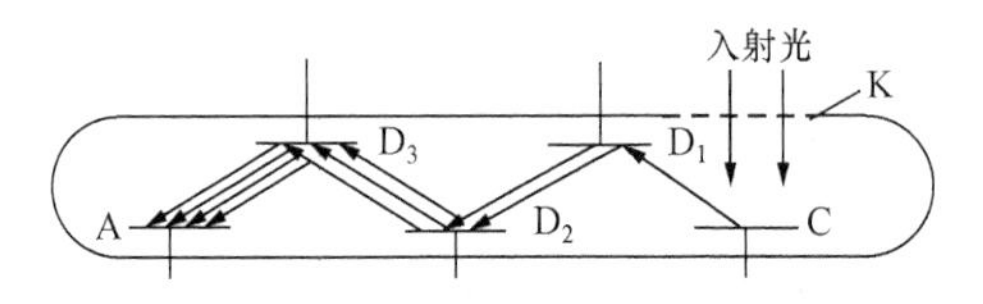

图 4-8 光电倍增管的工作原理

光电倍增管由光阴极 C、次阴极（倍增电极）D 及阳极 A 三部分组成。光阴极是由半导体光电材料锑铯做成；次阴极是在镍或铜-铍的衬底上涂上锑铯材料，次阴极多的可达几十级。光阴极（C）在光子作用下发射电子，这些电子被外电场（或磁场）加速，聚焦于第一次极（D_1）。这些冲击次极的电子能使次极释放更多的电子，它们再被聚焦在第二次极（D_2）。这样，一般经 10 次以上倍增后到达阳极（A）。阳极是最后用来收集电子的。光电倍增管的放大倍数可达几万倍到几百万倍。光电倍增管的灵敏度比普通光电管高几万倍到几百万倍。因此，在很微弱的光照时，也能产生很大的光电流。

2. 光电倍增管的特性

1）倍增系数 M

倍增系数 M 等于 n 个倍增电极的二次电子发射系数 δ 的乘积，即

$$M = \delta_i^n \tag{4-3}$$

式中，M 与所加电压有关，一般为 10^5～10^8，稳定性为 1%左右，加速电压稳定性要在 0.1%以内。如果有波动，倍增系数也要波动，因此 M 具有一定的统计涨落。一般阳极

和阴极之间的电压为 1000～2500V，两个相邻的倍增电极的电位差为 50～100V。所加电压越稳越好，这样可以减小统计涨落，从而减小测量误差。

2）光电倍增管的电流放大倍数

光电倍增管的电流放大倍数与极间电压的关系曲线如图 4-9 所示。

3）光电阴极灵敏度和光电倍增管的总灵敏度

一个光子在阴极上能够打出的平均电子数叫作光电倍增管的阴极灵敏度。一个光子在阳极上产生的平均电子数叫作光电倍增管的总灵敏度。光电倍增管的极间电压越高，灵敏度越高；但极间电压也不能太高，太高反而会使阳极电流不稳。另外，由于光电倍增管的灵敏度很高，所以不能受强光照射；否则将会损坏。

4）暗电流和本底脉冲

一般在使用光电倍增管时，必须把管子放在暗室里避光使用，使其只对入射光起作用；但是由于环境温度、热辐射和其他因素的影响，即使没有光信号输入，加上电压后阳极仍有电流，这种电流称为暗电流，这是热发射或场致发射造成的，这种暗电流通常可以用补偿电路消除。

如果光电倍增管与闪烁体放在一处，在完全避光的情况下，出现的电流称为本底电流，其值大于暗电流。增加的部分是宇宙射线照射闪烁体使其激发，被激发的闪烁体照射在光电倍增管上产生的，本底电流具有脉冲形式。

5）光电倍增管的光照特性

光照特性反映了光电倍增管的阳极输出电流与照射在光电阴极上的光通量之间的函数关系。对于性能较好的管子，在很宽的光通量范围内，这个关系是线性的，即入射光通量小于 10^{-4}lm 时，有较好的线性关系。光通量增大，开始出现非线性，如图 4-10 所示。

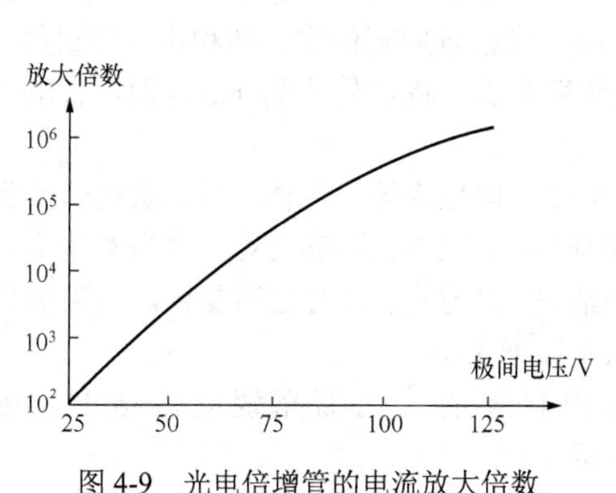

图 4-9　光电倍增管的电流放大倍数与极间电压的关系曲线

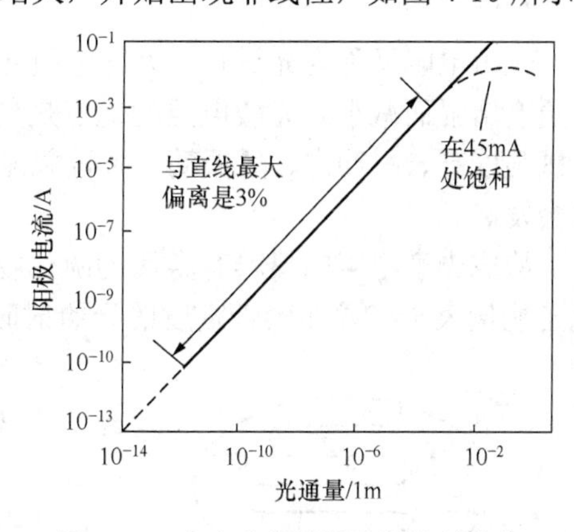

图 4-10　光电倍增管的光照特性曲线

3. 光电管使用注意事项

（1）使用前应了解器件的特性。真空光电器件的共同特点是灵敏度高、响应快、供电电压高、采用玻璃外壳、抗震性差。

（2）使用时不宜用强光照射。光照过强时，其线性会变差而且容易使光电阴极疲劳

（轻度疲劳经一段时间可恢复，重度疲劳不能恢复），缩短寿命。

（3）工作电流不宜过大。工作电流过大时会烧毁阴极面，或使倍增级二次电子发射系数下降，增益降低，光电线性变差，缩短寿命。

（4）测量交变光时，负载电阻不宜太大，因为负载电阻和管子的等效电容一起构成电路的时间常数，若负载电阻较大，时间常数也较大，频带将变窄。

4. 光电倍增管的应用

由于光电倍增管的放大倍数很高，所以常用来进行光子计数，如图 4-11 所示。可以探测每秒 10～20 个光子水平的极微弱光信号。

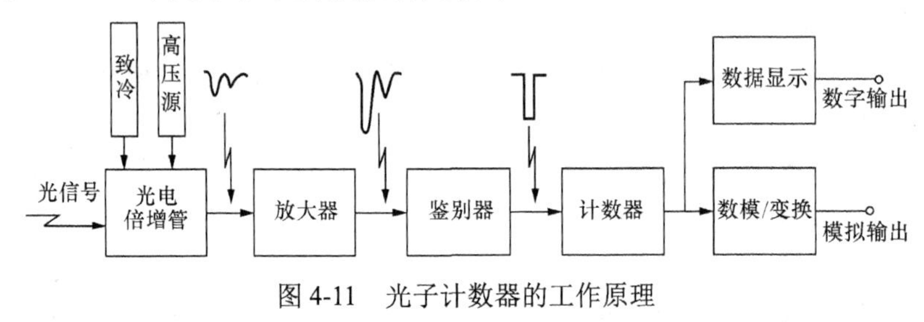

图 4-11　光子计数器的工作原理

4.3　光敏电阻

4.3.1　光敏电阻的原理与结构

光敏电阻又称为光导管，为纯电阻元件，其工作原理是基于光电导效应，其阻值随光照度增强而减小。光敏电阻的优点是灵敏度高、光谱响应范围宽、体积小、重量轻、机械强度高、耐冲击、耐振动、抗过载能力强和寿命长。缺点是需要外部电源，有电流时会发热。

构成光敏电阻的材料有金属的硫化物、硒化物、碲化物等半导体。当光敏电阻受到光子能量大于半导体禁带宽度的光照射时，半导体内产生电子-空穴对，电阻率变小。入射光消失，电子-空穴对逐渐复合，电阻值也逐渐恢复原来大小。

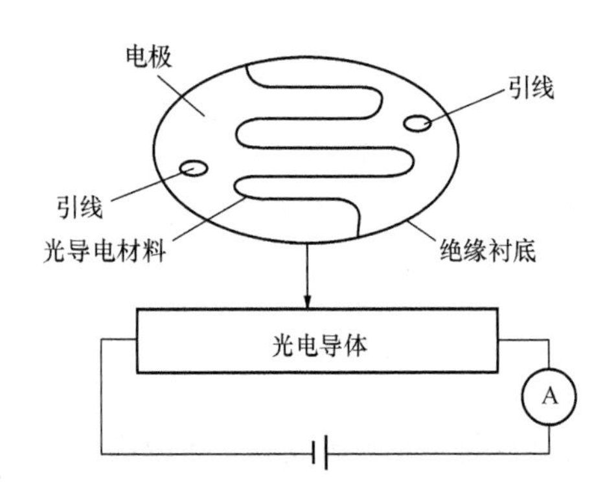

图 4-12　金属封装的硫化镉光敏电阻结构

金属封装的硫化镉光敏电阻结构如图 4-12 所示。

管芯是一块安装在绝缘衬底上带有两个欧姆接触电极的光电导体。光电导体吸收光子产生光电效应，只限于光照的表面薄层，虽然产生的载流子也有少数扩散到内部去，但扩散深度有限，因此光电导体一般都做成薄层。为了获得较高的灵敏度，光敏电阻的电极一般采用梳状图案。将管芯封装到管壳内，就可制成光敏电阻，如图 4-13 所示。

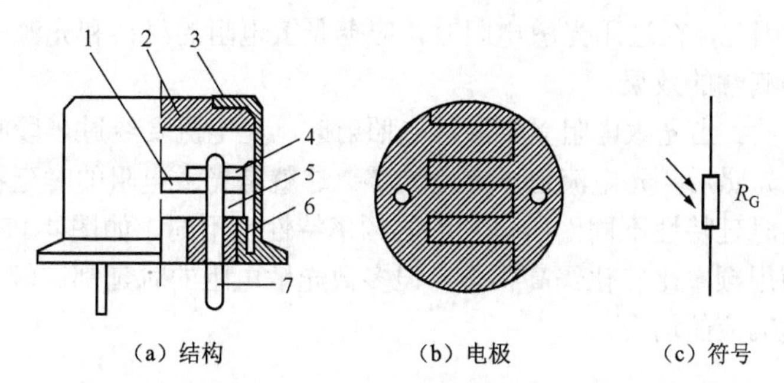

1—光导层；2—玻璃窗口；3—金属外壳；4—电极；5—陶瓷基座；6—黑色绝缘玻璃；7—电阻引线。

图 4-13　光敏电阻的封装

4.3.2　光敏电阻的特性

（1）暗电阻。光敏电阻在室温条件下，全暗（无光照射）后经过一定时间测量的电阻值，称为暗电阻。此时在给定电压下流过的电流称为暗电流。

（2）亮电阻。光敏电阻在某一光照下的阻值，称为该光照下的亮电阻。此时流过的电流称为该光照下的亮电流。

（3）光电流。亮电流与暗电流之差。

（4）伏安特性。在一定照度下，加在光敏电阻两端的电压与电流之间的关系称为伏安特性，如图 4-14 所示。图中曲线 1、2 分别表示照度为零及照度为某值时的伏安特性。

由图 4-14 可知，在给定偏压下，光照度越大，光电流也越大。在一定的光照度下，所加的电压越大，光电流越大，而且无饱和现象。但是电压不能无限地增大，因为任何光敏电阻都受额定功率、最高工作电压和额定电流的限制。超过最高工作电压和最大额定电流，可能导致光敏电阻永久性损坏。

（5）光照特性。在一定外加电压下，光敏电阻的光电流和光通量之间的关系如图 4-15 所示。不同类型光敏电阻的光照特性不同，但光照特性曲线均呈非线性。因此，它不宜作为定量检测元件，这是光敏电阻的不足之处。一般在自动控制系统中用于光电开关。

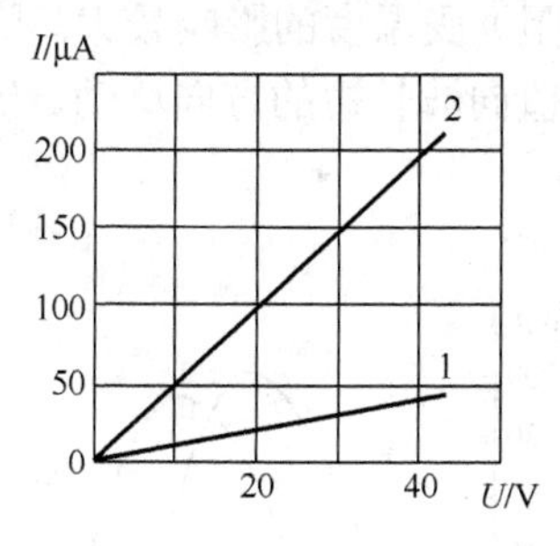

图 4-14　伏安特性曲线

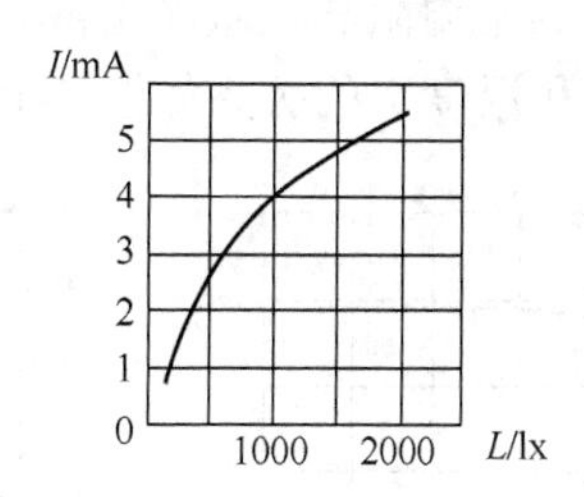

图 4-15　光照特性曲线

（6）光谱特性。光电阻的光谱特性与光敏电阻的材料有关，如图 4-16 所示。

从图 4-16 中可知，对于不同波长，光敏电阻的灵敏度是不同的。硫化铅光敏电阻在较宽的光谱范围内均有较高的灵敏度，相应于近红外和中红外区，峰值在红外区域，常用作火焰探测器的探头；硫化镉、硒化镉的峰值在可见光区域，常用作光亮度测量（照度计）的探头。因此，在选用光敏电阻时，应把光敏电阻的材料和光源的种类结合起来考虑，才能获得满意的效果。

（7）频率特性。当光敏电阻受到脉冲光照射时，光电流要经过一段时间才能达到稳定值，而在停止光照后，光电流也不立刻为零，这就是光敏电阻的时延特性。由于不同材料的光敏电阻时延特性不同，所以它们的频率特性也不同，如图 4-17 所示。

硫化铅的使用频率比硫化镉高得多，但多数光敏电阻的时延都比较大，所以，它不能用在要求快速响应的场合。

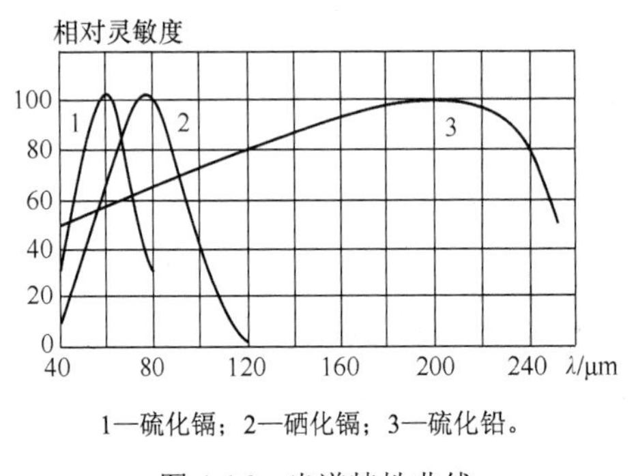

图 4-16 光谱特性曲线

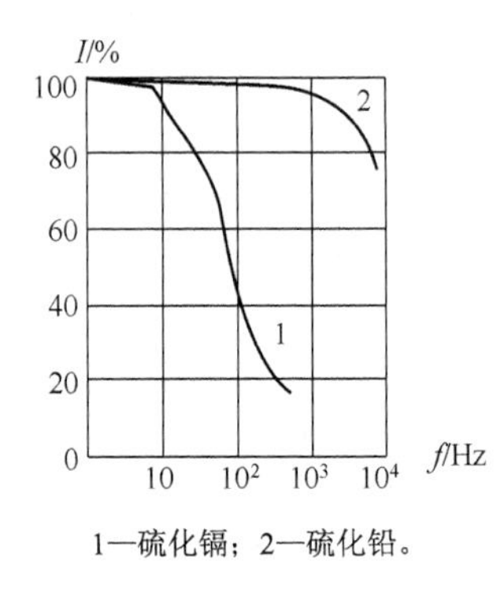

图 4-17 频率特性曲线

（8）稳定性。初制成的光敏电阻，由于体内机构工作不稳定，以及电阻体与其介质的作用还没有达到平衡，所以性能是不够稳定的。但在人为地加温、光照及加负载情况下，经 1～2 周的老化，性能可达到稳定。光敏电阻在开始一段时间的老化过程中，有些样品的阻值上升，有些样品的阻值下降，但最后达到一个稳定值后就不再变化了，如图 4-18 所示。

图 4-18 中曲线 1、2 分别表示两种型号光敏电阻的稳定性。

光敏电阻的使用寿命在密封良好、使用合理的情况下，几乎是无限长的。这就是光敏电阻的主要优点。

（9）温度特性。光敏电阻的性能（灵敏度、暗电阻）受温度的影响较大。随着温度的升高，其暗电阻和灵敏度下降，光谱特性曲线的峰值向波长短的方向移动。硫化镉的光电流 I 和温度 T 的关系如图 4-19 所示。

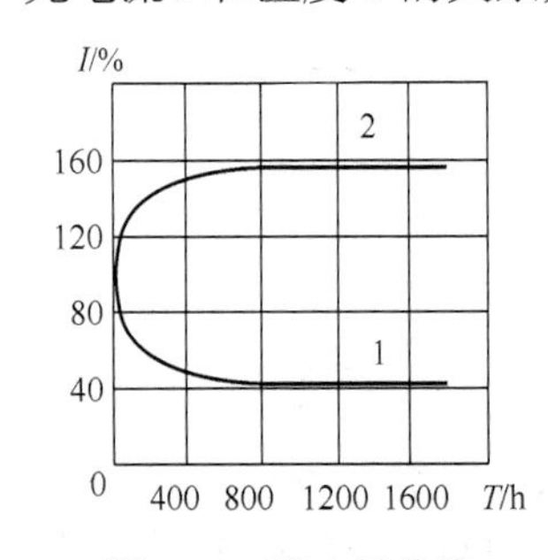

图 4-18 稳定性曲线

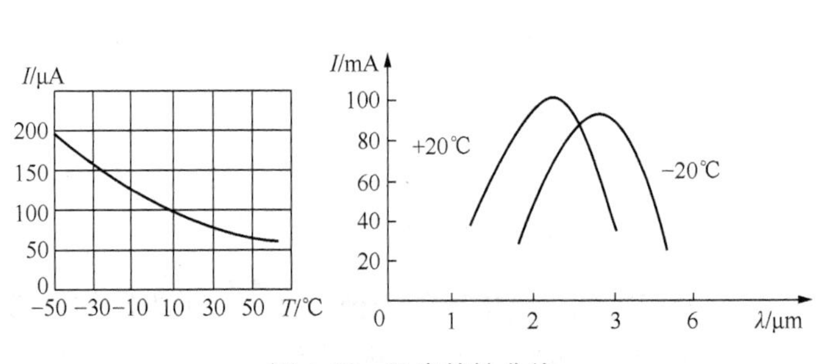

图 4-19 温度特性曲线

有时为了提高灵敏度，或为了能够接收较长波段的辐射，将元器件降温使用，如可利用制冷器使光敏电阻的温度降低。

4.3.3　光敏电阻的应用

光控自动照明灯广泛适用于医院、学生宿舍及公共场所。白天不会亮，晚上自动亮。一种典型光控自动照明灯电路如图 4-20 所示。

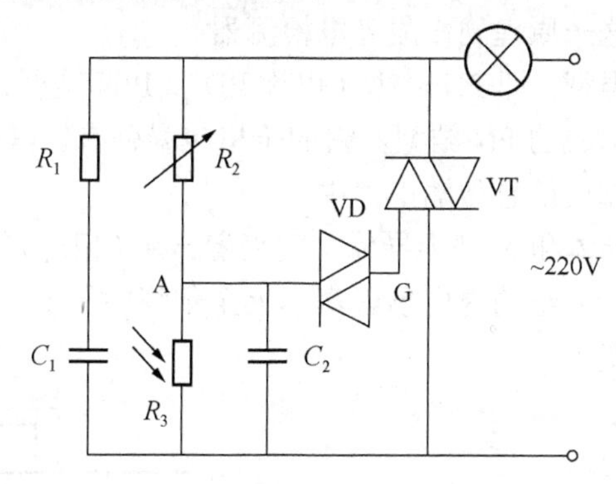

图 4-20　自动照明灯电路

图中 VD 为触发二极管，触发电压为 30V 左右。在白天，光敏电阻 R_3 的阻值低，其分压低于 30V（A 点），触发二极管截止，双向晶闸管 VT 无触发电流，呈断开状态。晚上天黑，光敏电阻阻值增加，A 点电压大于 30V，触发极 G 导通，双向晶闸管呈导通状态，电灯亮。R_1、C_1 构成双向晶闸管保护电路。如果将晶闸管换成蜂鸣器，该电路就成为亮度报警器。

4.4　光电二极管

4.4.1　光电二极管的原理与结构

光电二极管是一种利用 PN 结单向导电性原理制作而成的结型光电器件，与一般半导体二极管的不同之处在于其 PN 结装在透明管壳的顶部，以便接受光照，如图 4-21 所示。

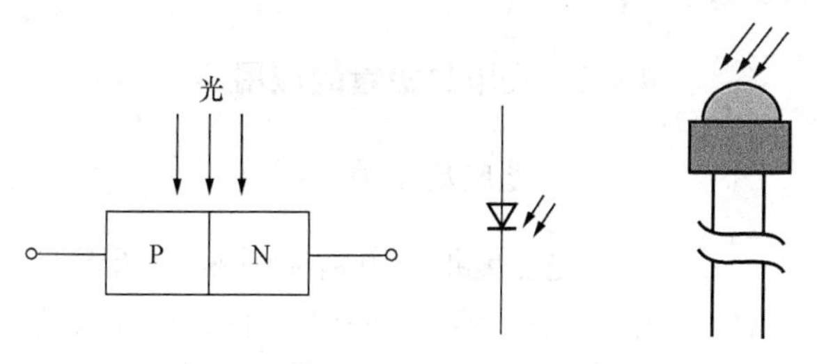

图 4-21　光电二极管的结构及符号

没有光照时，在二极管反向偏置的情况下，反向电流很小，这时的电流称为暗电流，相当于普通二极管的反向饱和漏电流。当光照射在二极管的 PN 结上时，在 PN 结附近产生电子–空穴对，并在外电场的作用下，漂移越过 PN 结，产生光电流。入射光的照度增强，产生的电子–空穴对数量也随之增加，光电流也相应增大，光电流与光照度成正比。

光电二极管有两种工作状态。

（1）当光电二极管上加有反向电压时，管子中的反向电流将随光照强度的改变而改变，光照强度越大，反向电流越大。光电二极管大多数情况工作在这种状态，如图 4-22 所示。

（2）光电二极管上不加电压，利用 PN 结在受光照射时产生正向电压的原理，将其用作微型光电池。根据这一原理制作成光电检测器。

光电二极管有 4 种类型，即 PN 结型（也称 PD）、PIN 结型、雪崩型和肖特基结型。用得最多的是用硅材料制成的 PN 结型，它的价格也最便宜。其他几种响应速度较高，主要用于光纤通信及计算机信息传输电路中。

PIN 管是在 P 型半导体和 N 型半导体之间夹着一层（相对）很厚的本征半导体 I 层，如图 4-23 所示。这样，PN 结的内电场就基本上全部集中于 I 层中，从而使 PN 结双电层的间距加宽，结电容变小。

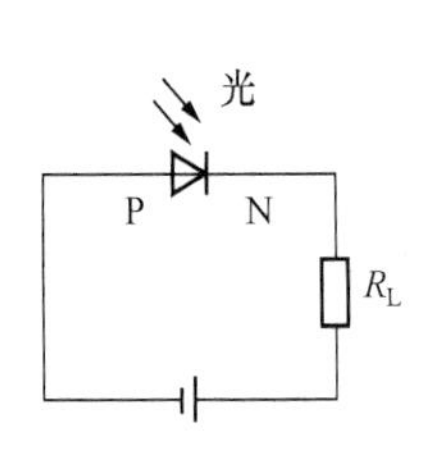

图 4-22　光电二极管反向工作

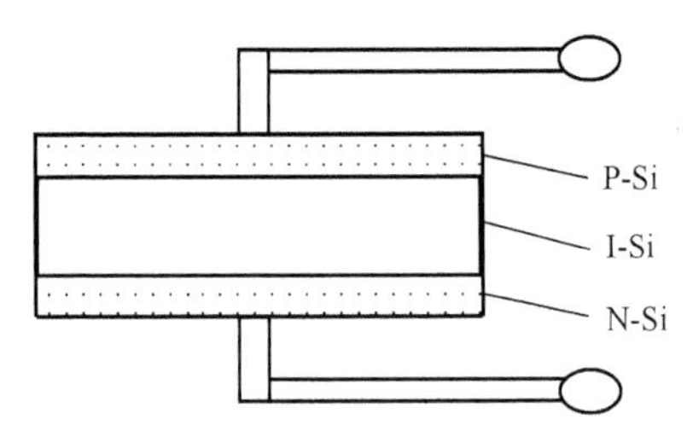

图 4-23　PIN 二极管的结构

雪崩光电二极管是利用 PN 结在高反向电压下产生的雪崩效应工作的一种二极管。这种管子工作电压很高，电场强度可达 10^4V/mm，接近于反向击穿电压。结区内电场极强，在这种强电场中光生电子可得到极大的加速，撞击其他原子，产生新的电子–空穴对。如此多次碰撞，最终造成载流子几何级数剧增的雪崩效应。因此，这种管子有很高的内增益，可达到几百。当电压等于反向击穿电压时，电流增益可达 10^6，即产生所谓的雪崩。雪崩产生和恢复所需的时间小于 1ns，所以这种管子响应速度特别快，带宽可达 100GHz，是目前响应速度最快的光电二极管，在长距离光纤通信、微弱辐射信号探测、激光通信等方面被广泛应用。

4.4.2　光电二极管的应用

1. 光照度报警

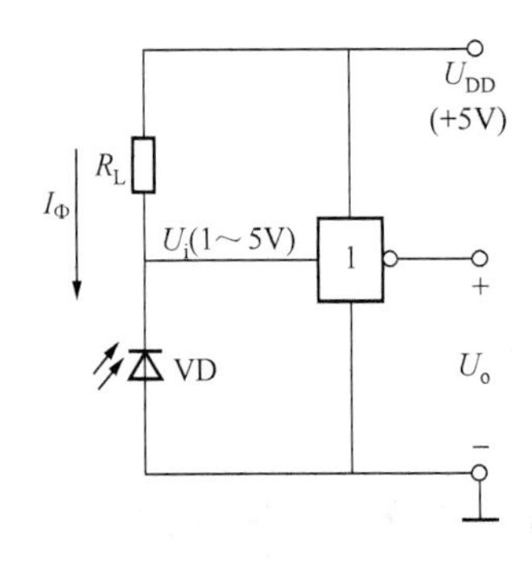

图 4-24　光照度报警电路

光照度报警电路如图 4-24 所示。当光照比较弱时，光电二极管 VD 反向电流很小，U_i 为高电平，反相器输出低电平。当光照度增加到一定程度时，光电二极管 VD 流过光电流，U_i 变为低电平，反相器输出高电平。如果输出端接发光二极管，即可利用反相器输出的高低电压驱动发光二极管亮/灭，从而反映光照度的大小。

2. 脉冲光检测

图 4-25 所示为光电二极管与晶体管组合应用电路实例。图 4-25（a）所示为典型的集电极输出电路方案，图 4-25（b）所示为典型的发射极输出电路方案。集电极输出电路适用于脉冲光检测，输出信号与输入信号的相位相反，输出信号较大。没有脉冲光时，二极管反向电流很小，晶体管截止。当有脉冲光时，二极管反向电流很大，晶体管饱和导通。

发射极输出电路适用于模拟光信号检测，电阻 R_B 可以减小暗电流，输出信号与输入信号的相位一样，输出信号较小。当光照较弱时，二极管反向电流很小，晶体管截止。当光照较强时，二极管反向电流很大，晶体管饱和导通。

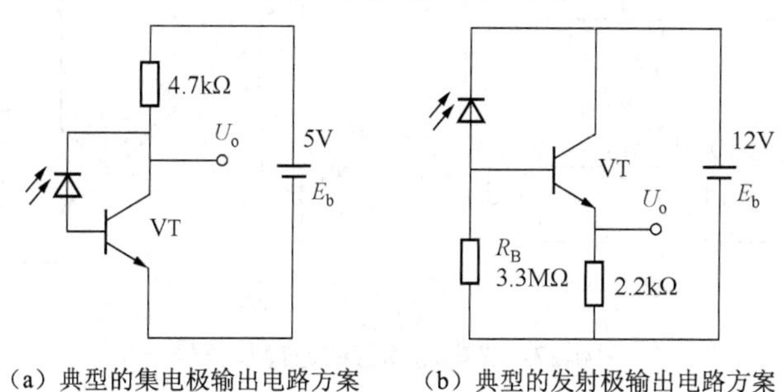

（a）典型的集电极输出电路方案　（b）典型的发射极输出电路方案

图 4-25　脉冲光检测电路

3. 光照度测量

图 4-26 所示为由光电二极管 VD 与运算放大器 A 组成的光照度测量电路。

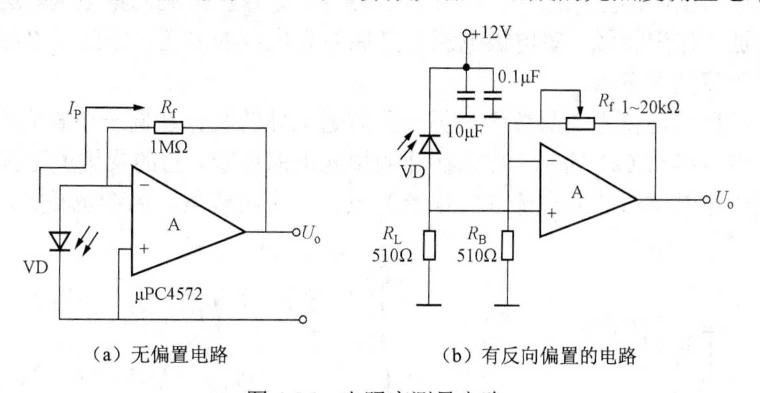

（a）无偏置电路　（b）有反向偏置的电路

图 4-26　光照度测量电路

图 4-26（a）所示为无偏置电路，可以用于测量宽范围的入射光，但响应特性差。图 4-26（b）所示为有反向偏置的电路。可用反馈电阻 R_f 调整输出电压，如果 R_f 用对数二极管代替，则可以输出对数压缩的电压。反向偏置电路的响应速度快，且输出信号与输入信号同相位。

4.5 光电晶体管

4.5.1 光电晶体管的原理与结构

光电晶体管有 PNP 型和 NPN 型两种，如图 4-27 所示。其原理与一般晶体管很相似，具有电流增益，只是它的基区面积做得很大，且其基极不接引线，发射区面积做得较小，入射光主要被基区吸收。

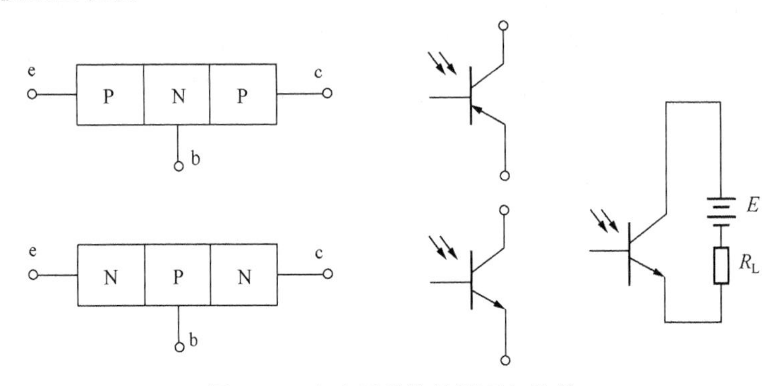

图 4-27 光电晶体管的原理与符号

光电晶体管的应用形态如图 4-28 所示。光线通过透明窗口落在集电结上，当电路按图 4-28（d）所示连接时，集电结反偏，发射结正偏。入射光在集电结附近产生电子-空穴对，电子受集电结电场的吸引流向集电区，基区中留下的空穴构成“纯正电荷”，使基区电压升高，致使电子从发射区流向基区。由于基区很薄，所以只有一小部分从发射区来的电子与基区的空穴结合，而大部分的电子穿越基区流向集电区。这一过程与普通晶体管的放大作用相似。集电极电流 I_c 是原始光电流的 β 倍，因此光电晶体管比光电二极管的灵敏度高许多倍。

有时生产厂家还将光电晶体管与另一只普通晶体管制作在同一个管壳内，连接成复合管形式，如图 4-28（e）所示，称为达林顿型光电晶体管。它的灵敏度更大（$\beta=\beta_1\beta_2$）。但是达林顿光电晶体管的漏电流（暗电流）较大，频响较差，温漂也较大。

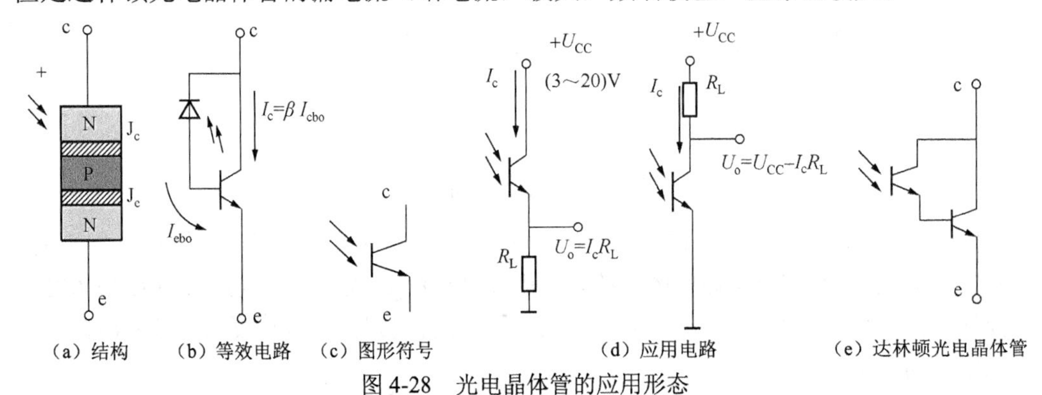

图 4-28 光电晶体管的应用形态

4.5.2　光电晶体管的特性

1. 光谱特性

光电晶体管存在一个最佳灵敏度的峰值波长。当入射光的波长增加时，相对灵敏度要下降。因为光子能量太小，不足以激发电子-空穴对。当入射光的波长缩短时，相对灵敏度也下降，这是由于光子在半导体表面附近就被吸收，并且在表面激发的电子-空穴对不能到达 PN 结，因而使相对灵敏度下降。光电晶体管的光谱特性曲线如图 4-29 所示。

不同材料的光电晶体管对不同波长的入射光相对灵敏度是不同的，即使是同一种材料，其 PN 结制备工艺也会影响其光谱特性。硅的峰值波长为 9000Å（1Å=0.1nm），锗的峰值波长为 15000Å。由于锗管的暗电流比硅管大，因此锗管的性能较差。故在可见光或探测赤热状态物体时，一般选用硅管；但对红外线进行探测时，则采用锗管较合适。

2. 伏安特性

光电晶体管在不同照度下的伏安特性，就像一般晶体管在不同的基极电流时的输出特性一样。因此，只要将入射光照在发射极 e 与基极 b 之间的 PN 结附近，所产生的光电流看作基极电流，就可将光电晶体管看作一般的晶体管。光电晶体管能把光信号变成电信号，而且输出的电信号较大。其伏安特性曲线如图 4-30 所示。

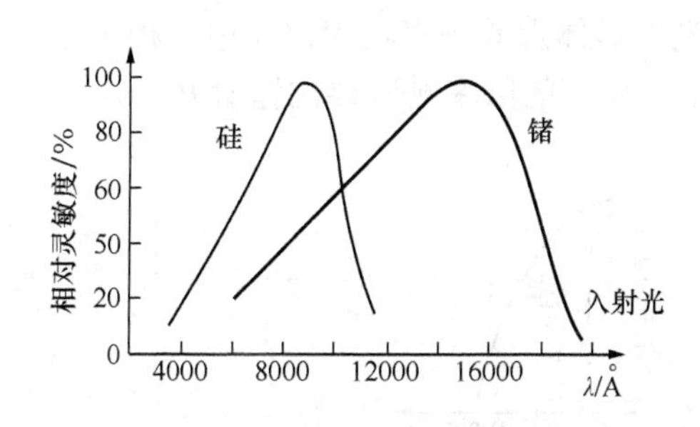

图 4-29　光电晶体管的光谱特性曲线

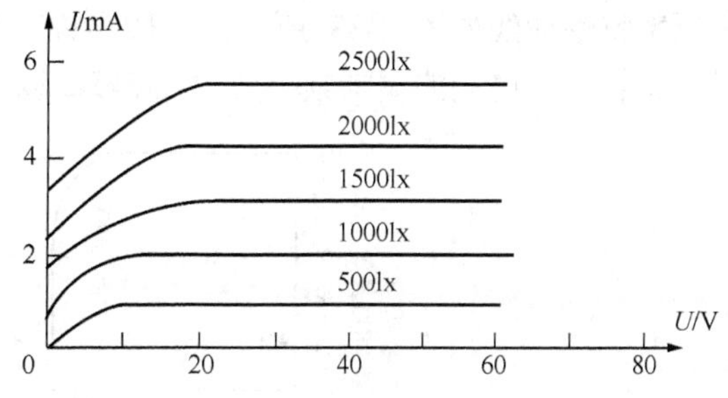

图 4-30　光电晶体管的伏安特性曲线

3. 光照特性

光电晶体管的光照特性曲线如图 4-31 所示。它给出了光电晶体管的输出电流 I 和照度之间的关系。它们之间呈现出近似线性关系。当光照足够大（几千勒克斯）时，会出现饱和现象，使光电晶体管既可作为线性转换器件，也可作开关器件。

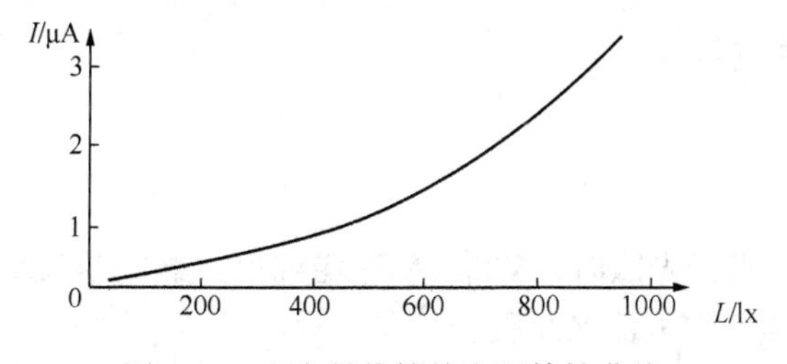

图 4-31　光电晶体管的光照特性曲线

4. 温度特性

光电晶体管的温度特性曲线反映的是光电晶体管的暗电流及光电流与温度的关系，如图 4-32 所示。从特性曲线可以看出，温度变化对光电流的影响较小，对暗电流的影响很大，所以在电子电路中应该对暗电流进行温度补偿；否则将会导致输出误差。硅光电晶体管的灵敏度较高，但硅光电晶体管的温漂比硅光电二极管大很多。在高精度测量中必须选用硅光电二极管，结合低温漂、高精度的运算放大器来提高灵敏度。

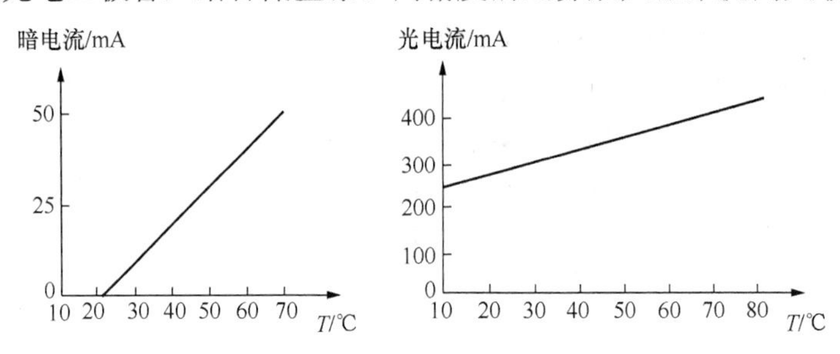

图 4-32 光电晶体管温度特性曲线

5. 频率特性

光电晶体管的频率特性受负载电阻的影响较大，减小负载电阻可以提高频率响应。其频率特性曲线如图 4-33 所示。一般来说，光电晶体管的频率响应比光电二极管差。对于锗管，入射光的调制频率要求在 5kHz 以下。硅管的频率响应要比锗管好。

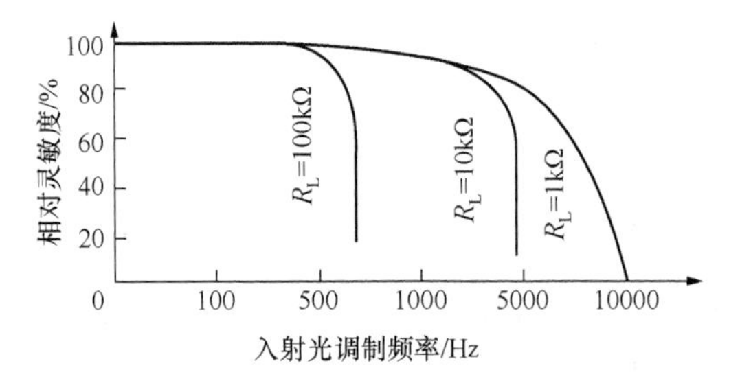

图 4-33 光电晶体管频率特性曲线

不同光敏器件的响应速度有所不同。光敏电阻较慢，为 10^{-3}～10^{-1}s，一般不能用于要求快速响应的场合。工业用的硅光电晶体管的响应时间为 10^{-7}～10^{-5}s，在要求快速响应或入射光、调制光频率（明暗交替频率）较高时，应选用硅光电晶体管。

4.5.3 光电晶体管的应用

1. 光控继电器

如图 4-34 所示，当无光照时，VT_1、VT_2 均截止，继电器 KA 断开。当光照足够大时，VT_1、VT_2 均导通，继电器 KA 吸合。

2. 心率测量

手指光反射测量心率的原理如图 4-35 所示。

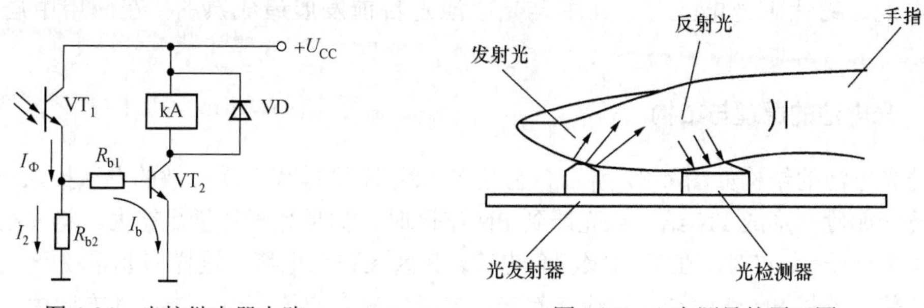

图 4-34　光控继电器电路　　　　图 4-35　心率测量的原理图

光发射器向手指发射光，光检测器放在手指的同一边，接收手指反射的光。医学研究表明，当脉搏跳动时，血流流经血管，人体生物组织的血液量会发生变化，这种变化会引起生物组织传输和反射光的性能发生变化。由于手指反射的光强度会随血液脉搏的变化而变化，光检测器对其强度变化进行计数，即可测得被测人的心率。

手指光反射测量心率电路如图 4-36 所示。

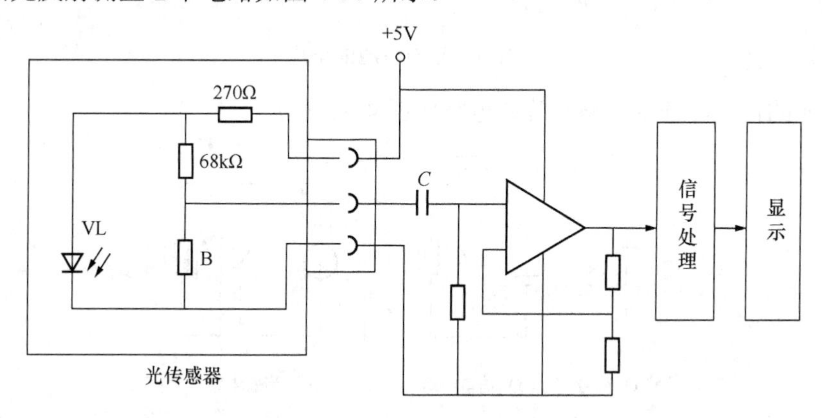

图 4-36　手指光反射测量心率电路

光发生器采用超亮度 LED 管，光检测器使用光敏电阻。它们安装在一个小长条的绝缘板上，两元器件相距 10.5mm，组成光传感器。当食指前端接触光传感器时，从光传感器输出可得到约 100μV 的电压变化，该信号经电容器 C 加到放大器的输入端，经放大、信号变换处理后便可从显示器上直接看到心率的测量结果。

4.6 光电池

光电池是利用光生伏特效应把入射光能量直接转变成电能的器件。由于它可以把太阳能直接转变成电能，又称为太阳能电池。从能量转换角度来看，光电池能够把地球从太阳辐射中吸收的大量光能转化成电能，是作为输出电能的器件工作的。从信号检测角度来看，光电池作为一种自发电型的光敏传感器，可用于检测光的强弱。光电池有较大面积的PN结，当光照射在PN结上时，在结的两端出现电动势。

按照组成光电池材料的不同，可将光电池分为硅光电池、染料敏化光电池、有机光电池、钙钛矿光电池等，其中硅光电池是目前发展最成熟的，在应用中居主导地位。

4.6.1 光电池的原理与结构

硅光电池的结构如图4-37所示。它是在一块N型硅片上用扩散的办法掺入一些P型杂质（如硼）形成PN结。当光照到PN结区时，如果光子能量足够大，将在结区附近激发出电子-空穴对，在N区聚积负电荷，P区聚积正电荷，这样N区和P区之间出现电位差。若将PN结两端用导线连起来，电路中就有电流流过，电流的方向由P区流经外电路至N区。若将外电路断开，就可测量出光生电动势。

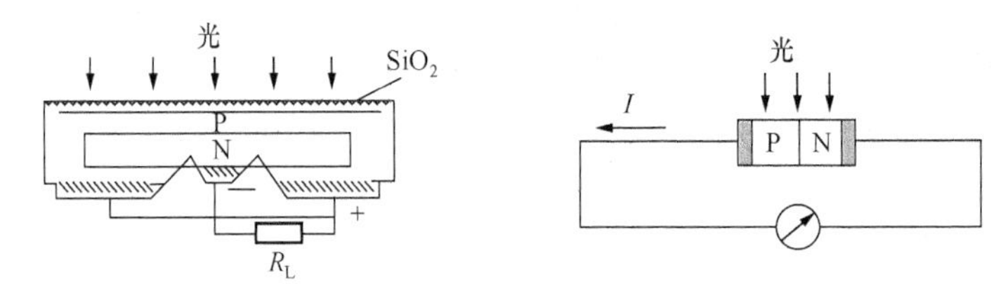

图4-37 硅光电池的结构

光电池的符号、基本电路和等效电路如图4-38所示。

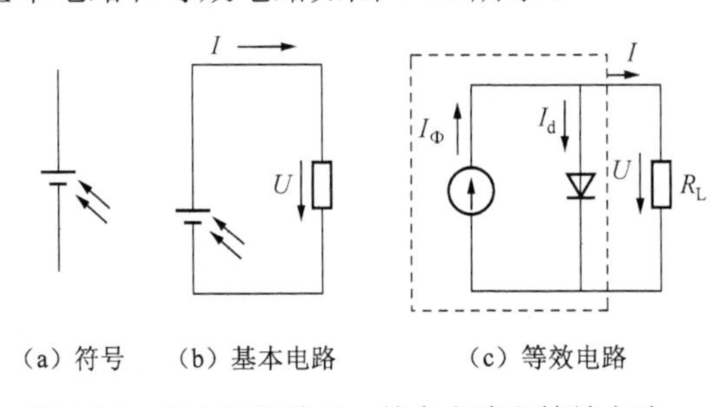

（a）符号（b）基本电路（c）等效电路

图4-38 光电池的符号、基本电路和等效电路

4.6.2 光电池的特性

1\. 光照特性

光电池的光照特性曲线如图4-39所示。

短路电流，指外接负载相对于光电池内阻而言很小时，光电池在不同照度下，其内阻也不同，因而应选取适当的外接负载近似地满足“短路”条件。硒光电池在不同负载电阻时的光照特性如图4-40所示。从图4-40中可以看出，负载电阻R_L越小，光电流与光强度的线性关系越好，且线性范围越宽。

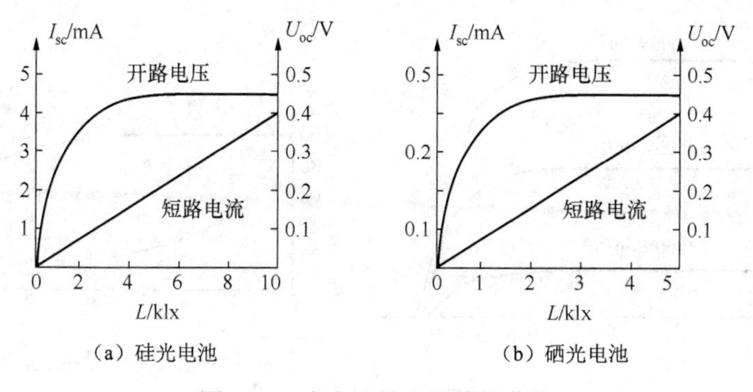

图 4-39　光电池的光照特性曲线

2. 光谱特性

光电池的材料决定了其光谱特性，如图 4-41 所示。从曲线可以看出，硒光电池在可见光谱范围内具有较高的灵敏度，峰值波长在 540nm 附近，适宜测可见光。硅光电池应用的范围为 400～1100nm，峰值波长在 850nm 附近，因此硅光电池可以在很宽的范围内应用。

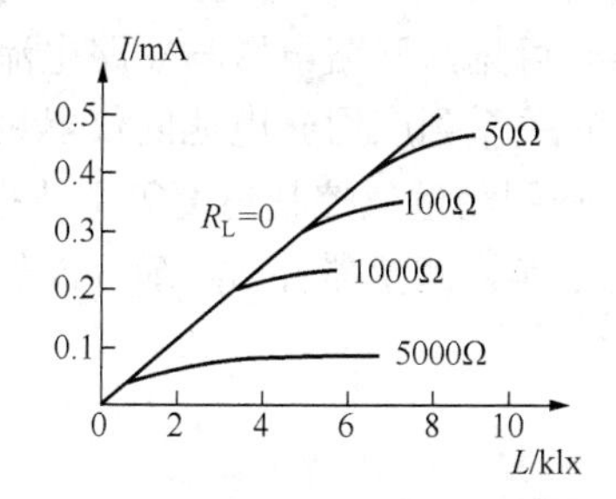

图 4-40　硒光电池的负载特性曲线

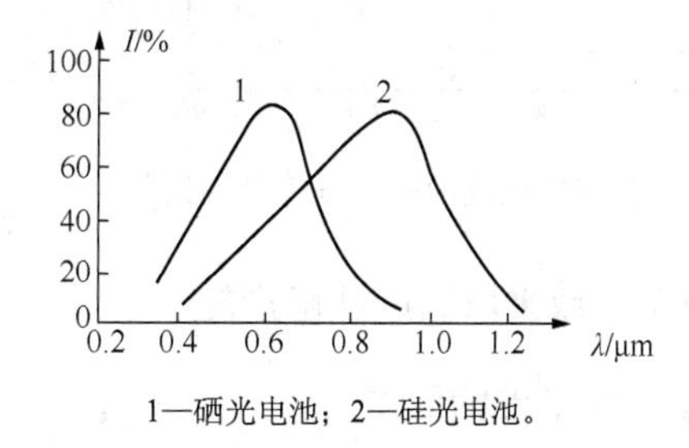

图 4-41　光电池的光谱特性曲线

3. 伏安特性

在一定照度下，光电流 I 与光电池两端电压 U 之间的关系曲线，称为伏安特性，如图 4-42 所示。

伏安特性可以帮助人们确定光敏元器件的负载电阻，设计应用电路。

4. 频率响应

光电池是测量、计数、接收器件时常用调制光输入。光电池的频率响应就是指输出电流随调制光频率变化的关系。由于光电池 PN 结面积较大，极间电容较大，故频率特性较差。光电池的频率响应曲线如图 4-43 所示。由图 4-43 可知，硅光电池具有较高的频率响应，如曲线 2，而硒光电池则较差，如曲线 1。

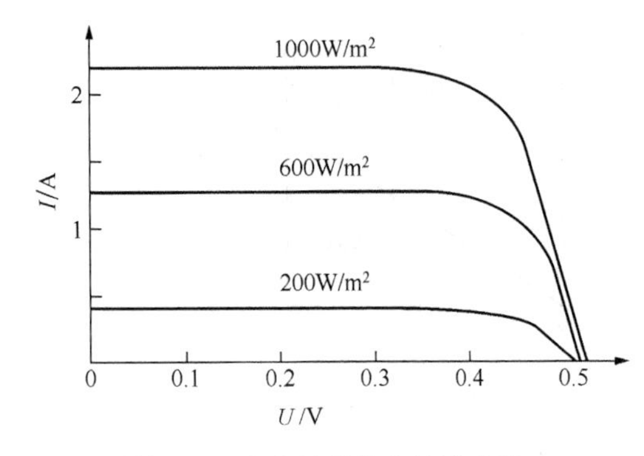

图 4-42　光电池的伏安特性曲线

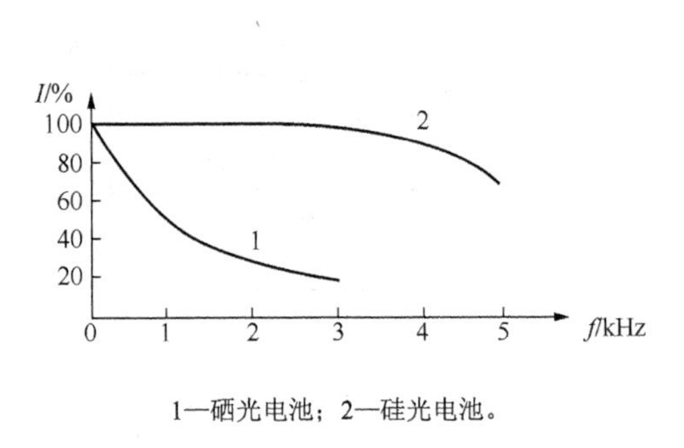

1—硒光电池；2—硅光电池。

图 4-43　光电池的频率响应曲线

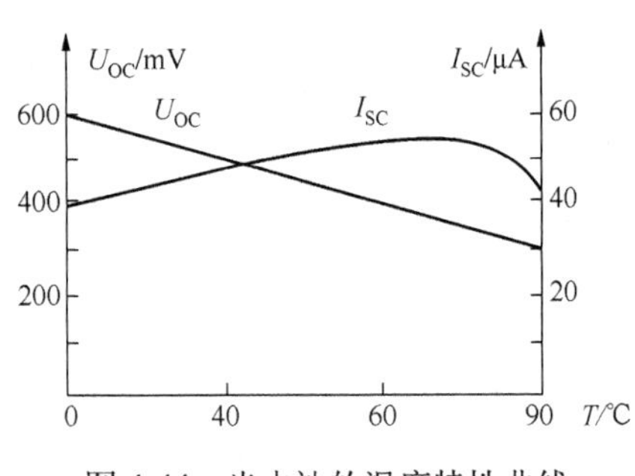

图 4-44　光电池的温度特性曲线

5. 温度特性

光电池的温度特性是指开路电压和短路电流随温度变化的关系，图 4-44 所示为硅光电池在 1000lx 照度下的温度特性曲线。在图 4-44 中，U_{OC}为开路电压，I_{SC}为短路电流。

由图 4-44 可见，开路电压与短路电流均随温度而变化，它关系到应用光电池的仪器设备的温度漂移，影响到测量或控制精度等主要指标，因此，当光电池作为测量器件时，最好能保持温度恒定，或采取温度补偿措施。

4.6.3 光电池的应用

1. 光电跟踪

光电跟踪电路如图 4-45 所示，用两只性能相似的同类光电池作为光电接收器件。当入射光通量相同时，执行机构按预定的方式工作或进行跟踪。当系统略有偏差时，电路输出差动信号带动执行机构进行纠正，以此达到跟踪的目的。

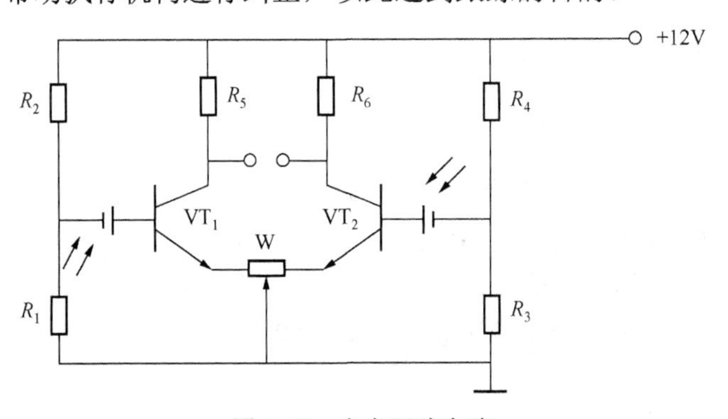

图 4-45　光电跟踪电路

2. 自动干手器

光电池自动干手器电路如图 4-46 所示。

手放在干手器下方时，手遮住灯泡发出的光，光电池不受光照，晶体管基极正偏而导通，继电器吸合。风机和电热丝通电，吹出热风可烘手。手烘干后抽出，灯泡发出的光直接照射到光电池上，产生光生电动势，使晶体管发射极反偏而截止，继电器释放，从而切断风机和电热丝的电源。

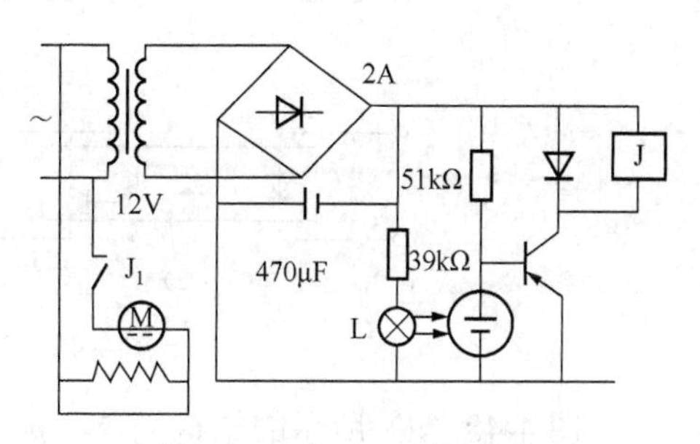

图 4-46　自动干手器电路

4.7　光电耦合器

将发光器件与光敏器件集成在一起便可构成光电耦合器件。一般有金属封装和塑料封装两种。发光器件为发光二极管，受光器件为光电二极管、光电晶体管或光敏晶闸管。光电耦合器具有体积小、使用寿命长、工作温度范围宽、抗干扰性能强，无触点且输入与输出在电气上完全隔离等特点，被广泛应用在电子科技领域及工业自动化控制领域。光电耦合器可用于隔离电路、开关电路、数/模转换器、逻辑电路、过流保护、长线传输、高压控制及电平匹配等。

4.7.1　光电耦合器的结构

光电耦合器的典型结构如图 4-47 所示。图 4-47（a）所示为窄缝透射式，可用于片状遮挡物体的位置检测，或码盘、转速测量；图 4-47（b）所示为反射式，可用于反光物体的位置检测，对被测物不限制厚度；图 4-47（c）所示为全封闭式，用于电路的隔离。除全封闭式封装形式为不受环境光干扰的电子器件外，窄缝透射式和反射式器件本身就可作为传感器使用。

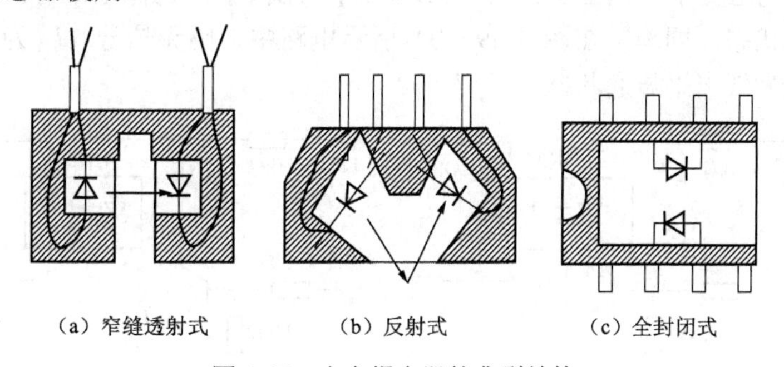

（a）窄缝透射式　（b）反射式　（c）全封闭式

图 4-47　光电耦合器的典型结构

4.7.2　光电耦合器的组合形式

光电耦合器的组合形式有多种，如图 4-48 所示。

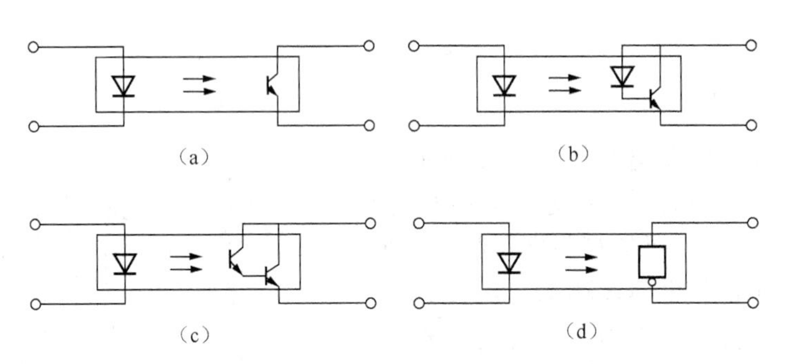

图 4-48 光电耦合器的组合形式

图 4-48（a）所示的结构简单、成本低，通常用于 50kHz 以下工作频率的装置内。

图 4-48（b）所示为采用高速开关管构成的高速光电耦合器，适用于较高频率的装置中。

图 4-48（c）所示为采用晶体管构成的高传输效率的光电耦合器，适用于直接驱动和较低频率的装置中。

图 4-48（d）所示为采用功能器件构成高速、高传输效率的光电耦合器。

4.7.3 光电耦合器的应用

光电耦合器的输入与输出之间没有直接的电路连接，这就将输出回路与输入回路隔离开来，因此避免了输入回路的干扰进入输出回路。目前，工业控制中常用的可编程控制器采用光电耦合器作为输入部件，大大提高了抗干扰能力。此外，光电耦合器用于数字逻辑电路的开关大信号传输和计算机中二进制的输入输出信号传输。

1. 开关电路

在图 4-49（a）所示的电路中，当输入信号 U_i 为低电平时，晶体管 VT_1 处于截止状态，光电耦合器 B_1 中发光二极管的电流近似为零，输出端 Q_{11}、Q_{12} 间的电阻很大，相当于开关“断开”；当 U_i 为高电平时，VT_1 导通，B_1 中发光二极管有电流流过而发光，Q_{11}、Q_{12} 间的电阻变小，相当于开关“接通”。该电路因 U_i 为低电平时，开关不通，故为高电平导通状态。同理，在图 4-49（b）所示电路中，因无信号（U_i 为低电平）时，开关导通，故为低电平导通状态。

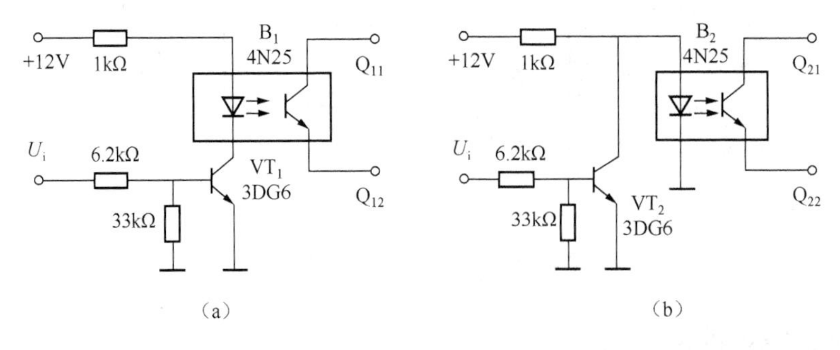

图 4-49 开关电路

2. 隔离耦合电路

图 4-50 所示为典型的交流耦合放大电路。U_i 输入的是交流信号，A_2 及其外围元件构成的是反相比例线性放大电路，适当选取发光回路限流电阻 R_1，使 B_4 的电流传输比为一个常数，即可保证该电路的线性放大作用。电路通过光电耦合器 B_4 将输入信号 U_i 传输到 A_2。

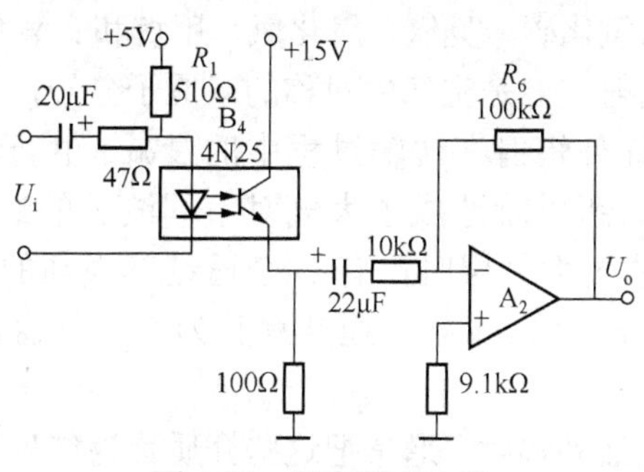

图 4-50　隔离耦合电路

4.8　红外线传感器

红外线是一种人眼看不见的光线，位于可见光中红色光以外，如图 4-51 所示，所以被称为红外线。红外线也是一种电磁波，波长位于可见光和微波之间。红外线又称红外光或红外辐射，它具有反射、折射、散射、干涉、吸收等性质，最大的特点是具有光热效应，能辐射热量，是光谱中最大的光热效应区。

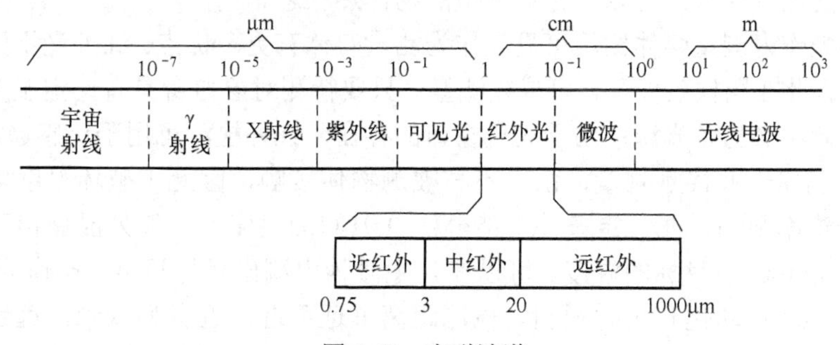

图 4-51　电磁波谱

按照红外辐射在电磁波谱中与可见光的距离远近，通常把红外辐射划分为 3 个波段。

（1）近红外波段：波长为 0.75～3.0μm 的红外辐射。

（2）中红外波段：波长为 3.0～20μm 的红外辐射。

（3）远红外波段：波长大于 20μm 的红外辐射。

红外辐射的物理本质是热辐射。实际上，任何温度高于绝对零度（0K）的物体，无论是固体、液体还是气体，都是红外辐射源，每一种物体都随其温度和表面状态的不同，而有不同功率的辐射。物体的温度越高，辐射出来的红外线越多，红外辐射的能量就越强。太阳光的热主要是由红外线传播的。研究发现，太阳光谱中各种单色光的热效应从紫色光到红色光是逐渐增大的，而且最大的热效应出现在红外辐射的频率范围之内。红外线被物体吸收时，可以显著地转变为热能。因此，红外线这种不可见的辐射又称为热辐射（thermal radiation）或热射线。

红外辐射在大气中传播时，由于大气中的气体分子、水蒸气、固体微粒、尘埃等物质的吸收和散射作用，会使辐射在传输过程中逐渐衰减。大气对红外辐射的吸收，实际上是大气中的水蒸气、二氧化碳、臭氧、氧化氮、甲烷和一氧化碳等气体分子，有选择地吸收一定波长的红外辐射。但是空气中对称的双原子分子，如 N_2、H_2、O_2 不吸收红外辐射，因而不会造成红外辐射在传输过程中的衰减。由于上述各种气体只对一定波长红外辐射产生吸收，所以就造成了大气对不同波长的红外辐射具有不同的透过率。因此，红外辐射在通过大气层时，有 3 个透过率很高的波段，这 3 个波段分别在 1～2.5μm、3～5μm、8～14μm 处，通常称其为“大气窗口”。红外探测器一般工作在这 3 个窗口内。

一些介质也可以透过红外辐射，通常把这些介质称为红外光学材料。事实上，任何介质也都只是对某些波长范围的红外辐射具有较高的透过率。例如，普通玻璃能透过可见光，但它却几乎不能透过红外辐射。所以，许多对可见光透明的介质，对红外辐射却不是透明的。因此，在讨论某种红外光学材料时，必须说明它所透过红外辐射的波长范围。常用的红外光学材料有单晶锗、单晶硅、多晶氟化钙、多晶硫化锌、多晶氟化镁、三硫化二砷玻璃和聚四氟乙烯等。

与可见光相比，红外辐射不对人类视觉产生作用，因此具有不可见性；红外辐射能很好地透过烟雾，可见光波长则易受到空气中烟雾的阻挡；可见光的最长波长比其最短波长大 1 倍，叫作一个倍频程。按同样方法可以算出红外辐射有 10 个倍频程，因此分析红外辐射的色特性时，可以区分更细微的物体热状态。

用红外光作为测量媒体比用可见光作为测量媒体有更多优点。红外光不受周围可见光的影响，因此在同样条件下，可昼夜测量；只要待测对象自身具有一定温度就会辐射红外光，因此不必另备光源；由于大气窗口的存在，红外检测可用于遥感遥测。

红外检测属于非接触测量，由于不与被测物体接触，因此不破坏温度场，测量精度和空间分辨率很高，在一定条件下能分辨 0.01℃的温度差，红外显微镜可以检测出直径只有 7.5μm 的小目标的温度。可以在几毫微秒内测出目标温度。操作简便、安全、可靠，便于实现自动化和实时观测。检测距离可远可近，近者为毫米，远者可装在卫星上测量地表温度，也可在地球上测量月球表面温度，测量范围广，为-170～+3200℃。能显示被测物体的缺陷大小、形状和缺陷深度。检测仪器除热像仪价格较贵外，一般都比较便宜。

红外线传感器常用于无接触温度测量、气体成分分析和无损探伤，在医学、军事、空间技术和环境工程等领域得到广泛应用。例如，采用红外线传感器远距离测量人体表面温度的热像图，可以发现温度异常的部位，及时对疾病进行诊断治疗（如热像仪）；利用人造卫星上的红外线传感器对地球云层进行监视，可实现大范围的天气预报；采用红外线传感器可检测飞机上正在运行的发动机的过热情况等。

此外，红外检测也会受辐射率不均匀和背景辐射的影响。因此，对一些辐射率很低的金属表面，检查前要进行表面处理；红外检测的灵敏度会随缺陷所处深度的增加而迅速下降；由于热传导的影响，使缺陷边缘的热图显示清晰度变差；一些高级的辐射计和热像仪在使用时必须制冷。

4.8.1　红外线传感器的分类

按工作原理，红外线光敏元器件可大体分为量子型和热型两类，如表 4-2 所示。

表 4-2　红外线光敏元器件分类

工作原理	典型元器件	工作原理	典型元器件
量子型	光电导式（PC 式）	热型	热电偶式
	光生伏特式（PU 式）		热释电式
	光电磁式（PEM 式）		热敏电式
	外光电式（PE 式）		高莱气动式

热型红外线光敏元器件一般灵敏度较低，响应速度较慢，但对红外线光波长响应范围比较宽，并且价格便宜，在室温条件下就能够使用。与热型红外线光敏元器件相比，量子型红外线光敏元器件灵敏度很高，响应速度很快，但对红外线光波长适应范围比较窄（选择性强），而且一般必须在冷却条件下才能使用。表 4-3 所示是量子型和热型红外线光敏元器件的基本特性。

表 4-3　量子型和热型红外线光敏元器件的基本特性

主要特性	热型	量子型	主要特性	热型	量子型
灵敏度	低（<10V/W）	高（≈103V/W）	典型元器件	热电堆	InSb
响应速度	慢（≈10ms）	快（≈10μs）		辐射温度计的敏感元器件	HgCdTe
光谱响应范围	宽	窄			
使用温度	常温（300K）	冷却（72K）		戈利盒	PbCdTe
动态响应特性	差	良		焦点元器件	Ce(Au)

在光电效应作用下，量子型红外线光敏元器件能够直接把红外线光能转变成电能。但是，热型红外线光敏元器件只能首先把红外光能转换成与元器件自身相对应的电信号，这是热型红外线光敏元器件响应速度慢的原因。

热释电式红外线光敏元器件是热型光敏元器件之一，它与其他热型红外线光敏元器件一样具有响应红外线光谱宽、可在常温下使用以及价格便宜等优点。此外，与热敏电阻相比，它不用加偏置电流源，元器件电阻值很高（$10^{12}\Omega$），在近于直流的低频下仍工作在电容性状态，因此只要外部负载很小，元器件可用于动态测量，甚至可检测微弱红外线信号光的脉冲变化量。

4.8.2　红外线传感器的原理与结构

热型红外线传感器是利用入射红外线辐射引起传感器的敏感元器件的温度变化，进而使其有关物理参数发生相应的变化，通过测量有关物理参数的变化来确定红外线传感器所吸收的红外线辐射。热型红外线传感器的主要优点是响应波段宽，可以在室温下工作，使用方便。但是，热释电红外传感器的响应时间长，灵敏度较低，一般用于红外线辐射变化缓慢的场合。

光子（量子）红外线传感器是利用某些半导体材料在红外线辐射的照射下，产生光子效应，使材料的电学性质发生变化的原理制成。通过测量电学性质的变化，可以确定红外线辐射的强弱。利用光子效应制成的红外线传感器统称为光子红外线传感器。光子红外线传感器的主要特点是灵敏度高，响应速度快，响应频率高。但一般需在低温下工作，探测波段较窄。

1. 热敏电阻型红外线传感器

热敏电阻型红外线传感器的热敏电阻是由锰、镍、钴的氧化物混合后烧结而成的。热敏电阻一般制成薄片状，当红外线辐射照射在热敏电阻上时，其温度升高，内部粒子的无规律运动加剧，自由电子的数目随温度升高而增加，所以其电阻减小。

热敏电阻的电阻与温度的关系为

$$R(T)=AT^{C}\mathrm{e}^{D/T} \tag{4-4}$$

式中 R——电阻值；

T——温度；

A，C，D——随材料而异的常数。

2. 热电偶型红外线传感器

热电偶型红外线传感器是利用热电效应现象制成的红外线传感器。其工作原理与一般热电偶基本相同，不同的是它对红外线辐射敏感，它由热电功率差别较大的两种材料（如铋-银、铜-康铜、铋-铋锡合金等）构成。当红外线辐射照射到达两种材料构成的闭合回路的接点时，该点温度升高，而另一个没有被红外线辐射照射的接点处于较低的温度。此时，在闭合回路中将产生温差电流，同时回路中将产生温差电势，而温差电势的大小反映了接点吸收红外线辐射的强弱。

热电偶型红外线传感器的时间常数较大，所以响应时间较长，动态特性较差，被测辐射变化频率一般应在 10Hz 以下。在实际应用中，往往将几个热电偶串联起来组成热电堆来检测红外线辐射的强弱。

3. 高莱气动型红外线传感器

高莱气动型红外线传感器利用气体吸收红外线辐射后使温度升高、体积增大的特性来反映红外线辐射的强弱，如图 4-52 所示。高莱气动型红外线传感器有一个气室，以一个小管道与一块柔镜相连。柔镜背向管道一面是反射镜。气室的前面附有吸收薄膜，它是低热容量的薄膜。红外线辐射通过窗口入射到吸收薄膜上，吸收薄膜将吸收辐射并传给气室的气体，使气体温度升高、气压增加，从而推动柔镜移动。在气室的另一边，一束可见光通过光栅聚焦在柔镜上，经柔镜反射回来的栅状图像又经过光栅投射到光电管上。当柔镜因压力变化而移动时，栅状图像与光栅发生相对位移，使落到光电子管上的光量发生改变，光电子管的输出信号也发生改变，这个变化量就反映出入射红外线辐射的强弱。

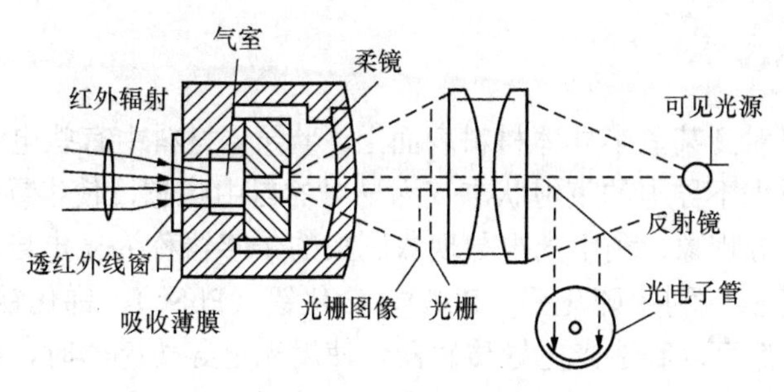

图 4-52 高莱气动型红外线传感器的结构

这种气动型红外传感器的结构复杂、笨重且容易破损，由于应用了机械膜片的变形过程，所以响应速度慢，只适合实验室内使用。但这种探测器的探测率很宽，从可见光到微米波均可使用，常用于光谱学中。除了采用柔性反射镜外，还可采用可变电容输出信号。即在柔镜附近放置一块固定的导体，它同柔镜形成电容，当气室吸收辐射使柔镜发生变形时电容发生改变，从而使输出信号发生变化。这种装置已用于探测辐射和气体分析。

4. 热释电型红外线传感器

热释电型红外线传感器是由具有极化现象的热晶体或称“铁电体”制成的。铁电体的极化强度（单位表面积上的束缚电荷）与温度有关。通常其表面俘获大气中的浮游电荷而保持电平衡状态。处于这种电平衡状态的铁电体，当红外线照射到其表面上时，引起铁电体（薄片）温度迅速升高，铁电体极化强度很快下降，束缚电荷急剧减少，而表面浮游电荷变化缓慢，跟不上铁电体内部的变化。从温度变化引起极化强度变化到表面重新达到电平衡状态的极短时间内，在铁电体表面有多余浮游电荷出现，这相当于释放出一部分电荷，所以称为热释电型红外线传感器。如果将负载电阻与铁电体薄片相连，则在负载电阻上便会产生一个电信号输出。热释电型红外线传感器输出信号的强弱，取决于薄片温度变化的快慢，从而反映出入射红外线辐射的强弱。由此可见，热释电型红外线传感器的电压响应率正比于入射辐射变化的速率。恒定的红外线辐射照射在热释电传感器上时，传感器没有电信号输出。所以，对于恒定的红外线辐射，必须进行调制，使恒定辐射变成交变辐射，不断引起探测器的温度变化，才能导致热释电产生，并输出不变的电信号。热释电型红外线传感器在家庭自动化、保安系统以及节能领域的需求大幅度增加，热释电型红外线传感器常用于根据人体红外感应实现自动电灯开关、自动水龙头开关、自动门开关等。

5. 外光敏传感器

当光辐射照射到某些材料的表面时，若入射光的光子能量足够大，就能使材料的电子逸出表面，向外发射电子，这种现象称为外光电效应或光电子发射效应。光电二极管、光电倍增管等都属于这种类型的光敏传感器。它的响应速度比较快，一般只需几纳秒。但电子逸出需要较大的光子能量，只适合在近红外辐射或可见光范围内使用。

6. 光电导传感器

当红外辐射照射到某些半导体材料表面上，半导体材料中有些电子和空穴在光子能量作用下可以从原来不导电的束缚状态变为导电的自由状态，使半导体的电导率增加，这种现象称为光电导现象。利用光电导现象制成的传感器称为光电导传感器，光敏电阻就属于光电导传感器。利用硫化铅（PbS）、硒化铅（PbSe）、锑化铟（InSb）、碲镉汞（HgCdTe）等材料都可以制造光电导传感器。使用光电导传感器时，需要制冷和加上一定偏压；否则会导致响应率降低、噪声增大、响应波段变窄。

7. 光生伏特传感器

当红外辐射照射到某些半导体材料构成的 PN 结上时，在 PN 结内电场的作用下，P 区的自由电子向 N 区移动，N 区的空穴向 P 区移动。如果 PN 结是开路的，则在 PN 结两端产生一个附加电势，称为光生电动势。利用这个效应制成的传感器称为光生伏特传感器。光电池就属于这种传感器，制造光生伏特传感器常用的材料为砷化铟（InAs）、锑化铟（InSb）、碲镉汞（HgCdTe）、碲锡铅（PbSnTe）等。图 4-53 所示为光生伏特传感器的工作原理。P 型半导体与 N 型半导体形成 PN 结以后，在 PN 结附近开始有电子、空穴的热运动，P 区的多数载流子空穴跑到 N 区，而 N 区的多数载流子跑到 P 区，热运动平衡后，在两者过渡区形成一个内电场，如图 4-53（a）所示。红外线照射后，在 PN 结附近产生与辐射能量相应的激发电子−空穴对，在内电场的作用下，P 区电子移到 N 区，N 区空穴移到 P 区，如图 4-53（b）所示。电子、空穴在内电场作用下移动，使 P 区聚积正电荷，使 N 区聚积负电荷，最后在 PN 结两端产生电动势（电位差），如图 4-53（c）所示。红外辐射越强，电位差越大。通过测量电位差，即可测得辐射强度。

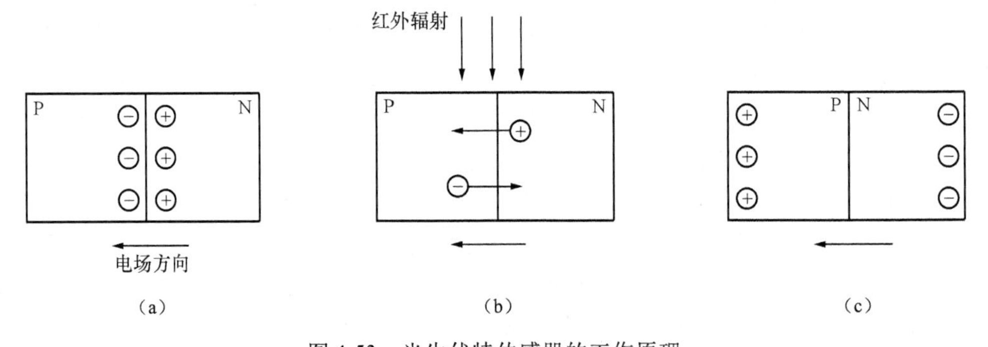

图 4-53　光生伏特传感器的工作原理

8. 光磁电传感器

当红外线照射在某些半导体材料表面时，在材料的表面产生电子−空穴对，并向内部扩散。在扩散中受到强磁场作用，电子与空穴各偏向一边，因而产生了开路电压，这种现象称为光磁电效应。利用光磁电效应制成的红外传感器，称为光磁电传感器。光磁电传感器响应波段在 7μm 左右，具有时间常数小、响应速度快、不用加偏压、内阻极低、噪声小、性能稳定等特点，但其灵敏度低，制作低噪声放大器困难，因而影响了使用。

4.8.3　红外线传感器的应用

1. 热释电自动门控制电路

图 4-54 所示为热释电自动门控制电路原理图。人体移动探测采用 HN911 型热释电红外线探测模块。VF 用作延时控制，通过调节电位器 R_P 便可改变延时控制时间。MOC3020 光耦合器起交直流隔离作用。当无人行走时，HN911 的 1 脚为低电平，VF 无控制信号输出，双向晶闸管 VTH 关断，负载电动机不工作，门处于关闭状态。当有人接近自动门时，HN911 检测到人体辐射的红外能量，1 脚为高电平，双向晶闸管 VTH 导通，负载电动机工作，打开自动门。当自动门运行到位时，由限位开关 SQ 切断电源。由于 HN911 第 2 脚输出的电平正好与其 1 脚电平相反，故可用 2 脚的输出控制自动门的关闭。

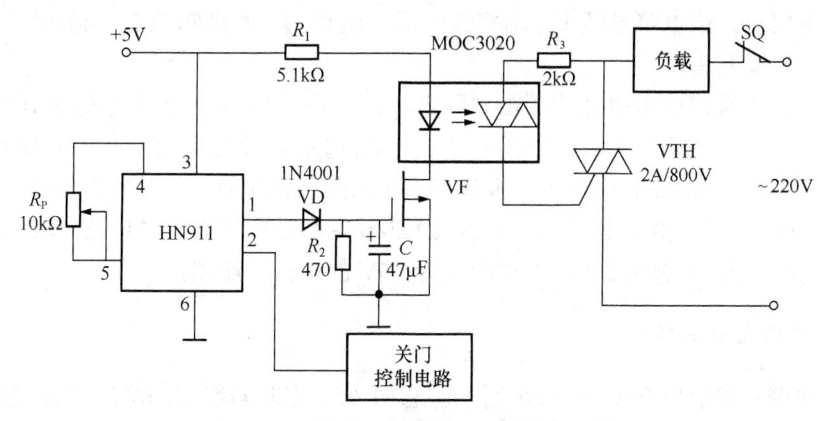

图 4-54　热释电自动门控制电路原理图

2. 红外线反射式防盗报警器

图 4-55 所示为红外线反射式防盗报警器电路，采用反射式红外线探测组件（其最大探测距离可达 12m）来触发报警器，当检测到盗情时，报警器会发出逼真的“狗叫”声，提醒主人有异常情况发生。

红外线反射式防盗报警器电路由电源电路、红外线探测电路、语音发生器和音频放大输出电路组成。电源电路由电源变压器 T、整流桥堆 UC、滤波电容 C_4、C_6 和 7812 三端稳压集成电路组成。红外线探测电路由红外线反射式探测模块 IC_1、电阻器 R_1、稳压二极管 VS_1 组成。音效发生器由音效集成电路 IC_2、电阻器 R_2、R_3 和稳压二极管 VS_2 组成。音频放大输出电路由音频功率放大集成电路 IC_3、电容器 C_1～C_3、C_5 和扬声器 BL 组成。

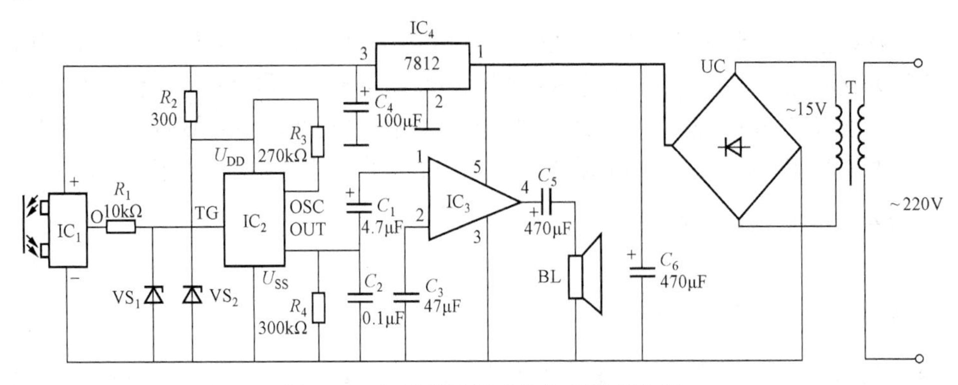

图 4-55 红外线反射式防盗报警器电路

交流 220V 电压经 T 降压、UC 桥式整流、C_6 滤波后，一路为 IC_3 提供 15V 脉动直流电压；一路经 IC_4（7812）稳压后，为 IC_1 提供+12V 工作电压；+12V 电压经 R_2 限流降压和 VS_2 稳压后，为 IC_2 提供+3V 工作电压。

在正常情况下，IC_1 输出低电平，IC_2 不能触发工作，扬声器 BL 不发声。当有外人进入 IC_1 的警戒探测区域时，IC_1 发射的红外线信号经人体反射回来，IC_1 接收到人体反射回来的红外信号并对该信号进行处理后，输出高电平触发信号，使 IC_2 受触发工作，输出音效电信号。该电信号经 IC_3 功率放大后，驱动 BL 发出响亮的“狗叫”声，提示主人有异常情况发生。

R_1～R_4 选用金属膜电阻器或碳膜电阻器。C_1、C_3～C_5 均选用耐压值为 16V 的铝电解电容器；C_2 选用独石电容器或涤纶电容器；C_6 选用耐压值为 25V 的铝电解电容器。VS_1 和 VS_2 选用 1/2W、3V 硅稳压二极管。IC_1 选用 TX05D 型红外线反射传感模块组件；IC_2 选用 KD5608 音效集成电路；IC_3 选用 LM386 音频功率放大集成电路。BL 选用 2W、8Ω 电动式扬声器。T 选用 8W、二次电压为 15V 的电源变压器。

3. 红外线发射电路

红外线调光发射电路如图 4-56 所示。它由 555 定时器组成的脉冲方波发生器、驱动放大器和红外发光二极管等元器件组成。脉冲发生器输出脉冲波信号经 R_3 加至 VT_1 的基极。当脉冲信号波形为高电平“1”时，VT_1 饱和导通，VT_2 也导通，驱动发光二极管 VL_1 发出可见光（红色或绿色），表示发射电路工作，红外发光二极管 VL_2 发出红外光（不可见近红外光束）。当脉冲信号波形呈低电平“0”时，VT_1、VT_2 均不导通，VL_2 不发光。这样就可实现红外光脉冲的发射。VL_1 为普通发光二极管，VL_2 为 TLN104 型红外发光二极管，VT_1、VT_2 分别为 NPN 型、PNP 型高频晶体管。

4. 红外线接收电路

红外线接收电路如图 4-57 所示，当红外线接收管接收到发射器发出的控制信号后，经 KA2184 处理后由其 7 脚输出高电平。这一电平直接加到 VT 的基极，使其导通，VT 的射极输出的电流在 R_4 上端形成一个高电平输出。这一高电平通过 R_6 加至调光电路 LS7232 的辅助输入端（6 脚），作为调光的控制信号。当 6 脚输入触发信号后，LS7232 的

8 脚就会连续输出控制双向晶闸管导通角的控制脉冲，使双向晶闸管的导通角在 41°～160°变化。随着双向晶闸管导通角的变化，电灯也由暗变亮或由亮变暗，从而实现对电灯的调光控制。

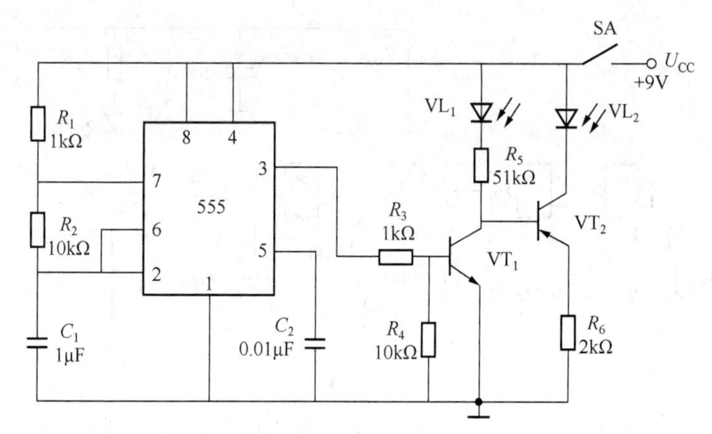

图 4-56　红外线调光发射电路

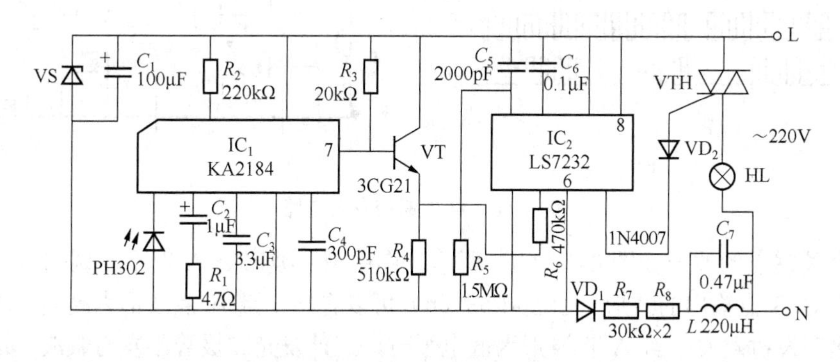

图 4-57　红外接收电路

在调光过程中，当需要电灯由暗变亮时，可按住遥控器的发射按键不断发送控制信号。这时可以看到电灯在逐渐变亮，当达到所需亮度时立即松开发射按键，这时电灯的亮度便停留在这个位置上。如果连续按下去，电灯又会由亮逐渐变暗，直至熄灭。

需要注意的是，LS7232 是一种 PMOS 型集成电路，因此它的电源极性与常用的 CMOS 电路相反，即它的 U_{DD} 电源端应当接电源的负极，而 U_{SS} 电源地端则应当接电源的正极。

红外接收电路的电源采用交流供电、电容 C_7 降压、二极管 VD_1 半波整流。与其他电容降压的供电电路不同的是，该电源的降压电容 C_7 并联了一只 220μH 的电感，它的作用是用来吸收 LS7232 产生的谐波，防止它通过电源线干扰其他用电器。

5. 红外线遥控电路

在不需要多路控制的应用场合，可以使用由常规集成电路组成的单通道红外遥控电路。这种遥控电路不需要使用价格较高的专用编译码器，因此成本较低。

红外遥控发射电路如图 4-58 所示。在发射电路中使用了一片 74HC00 高速 CMOS

型 4-2 输入与非门。其中，与非门 D_1、与非门 D_2 和其他元器件组成低频振荡器，振荡频率为 f_1，与非门 D_3、与非门 D_4 组成载波振荡器，载波频率 f_0 调在 38kHz 左右。所以，从与非门 D_4 输出的波形是断续的载波，这就是经红外发光二极管传送的波形。

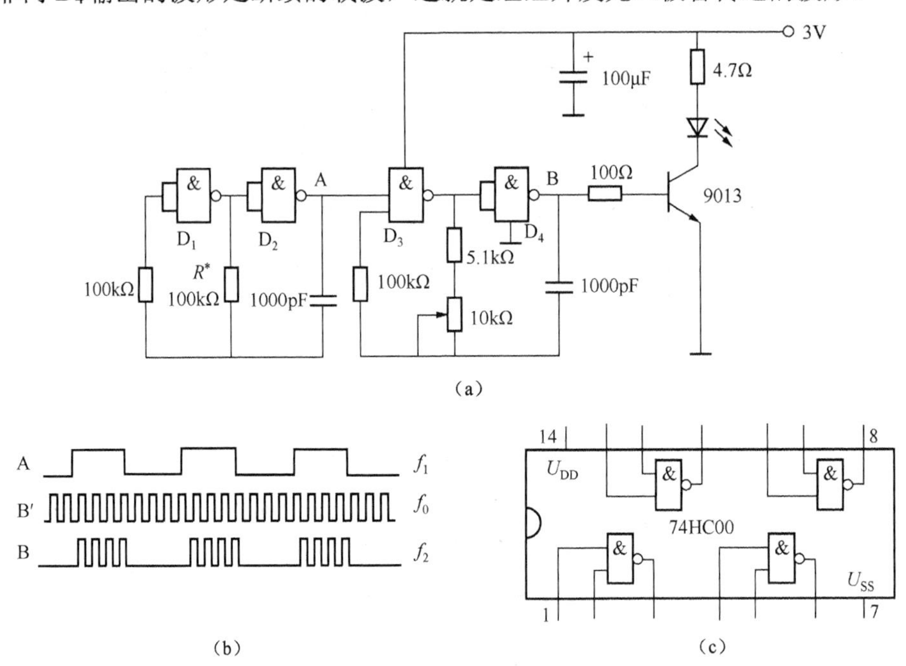

图 4-58 红外遥控发射电路

几个关键点的波形如图 4-58（b）所示，图中 B′ 波形是 A 点不加调制波形而直接接高电平时 B 点输出的波形。由图 4-58（b）可以看出，当 A 点波形为高电平时，红外发光二极管发射载波；当 A 点波形为低电平时，红外发光二极管不发射载波。这一停一发的频率就是低频振荡器的频率 f_1。在红外线发射电路器件选择上，不采用价格低廉的 CD4011 低速 CMOS 型 4-2 输入与非门，而采用价格较高的 74HC00，主要原因是由于电源电压的限制。红外线发射器的外壳多种多样，但电源一般设计成 3V，使用两节 5 号或 7 号电池作为电源。CD4011 的标称工作电压为 3～18V，但对于处理数字信号时，使振荡电路起振，产生方波信号的工作电压大于 4.5V 才行；否则不易起振，影响使用。而 74HC00 系列的 CMOS 型数字集成电路最低工作电压为 2V，所以发射器使用 3V 电源更为方便。

图 4-59 所示为红外线遥控接收电路。在图 4-59 中，IC_2 是 LM567。LM567 是一片锁相环电路，采用 8 脚双列直插塑封形式。其 5、6 脚外接电阻和电容决定了内部压控振荡器的中心频率 f_2，$f_2 \approx \frac{1}{1.1RC}$。其 1、2 脚通常分别通过电容接地，形成输出滤波网络和环路单级低通滤波网络。2 脚所接电容决定锁相环路的捕捉带宽，电容值越大，环路带宽越窄。1 脚所接电容的容量应至少是 2 脚所接电容容量的 2 倍。3 脚是输入端，要求输入信号不低于 25mV。8 脚是逻辑输出端，其内部是一个集电极开路的晶体管，允许最大灌电流为 100mA。LM567 的工作电压为 4.75～9V，工作频率从直流到 500kHz，静态工作电流约为 8mA。LM567 的内部电路及详细工作过程非常复杂，这里仅将其基

本功能概述如下：当 LM567 的 3 脚输入幅度不低于 25mV、频率在其带宽内的信号时，8 脚由高电平变成低电平，2 脚输出经频率/电压变换的调制信号；如果在器件的 2 脚输入音频信号，则在 5 脚输出受 2 脚输入调制信号调制的调频方波信号。在图 4-59 所示的电路中仅利用 LM567 接收到相同频率的载波信号后，其 8 脚电压由高变低，利用这一特性，实现对被控对象的控制。

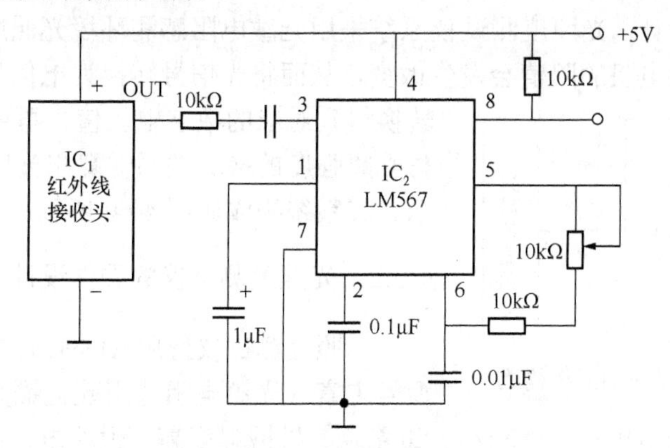

图 4-59　红外线遥控接收电路

IC_1 是红外线接收头，它接收发射器发出的红外线信号，其中心频率与发射器载波频率 f_0 相同，经 IC_1 解调后，在输出端 OUT 输出频率为 f_1 的方波信号，也就是与图 4-58 中 A 点波形相同的信号。将 LM567 的中心频率调到与发射器中与非门 D_1、与非门 D_2 振荡频率相同，即使 $f_2=f_1$。发射器发射信号时，LM567 便开始工作，其 8 脚由高电平变为低电平，利用这个变化的电平便可去控制各种对象。可以利用这种原理制成遥控开关，遥控家里的各种家用电器。

实际上，利用图 4-58 和图 4-59 所示的电路，也可以较容易地将其改造成多路遥控电路。方法是，在图 4-58 中将电阻 R^* 变成若干挡不同的数值，由此形成若干种频率不同的调制信号；在接收电路中，设置若干只 LM567，其输入均来自红外线接收头，各个 LM567 的振荡频率不同但与发射端一一对应。这样当按压发射器不同的按钮，接入不同的调制信号时，在接收端对应的 LM567 的 8 脚电平就会发生变化，由此形成多路控制。严格说来，这种频分制多路控制与数字编译码多路控制相比，缺点是调试比较复杂。但在有些场合，如在多路报警中，也有其一席之地。例如，在报警应用场合中，需要解决两路以上同时报警的问题时，用时分制多路控制存在复杂的同步问题，在频宽允许的情况下用频分制多路控制则很容易解决。

4.9　光照度测试仪

光照度测试仪

1967 年法国第十三届国际计量大会规定，以坎德拉（cd）、每平方米坎德拉（cd/m^2）、流明（lm）、勒克斯（lx）分别作为发光强度、光亮度、光通量和光照度的单位。光照度的单位是勒克斯，是英文 lux 的音译，通常写为 lx。被光均匀照射的物体，在 $1m^2$ 面积上得到的光通量是 1lm 时，它的照度是 1lx。一些常见场景的典型照度如下。黑夜：

0.001～0.02lx；月夜：0.02～0.3lx；阴天室内：5～50lx；阴天室外：50～500lx；晴天室内：100～1000lx；阅读书刊时所需的照度：50～60lx；家用摄像机标准照度：1400lx。人们生活在五彩斑斓的世界中，光照度影响着人们生活的方方面面。

4.9.1 光照度测试仪的系统结构

为简化系统设计，光照度测试仪系统采用光敏电阻感测环境光照度，在不同的光照强度环境下，光敏电阻的阻值会发生改变，从而将光信号转换为电信号。然后进行 A/D 转换得到对应的数字电压值，再由单片机根据电压与光照强度的换算关系计算出光照度，送数码管显示。其系统构成如图 4-60 所示。

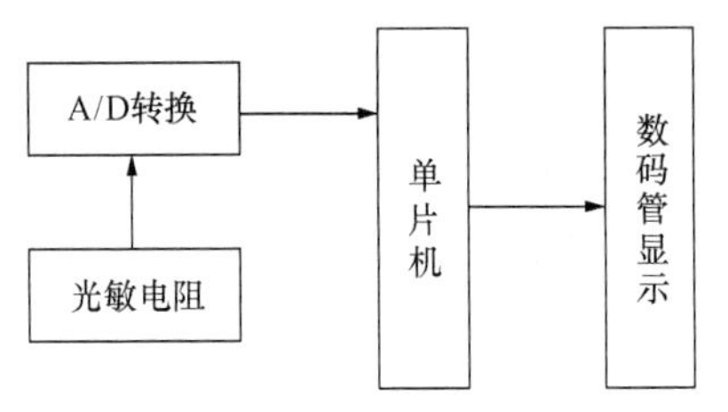

图 4-60 光照度测试仪的系统构成

4.9.2 光照度测试仪的硬件设计

光照度测试仪选用AT89C51单片机，价格便宜，型号丰富。光敏电阻选用硫化镉光敏电阻，具有灵敏度高、光谱响应范围宽、体积小、重量轻、机械强度高、耐冲击、耐振动、寿命长等优点。但其光照特性是非线性的，需要进行调理。A/D 转换器选用 ADC0831，其时序如图 4-61（a）所示。具有体积小、功耗低等优点。显示电路选用共阴极数码管，简化了软件设计。其系统电路如图 4-61（b）所示。

4.9.3 光照度测试仪的软件设计

系统启动后，首先进行初始化；然后启动 ADC0831 进行 A/D 转换，单片机读取转换数据，对数据进行判断，根据数据范围进行指定的调理；最后送数码管显示。其流程如图 4-62 所示。

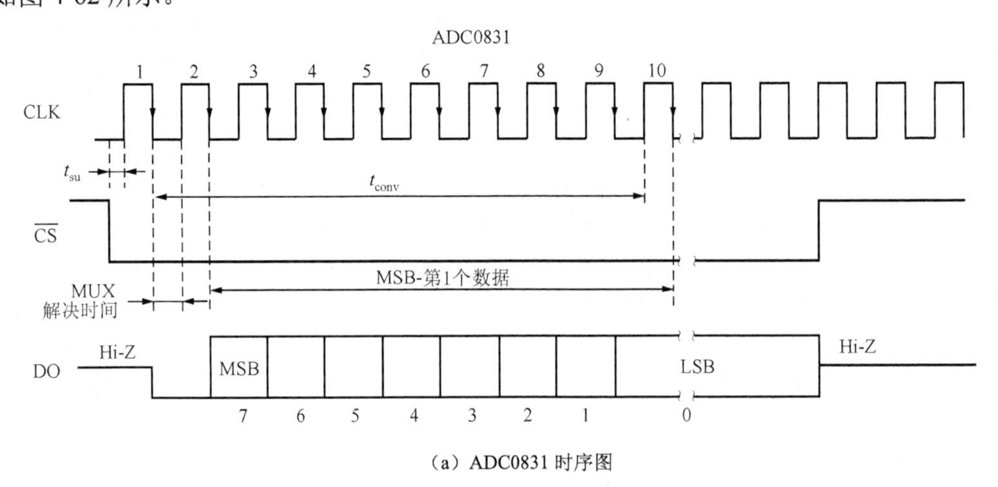

（a）ADC0831 时序图

图 4-61 光照度测试仪的时序图和系统原理

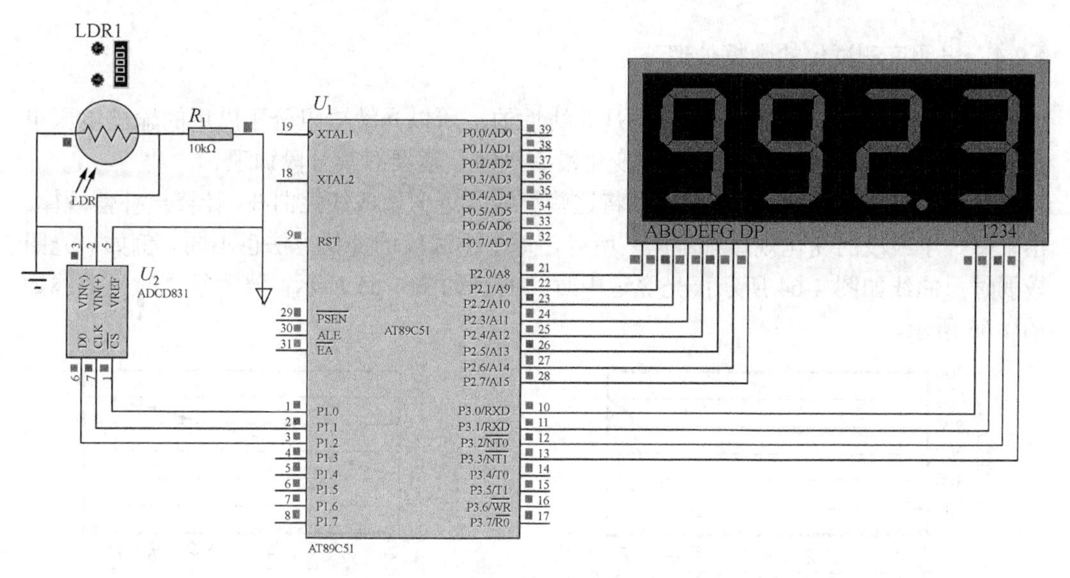

（b）系统原理

图 4-61（续）

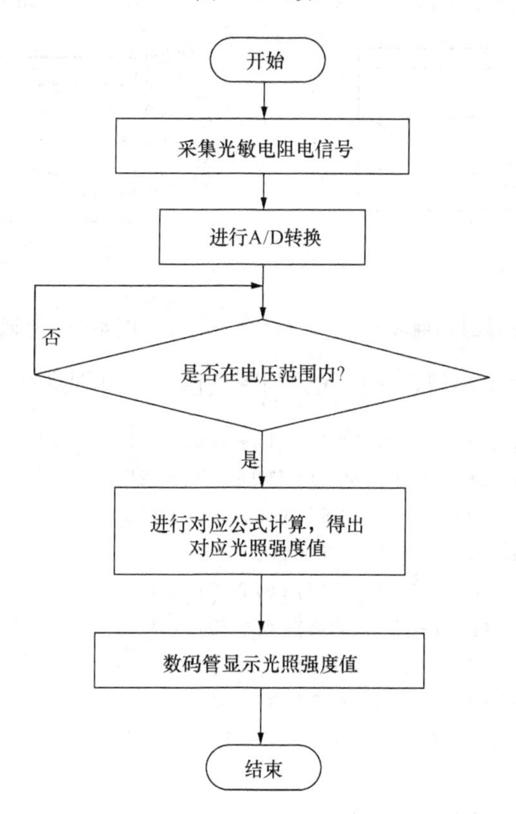

图 4-62　光照度测试仪的系统流程

4.9.4 光照度测试仪的数据处理

由于光敏电阻的光照-电阻特性是非线性的，所以光敏电阻分压以后的输出电压也是非线性的，如图 4-63 所示。曲线变化没有规律，需要对其分段调理。

首先将该曲线分成若干小线段，将这些小线段近似看成线性曲线，计算出补偿规律。由于每个小线段的变化规律都不同，所以，每个小线段的补偿方法也不同。例如，光照较弱时，曲线如图 4-64 所示；光照适中时，曲线如图 4-65 所示；光照较强时，曲线如图 4-66 所示。

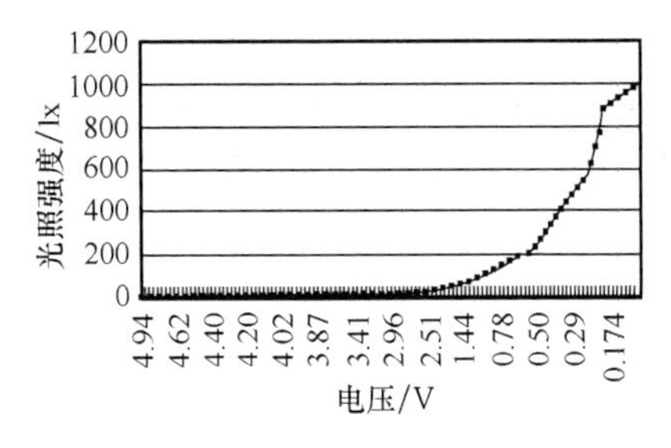

图 4-63 光敏电阻的分压与光照度曲线

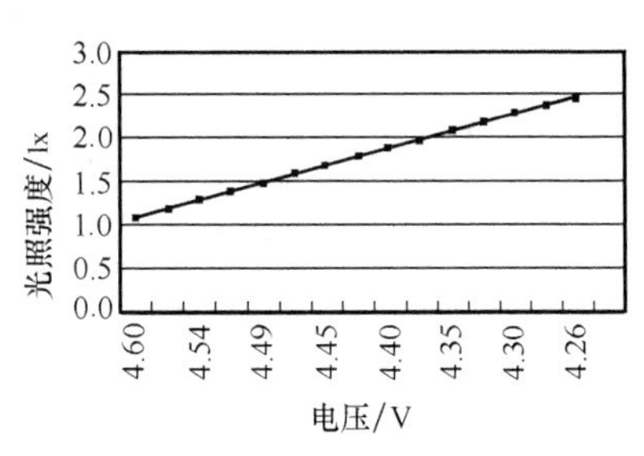

图 4-64 光照较弱时的曲线

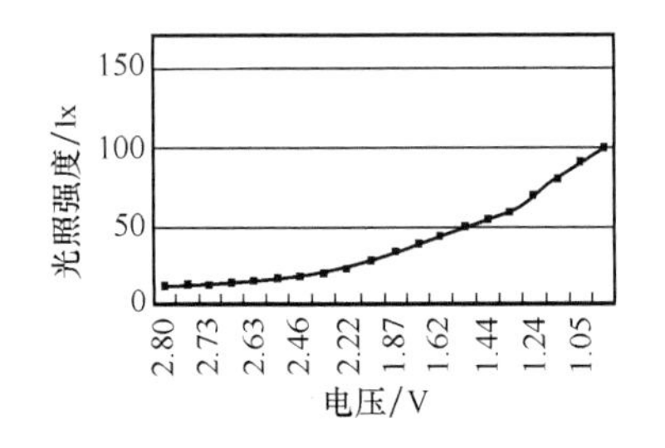

图 4-65 光照适中时的曲线

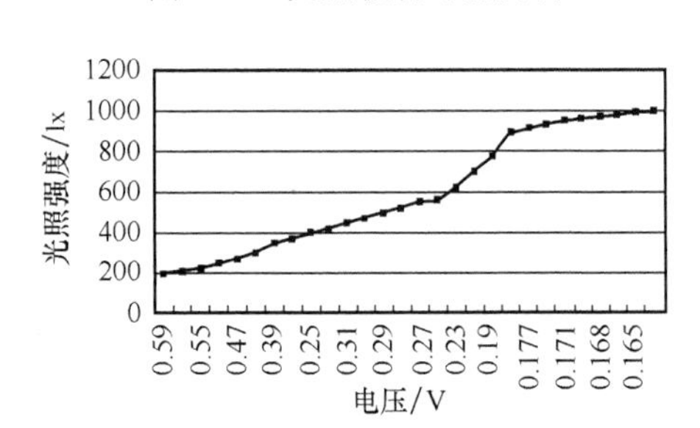

图 4-66 光照较强时的曲线

根据光敏电阻的输出电压，将曲线分为下列区间，分别进行补偿。

```
[0.14, 0.17]: D·(-3846.1538)/10+15692.308
[0.17, 0.25]: D·(-4848.4211)/10+17736.253
[0.25, 0.33]: (D·(-2166.6667)+111500)/10
[0.33, 0.39]: (D·(-1000)+74000)/10
[0.39, 0.50]: (D·(-727.2727)+62000)/10
[0.50, 0.66]: (D·(-454.5455)+47000)/10
[0.66, 0.91]: (D·(-235.2941)+32294.12)/10
[0.91, 1.37]: (D·(-100) +19700)/10
[1.37, 2.22]: (D·(-41.1765)+11641.18)/10
[2.22, 2.63]: (D·(-19.512)+6831.66)/10
[2.63, 3.00]: (D·(-12.5)+4950)/10
[3.00, 3.41]: (D·(-9.375)+3990.63)/10
[3.41, 3.73]: (D·(-8)+3528)/10
[3.73, 4.01]: (D·(-6)+2782)/10
```

```
[4.01, 4.38]: (D• (-4.8571)+2319.98)/10
[4.38, 4.61]: (D• (-3.6364)+1782.74)/10
[4.61, 4.94]: (D• (-3.1818)+1576.35)/10
```

4.9.5　光照度测试仪的源程序

光照度测试仪的源程序代码请扫二维码查看。

光照度测试仪的源程序

思考与实践

4.1　光电效应有哪几种？简述其原理。

4.2　查阅资料，认识一个具体的光敏传感器。

4.3　了解水产养殖智能工厂中光敏传感器的作用，设计一个光敏传感器在该类智能工厂中的应用实例。

第 5 章　磁敏传感器

传递实物间磁力作用的场叫作磁场，它是电流、运动电荷、磁体或变化的电场周围空间存在的一种特殊形态的物质，其特殊性表现为看不见、摸不着、没有静质量。其基本特征是能对位于其中的运动电荷施加作用力，此即洛伦兹力。与电场一样，磁场也是在一定空间区域内连续分布的矢量场。描述磁场的基本物理量是磁感应强度。磁场也可以用磁力线形象地描述。与电场不同的是，运动电荷或变化的电场产生的磁场，或两者之和的总磁场，都是无源有旋的矢量场，磁力线是闭合的曲线簇，特点是不中断、不交叉。

电场与磁场是一个物体的两个方面，变化的电场产生磁场，变化的磁场产生电场，变化的电磁场在空间传播形成电磁波。很多磁敏传感器都是利用半导体材料中的自由电子或空穴随磁场改变其运动方向这一特性制成的。

5.1　磁敏传感器的分类

磁敏传感器是一种能将磁学物理量转换成电信号的器件或装置。磁敏传感器很少直接检测磁场，通常是利用磁学量同其他物理量的变换关系进行检测。磁敏传感器也可以把其他物理量转换成电信号。例如，利用磁钢对磁敏元器件的相对距离变化关系，可以制成位移传感器、速度传感器、加速度及压敏传感器等。磁敏传感器按其结构主要分为体型和结型两大类，前者的典型代表是霍尔传感器，后者的典型代表是磁敏二极管、磁敏晶体管。磁敏传感器种类繁多，性能各异，广泛应用于自动控制、信息转换、电磁测量、生物医药、仪器仪表等领域。磁敏传感器的分类如表 5-1 所示。

表 5-1　磁敏传感器的分类

名称	原理	工作范围	主要用途	相关元件	特征
霍尔器件	霍尔效应	10^{-7}～10T	磁场测量，位置和速度测量，电流、电压测量	单晶（SiGe、InAs、InAsP）霍尔片	开关型，使用寿命长，无触点磨损，无火花干扰，无转换抖动，工作频率高，温度特性好，能适应恶劣环境
半导体磁敏电阻	磁敏电阻效应	10^{-3}～1T	旋转和角度测量	长方体、栅格结构、InSb-NiSb 共晶体和曲折形磁阻器件	弱磁场时，磁场增加，磁阻按平方增加；磁场较强时，磁阻线性增加，长宽比越小，几何磁阻效应越强

续表

名称	原理	工作范围	主要用途	相关元件	特征
磁敏二极管	复合电流的磁场调制	10^{-6}～10T	位置和速度及电流、电压测量	结型二端器件，PIN 型二极管	灵敏度高、体积小、响应快、无触点、输出功率大、线性特性好
磁敏晶体管	集电极电流或漏极电流的磁场调制	10^{-6}～10T	位置和速度及电流、电压测量	双极型和 MOS 晶体管	有 NPN 型和 PNP 型结构，伏安特性、磁电特性好
金属膜磁敏电阻器	磁敏电阻的各向异性	10^{-3}～10^{-2}T	磁读头、旋转，速度检测	三端、四端、两维、三维和集成电路	对磁场强度、方向敏感，灵敏度高，工作温度范围宽，抗冲击，稳定性好，可靠性强
巨磁阻抗传感器	巨磁阻抗或巨磁感应效应	10^{-10}～10^{-4}T	旋转和位移测量，大电流测量	振荡器器件	高灵敏度，便于数字化测量，高磁场敏感，高温度稳定性，小型化，低功耗
磁点传感器	法拉第电磁感应效应	10^{-3}～100T	磁场测量和位置速度测量	变磁通式和恒磁通式，即动圈式和磁阻式	有非线性误差、温度误差。电路简单，性能稳定，输出阻抗小，有一定的频率响应范围
载流子畴器件	载流子畴的磁场调制	10^{-6}～1T	磁强度测量	输出频率信号	非平衡载流子浓度随时间的衰减规律一般服从 $\exp(-t/\tau)$的关系
非晶金属磁传感器	磁率或马特乌奇效应	10^{-9}～10^{-3}T	磁读头、旋转编码器、长度检测	双芯多谐振荡桥	高稳定性，强抗干扰能力，快速响应
磁性温敏传感器	居里点变化或初始磁导率随温度变化	−50～250℃	热磁开关，温度检测	纽扣形金属外壳环氧封装，耐高温聚氟乙烯线为加长线	强磁性，能吸附在一切顺磁性物体上
磁光传感器	法拉第效应或磁致伸缩	10^{-10}～10^{2}T	磁场测量、电流、电压测量	含磁光和光纤磁传感器	电绝缘性好，抗干扰、频响宽、响应快、安全防爆
超导量子干涉器件	约瑟夫逊效应	10^{-14}～10^{-8}T	生物磁场检测	超导回路和约瑟夫逊结构	在外加直流偏置条件下，其输出电压随外磁场周期性变化

本章主要介绍霍尔传感器、半导体磁阻器件、磁敏二极管、磁敏晶体管的特性及应用，其他形式的磁敏传感器请读者参阅相关文献。

5.2　霍尔传感器

霍尔传感器的理论依据是霍尔效应。霍尔器件是固态电子器件，分为霍尔元件和霍尔集成电路两大类。前者是一个简单的霍尔片，后者是将霍尔片及其信号处理电路集成在同一个芯片上。

5.2.1 霍尔元件

1. 工作原理

将半导体薄片置于磁感应强度为 B 的磁场中，磁场方向垂直于薄片，当有电流 I 流过薄片时，在垂直于电流和磁场的方向上将产生电动势 E_H，这种现象称为霍尔效应。当磁感应强度 B=0 时，产生的霍尔电势 E_H=0，如图 5-1 所示。

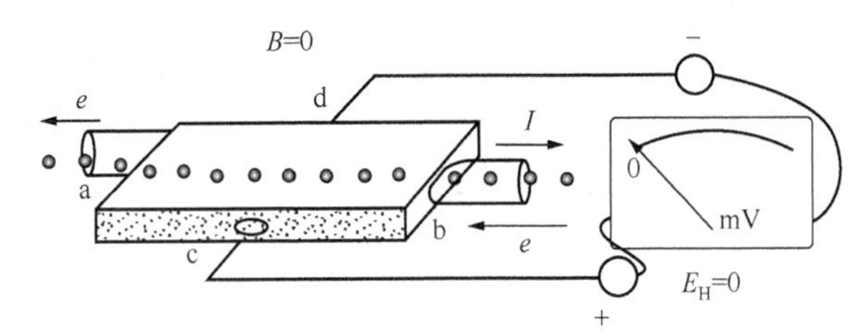

图 5-1 磁感应强度为零时产生的电动势

当磁感应强度 B 较大时，将有一定的霍尔电势，如图 5-2 所示。

$$E_H=K_H IB \tag{5-1}$$

式中 K_H——霍尔元件的灵敏系数；

I——激励电流；

B——磁感应强度。

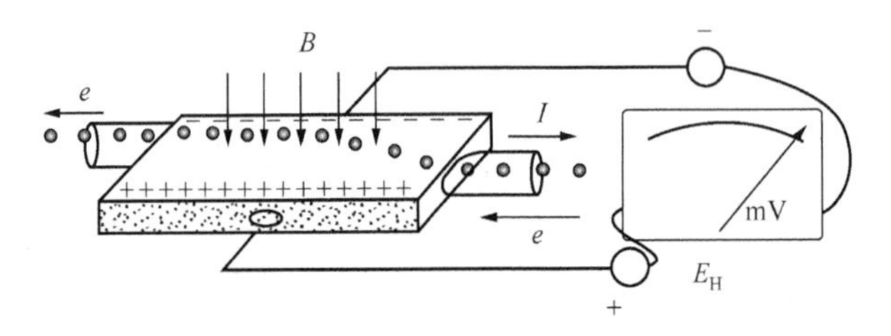

图 5-2 磁感应强度为 B 时产生的电动势

若磁感应强度 B 不垂直于霍尔元件，而是与其法线成某一角度 θ 时，实际上作用于霍尔元件上的有效磁感应强度是其法线方向（与薄片垂直的方向）的分量，即 $B\cos\theta$，这时的霍尔电势为

$$E_H=K_H IB\cos\theta \tag{5-2}$$

霍尔电势与输入电流 I、磁感应强度 B 成正比，且当 B 的方向改变时，霍尔电势的方向也随之改变。如果所施加的磁场为交变磁场，则霍尔电势为同频率的交变电势。

2. 霍尔元件的基本结构

霍尔元件是根据霍尔效应进行磁电转换的磁敏元件，半导体材料最适合制造霍尔元件。

霍尔元件一般用环氧树脂、塑料或陶瓷封装。其芯片是一块被称为霍尔片的矩形半导体单晶薄片。目前常用的霍尔元件材料有锗（Ge）、硅（Si）、砷化镓（GaAs）、砷化铟（InAs）和锑化铟（InSb）等。其中 N 型硅具有良好的温度特性和线性度、灵敏度高，故应用广泛；锑化铟元件的霍尔输出电势较大，但受温度的影响也大；锗元件的输出电势虽小，但它的温度性能和线性度却比较好；砷化铟和锑化铟元件输出电势虽小，但受温度影响小，线性度较好。因此，采用砷化铟材料作为霍尔元件受到普遍重视。

霍尔元件的外形结构如图 5-3 所示。其中电流端子 1、1′相应地称为元件电流端、控制电流端或输入电流端。霍尔输出端的端子 2、2′相应地称为霍尔端或输出端。

霍尔元件的等效电路如图 5-4 所示。若霍尔端子间连接负载，称为霍尔负载电阻或霍尔负载。电流电极间的电阻称为输入电阻或者控制内阻。霍尔端子间的电阻称为输出电阻或霍尔侧内部电阻。

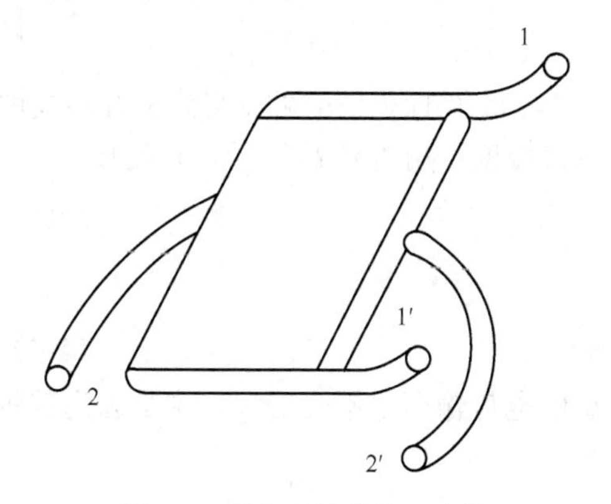

图 5-3　霍尔元件的外形结构

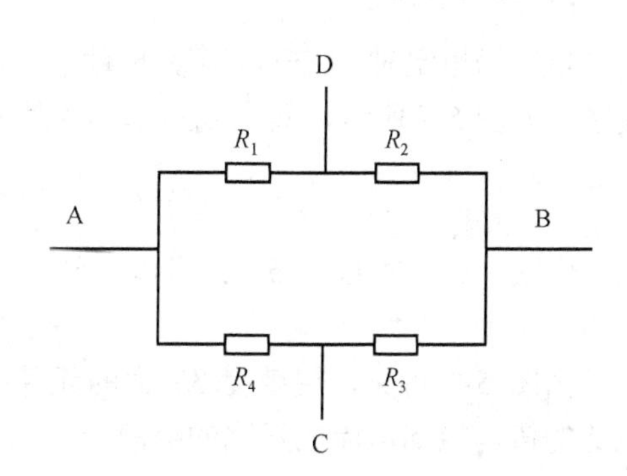

图 5-4　霍尔元件的等效电路

霍尔元件的型号及参数如表 5-2 所示。

表 5-2　霍尔元件的型号及参数

型号	额定控制电流 I/mA	磁灵敏度/［mV/（mA・T）］	使用温度/℃	霍尔电势温度系数/（1/℃）	尺寸（长/mm×宽/mm×厚/mm）
HZ-1	18	≥1.2	−20～45	0.04%	8×4×0.2
HZ-2	15	≥1.2	−20～45	0.04%	8×4×0.2
HZ-3	22	≥1.2	−20～45	0.04%	8×4×0.2
HZ-4	50	≥0.4	−30～75	0.04%	8×4×0.2

3. 霍尔元件的基本测量电路

霍尔元件在测量电路中一般有两种符号表示方法，如图 5-5 所示。

霍尔元件的基本测量电路如图 5-6 所示，控制电流 I 由电源 E 供给，R 为可调限流电阻，用来调节控制电流的大小。霍尔元件输出端接负载电阻 R_L，它也可以是放大器的输入电阻或测量仪表的内阻等。磁场 B 垂直通过霍尔元件，在磁场 B 与控制电流 I 作用下，由负载 R_L 上获得电压 U_H。

实际使用时，元件输入信号可以是 I 或 B，或者 IB，而输出是正比于 I 或 B，或者正比于其乘积 IB 的电压。

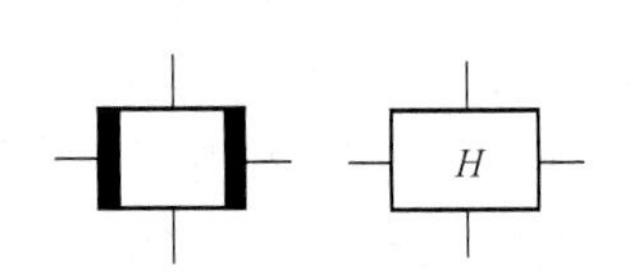

图 5-5　霍尔元件的符号

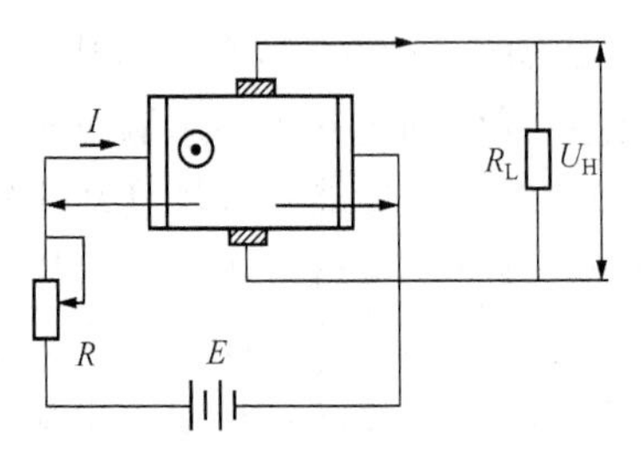

图 5-6　霍尔元件的基本测量电路

4. 霍尔元件的主要特性

1）U_H-I 特性

当磁场恒定时，在一定温度下测定控制电流 I 与霍尔电势 U_H，可以得到良好的线性关系。如图 5-7 所示，其直线斜率称为控制电流灵敏度，用符号 K_I 表示，可写成

$$K_I = \frac{U_H}{I} \tag{5-3}$$

由式（5-1）和式（5-3）可以得到

$$K_I = K_H B \tag{5-4}$$

由图 5-7 可见，灵敏度 K_H 大的元件，其霍尔电势输出并不一定大，这是因为霍尔电势的值与控制电流成正比的缘故。

2）U_H-B 特性

当控制电流保持不变时，霍尔元件的开路电压输出随磁场的增加不完全呈线性关系，而有非线性偏离。如图 5-8 所示，从图 5-8 中可以看出，锑化铟的霍尔输出对磁场的线性度不如锗。

通常霍尔元件工作在 0.5T 时线性度较好。将硅离子注入有源层非常薄的砷化镓霍尔元件，在室温和 1T 的范围内，其 U_H-B 关系曲线的线性误差不大于 0.03%。

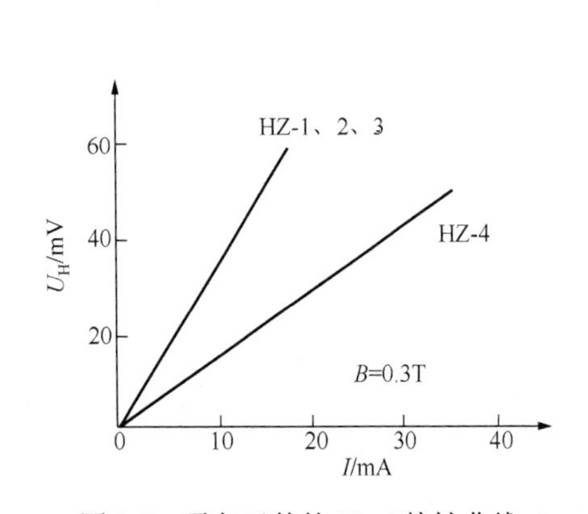

图 5-7　霍尔元件的 U_H-I 特性曲线

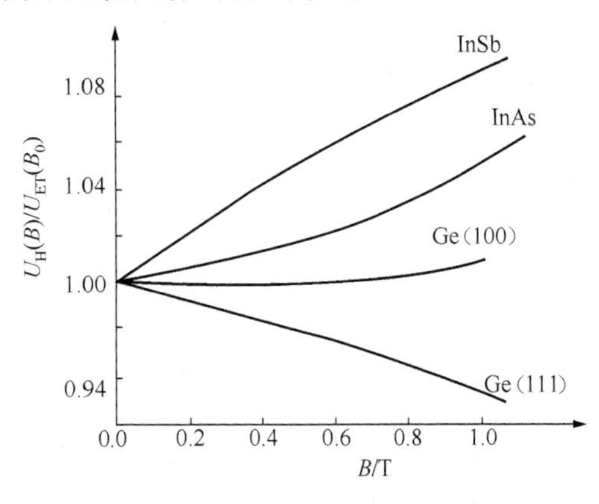

图 5-8　霍尔元件的 U_H-B 特性曲线

3）最大激励电流 I_M

由于霍尔电势随激励电流的增大而增大，故在应用中总希望选用较大的激励电流。

但激励电流增大，霍尔元件的功耗增大，元件的温度升高，从而引起霍尔电势的温漂增大，因此每种型号的元件均规定了相应的最大激励电流，它的数值从几毫安至十几毫安。

5.2.2　线性霍尔集成传感器

线性霍尔集成器件是输出电压与外加磁场强度呈线性比例关系的磁敏传感器。一般由霍尔元件、放大器和射极跟随输出器组成。在实际电路设计中，为了提高传感器的性能，往往在电路中设置稳压、电流放大输出级、失调调整和线性度调整等电路。线性霍尔集成传感器的输出对外加磁场呈线性感应，因此广泛用于位置、力、重量、厚度、速度、磁场、电流等的测量或控制中。线性霍尔集成传感器有单端输出和双端输出两种，图 5-9 给出单端输出线性霍尔集成传感器的电路框图，图 5-10 给出双端输出线性霍尔集成传感器的电路框图。

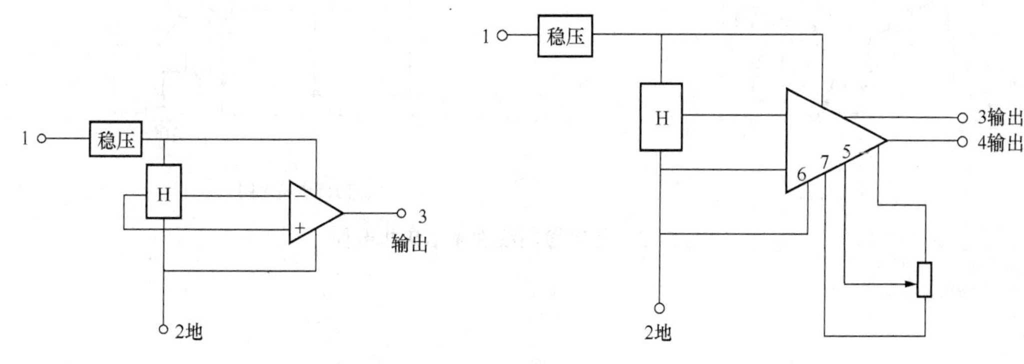

图 5-9　单端输出线性霍尔集成传感器电路框图　　图 5-10　双端输出线性霍尔集成传感器的电路框图

线性霍尔集成传感器的输出特性如图 5-11 和图 5-12 所示。从图中可以看出，输出电压随磁场强度的增加而增加，在一定的范围内呈线性关系，其非线性可能与引线和霍尔元件的接触等工艺、放大电路的线性程度等有关。这说明线性霍尔集成传感器具有一个线性测量范围，实际应用中应予以考虑或加上线性化处理后再用于检测。

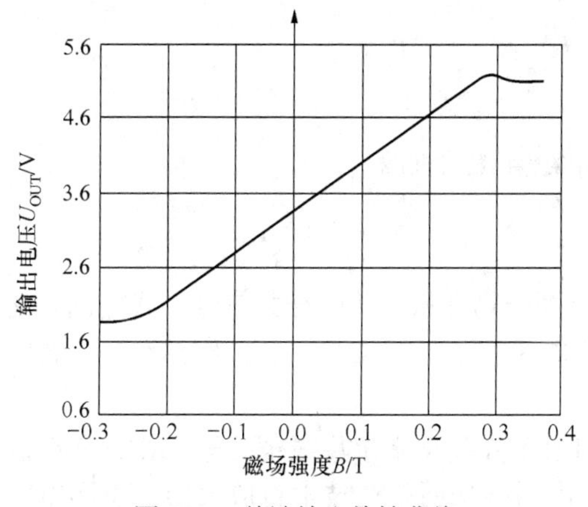

图 5-11　单端输出特性曲线

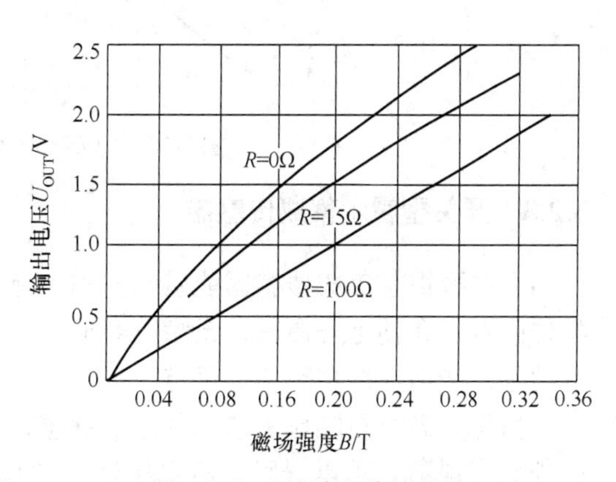

图 5-12　双端输出特性曲线

以美国 SPRGUN 公司生产的 UGN 系列线性霍尔集成传感器为例，器件的型号有 UGN3501T、UGN3501U、UGN3501M。T、U 两种型号为单端输出，T 型厚度为 2.03mm，U 型厚度为 1.54mm，电路框图如图 5-9 所示。UGN3501M 为双端差动输出，采用 8 脚封装形式，其外形、内部结构如图 5-13 所示，图 5-14 所示为其输出特性曲线。当磁场为零时，它的输出电压等于零；当感受的磁场为正向（磁钢的 S 极对准霍尔器件的正面）时，输出为正；磁场反向时，输出为负。国产 CS500 系列线性霍尔集成传感器与 UGN 系列相当，使用时可以参考。

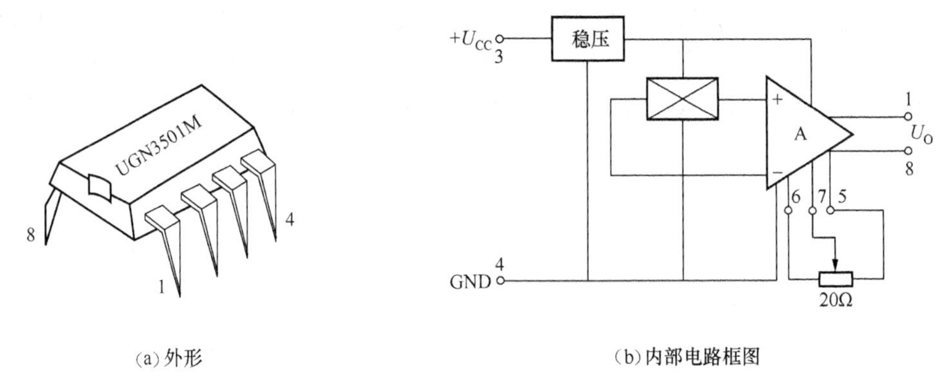

(a) 外形　　(b) 内部电路框图

图 5-13　差动输出线性霍尔集成器件

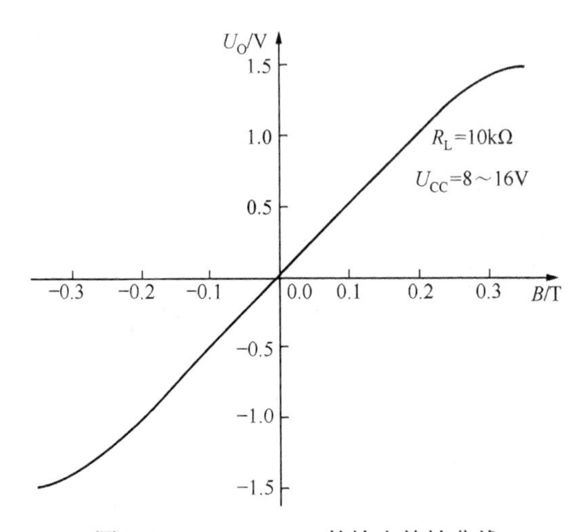

图 5-14　UGN3501M 的输出特性曲线

5.2.3　开关型霍尔集成传感器

开关型霍尔集成传感器能感知与磁信息有关的物理量，并以开关信号形式输出。这类传感器具有使用寿命长、无触点磨损、无火花干扰、无转换抖动、工作频率高、温度特性好、能适应恶劣环境等优点。

虽然用硅材料制作霍尔元件不够理想，但对于开关型霍尔集成传感器，由于 N 型硅的外延层很薄，可以提高霍尔电压 U_H，加之应用硅平面工艺技术将放大器、整形电路及霍尔元件集成在一起，可以大大提高传感器的灵敏度。所以，可以用硅材料制备开关型集成电路。图 5-15 所示为开关型霍尔集成传感器结构框图。其电路主要由稳压电路、霍尔元件、放大电路、施密特触发器、开路输出 5 部分组成。常用的开关型霍尔传感器有 UGN-320、UGN-330、UGN-375 等型号。技术参数可参照产品手册。

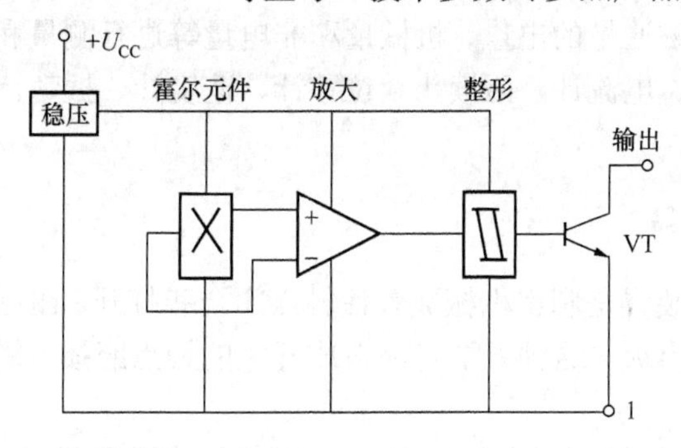

图 5-15　开关型霍尔集成传感器结构框图

稳压电路可使传感器在较宽的电源电压范围内工作，开路输出可使传感器方便地与各种逻辑电路接口。开关型霍尔集成传感器的外形与典型接口电路如图 5-16 所示。

开关型霍尔集成传感器的工作特性曲线如图 5-17 所示。从工作特性曲线上可以看出，当外加磁感应强度高于 B_{OP} 时，输出电平由高变低，传感器处于开状态。当外加磁感应强度低于 B_{RP} 时，输出电平由低变高，传感器处于关状态。工作特性有一定的磁滞 R_H，这对开关动作的可靠性非常有利。图中的 B_{OP} 为工作点“开”的磁感应强度，B_{RP} 为释放点“关”的磁感应强度。此工作特性曲线反映了外加磁场与传感器输出电平的关系。

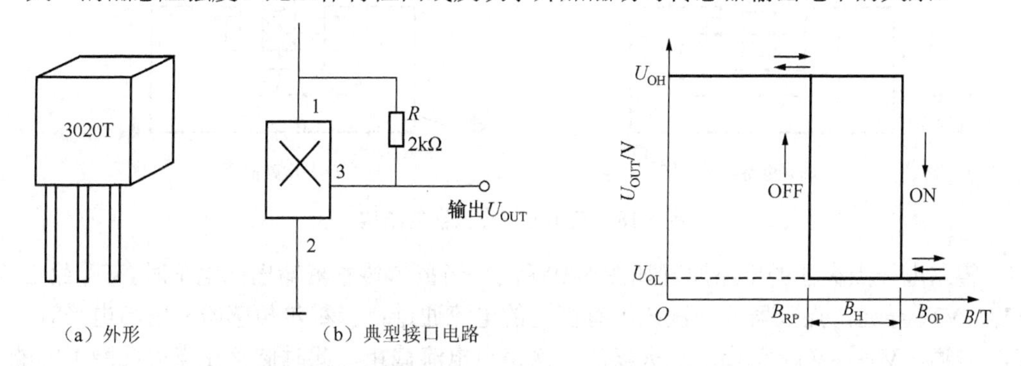

图 5-16　开关型霍尔集成传感器的外形与典型接口电路

图 5-17　开关型霍尔集成传感器的工作特性曲线

当器件与磁铁之间有相对位移时，霍尔器件的磁场随相对距离的变化而变化。当霍尔器件处于零磁场强度时，电路输出为高电平，电路处于关闭。当距离变小，使作用于霍尔器件的磁场强度到 B_{OP} 时，电路输出由高电平降至低电平进入开状态。当距离增大，作用于霍尔器件的磁场强度减小至 R_H 时，电路输出由低电平变为高电平，进入关闭状态。

5.2.4　霍尔传感器的应用

霍尔电势是关于 I、B、θ 这 3 个变量的函数，即 $E_H=K_HIB\cos\theta$。利用这个关系式可以使其中两个量不变，将第三个量作为变量，或者固定其中一个量，其余两个量都作为变量。这使得霍尔传感器有许多用途。

利用霍尔电势与外加磁通密度成比例的特性，可借助固定元件的控制电流，对磁通量以及其他可转换成磁通量的电量、机械量和非电量等进行测量和控制。应用这类特性制作的器件有磁通计、电流计、磁读头、位移计、速度计、振动计、罗盘、转速计、无触点开关等。

1. 霍尔电子点火器

传统的汽车点火装置是利用机械装置使触点闭合和打开，在点火线圈断开的瞬间感应出高电压产生火花点火。这种方法容易造成开关的触点磨损、氧化，同时也使发动机性能的提高受到限制。

霍尔电子点火器的结构如图 5-18 所示。霍尔传感器采用 SL3020，霍尔器件固定在汽车分电器的白金座上，在分火点上安装一个隔磁罩，罩的竖边根据汽车发动机的缸数开出等间距的缺口。当缺口对准霍尔器件时，磁通通过霍尔传感器形成闭合回路，电路导通，如图 5-18（a）所示，此时霍尔电路输出低电平。当隔磁罩竖边的凸出部分挡在霍尔器件和磁体之间时，电路截止，如图 5-18（b）所示，此时霍尔电路输出高电平。

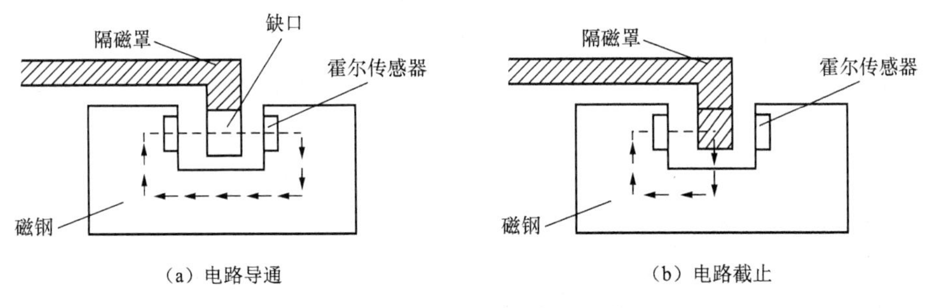

图 5-18 霍尔电子点火器的结构

霍尔电子点火器的电路原理如图 5-19 所示。当霍尔传感器输出低电平时，VT_1 截止，VT_2、VT_3 导通，点火器的一次绕组有恒定的电流通过；当霍尔传感器输出高电平时，VT_1 导通，VT_2、VT_3 截止，点火器的一次绕组电流截止，此时储存在点火线圈中的能量由一次绕组以高压放电的形式输出，即放电点火。

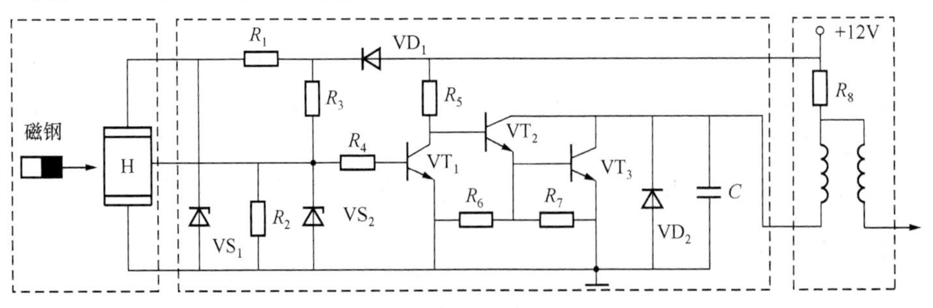

图 5-19 霍尔电子点火器的电路原理

霍尔电子点火器由于无触点、启动方便，因而使用寿命长，适用于各种工作环境和车速。

2. 霍尔计数器

霍尔开关传感器 SL3501 是具有较高灵敏度的集成霍尔器件，能感受到很小的磁场变化，因而可对黑色金属零件进行计数检测。

图 5-20 是对钢球进行计数的工作示意图和电路图。当钢球通过霍尔开关传感器时，传感器可输出峰值为 20mV 的脉冲电压，该电压经运算放大器 A（μA741）放大后，驱动晶体管 VT（2N5812）工作，VT 输出端便可接计数器进行计数，并由显示器显示检测数值。

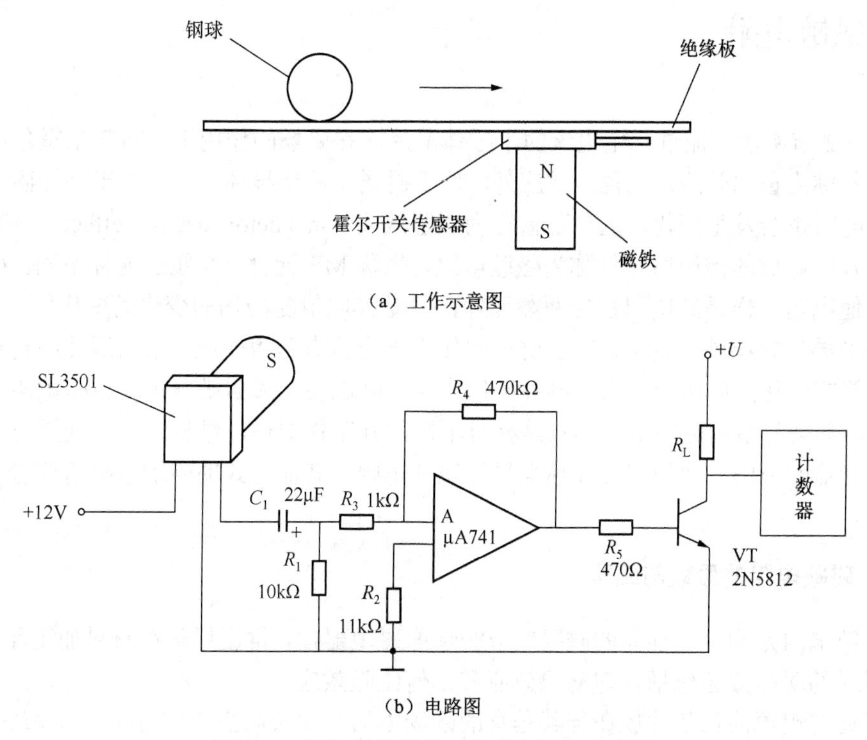

图 5-20　霍尔计数器的工作示意图和电路图

3. 霍尔转速表

在被测转速的转轴上安装一个齿盘，也可选取机械系统中的一个齿轮，将线性霍尔器件及磁路系统靠近齿盘。齿盘的转动使磁路的磁阻随气隙的改变而周期性地变化，霍尔器件输出的微小脉冲信号经隔离、放大、整形后可以确定被测物的转速。

霍尔转速表的工作原理如图 5-21 所示。当齿轮对准霍尔器件时，磁力线集中穿过霍尔器件，可产生较大的霍尔电动势，放大、整形后输出高电平；反之，当齿轮的凹槽对准霍尔器件时，输出为低电平。对高、低电平计数，即可得到转速。

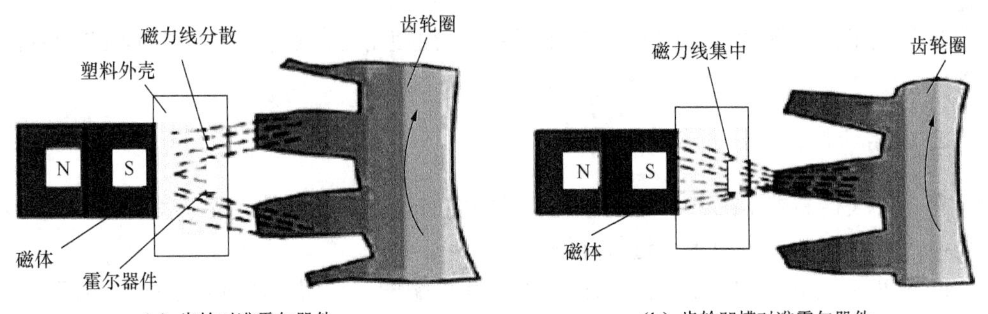

（a）齿轮对准霍尔器件　　（b）齿轮凹槽对准霍尔器件

图 5-21　霍尔转速表的工作原理

5.3　磁敏电阻

如 5.2 节所述，流过一定电流的半导体薄片，在磁场的作用下，将产生霍尔电势，这种现象称为霍尔效应。除霍尔效应外，位于磁场中的半导体薄片，由于外加磁场的作用，其电阻也会发生变化，这种现象称为磁阻效应（magnetoresistance effect，MR）。利用磁阻效应做成的磁敏感元件称为磁敏电阻，也称 MR 元件。与霍尔元件不同，磁敏电阻与其他电阻一样是纯电阻性的两端元件，只是其阻值随磁场的变化而变化。

除半导体材料外，金属材料在磁场的作用下也具有磁阻效应。根据所使用材料的不同，目前实用化的磁敏电阻有半导体磁敏电阻、强磁性金属磁敏电阻和巨磁电阻 3 种类型。3 种不同类型的磁敏电阻不只是材料不同，其工作原理、结构形式和使用方法也不相同。受篇幅所限，此处主要介绍半导体磁敏电阻，其他形式的磁敏电阻请读者参阅相关文献。

5.3.1　磁敏电阻的原理与结构

磁敏电阻是利用半导体的磁阻效应制造的磁敏器件，常用锑化铟材料加工而成。半导体材料的磁阻效应包括物理磁阻效应和几何磁阻效应。

当通有电流的霍尔片放在与其垂直的磁场中后，便会产生霍尔电场，且 $qE_H = q\bar{v}B$（其中速度 $\bar{v}$ 为平均速度），在洛伦兹力和霍尔电场的共同作用下，只有载流子的速度正好使得其受到的洛伦兹力与霍尔电场力相同的载流子（即速度为 $\bar{v}$ 的载流子）的运动方向才不发生偏转；而速度大于或小于 $\bar{v}$ 的载流子的运动方向都会发生偏转。载流子运动方向发生变化的直接结果是沿着 x 方向（未加磁场之前的电流方向）的电流密度减小，电阻率增大，这种现象称为物理磁阻效应。

在相同磁场作用下，由于半导体片几何形状的不同而出现电阻值不同的现象称为几何磁阻效应。其原因是半导体片内部电流分布受外磁场作用而发生变化。

1. 长方形磁敏电阻元件

图 5-22 所示为长方形磁敏电阻元件的外形结构，长度 l 大于宽度 b，将两端部位制

作成电极，构成两端器件。对于这样一个有确定几何形状的磁阻元件，在外加磁场作用下，物理磁阻效应和几何磁阻效应同时存在。长方形磁敏电阻元件在弱磁场时的磁阻比为

$$\frac{R_B}{R_0}=(1+m_s B^2) \tag{5-5}$$

式中 m_s——磁阻平方系数，与组件所用材料和几何形状有关，载流子迁移率越大，m_s 越大，多选用电子迁移率大的锑化铟；

R_0——无磁场时的电阻。

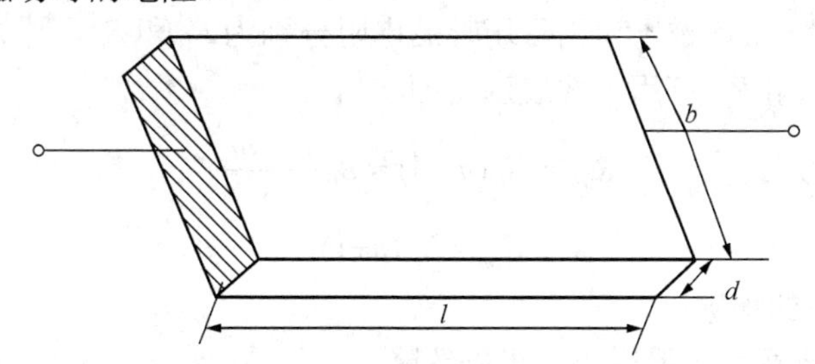

图 5-22 长方形磁敏电阻元件的外形结构

强磁场时，磁阻比为

$$\frac{R_B}{R_0}=\left(\frac{\rho_B}{\rho_0}G+\frac{b}{l}\cdot\frac{R_H}{\rho_0}B\right) \tag{5-6}$$

将 $R_0=\rho_0\dfrac{l}{db}$ 代入式（5-6）中，则有

$$R_B=R_0\cdot\frac{\rho_B}{\rho_0}G+\frac{b}{l}\cdot\frac{R_H}{\rho_0}B \tag{5-7}$$

式中 ρ_B——磁场强度 B 的电阻率；

ρ_0——无磁场时的电阻率；

G——强磁场下样品的形状系数。

因为霍尔系数 R_H 与磁感应强度无关，且强场时物理磁阻效应不显著$\left(\dfrac{\rho_B}{\rho_0}\text{为常数}\right)$，那么在强磁场条件下，磁敏电阻 R_B 与 B 就成正比关系。

2. 栅格型磁敏电阻

材料的几何磁阻效应在磁敏电阻中具有重要意义。几何磁阻效应的大小由形状系数 L/W 决定，L/W 减小，磁阻效应就增强。为提高磁阻效应（或 R_B/R_0 磁阻比），在一个长方形磁敏电阻的长度方向上沉积许多金属短路条，将它分割成宽度都为 b，长度 l 都较小，满足 $l/b\ll 1$ 条件的许多子元件，其结构如图 5-23 所示。整个磁敏电阻的磁阻效应和阻值的大小是这些子元件串联之和。当这些小磁敏电阻足够多时，由它们串联组成的磁敏电阻不仅具有较强的磁阻效应，而且具有一定大小的阻值。以这种方式构成的磁敏电阻的短路条具有栅格状的图形，所以称为栅格型磁敏电阻。栅格型磁敏电阻是实用磁敏电阻的一种主要构成形式。

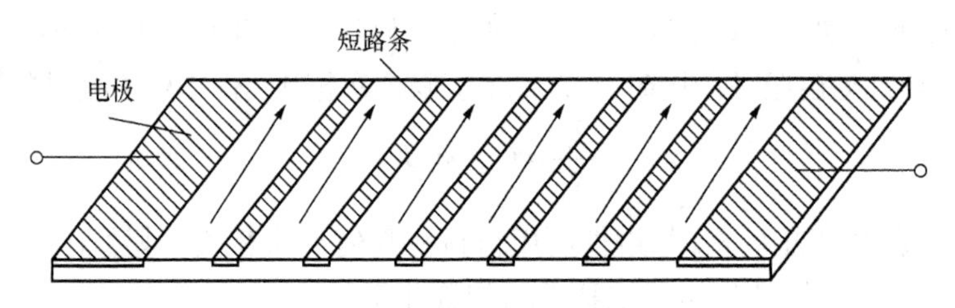

图 5-23 栅格型磁敏电阻的结构

假设每个子元件在有磁场和无磁场时的电阻分别为 R_B 和 R_0，那么元件的总零磁场电阻 R_{0n} 和有磁场电阻 R_{Bn} 可用下式表示，即

$$R_{0n} = R_0(n+1) \approx \rho_0 \frac{L-nl'}{S}$$

$$R_{Bn} = R_B(n+1) \tag{5-8}$$

式中 n——短路条的根数；

l'——金属条宽，一般很小，可以忽略。

在磁场很强时，磁阻平方灵敏度 S_{Sn} 可用下式表示，即

$$S_{Sn} = (n+1)\frac{R_H}{d} \tag{5-9}$$

可见，n 越大，灵敏度越高。

3. 科宾诺元件

科宾诺元件的结构如图 5-24 所示。在盘形元件的外圆周边和中心处，装上电流电极，将具有这种结构的磁阻元件称为科宾诺元件。由于科宾诺元件的盘中心部分有一个圆形电极，盘的外沿是一个环形电极。两个电极间构成一个电阻器，电流在两个电极间流动时，载流子的运动路径会因磁场作用而发生弯曲使电阻变大。在电流的横向，电阻是无头无尾的，因此霍尔电压无法建立，或者说霍尔电场被全部短路了。由于不存在霍尔电场，几乎沿电场 E_0 方向的每个载流子都在磁场作用下做圆周运动，电阻会随磁场有很大的变化。

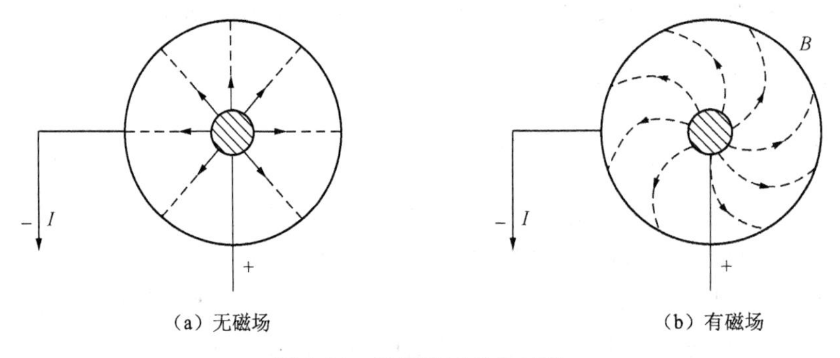

（a）无磁场 （b）有磁场

图 5-24 科宾诺元件的结构

由于霍尔电压被全部短路而不在外部出现，电场与无磁场时相同，还呈放射状，电流和半径方向形成霍尔角 θ，表现为涡旋形流动。这是可以获得最大磁阻效应的一种形状。

科宾诺元件由于消除了霍尔电势的产生，使得电流的路径有一定的延长，所以其具

有较强的磁阻效应。但其阻值过小，数十微米厚的半导体薄片构成的科宾诺元件阻值也不过几欧姆，过小的阻值导致其检测输出过小，不利于其实际应用。

5.3.2　磁阻元件的特性

1. 灵敏度

磁阻元件的灵敏度是磁场与电阻特性的斜率。常用 K 表示，单位为（mV/mA）• kg，即 Ω • kg。在运算时常用 R_B/R_0 求得，R_0 表示无磁场情况下磁阻元件的电阻值；R_B 为在施加 0.3T 磁感应强度时磁阻元件表现出来的电阻值，在这种情况下，一般磁阻元件的灵敏度大于 2.7。

2. 磁场-电阻特性

如图 5-25（a）所示，磁阻元件的电阻值与磁场的极性无关，它只随磁场强度的增加而增加。如图 5-25（b）所示，在 0.1T 以下的弱磁场中，曲线呈现平方特性，而超过 0.1T 后呈现线性变化。磁敏电阻的磁阻比特性既包含了磁敏电阻的几何磁阻效应，又包含了其物理磁阻效应。磁敏电阻的几何磁阻效应比物理磁阻效应大得多，几何磁阻效应是影响磁阻比的主要因素。

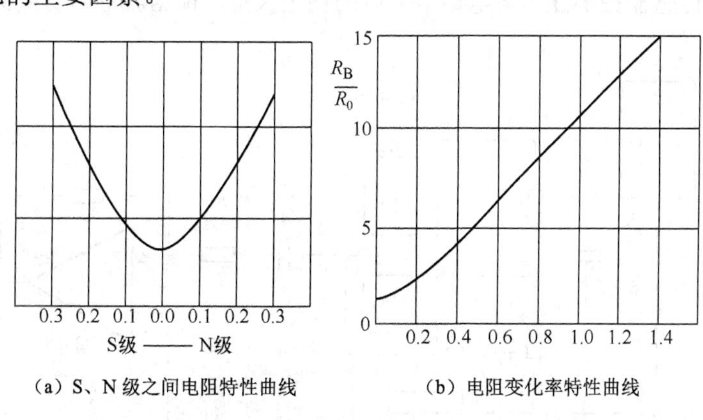

（a）S、N 级之间电阻特性曲线　　（b）电阻变化率特性曲线

图 5-25　磁阻元件磁场-电阻特性曲线

强磁磁阻元件电阻-磁场特性曲线如图 5-26 所示，从图中可以看出它与图 5-25（a）所示曲线相反，即随着磁场的增加，电阻值减小，并且在磁通密度达数十到数百高斯时即饱和。一般电阻变化为百分之几。

5.3.3　磁敏电阻的应用

磁敏电阻可以用来作为电流传感器、磁敏接近开关、角速度/角位移传感器、磁场传感器等。可用于开关电源、UPS、变频器、伺服电动机驱动器、家庭网络智能化管理、电度表、电子仪器仪表、工业自动化、智能机器人、电梯、智能住宅、机床、工业设备、断路器、防爆电机保护器、家用电器、电子产品、电力自动化、医疗设备、机床、远程抄表、仪器、自动测量、地磁场测量和探矿等。

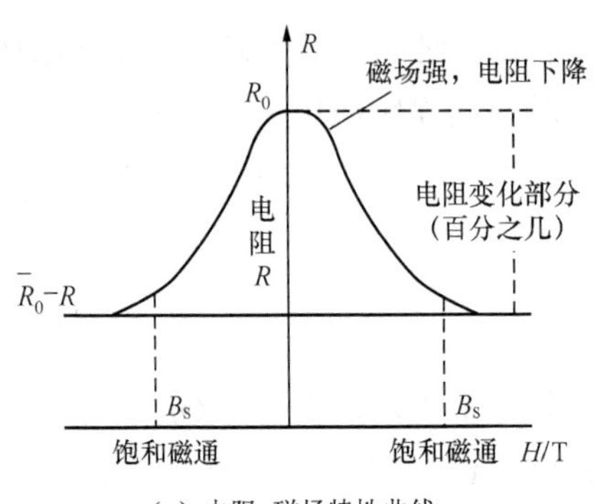

（a）电阻-磁场特性曲线

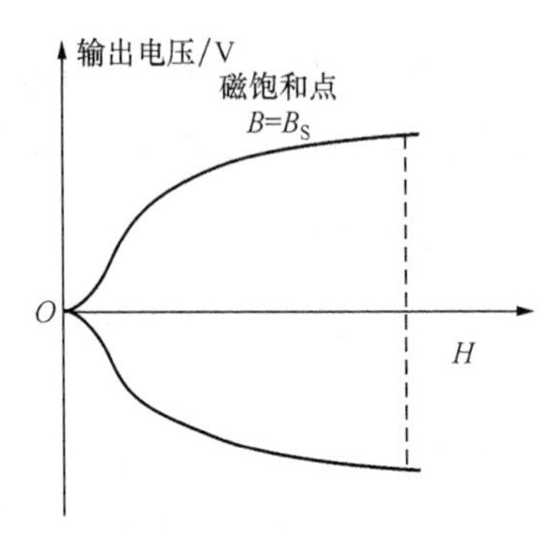

（b）磁场-输出特性曲线

图 5-26 强磁磁阻元件电阻-磁场特性曲线

1. *磁敏电阻读磁卡*

一些磁阻元件本身带有永久磁铁。例如，MS-F06 型磁卡读出器中装有永久磁铁，被测物即使不是强磁物体也可以被检测出来。磁卡读出器判别装置就是一个具有代表性的应用实例，其测量电路如图 5-27 所示。IC_1 为电源模块，R_1、R_2、MR_1、MR_2 组成电桥，无磁卡时，电桥输出为 0；有磁卡时，MR_1、MR_2 感应磁卡内容，经电桥测量，A_1 放大后输出。图 5-28 所示为传感器扫描磁卡（电话卡）后的输出波形。根据波形即可判断磁卡的内容。

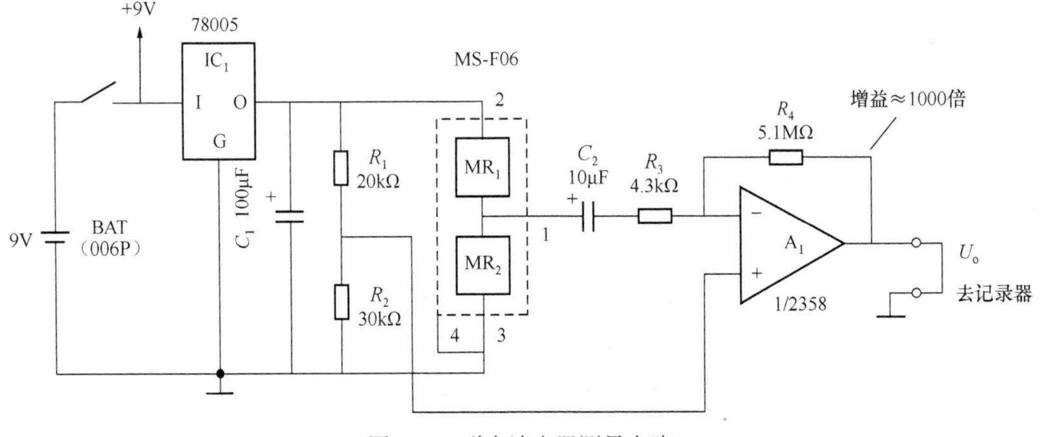

图 5-27 磁卡读出器测量电路

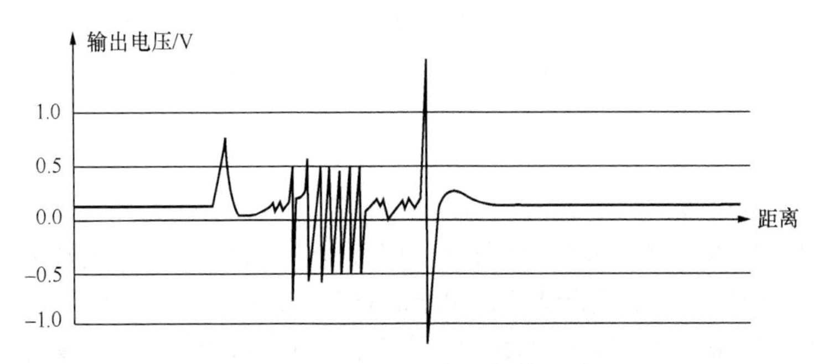

图 5-28 磁卡（电话卡）的输出波形

2. 位移测量

图 5-29 所示为一种测量位移的磁阻效应传感器。将磁阻元件置于磁场中，当它相对于磁场发生位移时，元件内阻 R_1、R_2 发生变化，如果将它们接于电桥，则其输出电压与位移成比例。

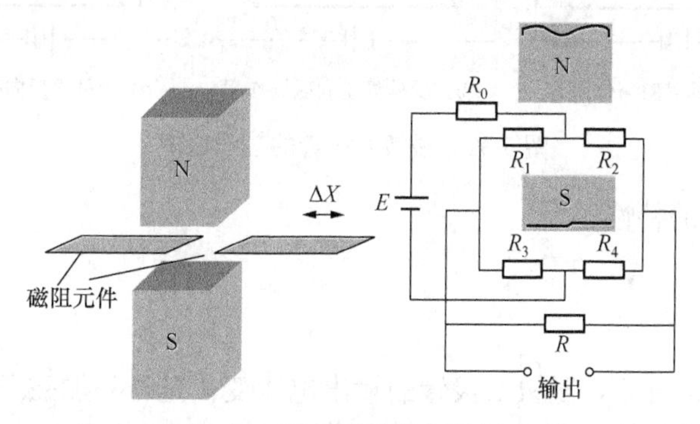

图 5-29　位移测量的工作原理

5.4　磁敏二极管

磁敏二极管

5.4.1　磁敏二极管的原理与结构

磁敏二极管是 PIN 型二极管，其结构如图 5-30 所示。P 型和 N 型电极由高阻材料制成，在 P、N 之间有一个较长的本征区 I，本征区 I 的一面磨成光滑无复合表面（为 I 区），另一面打毛，设置成高复合区（为 r 区），因为电子-空穴对易于在粗糙表面复合消失。当通以正向电流后就会在 P、I、N 结之间形成电流。磁敏二极管的符号如图 5-31 所示。

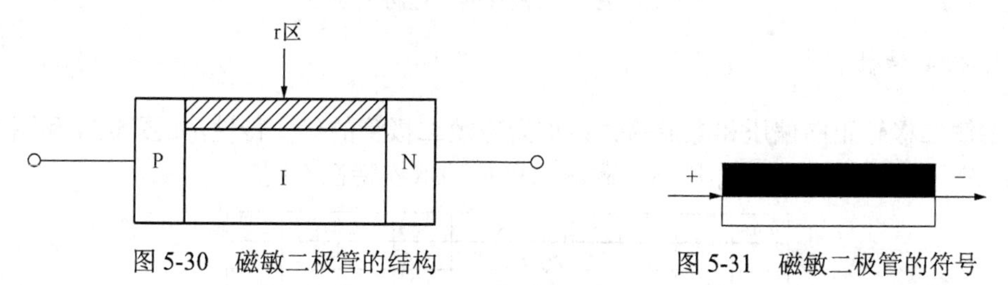

图 5-30　磁敏二极管的结构　　图 5-31　磁敏二极管的符号

当磁敏二极管未受外界磁场作用时，外加正向偏压后，大部分空穴从 P 区通过 I 区进入 N 区，同时也有大量电子注入 P 区，形成电流。只有少量电子和空穴在 I 区复合掉，如图 5-32（a）所示。

当磁敏二极管受到外界正向磁场作用时，则电子和空穴受到洛伦兹力的作用而向 r 区偏转，由于 r 区的电子和空穴复合速度很快，进入 r 区的电子和空穴很快复合掉，形成的电流减小，即电阻增加，如图 5-32（b）所示。

当磁敏二极管受到外界反向磁场作用时，电子和空穴受到洛伦兹力的作用而向 I 区偏移，由于电子和空穴复合率明显变小，因此，电流变大，即电阻变小，如图 5-32（c）所示。

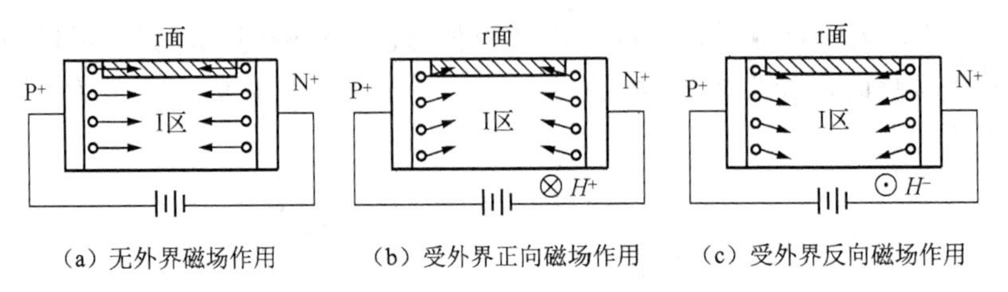

图 5-32 磁敏二极管的工作原理

5.4.2 磁敏二极管的特性

1. 磁电特性

在给定磁场的情况下，磁敏二极管的输出电压变化量与外加磁场间的变化关系，叫作磁敏二极管的磁电特性。图 5-33 所示为磁敏二极管单个使用和互补使用时的磁电特性曲线。由图 5-33 可知，单只使用时，正向磁灵敏度大于反向。互补使用时，正、反向磁灵敏度曲线对称，且在弱磁场下有较好的线性。

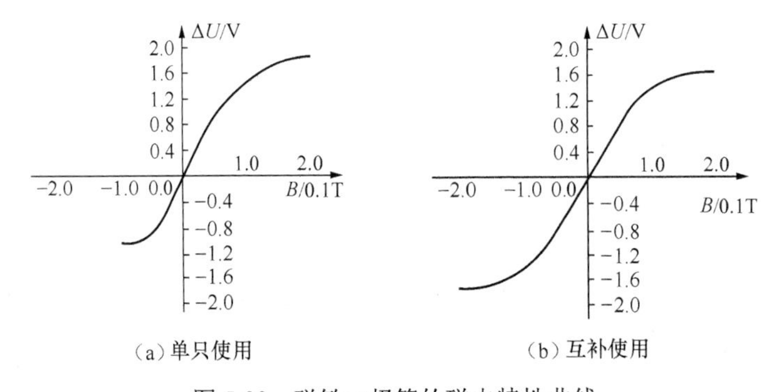

图 5-33 磁敏二极管的磁电特性曲线

2. 伏安特性

磁敏二极管正向偏压和电流的关系称为磁敏二极管的伏安特性，如图 5-34 和图 5-35 所示。在不同磁场强度 H 作用下，磁敏二极管的伏安特性不同。

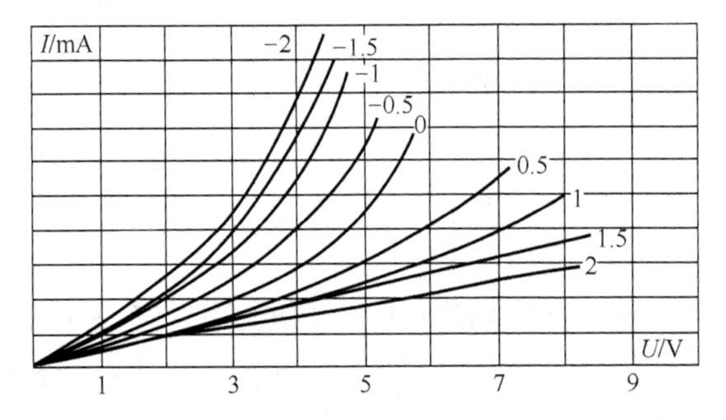

图 5-34 锗磁敏二极管的伏安特性曲线

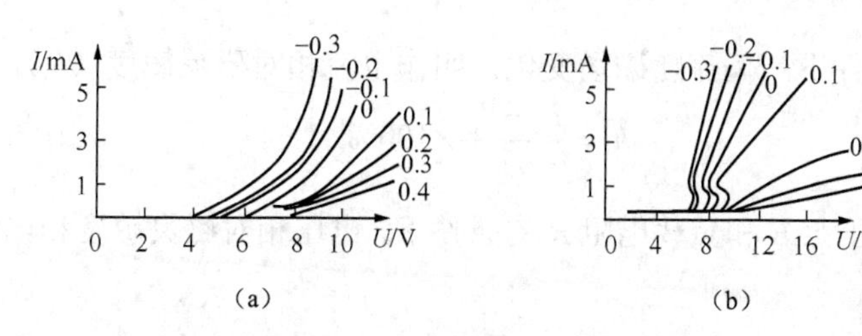

图 5-35 硅磁敏二极管的伏安特性曲线

从图 5-34 可以看出，输出电压一定且磁场为正时，随着磁场增大和电流减小，说明磁阻增加；磁场为负且随着磁场向负方向增加，电流增加，说明磁阻减小。同一磁场下，电流越大，输出电压变化量也越大。

由图 5-35 可见，硅磁敏二极管的伏安特性有两种形式。一种如图 5-35（a）所示，开始在较大偏压范围内，电流变化比较平坦，随着外加偏压的增加，电流逐渐增加；此后，伏安特性曲线上升很快，表现出其动态电阻比较小的特点。

另一种如图 5-35（b）所示。硅磁敏二极管的伏安特性曲线上有负阻现象，即电流急增的同时，有偏压突然跌落的现象。产生负阻现象的原因是高阻硅的热平衡载流子较少，且注入的载流子未填满复合中心之前，不会产生较大的电流，当填满复合中心之后，电流才开始急增。

3. 温度特性

在标准测试条件下，输出电压的变化随温度的变化而变化的特性叫作温度特性。如图 5-36 所示，一般比较大，实际使用必须进行温度补偿。常用的温度补偿电路有互补式温度补偿电路、差分式温度补偿电路、全桥式温度补偿电路和热敏电阻补偿电路。硅管的使用温度为−85～+85℃，锗管为−65～+65℃。

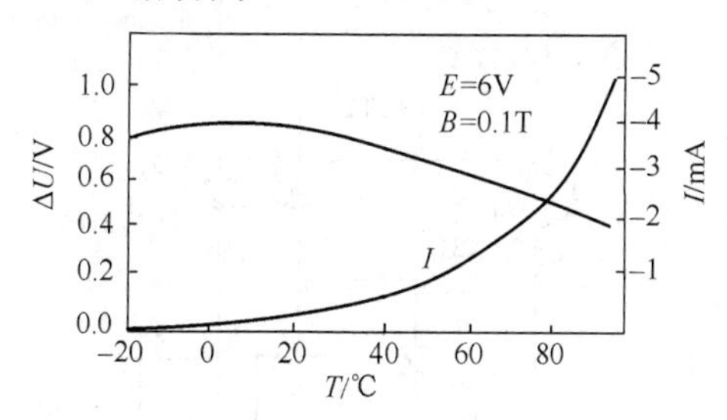

图 5-36 磁敏二极管的温度特性曲线

4. 磁灵敏度

磁敏二极管的磁灵敏度有多种定义。

（1）在恒流条件下，偏压随磁场的变化叫作电压相对磁灵敏度（h_u），即

$$h_u = \frac{u_B - u_0}{u_0} \times 100\% \tag{5-10}$$

式中 u_0——磁场强度为零时，二极管两端的电压；

u_B——磁场强度为 B 时，二极管两端的电压。

（2）在恒压条件下，偏流随磁场变化，叫作电流相对磁灵敏度（h_i），即

$$h_i = \frac{I_B - I_0}{I_0} \times 100\% \tag{5-11}$$

（3）在给定电压源 E 和负载电阻 R 的条件下，电压相对磁灵敏度和电流相对磁灵敏度定义为

$$h_{Ru} = \frac{u_B - u_0}{u_0} \times 100\% \tag{5-12}$$

$$h_{Ri} = \frac{I_B - I_0}{I_0} \times 100\% \tag{5-13}$$

应特别注意，如果使用磁敏二极管时的条件和元件出厂时的测试条件不一致时，应重新测试其灵敏度。

5.4.3 磁敏二极管的应用

1. 无触点开关电路

图 5-37 所示是一种无触点开关电路。4 只磁敏二极管组成桥式检测电路，并进行温度补偿。无磁场时，磁敏二极管电桥平衡无信号输出。当磁铁运行到距磁敏二极管一定位置时，在磁场作用下，磁敏电桥有电压信号输出，该信号加在晶体管 VT_1 的基极上，使其导通。由于 R_1 上的压降增高，使晶闸管 VT_2 导通，继电器 K 工作，其常开触点 K-1 和 K-2 闭合，指示灯点亮，控制电路接通。这样就构成了只需磁场变化就可以接通开关的无触点开关电路。

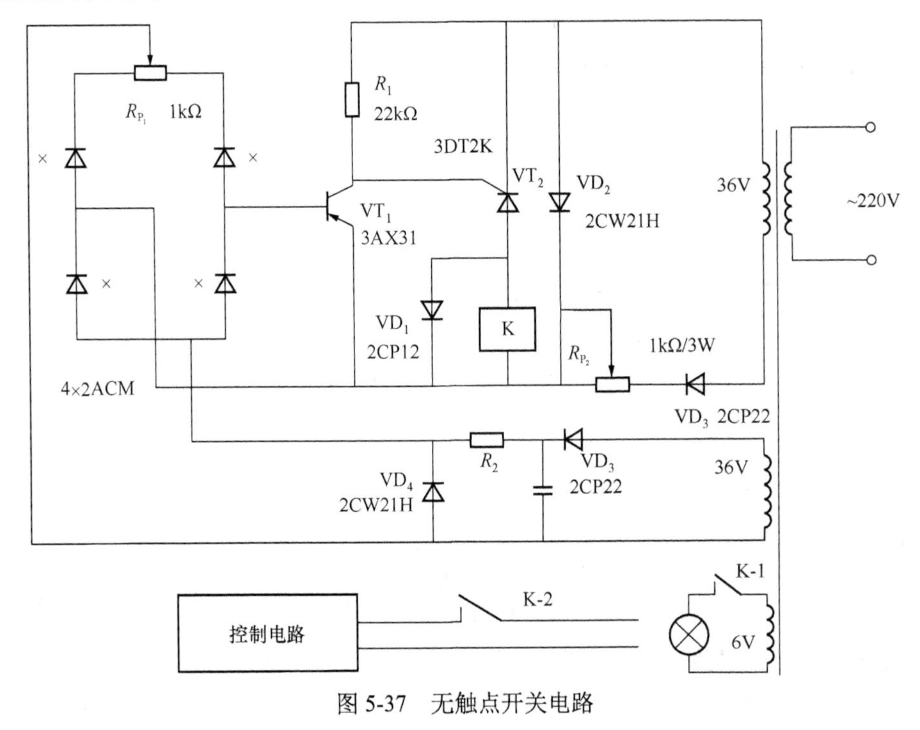

图 5-37 无触点开关电路

2. 无刷直流电动机

图 5-38 所示是一种无刷直流电动机的工作原理。电动机中心是转子，转子是永久磁铁。当接通磁敏二极 2 的电源后，受到转子磁场作用的磁敏二极管就输出一个信号给开关电路。开关电路控制定子线圈通以电流，从而产生磁场作用于转子，使转子转动，依次循环。磁敏二极管装在定子组件上，用来检测永磁体、转子旋转时产生的磁场变化。定子绕组的工作电压由磁敏二极管传感器输出控制的电子开关电路提供。无刷电机无噪声、寿命长、可靠性强、转速高。

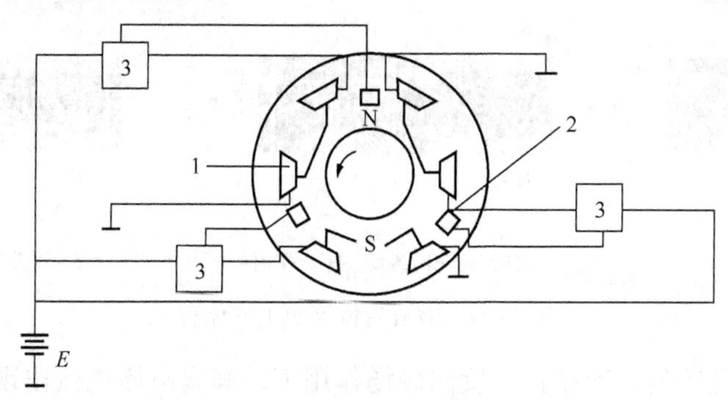

1—定子线圈；2—磁敏二极管；3—开关电路；E—电源。

图 5-38　无刷直流电动机的工作原理

5.5　磁敏晶体管

磁敏晶体管有 NPN 型和 PNP 型结构，按照半导体材料又可分为 3BCM 型锗磁敏晶体管和 3CCM 型硅磁敏晶体管。3BCM 型锗磁敏晶体管是在发射极和基极中间设置了载流子复合速率很大的高复合区 r，而 3CCM 型硅磁敏晶体管未设置高复合区。它们都是在磁敏二极管的长基区基础上设计和制造的，属于结型晶体管，也叫作长基区磁敏晶体管。

5.5.1　磁敏晶体管的原理与结构

图 5-39 给出了磁敏晶体管的结构与符号，在弱 P 型或弱 N 型本征半导体上用合金法或扩散法形成发射极、基极和集电极，基区较长。基区结构类似磁敏二极管，有高复合速率的 r 区和本征 I 区。长基区分为运输基区和复合基区。

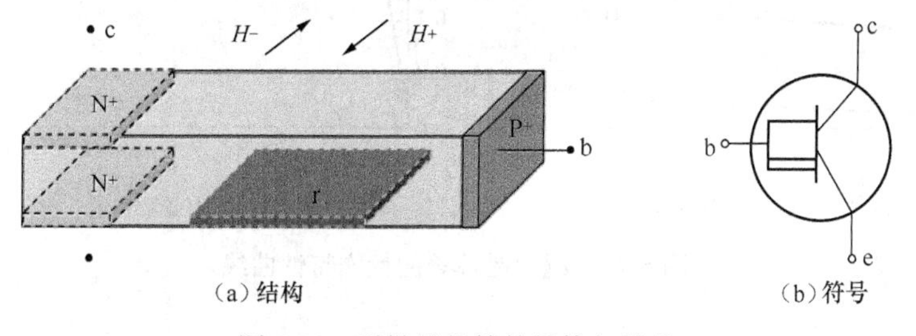

（a）结构　　（b）符号

图 5-39　磁敏晶体管的结构与符号

当磁敏晶体管未受磁场作用时，由于基区宽度大于载流子有效扩散长度，大部分载流子通过 e-I-b 形成基极电流，少数载流子输入到 c 极。因而形成基极电流大于集电极电流的情况，使β<1，如图 5-40（a）所示。

当受到正向磁场（H^+）作用时，由于磁场的作用，洛伦兹力使载流子偏向发射结的一侧，导致集电极电流显著下降，如图 5-40（b）所示。

当反向磁场（H^-）作用时，在 H^-的作用下，载流子向集电极一侧偏转，使集电极电流增大，如图 5-40（c）所示。

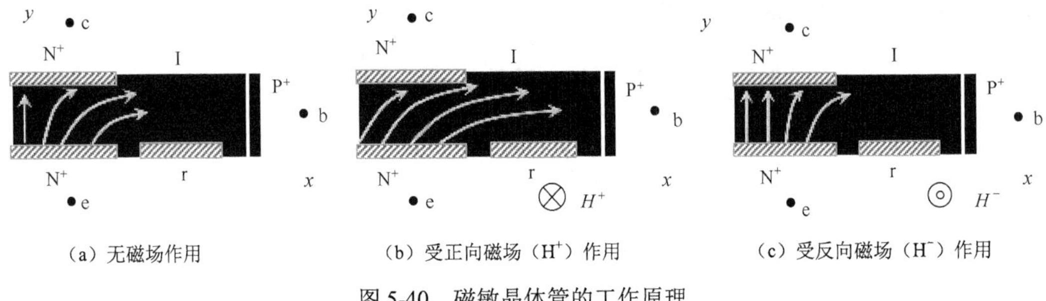

图 5-40 磁敏晶体管的工作原理

由此可知，磁敏晶体管在正、反向磁场作用下，其集电极电流出现明显变化。这样即可利用磁敏晶体管来测量弱磁场、电流、转速、位移等物理量。

5.5.2 磁敏晶体管的特性

1. 伏安特性

图 5-41（a）所示为没有磁场作用时磁敏晶体管的伏安特性。图 5-41（b）所示为在基极恒流条件下（I_b=3mA）、外加磁场为 0.1T、0、−0.1T 时，集电极电流的变化。由图 5-41 可以看出，磁敏晶体管的集电极电流和电流放大系数均随外加磁场变化，电流放大系数小于 1。

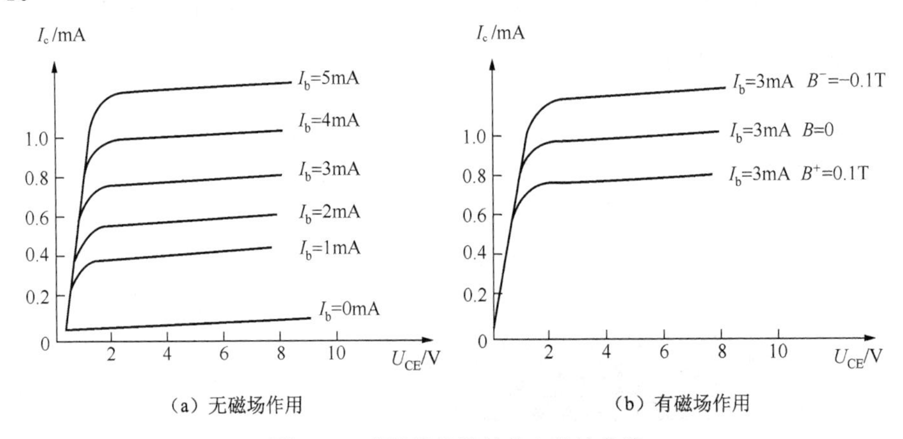

图 5-41 磁敏晶体管的伏安特性曲线

2. 磁电特性

磁电特性是磁敏晶体管 I_c 与磁场强度之间的关系。3BCM（NPN 型）型锗磁敏晶体管的磁电特性曲线如图 5-42 所示。在弱磁场作用时，曲线接近一条直线。可以利用这一线性关系测量磁场。

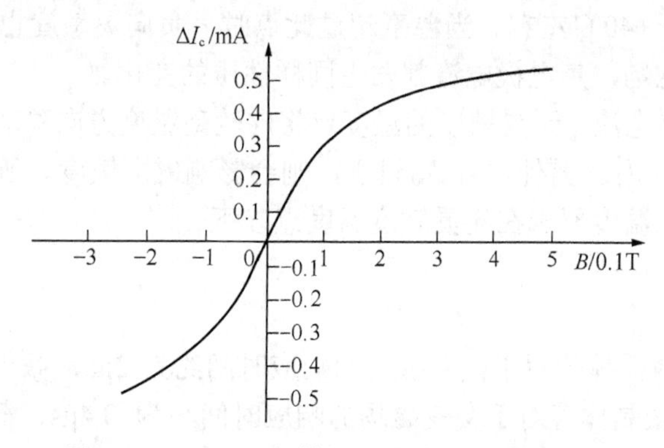

图 5-42　3BCM 型磁敏晶体管的磁电特性曲线

3. 温度特性

磁敏晶体管对温度也是敏感的。3ACM、3BCM 型磁敏晶体管的温度系数为 0.8%/℃；3CCM 型磁敏晶体管的温度系数为−0.6%/℃。3BCM 型磁敏晶体管的温度特性曲线如图 5-43 所示。

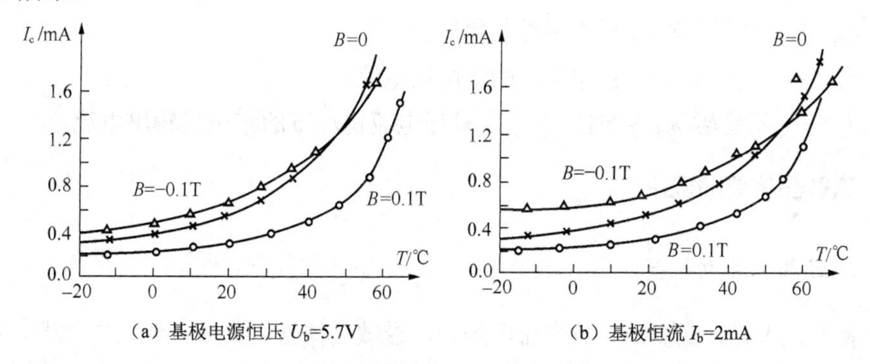

（a）基极电源恒压 U_b=5.7V　　（b）基极恒流 I_b=2mA

图 5-43　3BCM 型磁敏晶体管的温度特性曲线

温度系数有两种：一种是静态集电极电流 I_{c0} 的温度系数；另一种是磁灵敏度 $h_{\pm}$的温度系数。

使用温度为 t_1～t_2 时，I_{c0} 的改变量与常温（如 25℃）时的 I_{c0} 之比，即平均每度的相对变化量被定义为 I_{c0} 的温度系数 I_{c0CT}，即

$$I_{c0CT}=\frac{I_{c0}(t_2)-I_{c0}(t_1)}{I_{c0}(t_2-t_1)}\times 100\% \tag{5-14}$$

同样，使用温度为 t_1～t_2 时，$h_{\pm}$的改变量与 25℃时的 $h_{\pm}$值之比，即平均每度的相对变化量被定义为磁灵敏度 $h_{\pm}$的温度系数，即

$$h_{\pm CT}=\frac{h_{\pm}(t_2)-h_{\pm}(t_1)}{h_{\pm}(t_2-t_1)}\times 100\% \tag{5-15}$$

对于 3BCM 型磁敏晶体管，当采用补偿措施时，其正向灵敏度受温度影响不大。负向灵敏度受温度影响较大，主要表现为有相当大一部分器件存在着一个无灵敏度的温度点，这个点的位置由所加基极电流（无磁场作用时）I_{b0}的大小决定。当 I_{b0}>4mA 时，此无灵敏度温度点处于+40℃左右。当温度超过此点时，负向灵敏度也变为正向灵敏度，即不论对正、负向磁场，集电极电流都发生同样性质的变化。

因此，减小基极电流，无灵敏度的温度点将向较高温度方向移动。当 I_{b0} = 2mA 时，此温度点可达 50℃左右。另外，若 I_{b0} 过小，则会影响磁灵敏度。所以，当需要同时使用正、负灵敏度时，温度要选在无灵敏度温度点以下。

4. 频率特性

3BCM 型锗磁敏晶体管对于交变磁场的响应时间约为 2μs，截止频率为 500kHz 左右，3CCM 型硅磁敏晶体管对于交变磁场的响应时间约为 0.4μs，截止频率为 2.5MHz 左右。

5. 磁灵敏度

磁敏晶体管的磁灵敏度有正向灵敏度 h_+和负向灵敏度 h_-两种。其定义为

$$h_{\pm}=\left|\frac{I_{cB}-I_{c0}}{I_{c0}}\right|\times 100\%/0.1\text{T} \tag{5-16}$$

式中 I_{cB^+}——受正向磁场 B^+作用时的集电极电流；

I_{cB^-}——受反向磁场 B^-作用时的集电极电流；

I_{c0}——不受磁场作用时，在给定基极电流情况下的集电极输出电流。

5.5.3 磁敏晶体管的应用

1. 磁敏晶体管电位器

在要求无火花、低噪声、长寿命等场合，磁敏晶体管可制成无触点电位器。利用磁敏晶体管制成的电位器如图 5-44 所示。将磁敏晶体管置于 0.1T 磁场中，改变磁敏晶体管基极电流，电路的输出电压将在 0.7～15V 内连续变化，这就等效于一个电位器，且无触点，因而该电位器可用于变化频繁、调节迅速、噪声要求低的场合。

2. 温度补偿

磁敏晶体管对温度十分敏感，锗磁敏晶体管具有正温度系数，如 3ACM/3BCM 型磁敏晶体管的磁灵敏度的温度系数为 0.8%/℃。硅磁敏晶体管具有负温度系数，如 3CCM 型磁敏晶体管的磁灵敏度的温度系数为−0.6%/℃。利用这一特性，可以实现温度补偿，如图 5-45 所示。当温度升高时，VT_1 集电极电流 I_c 增加；但由于 Vm 具有负温度系数，

温度升高时，集电极电流 I_c 减小，从而实现对 VT_1 的补偿。

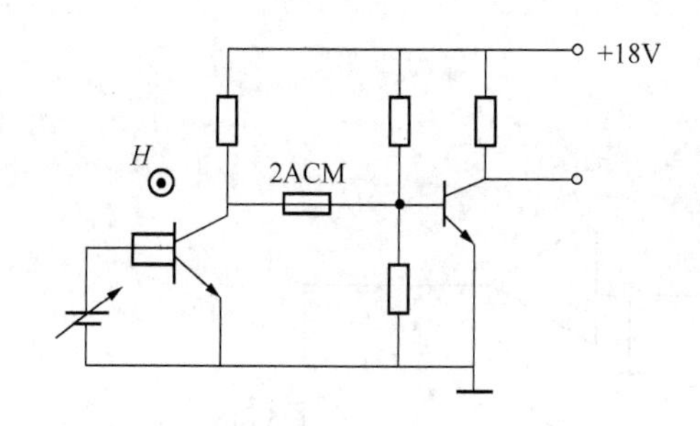

图 5-44　磁敏晶体管电位器电路

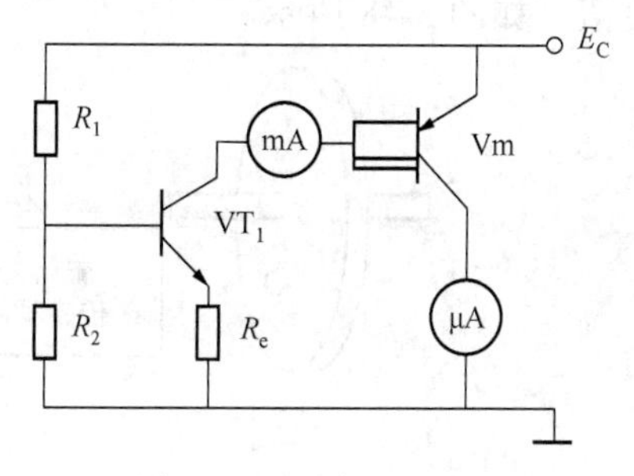

图 5-45　温度补偿电路

5.6　霍尔测速仪的设计

霍尔测速仪的设计

速度测量是日常生活经常需要做的工作，如汽车的行驶速度、电机的转动速度等。测量速度的方法多种多样，本设计以出租车为例，讨论用开关型霍尔传感器测量速度的原理和方法。

5.6.1　霍尔测速仪的系统结构

霍尔测速仪系统以单片机 AT89C2051 为控制核心，用开关型霍尔集成传感器以计数方式测量汽车车轮的转动次数，单片机将计数结果换算成汽车运行速度值，送到液晶显示模块 LCD1602 上显示。霍尔测速仪的系统结构如图 5-46 所示。

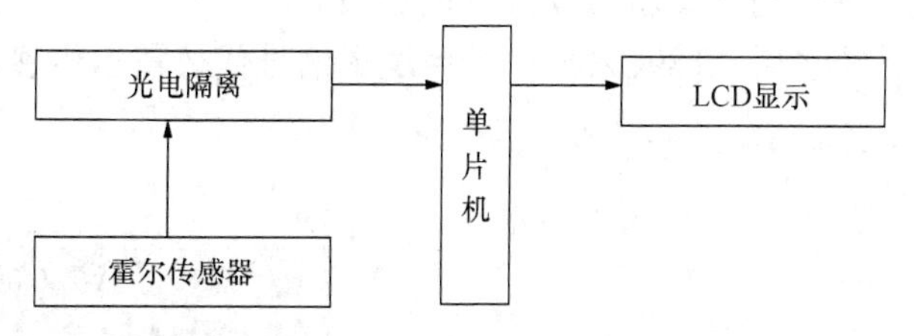

图 5-46　霍尔测速仪的系统结构

5.6.2　霍尔测速仪的硬件设计

1. 计数脉冲产生电路

如图 5-47 所示，在汽车的车轮上固定一块磁铁，汽车行走，车轮转动，磁铁一起转动。在汽车车体的某个固定位置安装霍尔传感器，汽车车轮每转一周，霍尔传感器与磁铁有一次磁接触，产生并输出一个开关信号。

2. 光电隔离

霍尔传感器产生的开关信号可能并不适合单片机直接使用。因此，通过光耦合器将其转换为单片机可采集的脉冲信号。单片机计算在固定时间内产生的脉冲数，即可得到速度值，如图 5-48 所示。

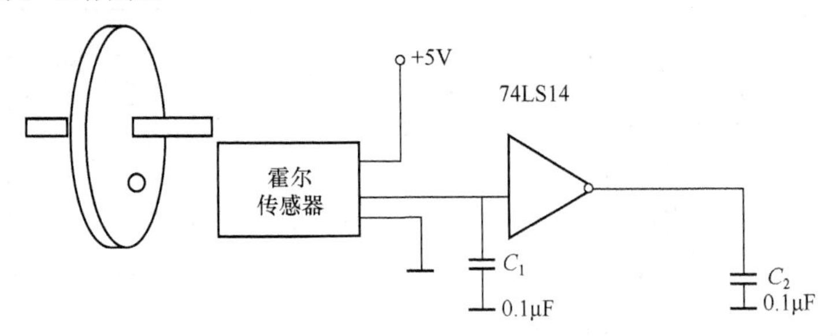

图 5-47　计数脉冲产生电路

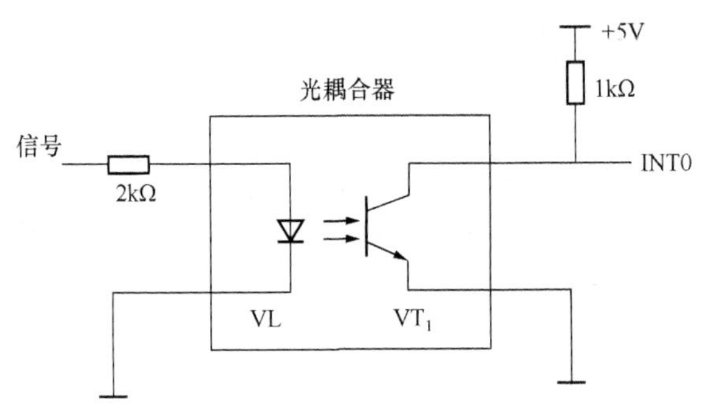

图 5-48　光电隔离电路

霍尔传感器输出脉冲信号连到$\overline{\text{INT0}}$引脚，车轮转动一圈，产生一次中断。单片机通过记录中断次数，完成对电动机转动脉冲的计数。

为简化设计，系统选用 AT89C2051。若用逻辑信号代替霍尔传感器，系统仿真电路如图 5-49 所示。

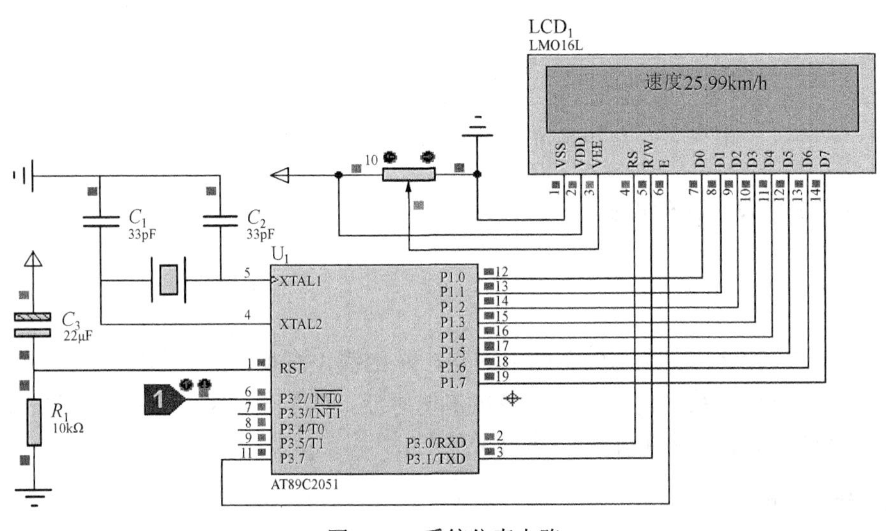

图 5-49　系统仿真电路

5.6.3　霍尔测速仪的软件设计

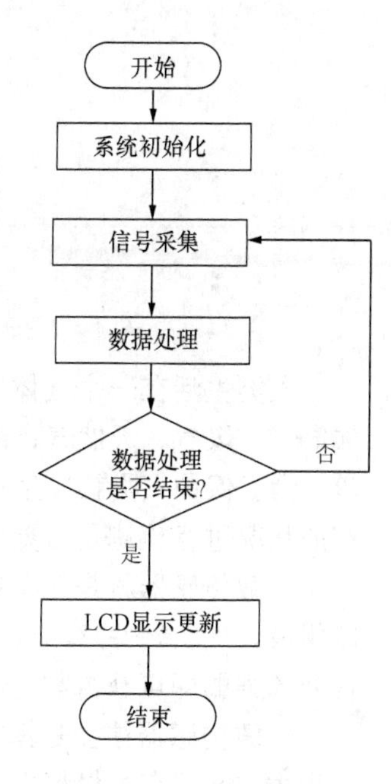

图 5-50　主程序工作流程

系统启动后，首先进行初始化。单片机对霍尔传感器产生的脉冲进行读操作，作为速度的计数脉冲值。根据计数脉冲值计算速度值，并在 LCD 上显示。工作流程如图 5-50 所示。

系统采用 AT89C2051 的 $\overline{\text{INT0}}$ 中断，对转速脉冲进行计数。定时器 T_0 工作于定时方式 1，用于定时。每隔 1s 读一次由外部中断 $\overline{\text{INT0}}$ 产生的计数值，此值即为脉冲信号的频率，据此可计算出出租车的运行速度。

当车轮传动，磁铁转动时，霍尔传感器便在与磁铁相对时获得一个脉冲信号。这个脉冲信号经过光电耦合后接到单片机的外部中断 $\overline{\text{INT0}}$ 引脚，一个脉冲引起一次中断，让计数器加 1。

设车轮的周长为 N（m），在 T（s）内，测得的计数脉冲数为 M，则出租车的速度为

$$u = N\frac{M}{T} \tag{5-17}$$

5.6.4　霍尔测速仪的源程序

霍尔测速仪的源程序代码请扫二维码查看。

霍尔测速仪的源程序

思考与实践

5.1　什么是霍尔效应、物理磁阻效应、几何磁阻效应？

5.2　查阅资料，了解一个磁敏传感器的封装、技术指标、典型应用。

5.3　了解水产养殖智能工厂中磁敏传感器的作用，设计一个磁敏传感器在该类智能工厂中的应用实例。

第 6 章　气敏传感器

人类生活在一个气体世界中，人们使用气体、依赖气体。但有些气体易燃、易爆，如氢气、煤气、天然气、液化气等；有些气体对人体有害，如一氧化碳、氟利昂、氨气等。为了保护人类赖以生存的自然环境，防止不幸事故的发生，对各种气体在环境中存在的状况进行检测是必要的。

气敏传感器就是能感知环境中某种气体及其浓度的器件，主要由气敏元件、转换电路组成。气敏元件感测气体成分及浓度，通过转换电路将其转换成电信号。根据这些电信号的强弱即可获得与待测气体有关的信息，从而进行监控、报警。

气敏传感器往往是暴露在各种成分的气体中使用的，由于检测现场温度、湿度的变化很大，又存在大量粉尘和油雾等，工作条件比较恶劣，而且气体会对传感元件产生化学反应物，附着在元件表面，往往会使其性能变差。因此，对气敏元件有以下要求。

（1）对被测气体具有较高的灵敏度。

（2）对被测气体以外的共存气体或物质不敏感。

（3）性能稳定，重复性好。

（4）动态特性好，对检测信号响应迅速。

（5）使用寿命长。

（6）制造成本低，使用与维护方便等。

6.1　气敏传感器的分类

气敏传感器种类繁多、性能各异，分类方法也不尽相同。根据传感器使用的气敏元件材料以及它与气体相互作用的机理和效应不同，可以把气敏传感器分为半导体式、固体电解质式、电化学式和接触燃烧式等，如图 6-1 所示。

半导体式气敏传感器是利用半导体气敏元件同气体接触时，半导体的某一物理特性会发生变化的原理来检测气体的成分或者浓度的。按照半导体材料变化的物理特性不同，又可以把气敏传感器分为电阻式和非电阻式，如图 6-2 所示。

电阻式半导体气敏传感器利用敏感材料接触气体时，其阻值会发生变化的原理来检测气体的成分或浓度；非电阻式半导体气敏传感器利用其他参数，如二极管的伏安特性、场效应晶体管的阈值电压的变化来实现对被测气体的检测。

固体电解质式气敏传感器是利用被测气体在敏感电极上发生化学反应，所生成的离子通过固体电解质传递到电极，使电极间产生的电位发生变化，从而检测气体的成分和浓度。

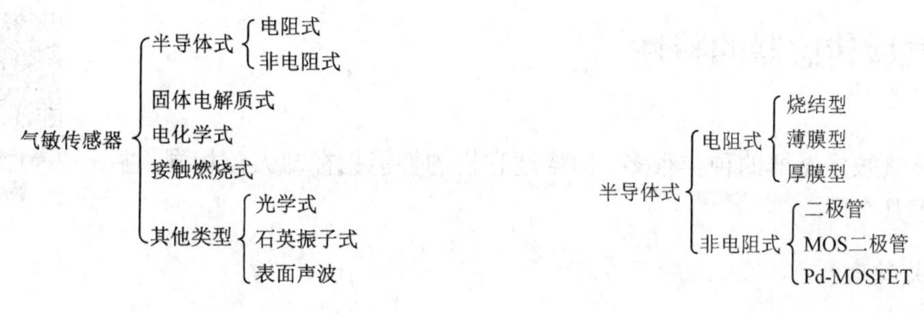

图 6-1　气敏传感器的分类

图 6-2　半导体式气敏传感器的分类

电化学式气敏传感器是利用在电极和电解质组成的电池中，气体与电极进行氧化还原反应，从而使两极间输出的电流或电压随气体浓度而变化的原理检测气体成分和浓度的。

接触燃烧式气敏传感器则是基于强催化剂使气体在其表面燃烧时产生热量，进而使贵金属电极电导随气体浓度发生变化的原理来对气体进行检测的。

各类气敏传感器与对应检测对象的关系如表 6-1 所示。

表 6-1　气敏传感器与对应检测对象的关系

名称	检测原理		具有代表性的气敏元件及材料	检测气体
半导体式	电阻式	表面控制型	SnO_2、ZnO、In_2O_3、WO_3、V_2O_5、β-Cd_2SnO_4有机半导体、金属	可燃性气体、C_2、H_2、CO、C-Cl_2-F_2、NO_2等
		体控制型	γ-Fe_2O_3、α-Fe_2O_3、COC_3、CO_3O_4、Ia1-xSrxCoSrO_3、TiO_2、CoO、CoO-MgO、Nb_2O_5等	可燃性气体 O_2、C_nH_{2n}、C_nH_{2n+2}、C_nH_{2n-2}、C_nH_{2n-6}等
	非电阻式	二极管式	Pd/CdS、Pd/TiO_2、Pd/ZnO、Pt/TiO_2、Au/TiO_2、Pd/MoS	H_2、CO、SiH_4等
		场效应管式	以 Pd、Pt、SnO_2为栅极的 MOSFET	H_2、CO、H_2S、NH_3
		电容式	Pd-$BaTiO_3$、CuO-$BaSnO_3$、CuO-$BaTiO_3$、Ag-CuO-$BaTiO_3$等	CO_2
固体电解质式	电池电动式		CaO-ZrO_2、Y_2O_3-ZrO_2、CaO-TiO_2、LaF_3、KAg_4I_5、$PbCl_2$、$PbBr_2$、K_2SO_4、Na_2SO_4、K_2CO_3、$Ba(NH_3)_2$	O_2、卤素、SO_2、SO_3、CO、NO_x、H_2O、H_2
	混合电位式		CaO-ZrO_2、$Zr(HPO_4)_2$、nH_2O、有机电介质	CO、H_2
	电解电流式		CaO-ZrO_2、YF_6、LaF_3	O_2
	电流式		Sb_2O_3、nH_2O	H_2
电化学式	恒电位电解电流式		气体透过膜+贵金属阴极+贵金属阳极	CO、NO、SO_2、O_2
	伽伐尼电池式		气体透过膜+贵金属阴极+贱金属阳极	O_2、NH_3
接触燃烧式	燃烧式		Pt 丝+催化剂（Pd、Pt-Al_2O_3、CuO）	可燃性气体
其他类型	红外吸收型、石英振荡型、光导纤维型、热传导型、异质结型、气体色谱法、声表面波气敏传感器			无机气体、有机气体

由于半导体式气敏传感器具有灵敏度高、响应快、稳定性好、使用简单等特点，应用极其广泛。本章集中讨论半导体式气敏传感器的原理、结构、使用方法，其他类型的气敏传感器虽然原理不同，但应用方法相似，感兴趣的读者可查阅相关资料。

6.2 气敏传感器的特性

气敏传感器的特性

虽然气敏传感器的种类很多，但描述它们的性能指标却大致相同，主要有以下几个。

1. 灵敏度

灵敏度是气敏传感器的一个重要参数，标志着传感器对气体的敏感程度，决定了测量精度。若用传感器的阻值变化量ΔR与气体浓度变化量ΔP之比（S）来表示，则有

$$S=\frac{\Delta R}{\Delta P} \tag{6-1}$$

若用气敏传感器在空气中的阻值R_0与在被测气体中的阻值R之比（K）来表示，则有

$$K=\frac{R_0}{R} \tag{6-2}$$

2. 响应时间

从气敏传感器与被测气体接触，到气敏传感器的特性达到新的恒定值所需要的时间称为响应时间。它是反映气敏传感器对被测气体反应速度的参数。

3. 选择性

在多种气体共存的条件下，气敏传感器区分气体种类的能力称为选择性。选择性是气敏传感器的重要参数，也是目前较难解决的问题之一。

4. 稳定性

当气体浓度不变时，若其他条件发生变化，在规定的时间内气敏传感器输出特性维持不变的能力，称为稳定性。稳定性表示气敏传感器对于气体浓度以外的各种因素的抵抗能力。

5. 温度特性

气敏传感器的灵敏度随温度变化的特性称为温度特性。有传感器自身温度与环境温度之分，这两种温度对灵敏度都有影响。传感器自身温度对灵敏度的影响较大，解决这个问题的措施之一就是采用温度补偿。

6. 湿度特性

气敏传感器的灵敏度随环境湿度变化的特性称为湿度特性。湿度特性是影响检测精度的另一个重要因素，解决这个问题的措施之一就是采用湿度补偿。

7. 电源电压特性

气敏传感器的灵敏度随电源电压变化的特性称为电源电压特性，为改善这种特性，需采用恒压源。

6.3　气敏电阻

气敏电阻

气敏电阻是利用气体在半导体表面的氧化还原反应导致敏感元件阻值变化的原理制成的。气敏电阻的材料是金属氧化物，合成时加敏感材料和催化剂烧结，金属氧化物有 N 型半导体和 P 型半导体。它们在常温下是绝缘的，制成半导体后则显示出气敏特性。

当半导体材料的功函数小于吸附分子的亲和力时，吸附分子将从元件夺得电子而变成负离子吸附在半导体材料表面，使半导体表面呈现电荷层。具有负离子吸附倾向的气体，如氧气，被称为氧化型气体或电子接收性气体。

如果半导体材料的功函数大于吸附分子的离解能，吸附分子将向元件释放出电子，从而形成正离子吸附在半导体材料表面。具有正离子吸附倾向的气体，如 H_2、CO、碳氢化合物、醇类等，被称为还原型气体或电子供给性气体。

当氧化型气体吸附到 N 型半导体（如 SnO_2、ZnO）上时，还原型气体吸附到 P 型半导体（如 CrO_3）上时，将使半导体载流子减少，从而使电阻值增大。

当还原型气体吸附到 N 型半导体上，氧化型气体吸附到 P 型半导体上时，载流子增多，使半导体电阻值下降，如图 6-3 所示。

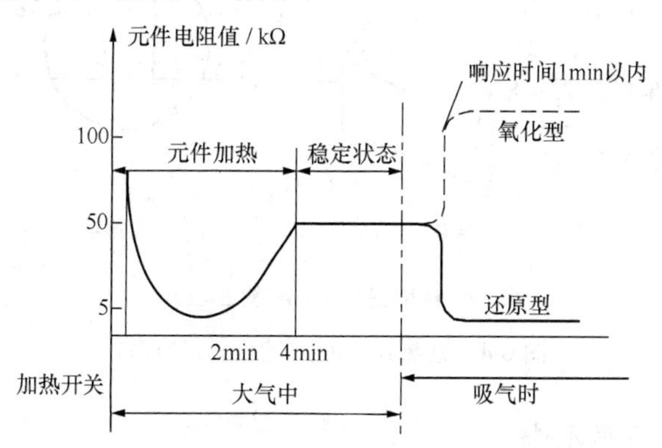

图 6-3　N 型半导体吸附气体时元件阻值变化

总结如下。

（1）氧化型气体+N 型半导体：载流子数下降，电阻增加。

（2）还原型气体+N 型半导体：载流子数增加，电阻减小。

（3）氧化型气体+P 型半导体：载流子数增加，电阻减小。

（4）还原型气体+P 型半导体：载流子数下降，电阻增加。

二氧化锡（SnO_2）是电阻型金属氧化物半导体传感器气敏材料的典型代表，这类半导体传感器的使用温度较高，为200～500℃。为了进一步提高它们的灵敏度，降低工作温度，通常向母料中添加一些贵金属（如Ag、Au、Pb）、激活剂及黏结剂等。目前，常见的SnO_2气敏元件有3种形式，即烧结型、厚膜型、薄膜型。

6.3.1 烧结型SnO_2气敏元件

烧结型SnO_2气敏元件是工艺成熟的气敏元件，其敏感体是用粒径很小的SnO_2粉体作为基本材料，加入一些掺杂剂（Pt、Pb等）用水或黏结剂调和，经研磨后使其均匀混合，然后将混合好的膏状物倒入模具，埋入加热丝和测量电极，经传统的制陶方法烧结。最后将加热丝和电极焊在管座上，加上特制外壳就构成元器件。工艺简单，成本低廉，主要用于检测可燃的还原性气体，敏感元件的工作温度约为300℃。按照其加热方式，分为直热式和旁热式两种。

1. 直热式SnO_2气敏元件

直热式SnO_2气敏元件又称为内热式元件。由芯片（包括敏感体和加热器）、基座和金属防爆网罩三部分组成。芯片的结构特点是在烧结体中埋设两根作为电极并兼作加热器的螺旋形铂-铱合金线，如图6-4所示。优点：结构简单，成本低廉。缺点：热容量小，易受环境气流的影响；测量电路与加热电路之间相互干扰，影响其测量参数；加热丝在加热与不加热两种情况下产生膨胀与冷缩，容易造成器件接触不良。

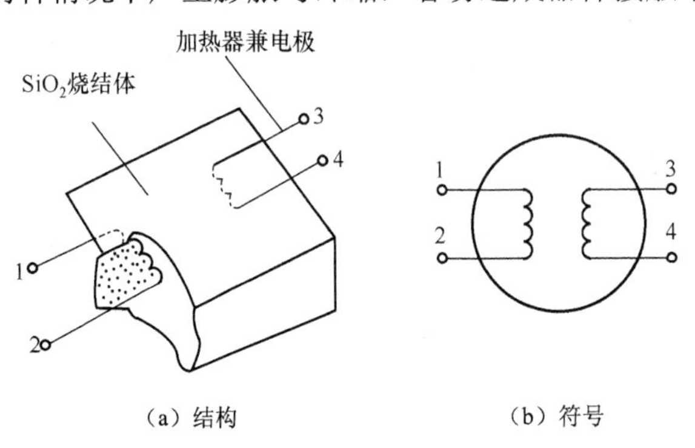

1、2—输入电极；3、4—输出电极。

图6-4 直热式SnO_2气敏元件的结构

2. 旁热式SnO_2气敏元件

旁热式SnO_2气敏元件严格地讲是一种厚膜型元件，其结构如图6-5所示。在一根薄壁陶瓷管的两端设置一对金电极及铂-铱合金丝引出线，然后在瓷管的外壁涂覆以基础材料配制的浆料层，经烧结后形成厚膜气体敏感层。在陶瓷管内放入一根螺旋形金属丝作为加热器（加热器电阻值一般为30～40Ω）。这种管芯的测量电极与加热器分离，避免了相互干扰，而且元件的热容量较大，减少了环境温度变化对敏感元件特性的影响。

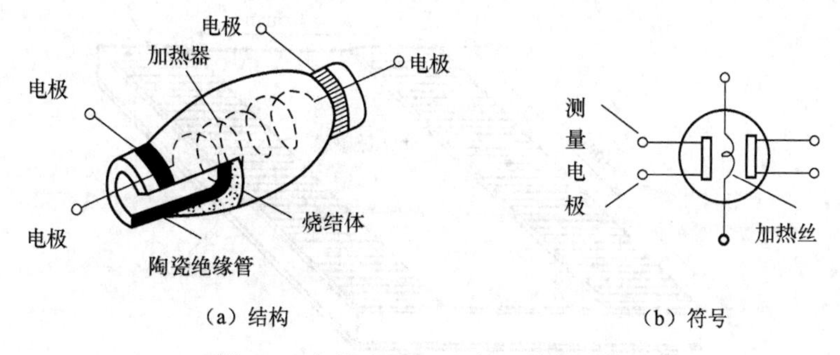

图 6-5　旁热式 SnO_2 气敏元件的结构

6.3.2　厚膜型 SnO_2 气敏元件

厚膜型 SnO_2 气敏器件是将 SnO_2 和 ZnO 等材料与 3%～15%重量的硅凝胶混合制成能印制的厚膜胶，把厚膜胶用丝网印制到装有铂电极的氧化铝基片上，在 400～800℃高温下烧结 1～2h 制成，如图 6-6 所示。其机械强度和一致性都比较好，且与厚膜混合集成电路工艺能较好相容，可将气敏元件与阻容元件制作在同一基片上，利用微组装技术与半导体集成电路芯片组装在一起，构成具有特殊功能的器件。一致性好，机械强度高，适于批量生产。

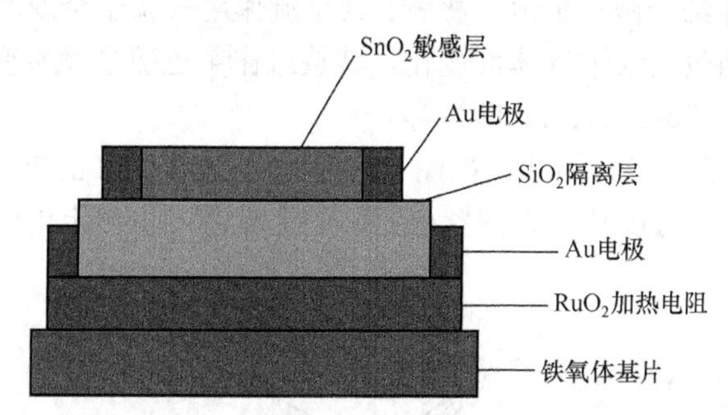

图 6-6　厚膜型 SnO_2 气敏元件的结构

6.3.3　薄膜型 SnO_2 气敏元件

薄膜型 SnO_2 气敏元件采用蒸发或溅射的方法，在处理好的石英基片上形成一薄层 SnO_2 薄膜，再引出电极，如图 6-7 所示。

由于烧结型 SnO_2 气敏元件的工作温度约为 300℃，在此温度下贵金属与环境中的有害气体（如 SO_2）互相作用，会发生“中毒”现象，使气敏元件的活性大幅度下降，造成性能下降，长期稳定性及气体识别能力等降低。薄膜型 SnO_2 气敏元件的工作温度较低，约为 250℃，并且这种元件具有很大的表面积，自身的活性较高，气敏性很好，催化剂“中毒”不十分明显。具有灵敏度高、响应迅速、机械强度高、互换性好、产量高、成本低等特点。

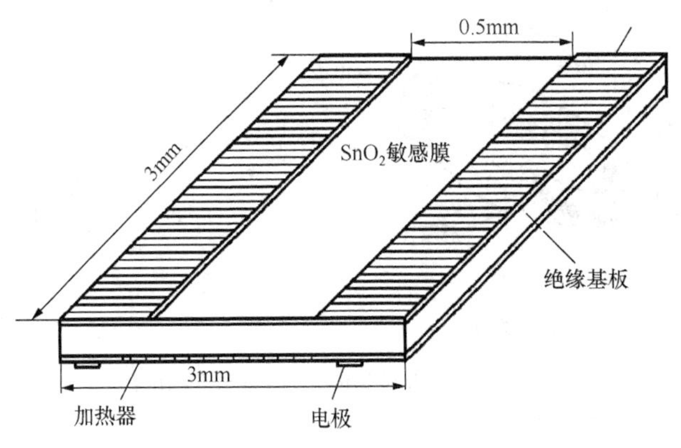

图 6-7 薄膜型 SnO_2 气敏元件的结构

6.4 气敏二极管

气敏二极管

6.4.1 结型气敏二极管

将金属与半导体结合做成整流二极管，其整流作用来源于金属和半导体功函数的差异，随着半导体功函数因吸附气体而变化，其整流作用也随之发生变化。目前常用的这种传感器有 Pd-CdS、Pd-TiO_2、Pt-TiO_2 等。

Pd-TiO_2 结型气敏二极管的结构如图 6-8 所示，该器件在正向偏压下，电流随着气体浓度的增加而变大。可以从一定偏置电压下的电流或产生一定电流时的偏压来测定气体的浓度。

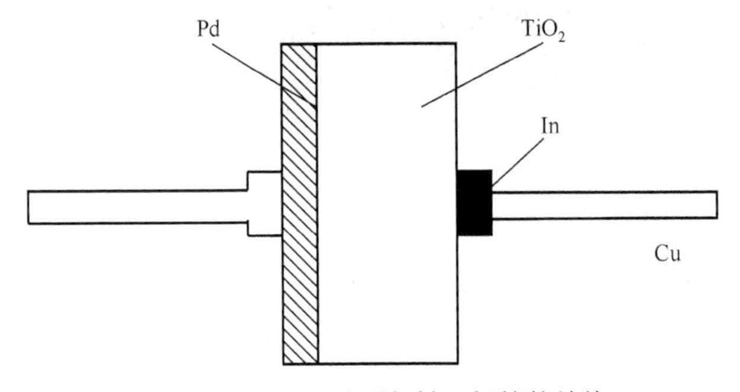

图 6-8 Pd-TiO_2 结型气敏二极管的结构

Pd-TiO_2 结型气敏二极管的电流-电压特性曲线如图 6-9 所示，*a*、*b*、*c*、*d*、*e*、*f*、*g* 分别为不同氢气浓度时的曲线。正向电流变大，是因为空气中氧的吸附使 Pd 的功函数变大，而 Pd/TiO_2 界面的肖特基势垒就会增高；当遇到氢气时，吸附的氧就会消失，Pd 的功函数随之降低，因而势垒也降低，正向电流变大。

6.4.2 MOS 型气敏二极管

MOS 型气敏二极管的结构和电路符号如图 6-10 所示。它是利用 MOS 二极管的电容-电压特性制成的 MOS 型气敏元件。在 P 型硅芯片上，采用热氧化工艺生长一层厚度为 50～100nm 的 SiO_2 层，然后再在其上蒸发一层钯金属薄膜，作为栅电极。SiO_2 层的电容 C_{ox} 是固定不变的，Si-SiO_2 界面电容 C_x 是外加电压的函数。所以，总电容 C 是栅极偏压的函数。其函数关系称为该 MOS 管的电容-电压（C-U）特性。

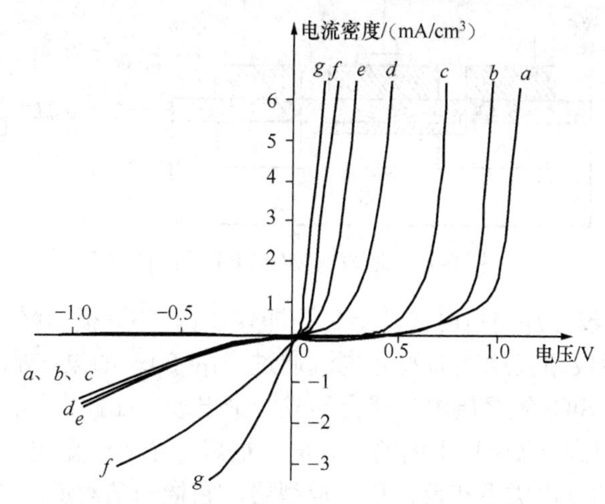

图 6-9　Pd-TiO_2 结型气敏二极管的电流-电压特性曲线

由于钯吸附 H_2 以后会使其功函数降低，且所吸附气体的浓度不同，功函数变化量也不同，这将引起 MOS 管的 C-U 特性曲线向负偏压方向平移，如图 6-11 所示，由此可测定 H_2 的浓度。

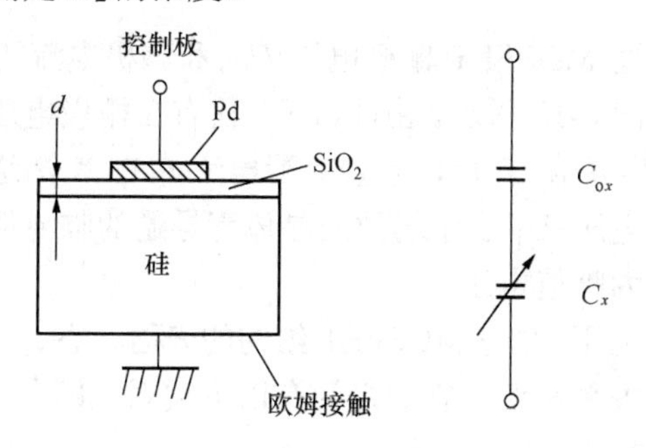

图 6-10　MOS 型气敏二极管的结构和电路符号

C/μF
a:吸附H₂前
b:吸附H₂后
O
U/V

图 6-11　MOS 管的电容-电压（C-U）特性曲线

6.5　MOSFET 型气敏器件

MOSFET 型气敏器件

6.5.1　MOSFET 型气敏器件的原理与结构

MOS 型气敏二极管的特性曲线左移可以看成二极管导通电压发生改变，这一特性如果发生在场效应管的栅极，将使场效应管的阈值电压 U_T 改变，利用这一原理可以制成增强型 MOSFET 型气敏器件，如图 6-12 所示。

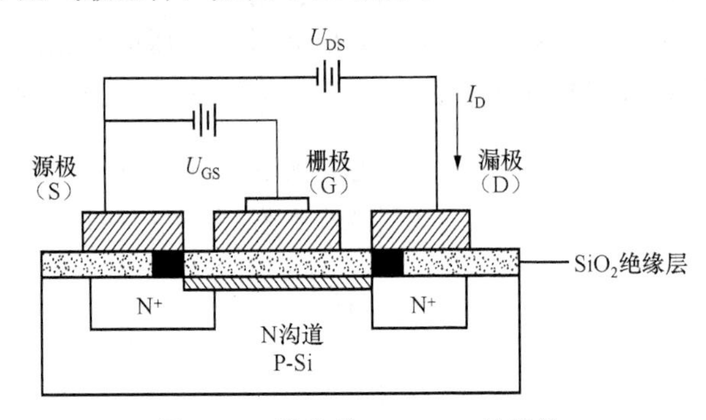

图 6-12 增强型 MOSFET 的结构

当栅极（G）上没有加电压时（U_{GS}=0），即使在源（S）极和漏（D）极间加上电压 U_{DS}，也因源极和漏极相互绝缘而没有电流通过（I_D=0）。如果在栅极上加一个正电压 U_{GS}，在栅极下面的 SiO_2 绝缘层中，就会形成一个电场。在此电场的作用下，P 型硅衬底内的电子，被吸引到 SiO_2 层下面的硅表面，形成一个有一定电子浓度的薄层，这个薄层与衬底 P 型硅的导电类型相反，称为反型层，它像一条沟道，将 N 型源区（S）与 N 型漏区（D）连接起来，故又称为 N 型沟道。如果在源极和漏极之间加上一个电压 U_{DS}，就会产生漏电流 I_D。显然，通过改变栅极电压 U_{DS} 的大小，可以改变 N 型沟道的宽度，从而控制漏电流 I_D 的大小。

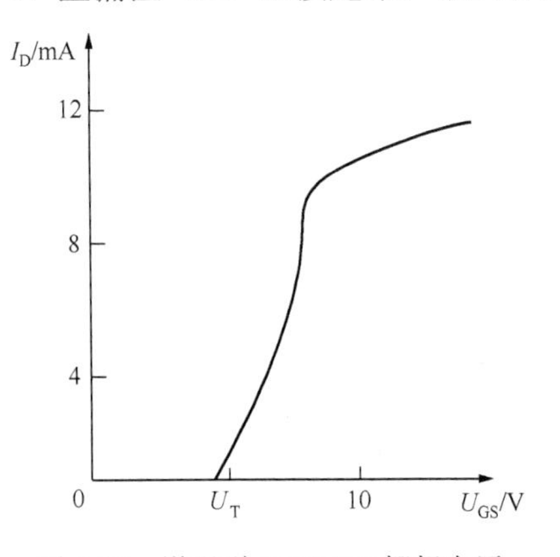

图 6-13 增强型 MOSFET 栅极电压 U_{GS} 和漏极电流 I_D 的关系曲线

6.5.2 MOSFET 型气敏器件的特性

增强型 MOSFET 栅极电压 U_{GS} 和漏极电流 I_D 的关系如图 6-13 所示。由图可见，只有在栅极电压 U_{GS} 高于临界值 U_T 后，才会有漏电流 I_D 在 N 沟道中通过。电压 U_T 表示场效应晶体管导通的临界栅电压，称为阈值电压。

阈值电压 U_T 与 MOSFET 结构的表面状态、界面状态等关系密切，它们之间有以下关系，即

$$\begin{cases} U_T = \varphi_m \varphi_s \dfrac{Q_{SS}}{C_{ox}} + 2\varphi_F \\ C_{ox} = \dfrac{\varepsilon \varepsilon_0}{d} \end{cases} \tag{6-3}$$

式中 φ_m——栅极金属的功函数；

φ_s——半导体的功函数；

φ_F——形成反型层时，沟道表面与衬底（P-Si）的电势差，称为扩散电势；

ε——SiO_2 介电系数；

Q_{SS}——在 Si-SiO_2 界面的 SiO_2 表面电荷密度；

d——SiO_2 绝缘层的厚度；

C_{ox}——氧化层电容。

MOSFET 型气敏元件是利用阈值电压 U_T 对栅极材料表面吸附的气体非常敏感这一特性制成的，是一种电压控制元件。在漏电压 U_{DS} 一定时，改变栅电压 U_{GS} 的大小来控制漏电流 I_D。对于增强型 MOSFET，只有当 $U_{GS}>U_T$ 时才能形成漏电流 I_D。利用这一特性，当栅极吸附了被测气体后，栅极（金属）与半导体的功函数和表面状态发生变化，从而使阈值电压 U_T 改变。根据 U_T 的变化即可测定被测气体的性质和浓度。

6.6　气敏传感器的应用

1. 有害气体检测报警器

用半导体气敏传感器可以制成有害气体报警器，适合小型煤矿及家庭使用，其电路如图 6-14 所示。由气敏传感器和电位器 R_P 组成气体检测电路，时基电路 555 及其外围元器件组成多谐振荡器。当没有有害气体时，QM-N5 气敏传感器 A、B 两端之间的电阻值很大，电位器滑动触点的输出电压低于 0.7V，时基电路 555 的 4 脚被强行复位，振荡器处于不工作状态，报警器不发声。当空气中有害气体的浓度达到一定值时，A、B 两端之间的电阻值迅速减小，时基电路 555 的 4 脚变为高电平，振荡器起振，扬声器发出报警声，提醒人们采取相应的措施，以防事故的发生。

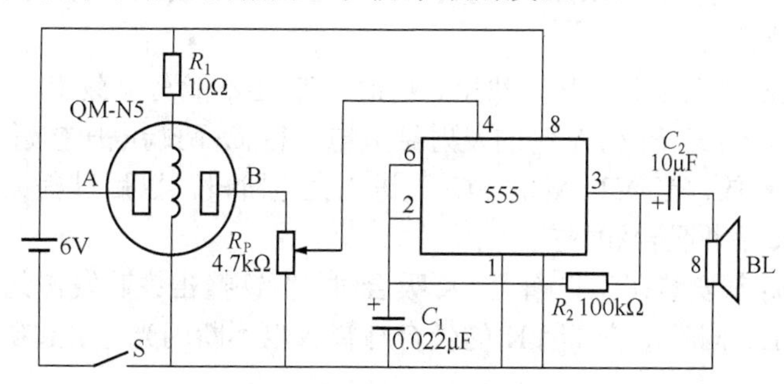

图 6-14　有害气体报警器电路

这种报警器可以对瓦斯气体、烟雾等有害气体进行报警。调节 R_P 的阻值可使报警器在不同浓度的环境条件下进行报警。

2. 矿灯瓦斯报警器

矿灯瓦斯报警器电路如图 6-15 所示。EL 为矿灯，K_1 为 4V 电池，R_Q 为 QM-N5 气敏传感器，R_1 为限流电阻，R_P 为报警设定电阻，VT_2 和 VT_3 构成互补式自激多谐振荡器。C_1、C_2 为 CD10 电解电容器，VD 为 2AP13 型锗二极管；VT_1 为 3DG12B，β=80；VT_2 为 3AX81，β=70；VT_3 为 3DG6，β=20；K 为 4099 型超小型中功率继电器；全部元器件均安装在矿工帽内。

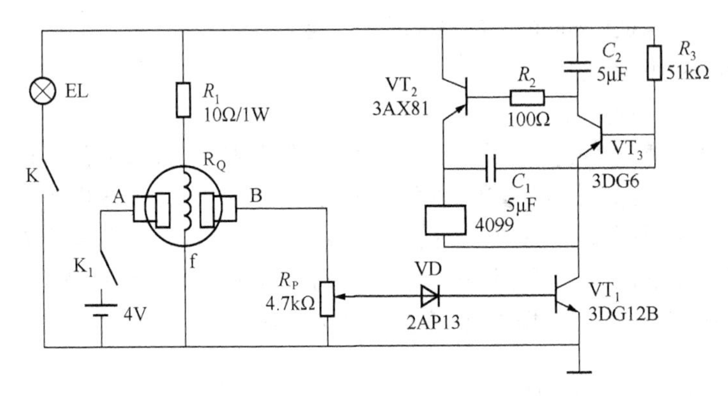

图 6-15 矿灯瓦斯报警器电路

因为气敏元件在预热期间会输出信号造成误报警，所以气敏元件在使用前必须预热十几分钟以避免误报警。一般将矿灯瓦斯报警器直接安放在矿工的工作帽内，以矿灯蓄电池为电源。当瓦斯浓度超限时，矿灯自动闪光并发出报警声。

当瓦斯浓度较低时，传感器 AB 之间电阻很大，R_P 输出低电平，VT_1 截止，没有报警信号。当瓦斯浓度超过某设定值时，传感器 AB 之间电阻变小，R_P 输出高电平，该信号通过二极管 VD 加到 VT_1 基极上，使 VT_1 导通，VT_2、VT_3 便开始工作，产生振荡信号。

在 VT_1 导通后电源通过 R_3 对 C_1 充电，当充电至一定电压时 VT_3 导通，C_2 很快通过 VT_3 充电，使 VT_2 导通，继电器 K 吸合。VT_2 导通后 C_1 立即开始放电，C_1 正极经 VT_3 的基极、发射极、VT_1 的集电结、电源负极，再经电源正极至 VT_2 集电结至 C_1 负极，所以放电时间常数较大。

当 C_1 两端电压接近零时，VT_3 截止。此时 VT_2 还不能马上截止，原因是电容器 C_2 上还有电荷，这时 C_2 经 R_2 和 VT_2 的发射结放电，待 C_2 两端电压接近零时 VT_2 就截止了，自然 K 也就释放。当 VT_3 截止，C_1 又进入充电阶段，以后过程又同前述，使电路形成自激振荡，K 不断吸合和释放。

由于 K 与矿灯都安装在工作帽上，K 吸合时，衔铁撞击铁芯发出的“嗒嗒”声通过矿工帽传递给矿工。同时，矿灯因 K 的吸合与释放也不断闪光，引起矿工的警觉，可及时采取通风措施。

3. 酒精报警器

采用对酒精敏感的 QM-NJ9 型酒精传感器设计的酒精报警器如图 6-16 所示。当系统检测到酒精气味后立即发出连续不断的“酒后别开车”的语音报警，并切断车辆的点火电路，强制车辆熄火。

在图 6-16 中，三端稳压器 7805 将酒精传感器的加热电压稳定在 5V±0.2V，保证传感器的工作稳定性和较高的灵敏度。当酒精气敏元件接触到酒精味后，B 点电压升高，且其值随检测到的酒精浓度增大而升高，当该电压达到 1.6V 时，使 IC_2 导通，语音报警电路 IC_3 和功率放大 IC_4 组成语言声光报警器，IC_3 是语音芯片，使用前将“酒后别开车”提示语录制到芯片内，当 IC_3 通电后，即输出连续不断的“酒后别开车”的语音报警声，

经 C_6 输入到 IC_4 放大后，由扬声器发出报警声，并驱动 LED 闪光报警。同时继电器 J 动作，其常闭触点断开切断点火电路，强制发动机熄火。该报警器既可安装在各种机动车上用来限制酒后开车，又可安装在各类交通现场进行检测。

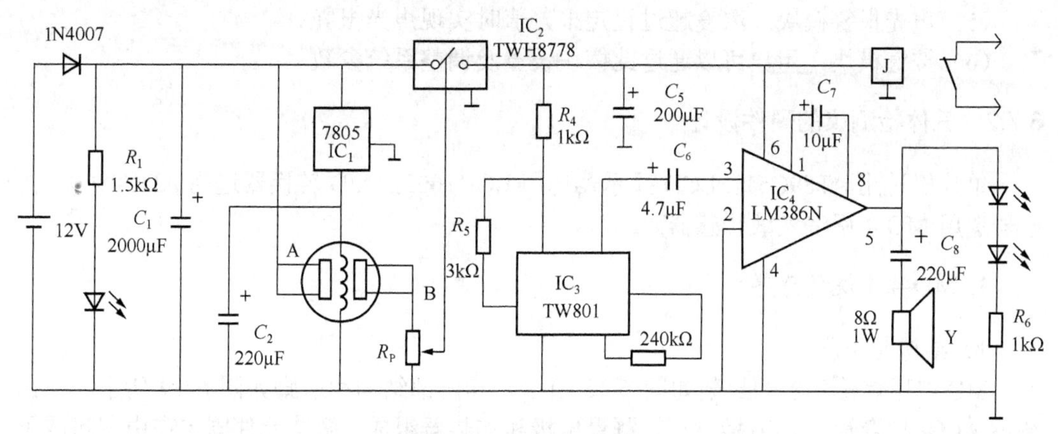

图 6-16　酒精报警器电路

该电路的消耗功率小于 0.75W，响应时间小于 10s，恢复时间小于 60s，适合在-200～+50℃的环境条件下工作。测试前应接通电源，预热 5～10min，待其工作稳定后，测一下 A～B 之间的电阻，看其在洁净空气中的阻值和在含有酒精空气中的阻值差别是否明显，一般要求越大越好。全部元件装好后，应开机预热 3～5min，然后调节 R_P，使报警器处于报警临界状态，再将低于 39° 的白酒接近探头，此时应发出声光报警；否则应重新调试。

6.7　气体检测仪的设计

随着人们生活水平的不断提高，人们对环境和健康问题越来越重视。各种燃气的广泛使用，使生产效率和人们的生活质量都得到提高，但是，燃气爆炸、中毒等意外事故时有发生，给人们的生命财产安全带来严重的威胁。为了做好安全防范，就应该实时监控生产、生活环境中使用的可燃气体、有毒气体的泄漏状况，及时发出报警信号，以保障生产和人身安全。

6.7.1　气体检测仪的系统结构

气体检测仪用单片机做控制核心，用 MQ-4 气敏传感器检测甲烷气体，用 LCD1602 液晶显示模块显示检测结果。当气体浓度超过预定值时，发出声光报警。如图 6-17 所示，系统分为 6 个模块。

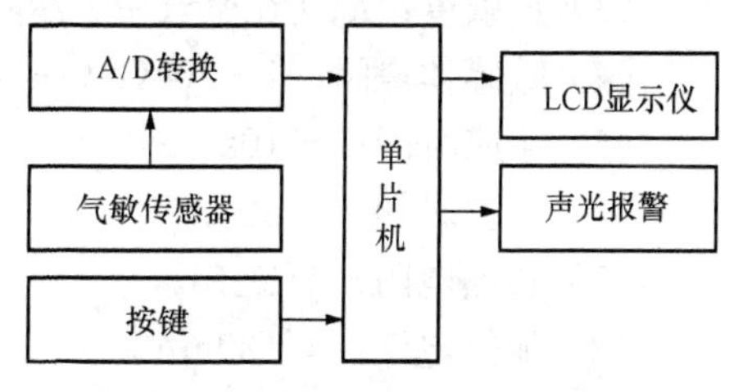

图 6-17　气体检测仪的系统结构

（1）气敏传感器模块：用气敏传感器对环境中的甲烷浓度进行采集。

（2）A/D 转换模块：将传感器采集的模拟信号转换成数字信号，以便单片机处理。

（3）信号处理模块（单片机）：采集后的数据通过单片机处理，将采集的数据转换为气体浓度信号，并和设置的浓度信号进行对比，判断是否需要声光报警。

（4）LCD 显示模块：实时显示气体浓度值。

（5）声光报警模块：浓度超过设定报警值时实现声光报警。

（6）按键模块：用户可以通过此模块设置及调整系统参数。

6.7.2 气体检测仪的硬件设计

单片机选用 AT89C51，LCD 显示器选用 LCD1602，A/D 转换器选用 ADC0809，传感器选用 MQ-4 甲烷气敏传感器。

1. MQ-4 甲烷传感器

1）结构与引脚

MQ-4 甲烷传感器的封装如图 6-18 所示，其内部结构和引脚如图 6-19 所示。它由微型 Al_2O_3 陶瓷管、SnO_2 敏感层、测量电极和加热器组成。敏感元件固定在由塑料或不锈钢制成的腔体内，加热器为气敏元件提供必要的工作条件。封装好的气敏元件有 6 只针状管脚，其中 4 个用于信号取出，两个用于提供加热电流。

图 6-18 MQ-4 甲烷传感器的封装

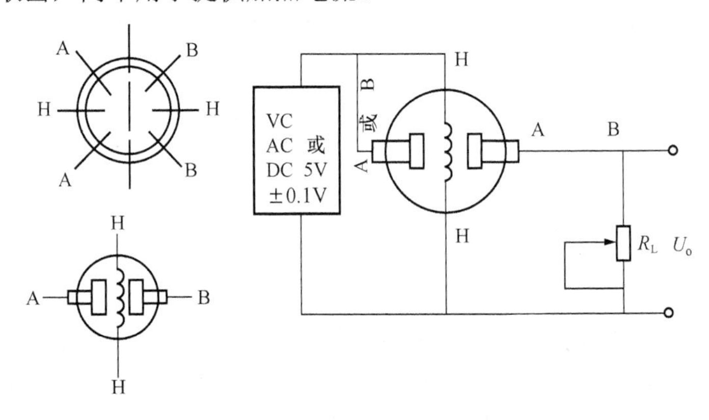

图 6-19 MQ-4 甲烷传感器的内部结构和引脚

2）性能指标

MQ-4 甲烷传感器适用天然气、甲烷等气体的检测。其性能指标如下。

（1）探测范围：$300\sim10\,000\times10^{-6}$。

（2）特征气体：5000×10^{-6}（甲烷）。

（3）灵敏度：R_0（在空气中）/R_S（在典型气体中）≥5。

（4）敏感体电阻：1～20kΩ（在 5000×10^{-6} 甲烷中）。

（5）响应时间：≤10s。

（6）恢复时间：≤30s。

（7）加热电阻：31Ω±3Ω。

（8）加热电流：≤180mA。

（9）加热电压：5.0V±0.2V。

（10）加热功率：≤900mW。

（11）测量电压：≤24V。

（12）工作温度：-20～+55℃。

（13）工作湿度：≤95%RH。

（14）环境含氧量：21%。

3）性能特点

MQ-4 二甲烷传感器具有下列特点。

（1）具有信号输出指示。

（2）两种信号输出：AOUT 模拟信号输出；TTL 高低电平输出。

（3）TTL 端输出低电平时，信号指示灯亮。

（4）模拟输出电压范围为 0～5V，电压越高表示气体浓度越高。

（5）灵敏度较高。

（6）使用寿命长、稳定性好。

（7）快速的响应恢复特性。

4）灵敏度特性曲线

MQ-4 甲烷传感器的灵敏度特性曲线如图 6-20 所示。

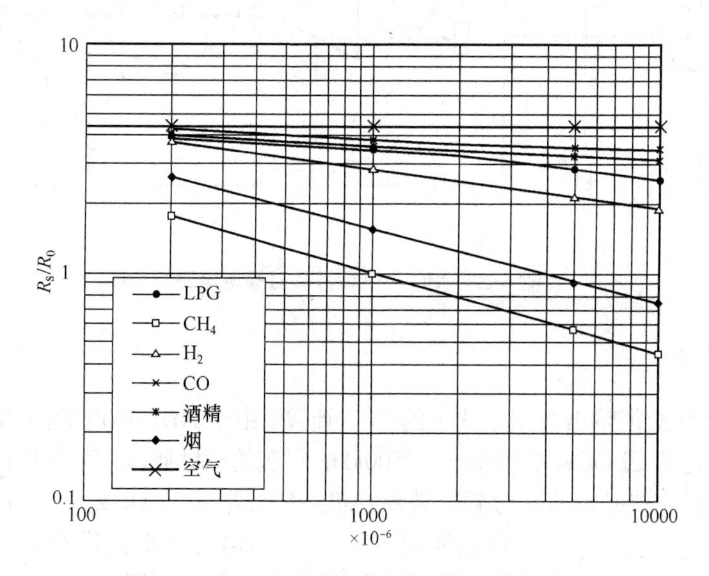

图 6-20　MQ-4 甲烷传感器的灵敏度特性曲线

其中：温度为 20℃，相对湿度为 65%，氧气浓度为 21%，R_L 为 20kΩ。

R_S：不同气体、不同浓度下的元件电阻值。

R_0：在正常空气中的元件电阻值。

5）MQ-4 甲烷传感器的温、湿度特性

MQ-4 甲烷传感器的温、湿度特性曲线如图 6-21 所示。

R_0：20℃，33%RH 条件下，1000×10^{-6} 甲烷中的元件电阻。

R_S：不同温度、湿度下，1000×10^{-6} 甲烷中的元件电阻。

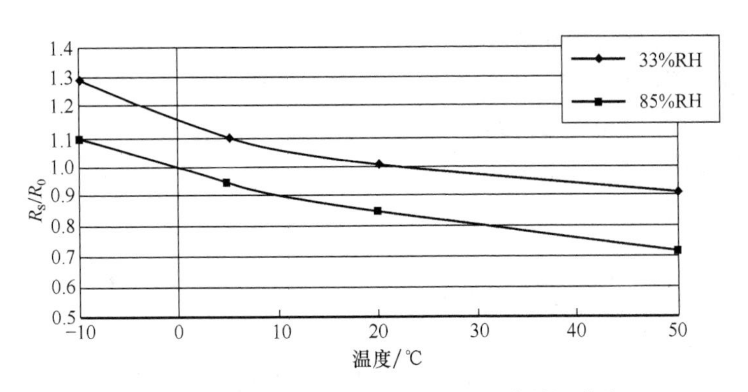

图 6-21　MQ-4 甲烷传感器的温、湿度特性曲线

6）MQ-4 甲烷传感器模块

MQ-4 甲烷传感器模块电路如图 6-22 所示。传感器输出信号经过放大后送给 ADC。

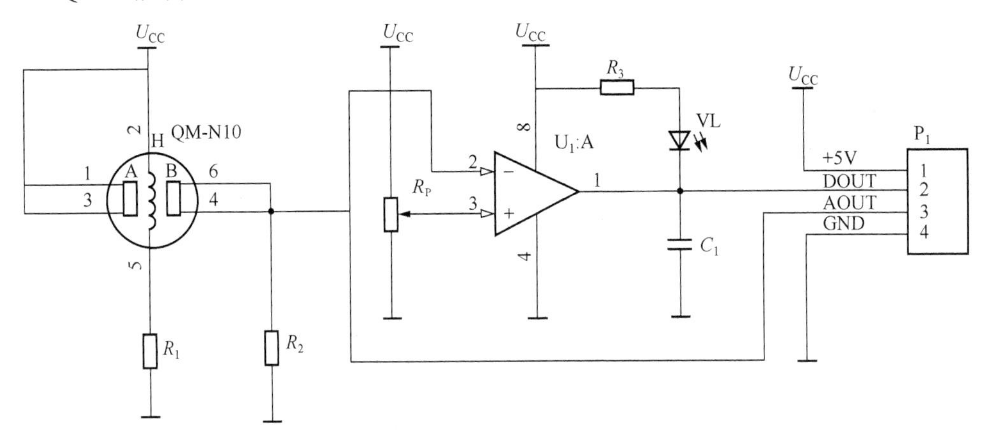

图 6-22　MQ-4 甲烷传感器模块电路

2. A/D 转换

ADC0809 的数据输出端与单片机的 P_1 口连接。由于 ADC0809 无内部时钟，需要一个外部时钟给它的 CLOCK 端提供一个 500kHz 左右的时钟频率，而单片机 ALE 端输出的频率为单片机系统时钟的 6 分频，若单片机系统频率为 12MHz，则 ALE 为 2MHz，所以就用了一个 74LS74 芯片对其进行 4 分频，如图 6-23 所示。

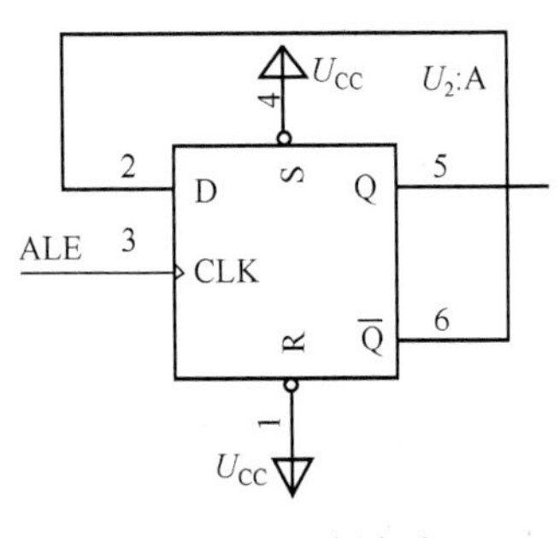

图 6-23　分频电路

3. 系统原理

系统通过 MQ-4 甲烷传感器测量环境中的甲烷浓度，用按键控制检测的开始与结束。当浓度大于设定值时，会发出声光报警（即红灯亮，蜂鸣器响）；正常状况下绿灯亮。其系统原理如图 6-24 所示。

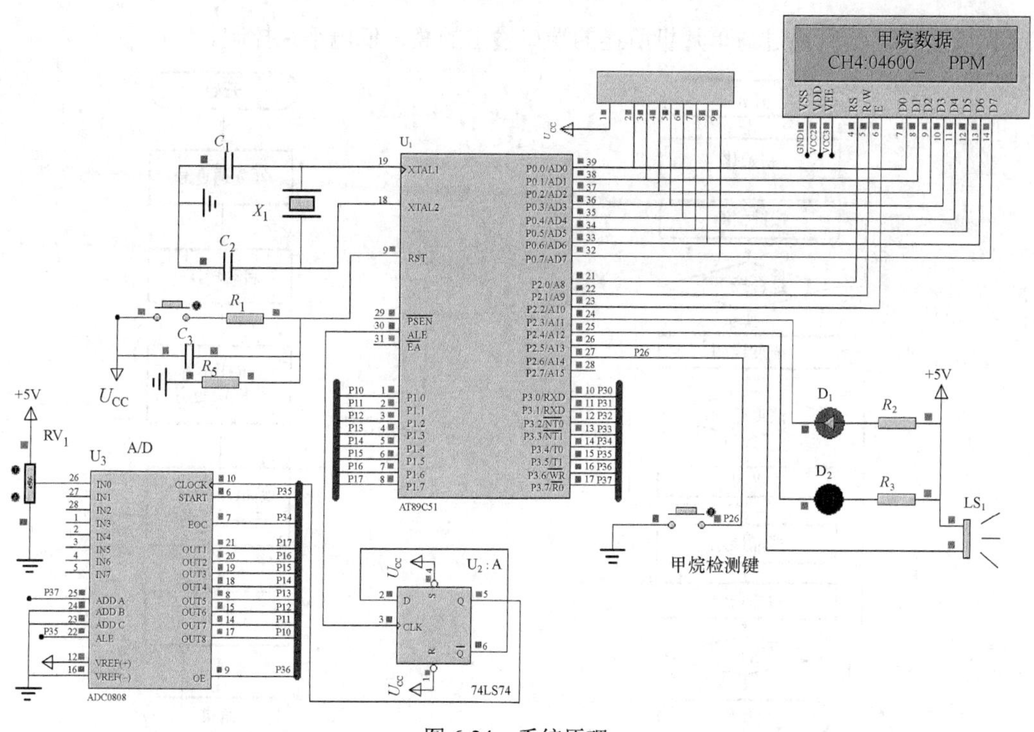

图6-24　系统原理

6.7.3　气体检测仪的软件设计

1. 主程序设计

首先 AT89C51 初始化，然后检测按键是否按下。若按下，则开始进行检测，对检测到的数值进行判断，若超过设定值则发出声光报警；反之则正常，绿灯亮程序流程如图6-25所示。

2. A/D 转换程序

ADC0809的启动方式为脉冲启动，启动信号START启动后开始进行转换。转换完成后，EOC输出高电平，再由OE变为高电平来输出转换数据。在设计程序时可以利用EOC信号来通知单片机（查询法或中断法）读入已转换的数据，也可以在启动ADC0809后经适当的延时再读入已转换的数据，如图6-26所示。

编程思路如下。

（1）向ADC0809写入通道号并启动转换。

（2）延时1ms后等待EOC出现高电平。

（3）给OE置高电平，并读入转换数据，保存数据。

3. 报警程序

如图6-27所示，当浓度超标时，红灯亮，蜂鸣器响；浓度正常时，绿灯亮。灯的亮灭以及蜂鸣器则通过与单片机所连的端口输出的高、低电平来控制。

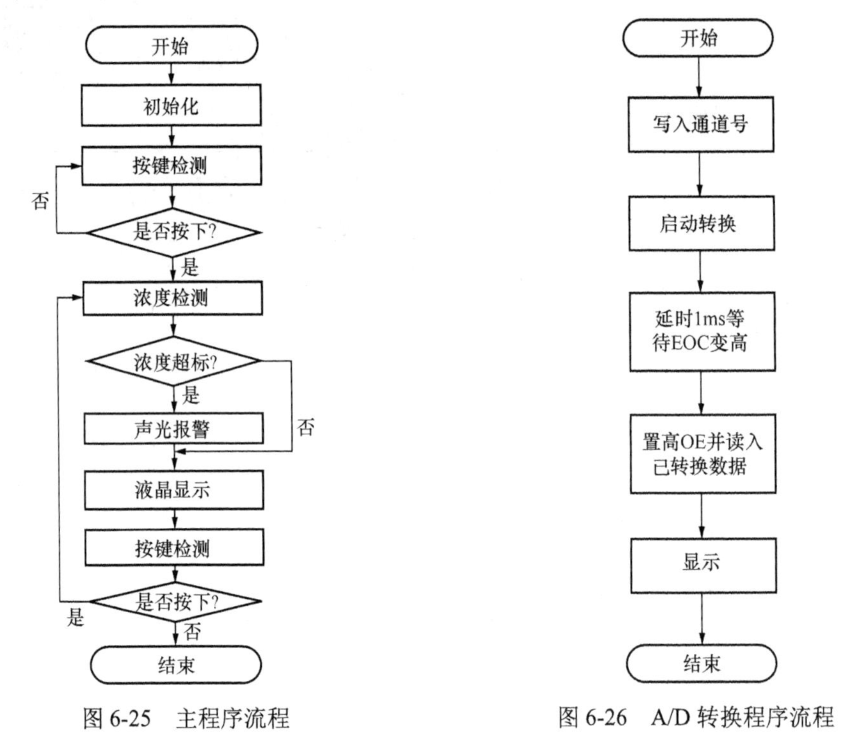

图 6-25　主程序流程　　　　图 6-26　A/D 转换程序流程

4. 按键程序

如图 6-28 所示，当按键未按下时，系统一直处在等待触发的状态；当按键按下，单片机会收到一个低电平，触发系统功能。但在按键触发过程中，会发生抖动，所以需运用软件消抖。

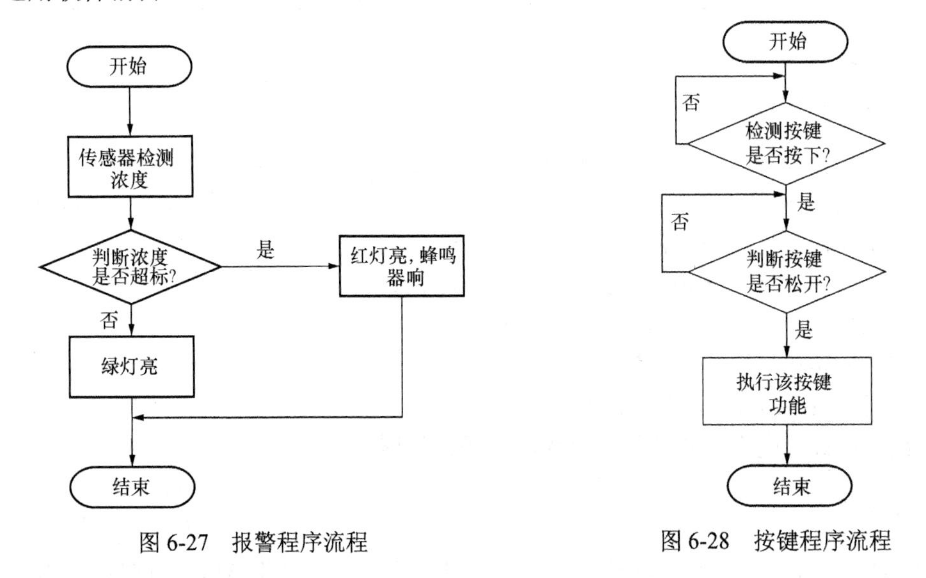

图 6-27　报警程序流程　　　　图 6-28　按键程序流程

6.7.4　气体检测仪的源程序

气体检测仪的源程序

气体检测仪的源程序代码请扫二维码查看。

思考与练习

6.1　气敏电阻检测气体的基本原理是什么？

6.2　增强型 MOSFET 检测气体的基本原理是什么？

6.3　查阅资料，了解一个具体型号气敏传感器的封装形式、性能指标和典型应用。

6.4　了解水产养殖智能工厂中气敏传感器的作用，设计一个气敏传感器在该类智能工厂中的应用实例。

第 7 章　湿敏传感器

湿敏传感器是能够感受外界湿度变化，并可以根据器件材料的生化或物理性质变化，将湿度转化为有用电信号的器件。湿度是一个重要的技术参数，农业温室栽培环境中，如果湿度没控制好，更容易发生病虫害，并影响农作物产量；工业生产智能工厂中，如果不控制湿度，机器及设备的使用寿命和产品质量都有可能受到影响。因此，虽然湿度的测量最早是用在气象中，但是现在其应用范围已扩大到工业、农业、环保、科研、国防等各个领域，很多应用场景中都需要测量湿度，离不开对湿度的测量，也就离不开湿敏传感器。

7.1　湿度及其表示

湿度是表示物体干湿程度的物理量。通常把不含水汽的空气称为干空气，把包含干空气与水蒸气的混合气体称为湿空气。大气湿度有两种表示方法，即绝对湿度与相对湿度。

绝对湿度：在一定温度和压力条件下，单位体积空气内所含水蒸气的质量。也就是指空气中水蒸气的密度。一般用 $1\mathrm{m}^3$ 空气中所含水蒸气的克数表示，即 AH（absolute humidity），其单位为 $\mathrm{g/m^3}$，其表达式为

$$\mathrm{AH}=\frac{M_{\mathrm{V}}}{V} \tag{7-1}$$

式中　M_{V}——被测空气中水汽的质量；

V——被测空气的体积。

相对湿度：气体的绝对湿度（$\mathrm{AH_V}$）与在同一温度下，水蒸气达到饱和时的绝对湿度（$\mathrm{AH_V}$）之比，常表示为%RH（relative humidity），无量纲。其表达式为

$$\%\mathrm{RH}=\frac{\mathrm{AH_V}}{\mathrm{AH_W}}\times 100\% \tag{7-2}$$

根据道尔顿分压定律，空气中的压强 $p=p_{\mathrm{a}}+p_{\mathrm{v}}$（$p_{\mathrm{a}}$ 为干空气气压，p_{v} 为湿空气气压）和理想状态方程，通过变换，又可将相对湿度用分压表示为

$$\%\mathrm{RH}=\frac{p_{\mathrm{v}}}{p_{\mathrm{w}}}\times 100\% \tag{7-3}$$

式中　p_{v}——待测气体的水汽分压；

p_{w}——同一温度下水蒸气的饱和蒸汽压。

相对湿度给出大气的潮湿程度，日常生活中所说的空气湿度，就是相对湿度。

由于水的饱和蒸汽压是随着环境温度的降低而逐渐下降的，所以空气的温度越低其水蒸气压与同温度下的饱和蒸汽压差值就越小。当温度下降到某一特定温度时，其水蒸气压与同温度下的饱和蒸汽压相等，此时空气中的水蒸气将向液相转化而凝结为露珠，其相对湿度为 100%RH，这一特定的温度称为空气的露点温度（简称露点）；如果这一特定温度低于 0℃，水蒸气将会结霜，因此又称为霜点温度。空气中水蒸气压越小，露点越低，因此也可以用露点表示空气湿度的大小。

7.2　湿敏传感器的分类

1. 按照输出量的形态分类

湿敏传感器按照其输出量的形态，可以分为电阻式和电容式两大类，如图 7-1 所示。湿敏电阻的感湿元件是在基片上覆盖一层感湿材料膜，当空气中的水蒸气吸附在感湿膜上时，元件的电阻率和电阻值会发生变化，利用这一特性即可测量湿度。湿敏电容的感湿元件一般是用高分子薄膜电容制成的，常用的高分子材料有聚苯乙烯、聚酰亚胺、酪酸醋酸纤维等，当环境湿度发生改变时，湿敏电容的介电常数也会发生变化，从而使其电容量也发生变化，电容的变化量与相对湿度成正比。

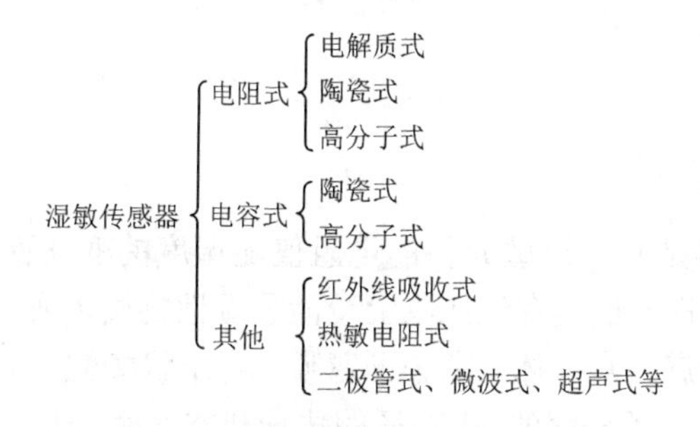

图 7-1　湿敏传感器的分类（1）

2. 按照吸附能力或物理效应分类

按照湿敏材料对水分子的吸附能力或对水分子产生物理效应的不同，湿敏传感器可分为水分子亲和力型和非水分子亲和力型两大类，如图 7-2 所示。利用水分子有较大的偶极矩，易于附着并渗入固体表面的特性制成的湿敏元件称为水分子亲和力型湿敏元件。例如，利用水分子附着或浸入某些物质后，其电气性能（电阻值、介电常数等）发生变化的特性可制成电阻式湿敏元件、电容式湿敏元件；利用水分子附着后引起材料长度变化，可制成尺寸变化式湿敏元件，如毛发湿度计。金属氧化物是离子型结合物质，有较强的吸水性能，不仅有物理吸附，而且有化学吸附，可制成金属氧化物湿敏元件。这类元件在应用时，附着或浸入的被测水蒸气分子与材料发生化学反应生成氢氧化物，或一经浸入就有一部分残留在元件上难以全部脱出，使重复使用时元件的特性不稳定，测量时有较大的滞后误差和较慢的反应速度。目前，应用较多的均属于这类湿敏元件。非亲和力型湿敏元件利用其与水分子接触时产生的物理效应来测量湿度。例如，利用热力学方法测量的热敏电阻式湿敏传感器，利用水蒸气能吸收某波段红外线的特性制成的红外线吸收式湿敏传感器等。

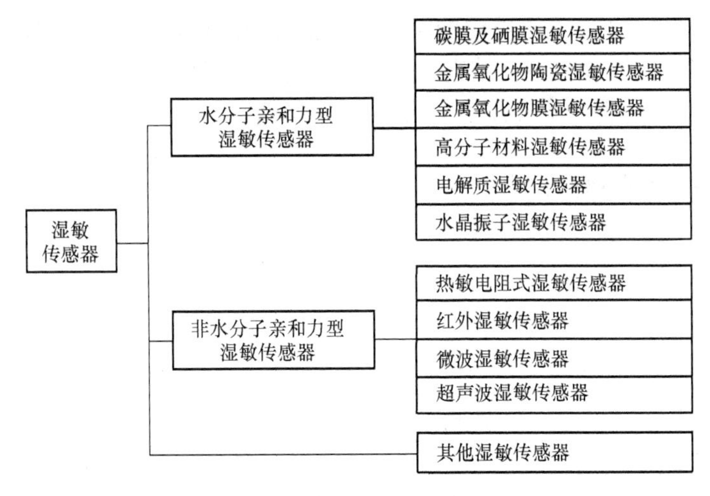

图 7-2 湿敏传感器的分类（2）

下面主要介绍湿敏电阻和湿敏电容的原理及应用，其他形式的湿敏传感器，请读者参阅相关资料。

湿敏电阻

7.3 湿敏电阻

电阻式湿敏传感器是利用湿敏元件的电阻值随湿度的变化而变化的原理进行湿度测量的传感器。湿敏元件一般是在绝缘物上浸渍吸湿性物质，或者通过蒸发、涂覆等工艺在表面上制备一层金属、半导体、高分子薄膜、粉末状颗粒而制成的。在湿敏元件的吸湿和脱湿过程中，水分子分解的 H^+离子的传导状态发生变化，从而使元件的电阻值随湿度而变化。其中多孔陶瓷材料的种类最多，如 TiO_2-SnO_2、TiO_2-ViO_2 等。高分子电阻型湿敏传感器的主要材料为高分子固体电解质材料，具有感湿灵敏度高、线性度好、响应时间短、制作工艺简单、成本低等优点。

7.3.1 电解质湿敏电阻

电解质湿敏电阻是利用潮解性盐类物质受潮后电阻发生变化的原理制成的。最常用的电解质是氯化锂（LiCl）。从 1938 年顿蒙发明这种元件以后，在较长的使用实践中，对氯化锂的载体及元件尺寸做了许多改进，提高了响应速度，扩大了测湿范围。

（1）元件组成。其结构形式有顿蒙式和含浸式。顿蒙式氯化锂湿敏元件是在聚苯乙烯圆筒上平行地绕上钯丝电极，然后把皂化聚乙烯醋酸酯与氯化锂水溶液混合液均匀地涂在圆筒表面上制成，测湿范围约为相对湿度 30%。早期的含浸式氯化锂湿敏元件是由天然树皮基板用氯化锂水溶液浸泡制成的。植物的髓脉具有细密的网状结构，有利于水分子的吸入和放出。20 世纪 70 年代研制成功玻璃基板含浸式湿敏元件，采用两种不同浓度的氯化锂水溶液浸泡多孔无碱玻璃基板（孔径平均 500Å，1Å=0.1nm），可制成测湿范围为相对湿度 20%～80%的元件，如图 7-3 所示。

（2）工作原理。湿度变化引起电介质离子导电状态改变，从而使电阻值发生变化。

（3）工作特性。氯化锂的湿度-电阻特性曲线如图 7-4 所示。氯化锂元件具有滞后误差小、不受测试环境的风速影响、不影响和破坏被测湿度环境等优点；但因其基本原理是利用潮解盐的湿敏特性，经反复吸湿、脱湿后，会引起电解质膜变形和性能变劣，尤其遇到高湿及结露环境时，会造成电解质潮解而流失，导致元件损坏。

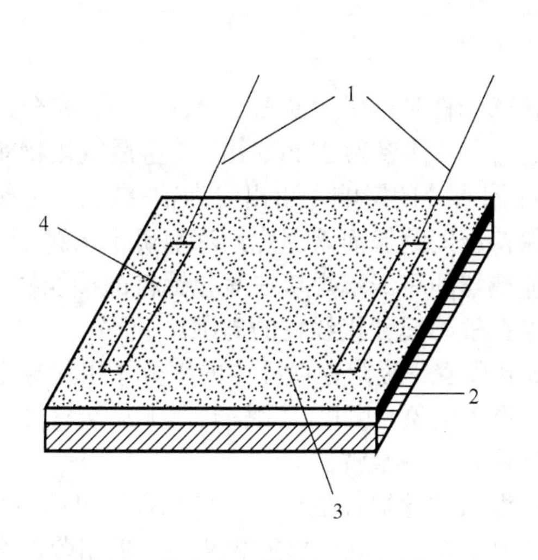

1—引线；2—基片；3—感湿层；4—金电极。

图 7-3　氯化锂湿敏电阻结构

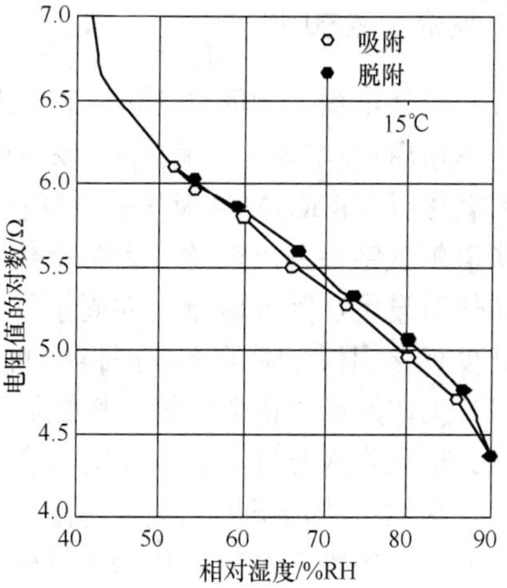

图 7-4　氯化锂的湿度-电阻特性曲线

7.3.2　高分子湿敏电阻

（1）元件组成：如图 7-5 所示，感湿膜是由 PVA（聚乙烯醇）和 PSS（聚苯乙烯磺酸铵）组成。基片是厚 0.6mm 的氧化铝，电极用 Au 做成叉指形，外层装上保护膜。

（2）工作原理：将含有强极性基的高分子电解质及盐类如-$NH_4^+Cl^-$-、-$SO_3^-H^+$-、-NH_2-等高分子材料制成感湿电阻式膜。在低湿度时，由于没有电离子产生，电阻值很高。当相对湿度增加时，导电离子增加，电阻值下降。利用高分子电解质在不同湿度条件下电离产生的导电离子数量不同，使电阻值变化，就可测定环境的湿度。

（3）工作特性：高分子湿敏传感器的优点是测量湿度范围大，工作温度在 0～50℃，响应时间短（小于 30s），可作为湿度检测和控制用。图 7-6 所示为感湿特性曲线，由图 7-6 可以看出，存在温度影响，其温度系数为 0.5%～0.6%RH/℃，故需要温度补偿。

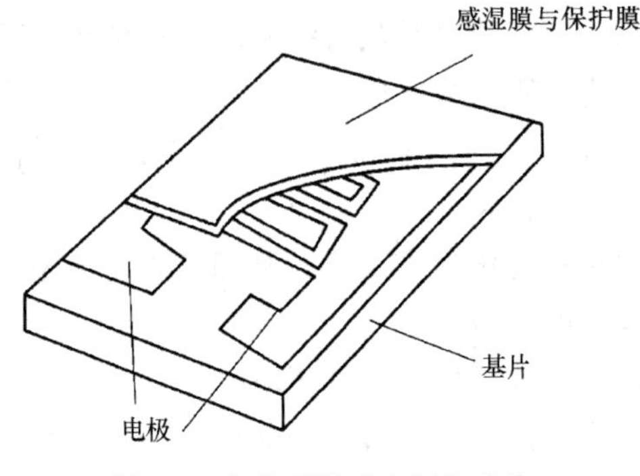

图 7-5　高分子湿敏电阻的结构

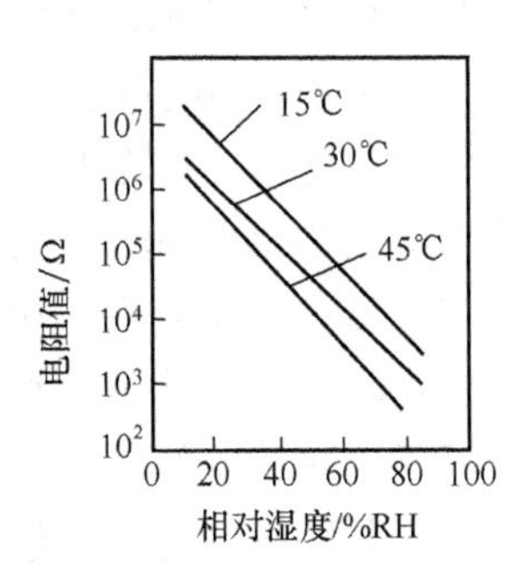

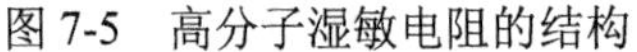

图 7-6　高分子湿敏电阻感湿特性曲线

7.3.3　陶瓷湿敏电阻

（1）元件结构。如图 7-7 所示，陶瓷敏感元件是由镁尖晶石（$MgCr_2O_4$）和金红石（TiO_2）构成的烧结体，具有 1μm 以下的微孔，气体率为 25%～40%。金属氧化物陶瓷两面的氧化钌（RuO_2）电极几乎不受孔内吸附水分的影响，引出线为铂-铱丝。加热器采用坎塔尔铁铬铝系电热丝。为防氧化和保持线间绝缘而采用烧结涂敷矾土水泥工艺，这种加热器设置在陶瓷敏感元件周围。将加热器的引线端焊接在氧化铝板的接线柱上。为了减少氧化铝板污垢的影响而将护圈设置在敏感元件接线柱的周围。

（2）工作原理。将金属氧化物烧结成多孔陶瓷，吸附在微孔内的水分子引起导电性能变化。除吸附水分外，其他物质也会发生吸附现象，所以在陶瓷介质上加装有加热清洗装置，根据检测情况加热装置对湿敏元件进行加热清洗。

（3）工作特性。金属氧化物半导体陶瓷湿敏传感器性能稳定，检测范围可达 1%～100%，工作温度为 1～150℃，响应时间在 10s 以下，具有自加热清除、使用范围宽、表面状态稳定、固有阻值适中、制作工艺简单、生产成本低等优点。其特性曲线如图 7-8 所示。

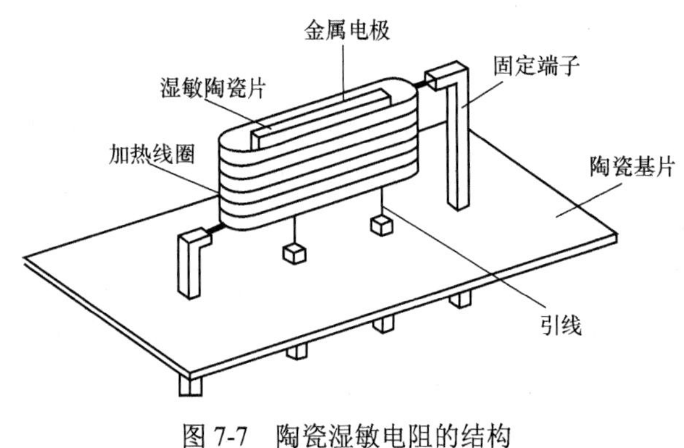

图 7-7　陶瓷湿敏电阻的结构

图 7-8　陶瓷湿敏电阻的特性曲线

7.4　湿敏电容

湿敏电器

湿敏电容一般用高分子薄膜电容制成。当环境湿度发生改变时，湿敏电容的介电常数会发生变化，使其电容量也发生变化，其电容变化量与相对湿度成比例。湿敏电容的主要优点是产品互换性好、响应速度快、湿度的滞后量小、便于制造、容易实现小型化和集成化，但其精度一般比湿敏电阻要低些。

7.4.1　陶瓷湿敏电容

（1）元件结构。陶瓷湿敏电容的结构由多孔氧化铝感湿膜、铝基片和金电极等构成，如图 7-9 所示。

（2）工作原理。上述结构相当于一个平行板电容器，即电容随环境湿度的变化而变化。在低湿度时，首先进行化学吸附，随着湿度的增加，开始形成物理吸附层，在高湿度的情况下会形成多层物理吸附层，随着物理吸附层的增加，电容量也会相应增大。

（3）工作特性。由 Al_2O_3 薄膜组成的陶瓷电容式湿敏传感器在气孔中有一定水汽吸附时，随着环境湿度的变化，膜电阻和膜电容都将改变。其特性曲线如图 7-10 所示，在低湿度时，曲线线性良好，到高湿度时线性变差；若湿度进一步提高，特性曲线变得平缓。在实际应用中，线性不良和在高湿环境中长期工作容易老化是多孔 Al_2O_3 湿敏传感器的一大缺点。

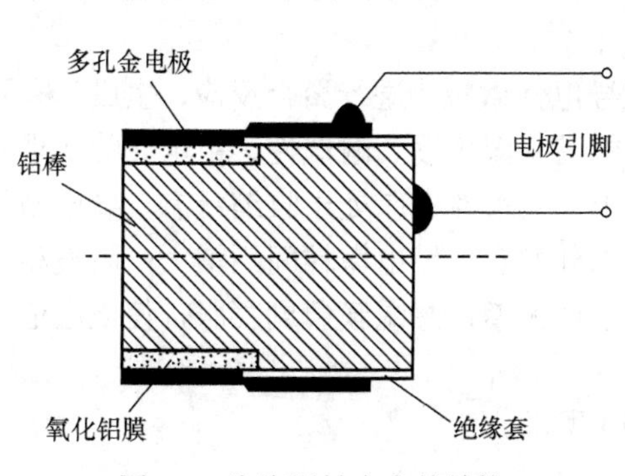

图 7-9　陶瓷湿敏电容的结构

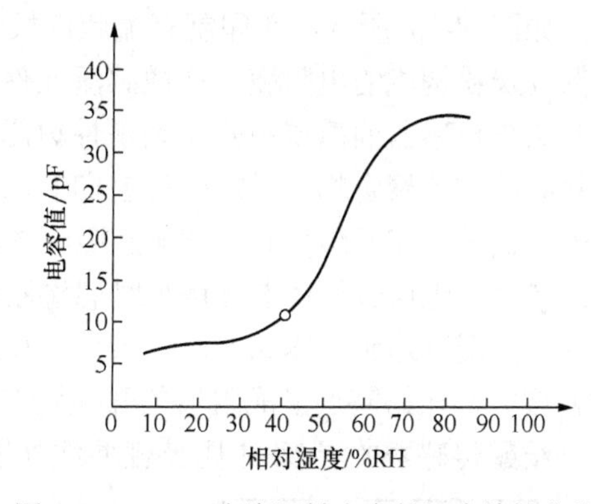

图 7-10　Al_2O_3 陶瓷湿敏电容的湿度特性曲线

7.4.2　高分子湿敏电容

（1）元件结构。高分子湿敏电容的结构如图 7-11 所示，由基片、感湿膜和引出电极组成。

（2）工作原理。由高分子材料组成的感湿膜吸附环境中的水分子后，电容量会发生明显的变化。电容量取决于环境中水蒸气的相对压力、电极的有效面积和感湿膜的厚度。

（3）工作特性。湿度与电容量基本呈线性变化，输出湿滞小，温度系数小，性能稳定，输出不受其他气体影响。其特性曲线如图 7-12 所示。常见的 MSR-1 型电容式湿敏传感器的基本特性为：使用温度为-10～60℃，湿度范围为 0%～100%RH，频率范围为 10～200Hz，灵敏度为 0.1pF/RH（20℃），电容量为 45pF±5pF（12%RH/20℃），响应时间小于 5s。

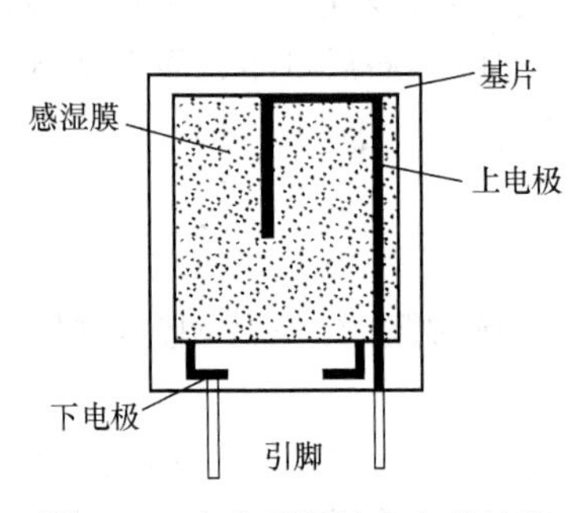

图 7-11　高分子湿敏电容的结构

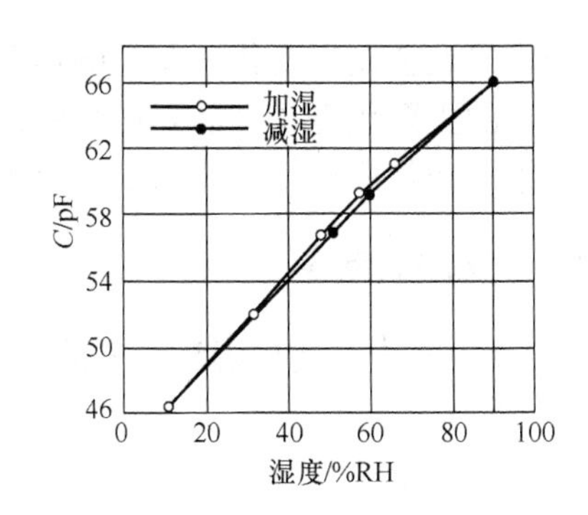

图 7-12　高分子湿敏电容的湿度特性曲线

7.5　其他湿敏传感器简介

1. 结露传感器

如图 7-13 所示，在印制有梳状电极的氧化铝绝缘基板上，涂敷一层吸湿性树脂和分散性炭粉构成的电阻膜，构成感湿元件。

结露传感器的感湿膜是由亲水性树脂掺入导电性微粒，进行聚合反应，生成具有胀缩物黏结剂的聚合物。通过改变它们的比率就能满足湿敏度、耐湿性、稳定性的要求及阻值的调整。在低湿度时，感湿膜吸收的水分少，亲水性树脂处于收缩状态，导电微粒间距较小，阻值较低；湿度增加时感湿膜吸收水分增多，导电微粒间距增大，阻值相应增大；当湿度达到结露状态时，亲水性树脂吸湿性大增，感湿膜急剧膨胀，使电阻值也急剧增大，在结露点形成阻值的开关状态。

结露传感器的湿度-电阻特性曲线如图 7-14 所示。

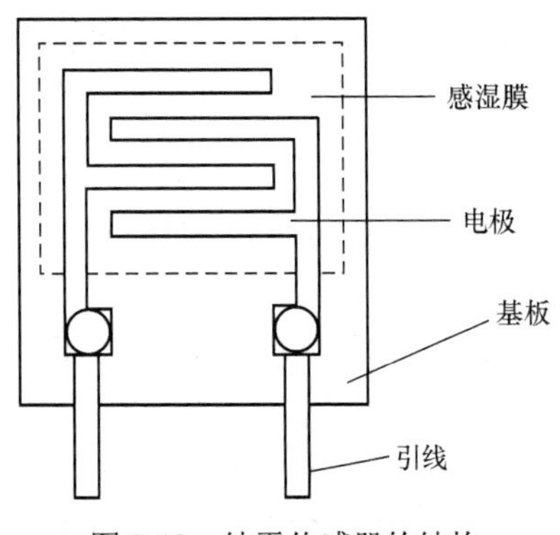

图 7-13　结露传感器的结构

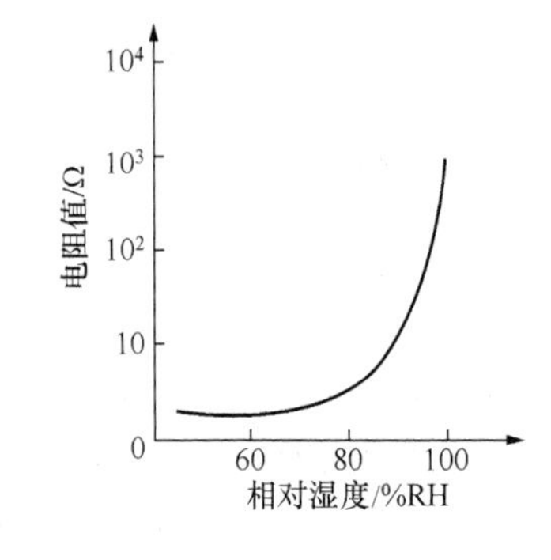

图 7-14　结露传感器的湿度-电阻特性曲线

结露传感器的特性曲线较为特殊，在相对湿度为 60%～90%RH 时，阻值变化不大，约为几千欧姆。当湿度达到结露时阻值迅速增大，可达几兆欧姆，剧增 2～3 个数量级，所以它具有良好的开关特性。由于感湿膜很薄，故响应时间很短，正常湿度下仅为 1～2s。HDP 结露传感器的使用温度范围为 1～60℃，湿度检测范围为 94%～100%RH。使用十分方便，可以使用直流电压供电，最高使用电压为 5.5V，性能十分稳定，耐高温、高湿，这是其他湿敏传感器无法比拟的，它广泛应用于各种电子产品，如摄像机、磁带录像机、复印机的结露保护电路中。

2. 热敏电阻式湿敏传感器

这种传感器是利用热敏电阻作为湿敏元件。传感器中有组成桥式电路的珠状热敏电阻 R_1 和 R_2，电源供给的电流使 R_1、R_2 保持在 200℃左右。其中，R_2 装在密封的金属盒内，内部封装着干燥空气，R_1 置于与大气相接触的开孔金属盒内。将 R_1 先置于干燥空气中，调节电桥平衡，使输出端电压为零，当 R_1 接触待测湿空气时，含湿空气与干燥空气产生热传导差，使 R_1 冷却，电阻值增高，电桥失去平衡，输出一定电压，其值与湿度变化有关。热敏电阻式湿敏传感器的输出电压与绝对湿度成比例，因而可用于测量大气的绝对湿度。但由于是利用湿度与大气热导率之间的关系作为测量原理的，当大气中混入其他气体或气压变化时，对测量结果会有不同程度的影响。此外，热敏电阻的位置对测量也有很大影响。但这种传感器从可靠性、稳定性和维护性等方面来看，很有特色，现已用于空调机湿度控制，或制成便携式绝对湿度表、直读式露点计、相对湿度计、水分计等多种场合。

3. 红外线吸收式湿敏传感器

20 世纪 60 年代中期，美国气象局以波长为 1.37μm 和 1.25μm 的红外光分别作为敏感光束和参考光束，研制成红外线吸收式湿敏传感器。这种传感器采用装有 λ_0 滤光片和 λ 滤光片的旋转滤光片，当光源通过旋转滤光片时，轮流地选择波长为 λ_0 和 λ 的红外光束，两条光强为 I_0 的光束通过被测湿度的气体抵达光敏元件，由于波长为 λ_0 的光束不被水蒸气吸收，其光强仍为 I_0，波长为 λ 的光束被水蒸气部分吸收，光强衰减为 I。根据光强度的变化，将光敏元件接收到的信号处理后可获得正比于水蒸气浓度的电信号。红外线吸收式湿敏传感器属非水分子亲和力型湿敏元件，测量精度和灵敏度较高，能够测量高温或密封场所的气体湿度，也能解决其他湿敏传感器不能解决的大风速或通风孔道环境中的湿度测量问题。缺点是结构复杂，光路系统存在温度漂移现象。

4. 微波式湿敏传感器

这种传感器是利用微波电介质共振系统的品质因数随湿度变化的机理制成的湿敏传感器。微波共振器采用氧化镁-氧化钙-二氧化钛陶瓷体、共振器与耦合环构成共振系统，含水蒸气的气体进入传感器腔体后改变原共振系统的品质因数，其微波损失量与湿度呈线性关系。这种传感器的测湿范围为相对湿度 40%～95%RH，在温度为 0～50℃时，精度可达±2%。微波式湿敏传感器具有非水分子亲和力型湿敏元件的优点，又由于采用陶瓷材料作为共振系统，故可加热清洗，且坚固耐用。缺点是对微波电路稳定性要求很高。

5. 超声波式湿敏传感器

超声波在空气中的传播速度与温度、湿度有关，利用这一特性可制成超声波式湿敏传感器。传感器由超声波气温计和铂丝电阻测温计组成，前者的测量数据与湿度有关，后者的测量数据与温度有关，按照超声波在干燥空气和含湿空气中的传播速度可计算出空气的绝对湿度。超声波式湿敏传感器有很多优点，它的测湿数据比较准确，响应速度快，可以测出某一极小范围内的绝对湿度而不受辐射热的影响。

6. 湿敏二极管

在硅片上生成 SiO_2 层，并在其上沉积一层 SnO_2 作为敏感膜，上下镀膜形成 Al 电极。处于反向偏压时，使二极管处于雪崩区附近。随着湿度的增加，二极管的结区边缘处有水分子吸附，使耗尽层变宽，导致二极管的雪崩电压提高，在保持反向电压和负载不变的情况下，随着湿度的增加，击穿电压也增高，导致二极管的反向电流减小，利用这一特性可测量湿度。

7. 集成湿敏传感器

目前，国内外生产集成湿敏传感器的厂家很多，产品大致可分成以下 3 种类型。

1）线性电压输出式集成湿敏传感器

这种传感器的典型产品有 HSM20、HSM40、HIH3605/3610、HM1500/1520。其主要特点是采用恒压供电，内置放大电路，能输出与相对湿度成比例关系的伏特级电压信号，响应速度快，重复性好，抗污染能力强。

2）线性频率输出集成湿敏传感器

这种传感器的典型产品为 HF3223。它采用模块式结构，在 55%RH 时的输出频率为 8750Hz（典型值），当相对湿度从 10%变化到 95%时，输出频率从 9560Hz 减小到 8030Hz。这种传感器具有线性度好、抗干扰能力强、便于匹配数字电路或单片机、价格低等优点。

3）频率/温度输出式集成湿敏传感器

这种传感器的典型产品为 HTF3223。它除了具有 HF3223 的功能以外，还增加了温度信号输出端，利用负温度系数（NTC）热敏电阻作为温敏传感器。当环境温度变化时，其电阻值也相应改变并且从 NTC 端引出，配上二次仪表即可测量出温度值。

集成湿敏传感器的测量范围一般都可达到 0%～100%RH。但有的厂家为保证精度指标而将测量范围限制为 10%～95%RH。

7.6 湿敏传感器的特性

1. 感湿特性

每种湿敏传感器都有其感湿特征量，如电阻、电容等。以电阻为例，在规定的工作湿度范围内，湿敏传感器的电阻值随环境湿度变化的特性曲线称为阻湿特性曲线。有的湿敏传感器的电阻值随湿度的增加而增大，称为正特性湿敏电阻器，如 Fe_3O_4 湿敏电阻；有的阻值随着湿度的增加而减小，称为负特性湿敏电阻器，如 TiO_2-SnO_2 陶瓷湿敏电阻器。感湿特性曲线如图 7-15 所示。

2. 湿度量程

湿度量程是指湿敏传感器技术规范中所规定的感湿范围。全湿度范围用相对湿度 0%～100%RH 表示，它是湿敏传感器工作性能的一项重要指标。

3. 感湿灵敏度

感湿灵敏度简称为灵敏度，又叫湿度系数。其定义：在某一相对湿度范围内，相对湿度改变 1%RH 时，湿敏传感器电参量的变化值或百分率。各种不同的湿敏传感器，对灵敏度的要求各不相同，对于低湿型或高湿型的湿敏传感器，它们的量程较窄，要求灵敏度很高。但对于全湿型湿敏传感器，并非灵敏度越高越好，因为电阻值的动态范围很宽，给配置二次仪表带来不利，所以灵敏度的高低要适当。

4. 湿滞特性

如图 7-16 所示，湿度增加时电阻值的变化轨迹与湿度减小时电阻值的变化轨迹不一致，从而形成湿滞曲线。常用湿滞回差作为该特性的特性参数，该参数越小越好。

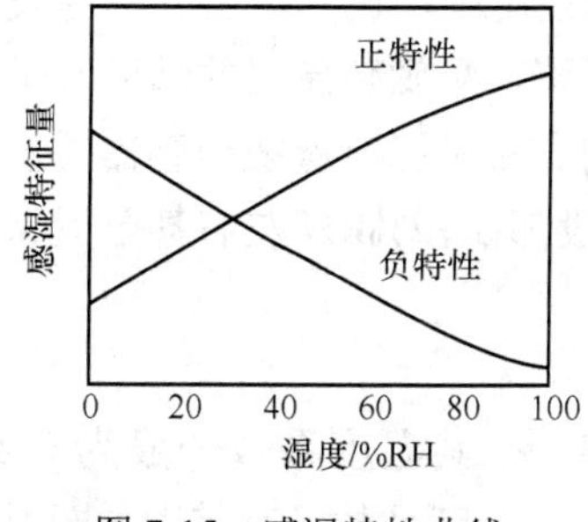

图 7-15　感湿特性曲线

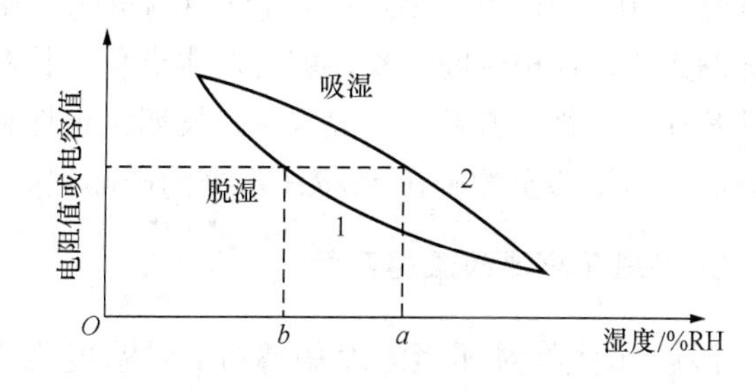

图 7-16　湿滞特性曲线

5. 感湿温度系数

感湿温度系数是反映湿敏传感器温度特性的一个比较直观、实用的物理量。它表示在两个规定的温度下，湿敏传感器的电阻值（或电容值）达到相等时，其对应的相对湿度之差与两个规定的温度变化量之比，称为感湿温度系数；或环境温度每变化 1℃时，所引起的湿敏传感器的湿度误差。

$$(\%\text{RH}/℃)=\frac{H_1-H_2}{\Delta T} \tag{7-4}$$

式中　ΔT——温度为 25℃时与另一规定环境温度之差；

H_1——温度为 25℃时湿敏传感器电阻值（或电容值）对应的相对湿度值；

H_2——另一规定环境温度下湿敏传感器的电阻值（或电容值）对应的相对湿度值。

6. 响应时间

响应时间是指在一定温度下，当相对湿度发生跃变时，湿敏传感器的电参量达到稳态变化量的规定比例所需要的时间。一般是以相应的起始和终止这一相对湿度变化区间的63%作为相对湿度变化所需要的时间，也称为时间常数，它是反映湿敏传感器相对湿度发生变化时，其反应速度的快慢，单位是 s。也有规定从起始到终止 90%的相对湿度变化作为响应时间的。响应时间又分为吸湿响应时间和脱湿响应时间。大多数湿敏传感器都是脱湿响应时间大于吸湿响应时间，一般以脱湿响应时间作为湿敏传感器的响应时间。

7.7 湿敏传感器的选择

湿敏传感器的选择

国内外各厂家的湿敏传感器产品水平不一，质量、价格相差较大，用户在选择时要综合考虑。

1. 精度和长期稳定性

湿敏传感器的精度应达到±2%～±5%RH，达不到这个水平很难作为计量器具使用，湿敏传感器要达到±2%～±3%RH 的精度是比较困难的，通常产品资料中给出的特性是在常温（20℃±10℃）和洁净的气体中测量的。在实际使用中，由于尘土、油污及有害气体的影响，使用时间一长，就会产生老化，使精度下降，湿敏传感器的精度水平要结合其长期稳定性去判断。一般来说，长期稳定性和使用寿命是影响湿敏传感器质量的首要问题，年漂移量控制在 1%RH 水平的产品很少，一般都在±2%RH 左右甚至更高。

2. 湿敏传感器的温度系数

湿敏元件除对环境湿度敏感外，对温度也十分敏感，其温度系数一般为 0.2%～0.8%RH/℃，而且有的湿敏元件在不同的相对湿度下，其温度系数又有差别，即温漂非线性。这就需要在电路上加温度补偿电路来解决，无温度补偿的湿敏传感器是保证不了全温范围精度的。湿敏传感器温漂曲线的线性化直接影响补偿的效果，非线性的温漂往往补偿不出较好的效果，只有采用硬件温度跟随性补偿才会获得真实的补偿效果。湿敏传感器工作的温度范围也是重要参数。多数湿敏元件难以在 40℃以上正常工作。

3. 湿敏传感器的供电

对金属氧化物陶瓷、高分子聚合物、氯化锂等湿敏材料施加直流电压时，会导致其性能变坏甚至失效，所以这类湿敏传感器不能用直流电压或有直流成分的交流电压供电，必须用纯交流电供电。

4. 互换性

目前，湿敏传感器普遍存在着互换性差的问题，同一型号的传感器不能互换，严重影响其使用效果，给维护、调试增加了困难。

5. 湿度校正

校正湿度要比校正温度困难得多。温度标定往往用一个标准温度计作为标准即可，而湿度的标定标准较难实现，干湿球湿度计和一些常见的指针式湿度计不能用来作为标定，因为其精度无法保证。

7.8 湿敏传感器的使用注意事项

1. 电压波形

通常使用时湿敏传感器应提供交流电压信号，但交流信号会影响传感器的特性、寿命和可靠性，因此，最理想的情况是选用失真非常小的正弦波。所选择的波形应以 0V 为中心对称，并且是没有叠加直流偏置的信号。交流信号的频率以厂家数据表中提供的参数为宜。另外，使用方波也可以使湿敏传感器正常工作，不过在使用方波时应注意同正弦波一样需以 0V 为中心，无直流偏置电压，并且要使用占空比为 50%的对称波形。加到湿敏传感器上的交流供电电压应按厂家数据表上的要求来确定。通常最大供电电压普遍要求确保有效值为 1～2V，在 1V 左右使用一般不会对传感器有影响。如果供电电压过低，则湿敏传感器呈现高阻抗，低湿度端将受到噪声的影响；相反，如果供电电压过高，将影响可靠性。供给湿敏传感器的电压波形、频率和幅值等参数发生变化时，将不可能得到厂家保证的湿敏特性，因此，必须事先加以确认。

2. 阻抗特性

湿敏电阻传感器的湿度-阻抗特性呈指数规律变化，因此湿敏传感器输出的电压（电流）也是按指数规律变化。在 30%～90%RH 范围内，电阻变化为 1 万～10 万倍。可采用对数压缩电路来解决此问题，如利用硅二极管正向电压和正向电流呈指数规律变化构成运算放大电路。另外，在低湿度时，湿敏传感器的电阻达几十兆欧，因此，在信号处理时必须选用场效应晶体管输入型运算放大器。为了确保低湿度时的测量准确性，应在传感器信号输入端周围制作电路保护环，或者用聚四氟乙烯支架来固定输入端，使它从印制板上浮空，从而消除来自其他电路的漏电流。

3. 温度补偿

湿敏传感器与温度有关，因此，要进行温度补偿。方法之一就是采用对数压缩电路，在这种电路中，硅二极管的正向电压具有-2mV/℃的温度系数，利用这一特点来补偿湿敏传感器对温度的依存性是完全可能的。也就是说，借助对数压缩电路，可以同时进行对数压缩和温度补偿。另外，还有使用负温度系数热敏电阻的温度补偿方法，这时，湿敏传感器的温度特性必须接近一般的热敏电阻的 B 常数（B=4000），因此，湿敏传感器的温度特性比较大时，往往难以用负温度系数热敏电阻进行温度补偿。

4. 线性化

在大多数情况下，难以得到相对于湿度变化而线性变化的输出电压。为此，在需要准确显示湿度值的场合，必须加入线性化电路，它将传感器电路的输出信号变换成正比于湿度变化的电压。线性化的方法有很多，但常用的是折线近似方法。在要求不太高的情况下，或者限定湿度测量范围，也可不用线性化电路而采用电平移动的方法获取湿度信号。

5. 湿敏传感器的安装

湿敏传感器要安装在空气流动的环境中，这样响应速度才能快。延长传感器的引线时要注意以下几点：延长线应使用屏蔽线，最长距离不要超过 1m，裸露部分的引线要尽量短；特别是在 10%～20%RH 的低湿度区，由于受到的影响较大，必须对测量值和精度进行确认；在进行温度补偿时，温度补偿元件的引线也要同时延长，使它尽可能靠近湿敏传感器，此时温度补偿元件的引线仍要使用屏蔽线。

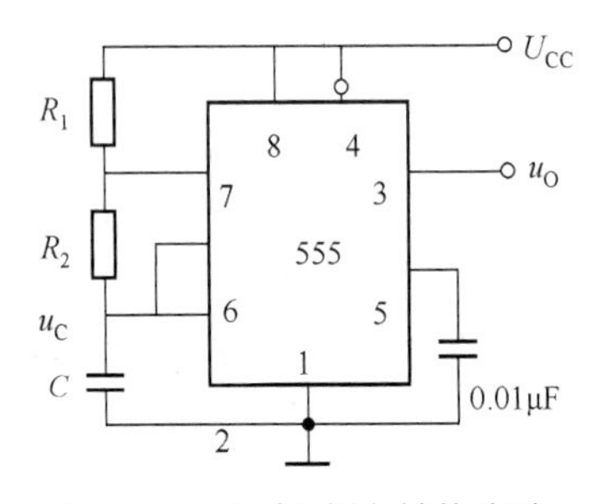

图 7-17 湿度-频率转换电路

6. 湿度转换为频率

由 555 电路组成的多谐振荡器如图 7-17 所示。振荡频率为

$$f=\frac{1}{t_{PL}+t_{PH}}\approx\frac{1.43}{(R_1+2R_2)C} \tag{7-5}$$

因此，电路中的电容选用湿敏电容或电阻选用湿敏电阻，即可通过振荡频率测试湿度。

7.9 湿敏传感器的应用

1. 湿度检测器

湿度检测电路如图 7-18 所示。R_H 为湿敏电阻。湿度变化时，R_H 的阻值变化，A 点电位变化，反相放大后输出电压变化，根据输出电压的大小即可计算出湿度值。

电路中 A 点电位为

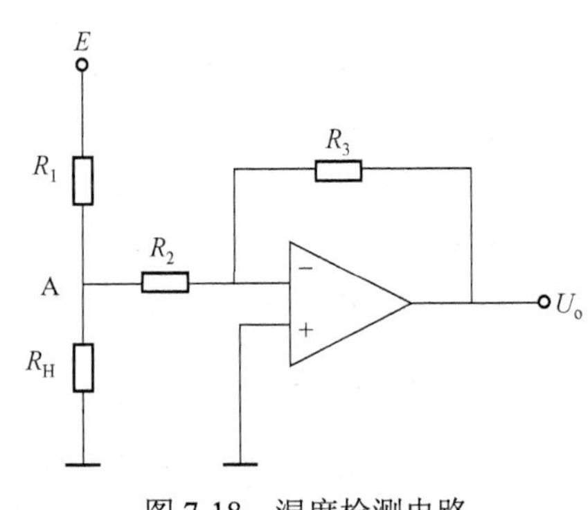

图 7-18 湿度检测电路

$$U_A = E\frac{R_H // R_2}{R_H // R_2 + R_1} \tag{7-6}$$

电路的输出电压为

$$U_o = -U_A\frac{R_3}{R_2} \tag{7-7}$$

2. 湿度检测报警器

湿度检测报警器电路如图 7-19 所示。R 为湿敏电阻器（MS01-A 或 MS01-B 型）。当湿度上升时，湿敏电阻器 R 的阻值下降，电阻 R_1 上的交流电压增大，经 VD_2 整流后在电位器 R_P 上产生的直流电压就升高。当湿度升高到限定值以上时，555 时基电路的触发端 2 脚和阈值端 6 脚电压升高到电源电压的 1/3（即 $U_{CC}/3$），其输出端 3 脚的输出变为低电平，发光二极管 VL 发光报警，表明应当进行除湿。当湿度低于一定值时，R 的阻值升高，R_1 上的电压降低，555 时基电路的 2、6 脚电压低于电源电压的 1/6（即 $U_{CC}/6$）时，输出端 3 脚的输出变成高电平，VL 熄灭。555 时基电路控制端即 5 脚的外接电阻 R_3 可改变 555 的输入电平阈值，且使 5 脚电压降为其电源电压的 1/3 左右（$U_{CC}/3$）。555 时基电路的直流电源电压是由市电经变压器变压、VD_1 半波整流、电容 C_1 滤波、稳压二极管 VS 稳压提供的，大约为 7V。

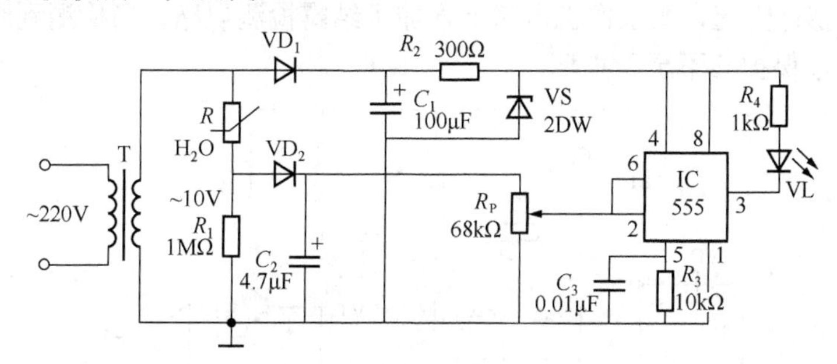

图 7-19　湿度检测报警器电路

3. 粮食湿度检测器

粮管部门对粮食的湿度有一定的要求。最简单的方法是采用手摸牙咬的方法来判断粮食的湿度，但其准确性较差。采用图 7-20 所示的粮食湿度检测器即可快速、准确、直观地测量粮食的湿度。

两块面积相同、距离固定不变的铜板构成一个平板电容器 C_1，当粒状的粮食放在平板电容器的两平板之间时，介质由原来的空气变成了粒状物体，引起介质损耗的变化，平板电容器的电容量增加。由 555 定时器构成的多谐振荡器的振荡频率也随之变化。粮食湿度的不同会引起振荡频率的改变，整流后的直流电压也随之改变。C_3、C_4、VD_1、VD_2、C_5 组成整流稳压电路。这样，就把粮食的湿度转变成直流电压并由直流电压表指示出来。平板电容器的电容量只要有 10pF 的变化，直流电压表的指示值就有 2V 的变化。只要在直流电压表上刻上湿度指示或表示合格的红带，就能很方便地测出粮食的湿度是否合格。图 7-20 中 R_P 是调零电位器。

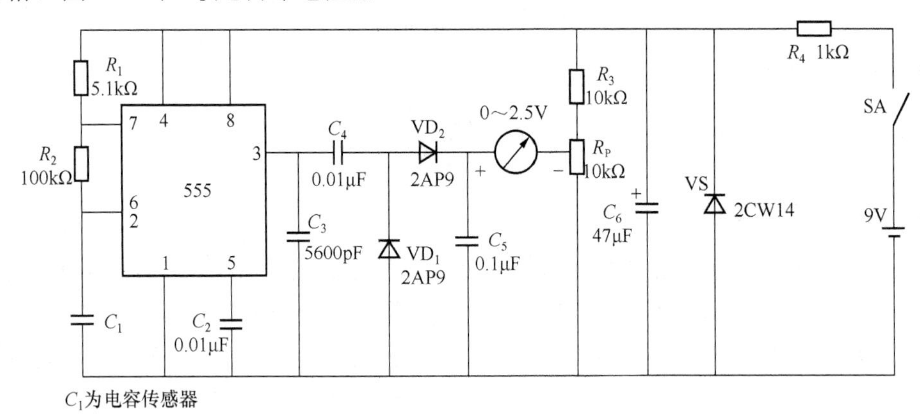

图 7-20　粮食湿度检测器电路

4. 结露检测电路

图 7-21 所示为结露传感器在磁带录像机上的典型应用。当出现结露情况时，就会出现水分附着现象，如果这时录像机工作，就会出现磁带与走带机构摩擦力大增，将会损坏磁带和机器。为此，在录像机电路上增加了结露检测电路，当检测到结露时强制录像机停止工作，保护其不至于损坏。

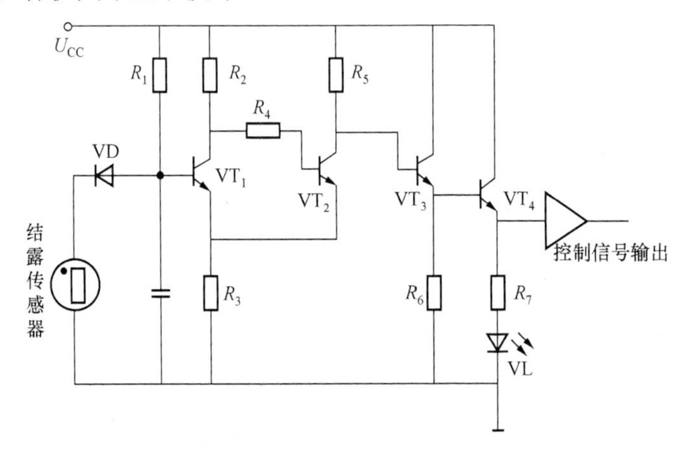

图 7-21　结露检测电路

晶体管 VT_1、VT_2 构成双稳态电路。在正常状态下，结露传感器电阻值为 2kΩ 左右，VT_1 的基极电压小于 0.6V，VT_1 截止，VT_2 导通，VT_2 的集电极低电位，VT_3 截止，驱动电路无控制信号输出。当环境出现结露状态时，结露传感器阻值迅速增大，若阻值增大到 50kΩ 以上时，VT_1 导通，VT_2 截止。VT_3、VT_4 导通，驱动电路输出控制信号。一方面强制机器停止工作，另一方面启动鼓风电动机高速运转，驱除潮气。若结露状态结束，传感器电阻值降至 30kΩ 以下时，施密特电路恢复到原稳定状态。图中发光二极管 VL 用于结露指示，二极管 VD 用于温度补偿。

7.10　温湿度监控器的设计

在很多实际生产工程实践中，常常需要进行温湿度监控。例如，北方地区秋冬季干燥，需要控制室内温湿度；温室大棚，需要控制温湿度；医院保育室需要控制温湿度等。温湿度控制与工程生产和人们的日常生活密切相关。

7.10.1　温湿度监控器的系统结构

温湿度监控器系统以单片机 AT89S52 为控制核心，用 SHT10 作为温湿度检测元件，用 LCD1602 显示环境温湿度，如图 7-22 所示。系统启动后，SHT10 将环境温湿度转换为二进制数，存于器件内部的寄存器中，单片机从指定的寄存器中读取环境温湿度值，并与设定的温湿度上下限值比较，超出上下限时，报警提示。可以开启风扇、空调、加湿器等进行调节。

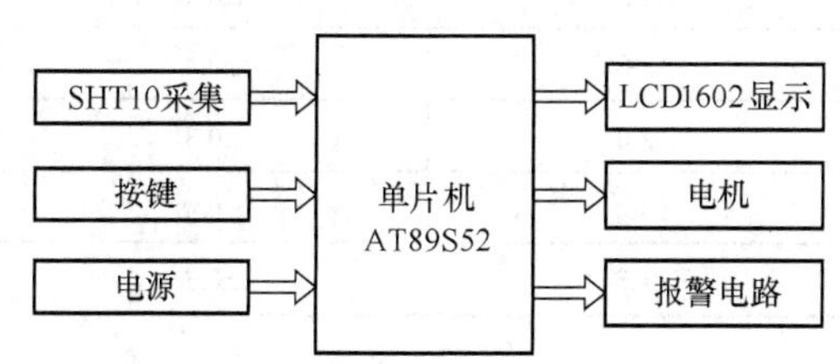

图 7-22　温湿度监控器的系统结构

7.10.2　温湿度监控器的硬件设计

1. 温湿敏传感器

SHTxx 系列单芯片传感器是一款含有已校准数字信号输出的温湿度复合传感器。该芯片包括一个电容式聚合体测湿元件和一个能隙式测温元件，并与一个 14 位的 A/D 转换器以及串行接口电路在同一芯片上实现无缝连接。因此，该产品具有品质卓越、超快响应、抗干扰能力强等优点。

每个 SHTxx 传感器都在极为精确的湿度校验室中进行校准。校准系数以程序的形式存储在 OTP 内存中，传感器内部在对检测信号的处理过程中要调用这些校准系数进行修正。两线制串行接口和内部基准电压，使系统集成变得简易、快捷。超小的体积、极低的功耗，使其成为各类应用甚至最为苛刻的应用场合的最佳选择。

1）结构及引脚

该产品提供表面贴片 LCC（无铅芯片）或 4 针单排引脚封装，如图 7-23 所示。可根据用户需求提供特殊封装形式。SHTxx 的内部结构如图 7-24 所示。

2）测量精度

不同型号的芯片，测量精度不同，如表 7-1 所示。

图 7-23　SHTxx 的封装

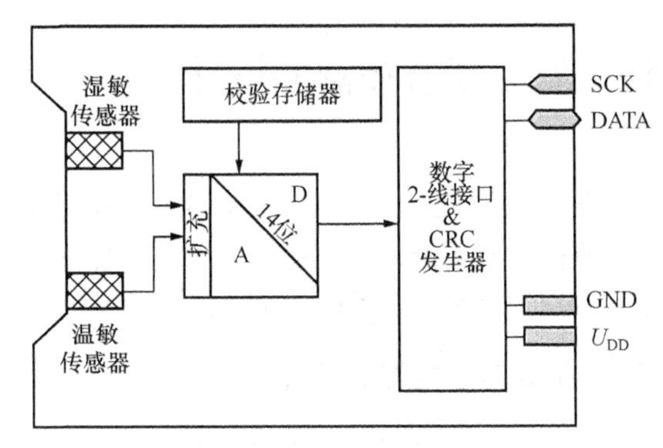

图 7-24　SHTxx 的内部结构

表 7-1　SHTxx 的测量精度

型号	测湿精度/%RH	测温精度/℃（在 25℃）	封装
SHT10	±4.5	±0.5	SMD（LCC）
SHT11	±3.0	±0.4	SMD（LCC）
SHT15	±2.0	±0.3	SMD（LCC）
SHT71	±3.0	±0.4	4 针单排直插
SHT75	±1.8	±0.3	4 针单排直插

3）接口

SHTxx 采用 2 线制通信机制，类似 I^2C 总线，但不兼容 I^2C 总线。与单片机的典型接口如图 7-25 所示。系统采用主从式串行通信。

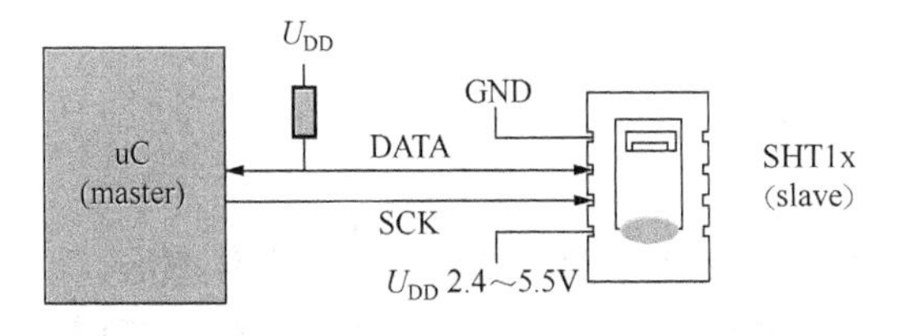

图 7-25　SHTxx 与单片机接口

SHTxx 的供电电压为 2.4～5.5V。传感器上电后，要等待 11ms 以越过“休眠”状态。在此期间无须发送任何指令。电源引脚（U_{DD}，GND）之间可增加一个 100nF 的电容，用于去耦滤波。

SHTxx 的串行接口，在传感器信号的读取及电源功耗方面，都做了优化处理；但与 I^2C 接口并不兼容。

SCK 用于微处理器与 SHTxx 之间的通信同步。由于接口包含完全静态逻辑，因此不存在最小 SCK 频率。

DATA 三态门用于数据的读取。DATA 在 SCK 时钟下降沿之后改变状态，并仅在 SCK 时钟上升沿有效。数据传输期间，在 SCK 时钟高电平时，DATA 必须保持稳定。为避免信号冲突，微处理器应驱动 DATA 在低电平。需要一个外部的上拉电阻（如 10kΩ）将信号提拉至高电平。上拉电阻通常已包含在微处理器的 I/O 电路中。

传感器用一组“启动传输”时序来表示数据传输的初始化，如图 7-26 所示。它包括：当 SCK 时钟为高电平时 DATA 翻转为低电平，紧接着 SCK 变为低电平，随后是在 SCK 时钟为高电平时 DATA 翻转为高电平。

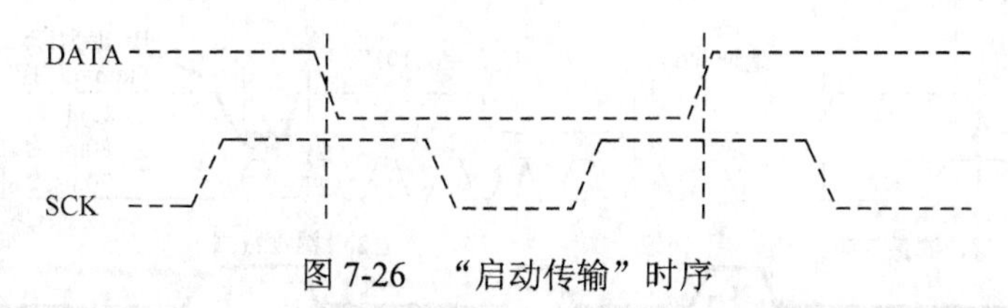

图 7-26　“启动传输”时序

后续命令包含 3 个地址位（目前只支持“000”）和 5 个命令位。SHTxx 会以下述方式表示已正确地接收到指令：在第 8 个 SCK 时钟的下降沿之后，将 DATA 下拉为低电平（ACK 位）。在第 9 个 SCK 时钟的下降沿之后，释放 DATA（恢复高电平）。

4）命令集

SHTxx 命令集如表 7-2 所示。

表 7-2　SHTxx 命令集

命令	代码
预留	0000x
温度测量	00011
湿度测量	00101
读状态寄存器	00111
写状态寄存器	00110
预留	0101x～1110x
软复位，复位接口、清空状态寄存器，即清空为默认值，下一次命令前等待至少 11ms	11110

5）测量时序（RH 和 T）

发布一组测量命令（“00000101”表示相对湿度 RH，“00000011”表示温度 *T*）后，控制器要等待测量结束。这个过程需要 20/80/320ms，分别对应 8/12/14 位测量。确切的时间与内部晶振速度有关，最多可能有 30%的变化。SHTxx 通过下拉 DATA 至低电平并进入空闲模式，表示测量结束。控制器在再次触发 SCK 时钟前，必须等待这个“数据备妥”信号来读出数据。检测数据可以先存储，这样控制器可以继续执行其他任务，在需要时再读出数据。

接着传输 2 字节的测量数据和 1 字节的 CRC 奇偶校验。单片机需要通过下拉 DATA 为低电平，以确认每个字节。所有的数据从 MSB 开始，右值有效（例如，对于 12 位数据，从第 5 个 SCK 时钟起算作 MSB；而对于 8 位数据，首字节则无意义）。用 CRC 数据的确认位，表明通信结束。如果不使用 CRC-8 校验，控制器可以在测量值 LSB 后，通过保持确认位 ACK 高电平，来中止通信。在测量和通信结束后，SHTxx 自动转入休眠模式。其时序如图 7-27 所示。

为保证自身温升低于 0.1℃，SHTxx 的激活时间不要超过 10%。例如，对应 12 位精度测量，每秒最多进行 2 次测量。

6）通信复位时序

如果与 SHTxx 通信中断，下列信号时序可以复位串口。

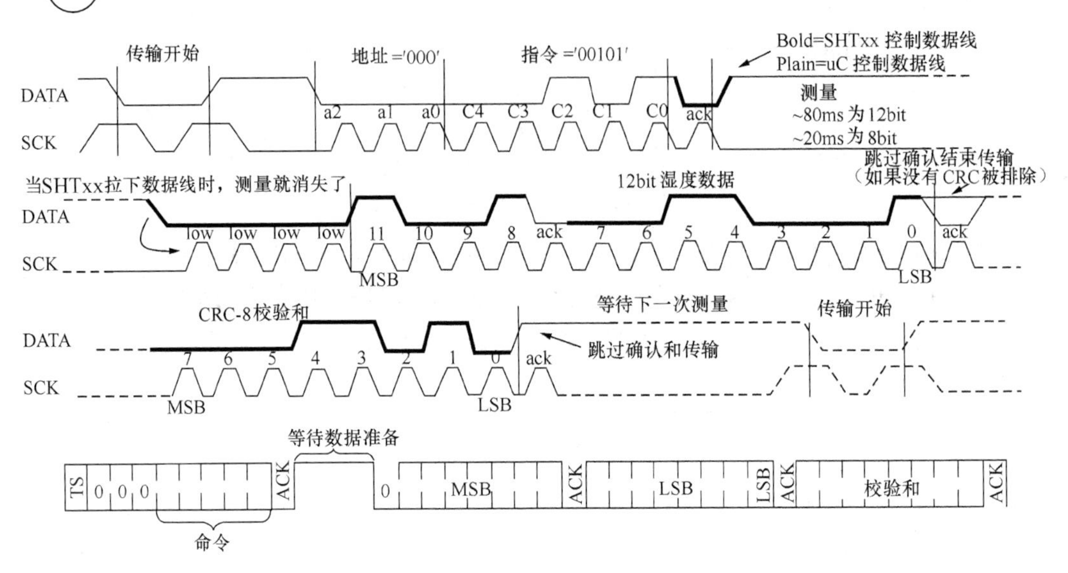

图 7-27　SHTxx 的测量时序

当 DATA 保持高电平时，触发 SCK 时钟 9 次或更多。在下一次指令前，发送一个“传输启动”时序，如图 7-28 所示。这些时序只复位串口，状态寄存器内容仍然保留。

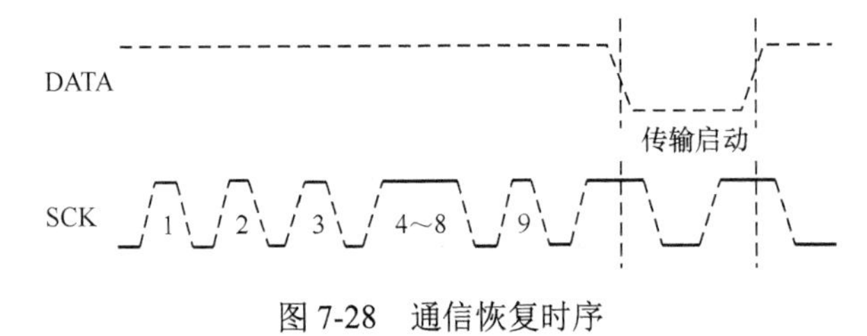

图 7-28　通信恢复时序

7）校验

数字信号的整个传输过程由 8 位 CRC 校验来确保。任何错误数据都将被检测到并清除。

8）测量分辨率

默认的测量分辨率分别为 14 位（温度）、12 位（湿度），也可通过设置指定的寄存器，分别降至 12 位和 8 位。通常在高速或超低功耗的应用中采用该功能。

9）加热元件

传感器芯片上集成了一个可通断的加热元件。接通后，可将 SHTxx 的温度提高 5～15℃（9～27℉）。功耗增加 8mA，5V。比较加热前后的温度和湿度值，可以综合验证两个传感器元件的性能。在高湿度（大于 95%RH）环境中，加热传感器可防止凝露，同时缩短其响应时间，提高测量精度。加热后较加热前，SHTxx 温度值略有升高、相对湿度值稍有降低。

2. 温湿度监控器的系统原理

温湿度监控器的系统原理如图 7-29 所示。上电运行后，可按键设置温湿度的上下限值，当温度达到上限值时，电动机 M_1 正转并且蜂鸣器响，同时 LED_2 闪烁；当温度达到下限值时，电动机 M_1 反转并且蜂鸣器响，同时 LED_1 闪烁。湿度达到上限时，电动机 M_2 正转并且蜂鸣器响，同时 LED_4 闪烁；当湿度达到下限时，电动机 M_2 反转并且蜂鸣器响，同时 LED_3 闪烁。

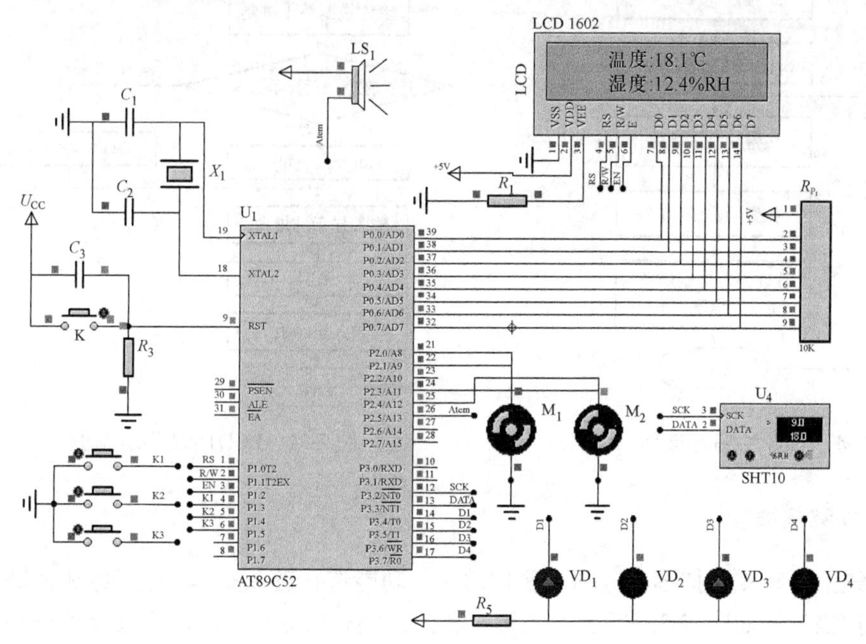

图 7-29　温湿度监控器的系统原理

7.10.3　温湿度监控器的软件设计

1. 主程序

程序上电后，要对 LCD1602、单片机等进行初始化工作，将 SHT10 传感器复位，在无外界操作前，不断进行按键、报警、读取数据等子程序的循环扫描。一旦有操作，则跳入相应的模块程序执行相应的功能，如图 7-30 所示。

2. LCD1602 显示模块

初始化 LCD1602 显示模块，设置 8 位格式，2 行，5×7 矩阵显示，关光标，不闪烁，增量不移位，清除屏幕显示，延时等待，将采集到的温湿度数据进行转换，将十六进制数据转换成十进制后，判断是否在第一行显示，输入相应的地址数据，延时等待，输入需要显示的数据，如图 7-31 所示。

3. 报警模块

首先对温度的上下限值进行判断，做相应的报警及驱动处理；再对湿度的上下限值进行判断，做相应的报警及驱动处理，如图 7-32 所示。

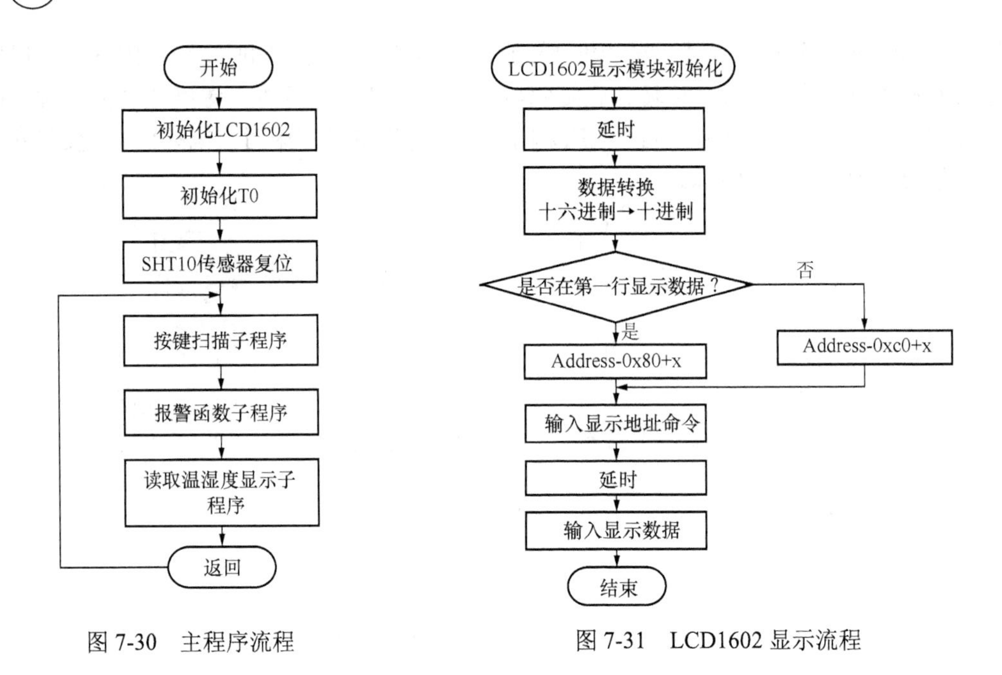

图 7-30　主程序流程

图 7-31　LCD1602 显示流程

4. 按键模块

系统主要有 4 个按键，分别为复位键 K、功能选择键 K_1、按键加 K_2 和按键减 K_3。按键的扫描流程如图 7-33 所示。当第一次扫描到有按键按下时，不会立刻行动，而是先调用延时消抖动子程序，经过一段时间后再判断是否真的有按键按下，然后根据按下的键进行相关操作，若判断并没有按键按下只是抖动，则继续扫描按键。

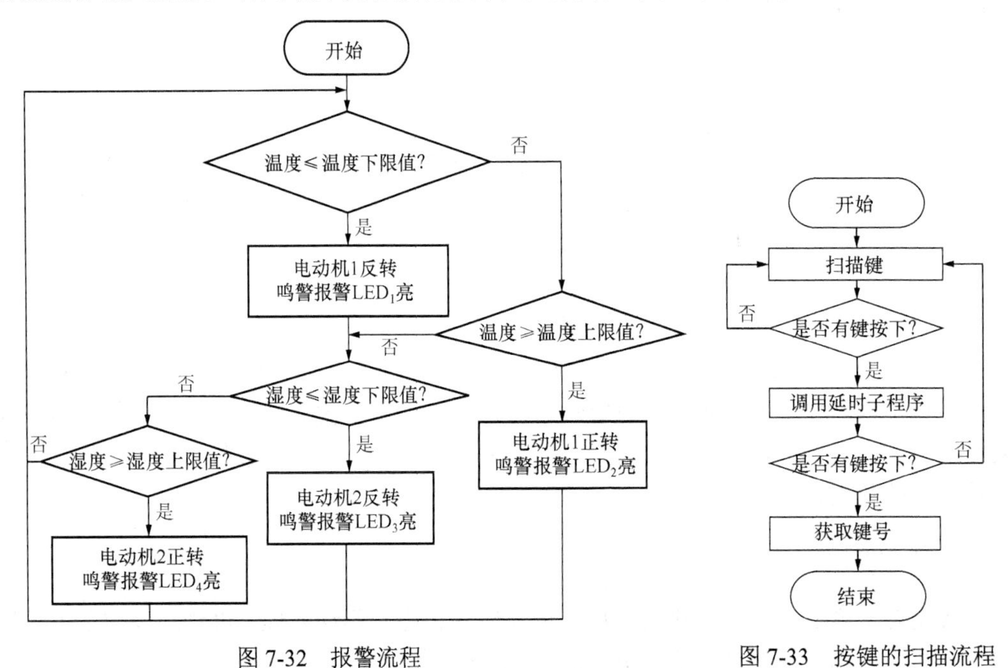

图 7-32　报警流程

图 7-33　按键的扫描流程

SHT10 的读写流程严格按照 SHT10 读写时序进行，不再赘述。

7.10.4　温湿度监控器的源程序

温湿度监控器的源程序代码请扫二维码查看。

温湿度监控器的源程序

思考与练习

7.1　绝对湿度和相对湿度的区别是什么?

7.2　查阅资料，认识一个具体型号的湿敏传感器。

7.3　了解水产养殖智能工厂中湿敏传感器的作用，设计一个湿敏传感器在该类智能工厂中的应用实例。

第 8 章　声敏传感器

声敏传感器是一种将在固体、液体或气体中传播的机械振动转换成电信号、可用于测量声波信号的器件或装置。不同类型的声波测量通常需要不同的声敏元件。声波按照频率可分为次声波、可听声波、超声波等 3 种类型。次声波是指频率低于 20Hz 的机械波，可听声波是指人耳所能听到的声音，频率在 20Hz～20kHz 的机械波，超声波是指频率高于 20kHz 的机械波。人类通过声音进行交谈、表达思想感情、开展各种活动。有些声音也会给人类带来危害，如震耳欲聋的机器声、呼啸而过的飞机声等。这些给人们生活和工作带来不利影响的声音叫噪声。从物理现象和生物生理学观点判断，一切无规律的或随机的声信号都叫噪声。噪声的判断也与人们的主观感觉和心理因素有关，即一切不希望存在的声音都是噪声。例如，在某些时候，某些情绪条件下音乐也可能是噪声。因此，正确识别、检测声音、消除噪声是提高人们生活质量的重要环节。此外，人们利用声波的机械作用、传播特性、空化作用、热效应和生化效应，可进行声波焊接、钻孔、测距、固体的粉碎、乳化、脱气、除尘、去锅垢、清洗、灭菌、促进化学反应和进行生物学研究等，在工业、农林牧渔业、医疗、军事等各个领域获得了广泛应用。

8.1　声音简介

1. 声音的强度

声音其实也可表示为经介质传递的压力变化，强的声音有较大的压力变化，弱的声音压力变化则较小。正常人耳能够听到的最微弱的声音叫“听觉阈”，约为 20 个微帕斯卡（μPa）的压力变化，即 20×10^{-6}Pa。由于用帕斯卡（Pa）来表达声音或噪声颇为不便，声音的强弱常用分贝（dB）来表示。dB 的定义是声源功率 P_2 与基准声功率 P_1 比值的对数乘以 10，即

$$\mathrm{dB}=10\times\lg\frac{P_2}{P_1} \tag{8-1}$$

dB 以“听觉阈”，即 20μPa 或 20×10^{-6}Pa 作为参考声压值，并定义这个声压为 0dB。

用对数标度来表达声音还有另一个优点，人类的听觉反应是基于声音的相对变化而非绝对变化。对数标度正好能表达人类耳朵对声音的相对反应。

2. 声音的频率范围

正常的人耳能听到 20Hz～20kHz 频率的声音。对于 2500～3000Hz 的声音，人类耳朵的反应最灵敏，而对于低频率的声音，则敏感度较低。

8.2　话筒

话筒又称传声器、麦克风，是声-电转换的换能器。声波作用到电声元件上产生电压，便将声音转换为电信号。话筒广泛应用于工农业生产和日常生活的各个领域。

8.2.1　阻抗变换型话筒

阻抗变换型话筒的一个典型实例是炭粒式送话器，其结构如图 8-1 所示。当声波经空气传播至膜片时，膜片产生振动，使膜片和电极之间炭粒的接触电阻发生变化，从而调制通过送话器的电流，该电流经变压器耦合至放大器，经放大后输出。

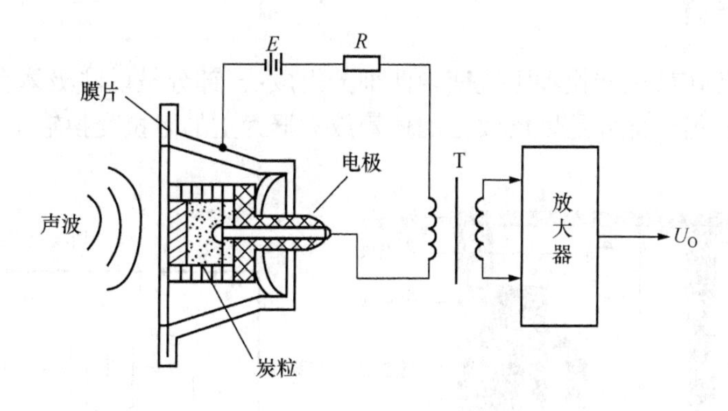

图 8-1　炭粒式送话器的结构

也可将电阻应变片或半导体应变片粘贴在膜片上。当声压作用在膜片上时，膜片产生形变，使应变片的阻抗发生变化，检测电路将这种变化转换为电压信号输出。

8.2.2　压电式话筒

压电式话筒是利用压电晶体的压电效应制成的，如图 8-2 所示。压电晶体的一个极面和膜片相连接，当声压作用在膜片上使其振动时，膜片带动压电晶体产生机械振动，压电晶体在机械应力的作用下产生随声压大小变化而变化的电压，从而完成声/电转换。压电话筒可广泛用于水声器件、微音器和噪声计等应用。

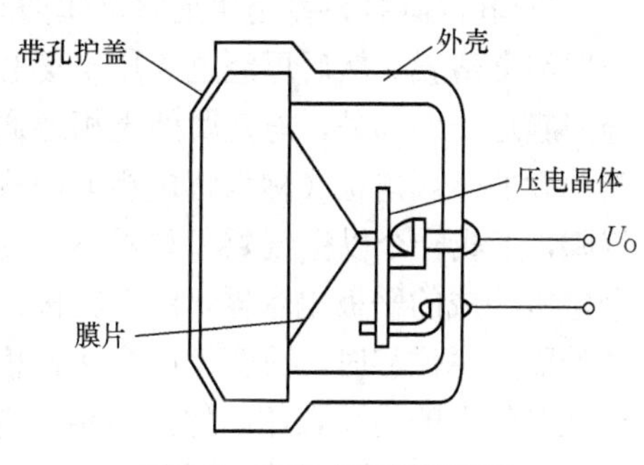

图 8-2　压电式话筒的结构

8.2.3　电容式话筒

图 8-3 所示为电容式话筒的结构。它由膜片、外壳及固定电极等组成，膜片为一片

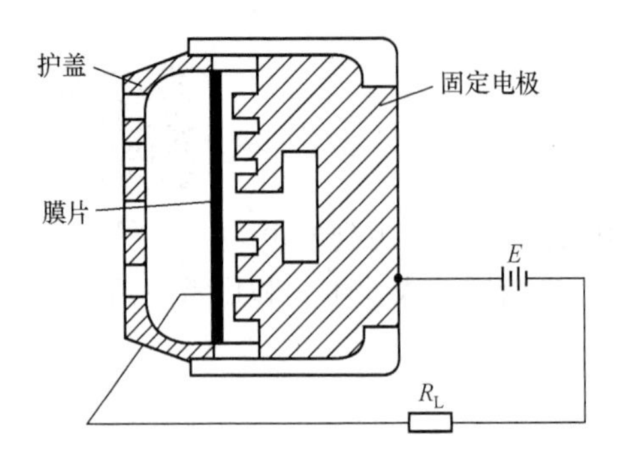

图 8-3　电容式话筒的结构

质轻而弹性好的金属薄片，它与固定电极组成一个间距很小的可变电容器。当膜片在声波作用下振动时，膜片与固定电极间的距离发生变化，从而引起电容量的变化。如果在传感器的两极间串接负载电阻 R_L 和直流电流极化电压 E，在电容量随声波的振动变化时，在 R_L 的两端就会产生交变电压。

电容式话筒的输出阻抗呈容性，由于其容量小，在低频情况下容抗很大，为保证低频时的灵敏度，必须有一个输入阻抗很大的变换器与其相连，经阻抗变换后，再由放大器进行放大输出。

8.2.4　驻极体话筒

驻极体话筒由声/电转换和阻抗变换两部分组成：一部分是以驻极体膜为主要元件的声/电转换部分；另一部分是以场效应晶体管放大器为主的阻抗变换输出部分，如图 8-4 所示。

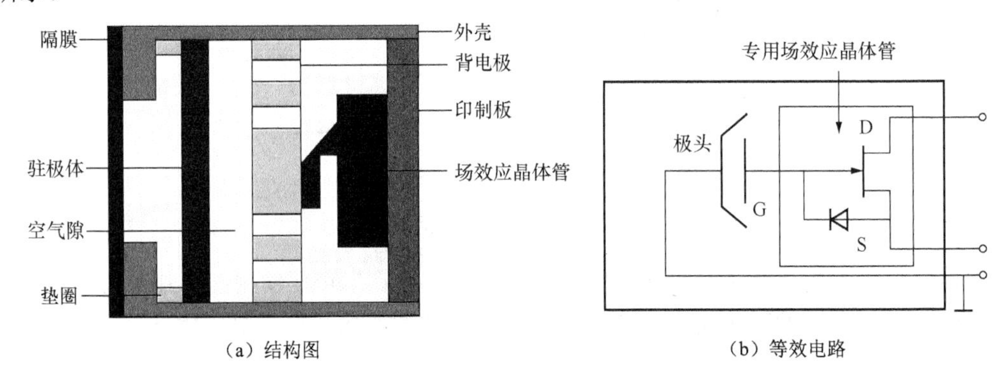

图 8-4　驻极体话筒的结构和等效电路

声/电转换的关键元件是驻极体振动膜。它是一片极薄的塑料膜片，在其一面蒸发上一层纯金薄膜。然后再经过高压电场驻极后，使膜片的两面分别驻有异性电荷。膜片的金薄膜这一面向外，与金属外壳相连通。话筒的基本结构由驻极体薄膜和一个上面有若干小孔的金属电极（称为背电极）构成。驻极体面与背电极相对，中间有一个极小的空气隙，形成一个以空气隙和驻极体作为绝缘介质，以背电极和驻极体上的金属层作为两个电极构成的平板电容器。由于驻极体薄膜上分布有自由电荷，当声波引起驻极体薄膜振动而产生位移时，改变了电容两极板之间的距离，从而引起电容的容量发生变化，由于驻极体上的电荷数始终保持恒定，根据公式：$Q=CU$，当 C 变化时，必然引起电容器两端电压 U 的变化，从而输出电信号，实现声/电变换。

由于实际电容器的电容量很小，输出的电信号极为微弱，输出阻抗极高，可达数百兆欧姆以上。因此，不能直接与放大电路相连接，必须连接阻抗变换器。通常用一个专用的场效应晶体管和一个二极管组成阻抗变换器。当驻极体膜片遇到声波振动时，引起电容两端的电场发生变化，从而产生随声波变化而变化的交变电压。经场效应晶体管放大后输出。

8.2.5 动圈式话筒

动圈式话筒的结构如图 8-5 所示。由磁铁和软铁组成磁路，磁场集中在磁铁芯柱与软铁形成的气隙中。在软铁的前部装有振动膜片，它与线圈相连，线圈套在磁铁芯柱上，位于强磁场中。当振动膜片受声波作用时，带动线圈做切割磁力线运动，产生感应电动势，从而将声音信号转变为电信号输出。由于线圈的圈数很少，因而在输出端还接有升压变压器，以提高输出电压。

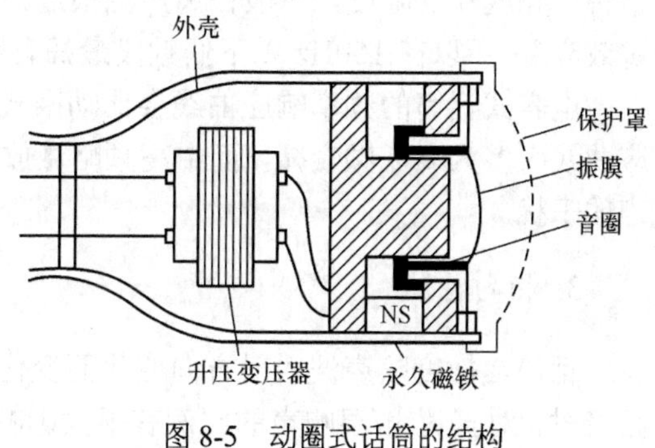

图 8-5 动圈式话筒的结构

8.2.6 话筒的特性

使用者可以根据话筒（麦克风）的技术参数和特定的用途，选择合适的产品。

1. *灵敏度*

灵敏度是表示话筒声/电转换效率的重要指标。它表示在自由声场中，话筒频率为 1kHz 恒定声压时，声源正向（即声入射角为零）所测得的开路输出电压。单位为毫伏/帕（mV/Pa）。1Pa 大约相当于人正常说话的音量在 1m 远处测得的声压。

动圈式话筒灵敏度为 1.5～4mV/Pa，而电容式话筒灵敏度比动圈式高 10 倍左右，为 20mV/Pa。

话筒的灵敏度也可以用 dB 表示，规定 1V/Pa 为 0dB。由于灵敏度都比 1V/Pa 小得多，所以灵敏度都是-dB。

话筒灵敏度高是件好事，它可以向调音台提供较高的输入电平，可以提高信噪比；但太高其输出电压也高，容易产生过激失真。

用于卡拉 OK 演唱时，话筒与嘴巴的距离很近，所以对灵敏度的要求并不高。如果用于乐队录音或舞台剧演出，则对灵敏度的要求较高。

2. *频率响应*

频率响应是反映话筒声/电转换过程中对频率失真的一个重要指标。话筒在恒定声压和规定入射角声波作用下，各频率声波信号的开路输出电压与规定频率话筒开路输出电压之比，称为话筒的频率响应，用 dB 表示。一般专业用话筒频响曲线容差范围在 2dB。频率响应是反映话筒接收到不同频率声音时，输出信号会随着频率的变化而放大或衰减的程度。最理想的频率响应曲线为一条水平线，代表输出信号能真实呈现原始声音的特性，但这种理想情况不容易实现。

话筒使用场合不同，要求频响范围和不均匀度范围也不同。

动圈话筒往往不取平坦频响曲线，而在高频段（3～5kHz）稍有提升，这样可增加拾音明亮度和清晰度。一般在离声源很近距离使用时，会出现低频提升现象，称为“近讲效应”，所以在 150Hz 以下低频段最好有明显衰减。

电容式话筒的频率响应曲线会比动圈式的平坦，还原更为真实。常见的话筒频率响应曲线大多为高低频衰减，而中高频略微放大；低频衰减可以减少录音环境周围低频噪声的干扰。

3. 指向特性

话筒灵敏度随声波入射方向变化而变化的特性称为指向性。用不同指向特性的话筒拾音时，对直达声/混响声的比例有很大影响。可以根据声源选择合适指向性的话筒。常见指向特性有全向型（无指向）、心形、超心型、双指向型（8 字形）等，如图 8-6 所示。

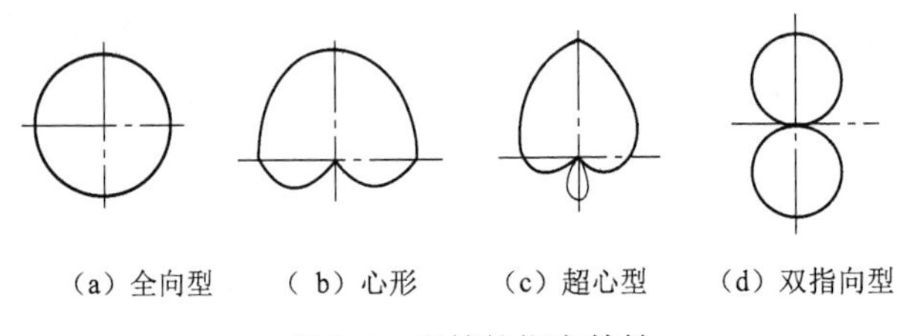

（a）全向型 （b）心形 （c）超心型 （d）双指向型

图 8-6 话筒的指向特性

（1）全向型（无指向）。此特性对所有 360° 方向声波入射有同等灵敏度。要拾取环境声时，通常都会使用全指向型的话筒，这样拾取到的声音会有强烈的空间感。

（2）心形。此特性对正面 180° 方向声波入射有效，背面声音被抑制。如要拾取正前方的声源，心形指向性的话筒较为理想。

（3）超心型。此特性正背面 90° 入射角同等效果。一般用于立体声拾音等。

（4）双指向型（也叫 8 字形）。它拾取两侧的声音，而不是正前方或者正后方的声音。典型的用途是放在两个乐器之间，或者是两个人面对面对着话筒时，它将两种声音录在一起，同时还保留了两者的独立性。双指向型话筒对来自两个方向的声音敏感。

4. 输出阻抗

输出阻抗是指话筒的交流内阻，在频率为 1000Hz、声压为 1Pa 时测得。一般而言，低于 600Ω 为低阻抗；600～1000Ω 为中阻抗；高于 1000Ω 为高阻抗。高阻抗话筒灵敏度有所提高，但容易感应交流声等外来干扰，电缆不宜长。舞台演出等专业用话筒基本上都采用低阻抗，不易引起干扰，电缆也可较长。

根据最大功率传输定理，当负载阻抗和话筒阻抗匹配时，负载的功率将达到最大值。不过在大部分阻抗不匹配的情况下，话筒依然能使用，也因此造成这项指标并未受到太大的重视。

5. 动态范围

动态范围是指话筒输出最小有用信号和最大不失真信号之间的电平差。动态范围小，会引起声音失真、音质变坏，因此要求有足够大的动态范围。

6. 信噪比

信噪比是指在规定输入电压下的输出信号电压与输入电压切断时输出所残留的杂音电压之比，也可看成最大不失真声音信号强度与同时发出的噪声强度之间的比率，一般以 dB 为单位。信噪比越高越好，信噪比越大，表示混在信号里的杂波越少，还原质量就越高。

7. 最大输入声压级

最大输入声压级是话筒所能承受的达到 0.5 总谐波失真的最大声压级的度量，一般用 dB 表示。

无论什么型号的话筒，其声/电变换非线性畸变都会随声音声压级的增加而加大，所以，每种话筒都有一个“最高适用声压级”的限度。当话筒所处的声压级超过这个限度时，话筒输出的电信号的非线性畸变会超过它能允许的程度，后面的电声设备就无法加以校正了。所以，使用的话筒必须要满足其在拾音点的声压级要求。

专业话筒的最大输入声压级一般定得较高，只要它和声源间的距离适当，就不会产生可闻的失真。

话筒的技术参数对使用话筒起到很好的参考作用，但不是绝对的，尤其是话筒的音色是不能用技术参数作标准的，音色更多取决于声音的谐波，而影响谐波的因素非常多，环境、演唱者、扩声录音器材是最主要的，甚至一个话筒支架、一块窗帘、一颗小小的螺钉都会对音色有影响。

8.3 扬声器

扬声器

扬声器俗称喇叭，是一种将电信号转换成声波的电-声换能器件。按工作原理，扬声器主要分为电动式扬声器、电磁式扬声器、静电式扬声器和压电式扬声器等。

8.3.1 电动式扬声器

电动式扬声器的结构如图 8-7 所示。当音圈中输入一个音频电流信号时，音圈相当于一个载流导体。如果将它放在固定磁场里，根据载流导体在磁场中会受到力的作用而运动的原理，音圈会受到一个大小与音频电流成正比、方向随音频电流变化而变化的力。这样，音圈就会在磁场作用下产生运动，并带动振膜振动，振膜前后的空气也随之振动，这样就将电信号转换成声波向四周辐射。这种扬声器应用最广泛。

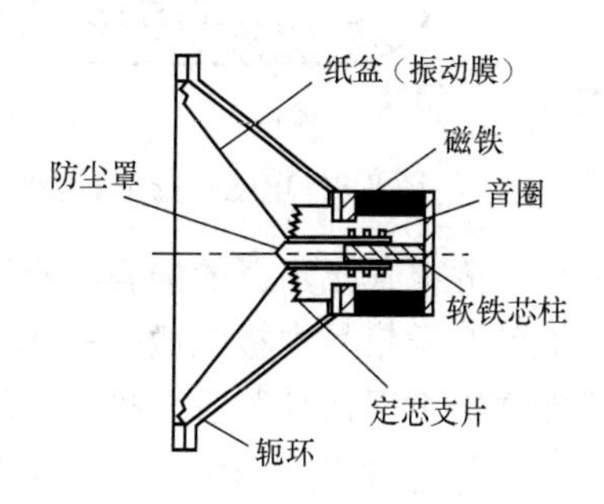

图 8-7　电动式扬声器的结构

8.3.2 电磁式扬声器

电磁式扬声器的结构如图 8-8 所示，也叫舌簧式扬声器。声源信号电流通过音频线圈后把用软铁材料制成的舌簧磁化；线圈、舌簧都处在极靴间的磁场中，线圈没有通入音频电流时，舌簧受极靴吸力和斥力相等，处于某一静止位置。当线圈通入音频电流后，便产生磁场，线圈磁场就与极靴磁场相互作用，使舌簧以支点为中心摆动起来，并带动悬臂运动。磁化了的舌簧与磁体相互吸引或排斥，产生驱动力，使振膜振动而发声。

电磁式扬声器音质圆润、丰满，声场均衡，发声清脆，音层分明，结构简单，价格低廉，但频率响应较差，一般为 250～3500Hz。电磁式扬声器广泛应用于电子电器、钟表、通信、低压电器、电子玩具、多媒体音响、笔记本电脑、家电等场合。

8.3.3 静电式扬声器

静电式扬声器的工作原理如图 8-9 所示，主要由前后开孔的信号极板组成，其中间有一薄膜（称振膜或发声膜）。通过充电电路，使振膜上充满静电荷，将音频信号加在两信号极板上产生交变的电场，振膜上静电荷在交变电场中受电场力推动，使得振膜随着音频信号振动，驱动空气而发声。

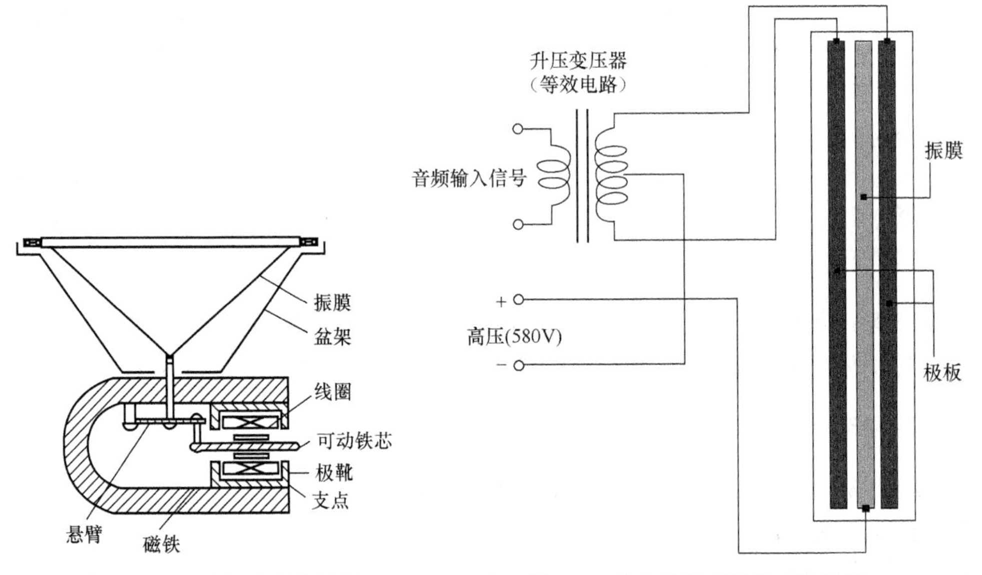

图 8-8 电磁式扬声器的结构

图 8-9 静电式扬声器的工作原理

静电式扬声器的振膜非常薄，厚度在 0.01mm 以下，因而瞬态反应非常快，可以捕捉到音乐信号中极细微的变化。弦乐器的松香声、歌唱者牙齿的碰撞声、纸屑落地声都能清晰重现，使聆听者极具临场感。

静电式扬声器除了生产工艺复杂和价格昂贵外，另一个缺点是低频响应不如电动式扬声器，音量也比较低。只适合聆听古典音乐、弦乐、人声和钢琴声。为了扩大静电式扬声器的使用范围，许多静电式扬声器都附加了电动式低音扬声器或匹配低音炮。

由于静电式扬声器是容性负载，其阻抗有时会低至 2Ω 以下。因为使用了升压变压器，静电式扬声器实际上是一个复杂的 LC 谐振回路。如果使用普通的晶体管放大器推动静电式扬声器，容易引起自激。静电式扬声器的反向电动势引起的反向冲击，容易击穿后级的功放管。所以，应该用输出阻抗低、无大环反馈的晶体管功率放大器，以及使用输出变压器去推动静电式扬声器。静电式扬声器的生产工艺极为复杂，因此价格昂贵。

8.3.4　压电式扬声器

压电式扬声器利用压电材料受到电场作用发生形变的原理制成。当给压电陶瓷片施加激励电场时，根据压电晶体的逆压电效应，压电陶瓷片即产生形变，而压电陶瓷片与扬声器的振动膜片连接在一起，当压电陶瓷片伸缩时，振动膜片就会振动，推动空气，辐射出声音。压电式扬声器的结构与压电效应如图 8-10 所示。

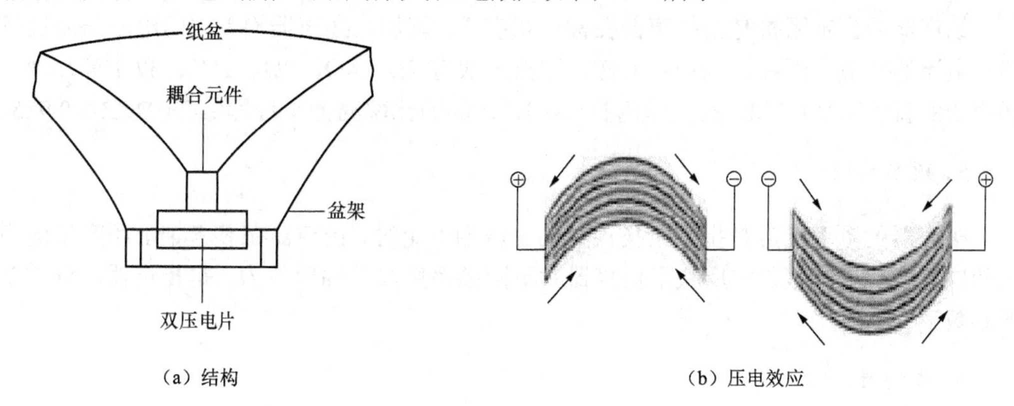

图 8-10　压电式扬声器的结构与压电效应

压电式扬声器具有超薄、紧凑的封装，适用于手机、笔记本电脑等便携式终端设备音频部分的灵活设计。

8.3.5　扬声器的特性

1. 额定功率

扬声器的额定功率是指扬声器能长时间工作的输出功率，又称为不失真功率，它一般标在扬声器后端的铭牌上，其单位为 W。当扬声器工作于额定功率时，音圈不会产生过热或机械振动过载等现象，发出的声音没有显著失真。额定功率是一种平均功率，而实际上扬声器工作在变功率状态，它随输入音频信号强弱而变化，在弱音乐及声音信号中，峰值脉冲信号会超过额定功率很多倍，由于持续时间较短而不会损坏扬声器，但有可能出现失真。因此，为保证在峰值脉冲出现时仍能获得很好的音质，扬声器需留足够的功率余量。一般扬声器的最大功率是额定功率的 2～4 倍。

2. 灵敏度

扬声器的灵敏度通常是指输入功率为 1W 的噪声电压时，在扬声器轴向正面 1m 处所测得的声压大小，其单位为 dB/W。灵敏度是衡量扬声器对音频信号中的细节能否安全重放的指标。若灵敏度高，则扬声器对音频信号中所有细节均能做出响应。

3. 谐波失真

扬声器的失真有很多种，常见的有谐波失真（多由扬声器磁场不均匀以及振动系统的畸变引起，常在低频时产生）、互调失真（因两种不同频率的信号同时加入扬声器，互相调制引起的音质劣化）和瞬态失真（因振动系统的惯性不能紧跟信号的变化而变化，从而引起信号失真）等。谐波失真是指重放时，增加了原信号中没有的谐波成分。扬声器的谐波失真来源于磁体磁场不均匀、振动膜的特性、音圈位移等非线性失真。

4. 额定阻抗

扬声器的额定阻抗是指扬声器在额定状态下，施加在扬声器输入端的电压与流过扬声器电流的比值。现在，扬声器的额定阻抗一般有 2Ω、4Ω、8Ω、16Ω、32Ω 等几种。扬声器的直流阻抗（DCR）与交流阻抗（ACR）之间的比率约为 1.1，即 ACR/DCR≈0.925。

5. 频率响应

扬声器的频率响应是指馈给扬声器的电压为恒定时，扬声器在参考轴上所产生的声压随频率变化的特性。它反映了扬声器对不同频率声波的辐射能力，是扬声器十分重要的参数。

6. 指向性

扬声器在不同方向上的辐射，其声压频率特性是不同的，这种特性称为扬声器的指向性。它与扬声器的口径有关，口径大时指向性尖，口径小时指向性宽。指向性还与频率有关，一般而言，对 250Hz 以下的低频信号，没有明显的指向性。对 1.5kHz 以上的高频信号则有明显的指向性。

7. 直流阻抗

直流阻抗是指在音圈线圈静止的情况下，通以直流信号而测试出的阻抗值。通常所说的 4Ω 或者 8Ω 是指额定阻抗。

8.4 超声波传感器

超声波传感器

超声波是一种机械振动波，具有波长短、绕射现象少、方向性好、传播能量集中等特点。超声波对液体、固体的穿透能力很强，尤其是对不透光的固体，它可以穿透几十米的深度。超声波碰到杂质或分界面时会产生反射、折射等现象，如图 8-11 所示。

超声波是一种在弹性介质中传播的机械振荡，通常把这种机械振荡在介质中的传播过程称为机械振荡波。振荡源在介质中可产生 3 种形式的振荡波，即纵波、横波、表面波。

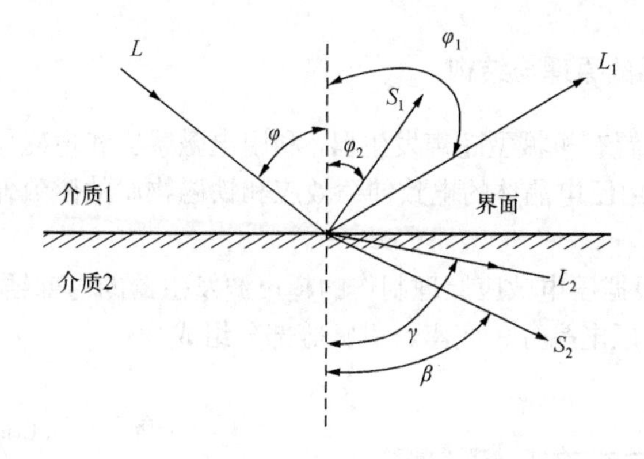

L—入射纵波；L_1—反射纵波；L_2—折射纵波；S_1—反射横波；S_2—折射横波。

图 8-11　超声波反射与折射

纵波的质点振动方向与波的传播方向一致，纵波能在固体、液体和气体中传播。

横波的质点振动方向垂直于波的传播方向，沿表面传播，横波只能在固体中传播，如图 8-12 所示。

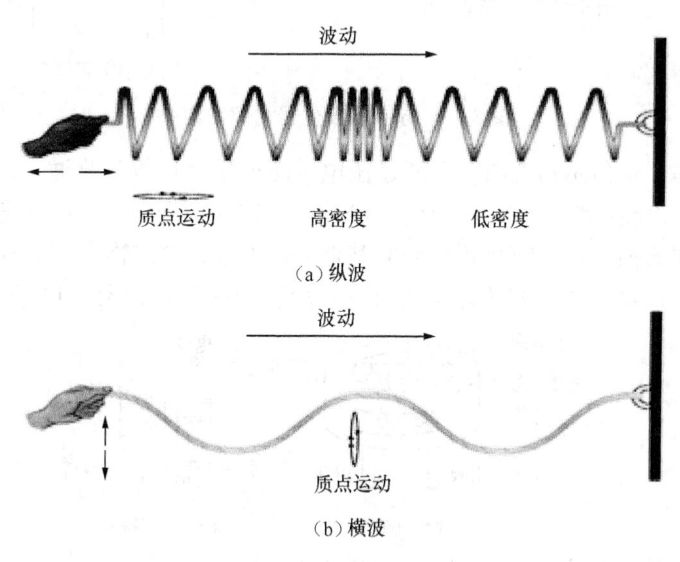

图 8-12　纵波与横波

当固体介质表面受到交替变化的表面张力作用时，质点做相应的纵横向复合振动。此时，质点振动所引起的波动传播只在固体介质表面进行，故称为表面波。

研究表明，在振幅相同的条件下，物体振动的能量与振动频率成正比，超声波在介质中传播时，介质质点振动的频率很高，因而能量很大。在我国北方干燥的冬季，如果把超声波通入水容器中，剧烈的振动会使容器中的水破碎成许多小雾滴，再用小风扇把雾滴吹入室内，就可以增加室内空气湿度，这就是超声波加湿器的原理。咽喉炎、气管炎等疾病可利用加湿器的原理，把药液雾化，让病人吸入，能够提高疗效。利用超声波巨大的能量还可以使人体内的结石做剧烈的受迫振动而破碎，从而排出体外，达到治愈的目的。另外，彩超、B 超等都是超声波的具体应用。

8.4.1 超声波传感器的原理与结构

产生超声波的装置有机械型超声发生器，利用电磁感应和电磁作用原理制成的电动超声发生器，以及利用压电晶体的电致伸缩效应和铁磁物质的磁致伸缩效应制成的电声换能器等。

图 8-13 所示为根据压电效应原理制作的超声波发生器的内部结构，主要由金属网、外壳、锥形共振盘、压电晶片、底座、引脚等部分组成。

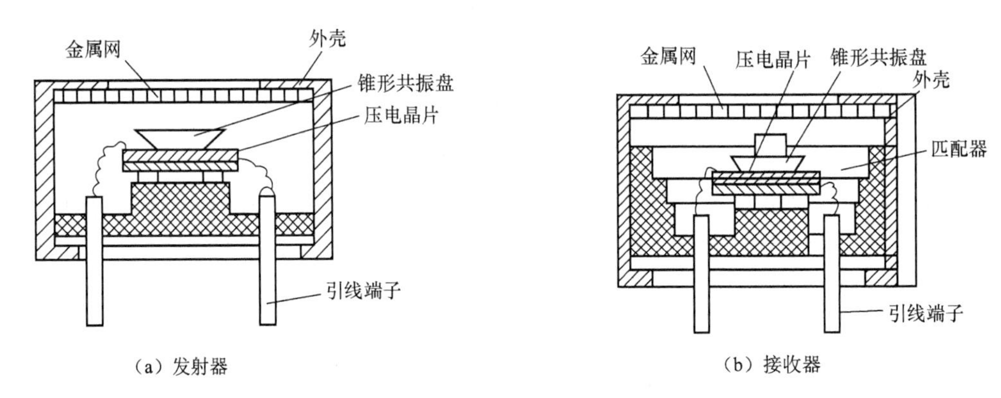

图 8-13　超声波发生器内部结构

压电陶瓷晶片是传感器的核心，通过压电效应产生并接收超声波；锥形共振盘能使发射和接收的超声波能量集中，并使传感器具有一定的指向角；金属外壳主要是为防止外力对内部元件的损坏，并防止超声波向其他方向散射；金属网起保护作用，但不影响超声波的发射和接收。超声波传感器的典型外形和表示符号如图 8-14 所示。

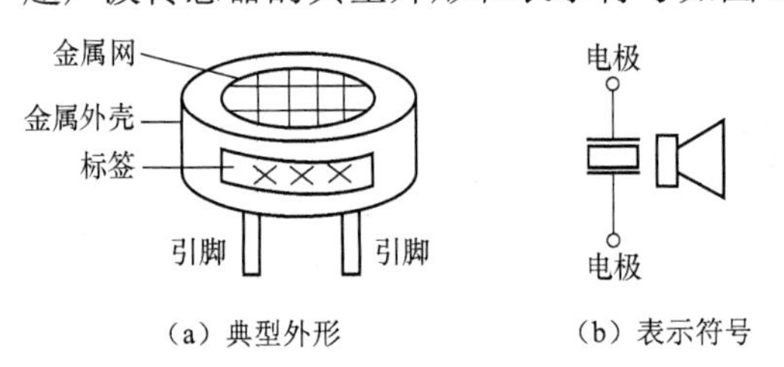

图 8-14　超声波传感器的典型外形和表示符号

压电效应分为逆效应和顺效应，超声波发送器利用的是压电逆效应。即在压电元件上施加高频电压，压电陶瓷片就会伸长与缩短，于是就能发射高频超声波。超声波接收器是利用顺压电效应原理制成的，即在压电元件的特定方向上受到超声波施加的压力，元件就发生应变，从而产生正负极性的电压。

用于室外的超声波传感器必须具有良好的密封性，以便防止雨水和灰尘的侵入。压电陶瓷被固定在金属盒体的顶部内侧。底座固定在盒体的开口端，并且使用树脂进行覆盖。对应用于工业机器人的超声波传感器而言，其精确度要求达到 1mm。

在高频探测中，必须使用垂直厚度振动模式的压电陶瓷。在这种情况下，压电陶瓷的声阻抗与空气的匹配就变得十分重要。压电陶瓷的声阻抗为 2.6×10^7kg/(m^2s)，而空气

的声阻抗为 4.3×10^{2}kg/(m^{2}s)。5 个幂的差异会导致在压电陶瓷振动辐射表面上的大量损失。通常是将一种特殊材料黏附在压电陶瓷上，作为声匹配层，可实现与空气的声阻抗相匹配。这种结构可以使超声波传感器在高达数百千赫兹频率的情况下，仍然能够正常工作。

8.4.2　超声波效应

当超声波在介质中传播时，由于超声波与介质的相互作用，使介质发生物理的和化学的变化，从而产生一系列力学的、热学的、电磁学的和化学的超声效应。

1. 机械效应

机械效应是指超声波在介质中传播时所产生的效应。超声波在介质中传播时，由于反射而产生机械效应，它能引起机体若干反应。超声波振动可引起组织细胞内物质运动，由于超声波的细微按摩，使细胞质流动，细胞振荡、旋转、摩擦，从而产生细胞按摩的作用，也称为“内按摩”，这是超声波治疗仪所独有的特性。它可以改变细胞膜的通透性，刺激细胞半透膜的弥散过程，促进新陈代谢，加速血液和淋巴循环，改善细胞缺血、缺氧状态，改善组织营养，改变蛋白合成率，提高再生机能等。也可使细胞内部结构发生变化，导致细胞的功能变化，使坚硬的结缔组织延伸、松软。超声波的机械作用可软化组织、增强渗透、提高代谢、促进血液循环、刺激神经系统和细胞功能，因此具有独特的治疗意义。

2. 温热效应

人体组织对超声能量有比较大的吸收本领，因此当超声波在人体组织中传播时，其能量不断地被人体组织吸收而变成热量，使组织的自身温度升高。这是机械能在介质中转变成热能的能量转换过程。超声温热效应可促进血液循环，加速代谢，改善局部组织营养，增强酶活力。一般情况下，超声波的热作用以骨和结缔组织最为显著，脂肪与血液为最少。

3. 理化效应

超声波的机械效应和温热效应均可促发若干物理、化学变化。实践证明，一些理化效应往往是上述效应的继发效应。

（1）弥散作用。超声波可以提高生物膜的通透性。超声波作用后，细胞膜对钾、钙离子的通透性发生改变，从而增强生物膜弥散过程，促进物质交换，加速代谢，改善组织营养。

（2）触变作用。在超声波作用下，可使凝胶转化为溶胶状态。对肌肉、肌腱有软化作用，可使一些与组织缺水有关的病理有改变，如对类风湿性关节炎病变以及关节、肌腱、韧带的退化性病变有治疗作用。

（3）空化作用。保持稳定的单向振动，或继发膨胀以致崩溃，使细胞功能改变，细胞内钙水平增高。纤维细胞被激活后，蛋白合成增加，血管通透性增加，血管形成加速，胶原张力增加。

（4）聚合作用与解聚作用。水分子聚合是将多个相同或相似的分子合成一个较大分子的过程。大分子解聚，是将大分子的化学物质变成小分子的过程。可使关节内增加水解酶和原酶活性。

（5）消炎、修复细胞和分子。在超声波作用下，可使组织 pH 向碱性方面发展。缓解炎症所伴有的局部酸中毒。超声可影响血流量，使白细胞移动，促进血管生成。促进或抑制损伤的修复和愈合过程，从而达到对受损细胞组织进行清理、激活、修复。

4. 化学效应

超声波可促使发生或加速某些化学反应。例如，纯的蒸馏水经超声波处理后产生过氧化氢；溶有氮气的水经超声波处理后产生亚硝酸；染料的水溶液经超声波处理后会变色或褪色。超声波还可加速许多化学物质的水解、分解和聚合过程。超声波对光化学和电化学过程也有明显影响。各种氨基酸和其他有机物质的水溶液经超声波处理后，特征吸收光谱带消失而呈均匀的一般吸收，这表明空化作用使分子结构发生了改变。

5. 空化作用

超声波作用于液体时可产生大量小气泡。一个原因是液体内局部出现拉应力而形成负压，压强的降低使原来溶于液体的气体过饱和，而从液体逸出，成为小气泡。另一个原因是强大的拉应力把液体“撕开”成一空洞，称为空化。空洞内为液体蒸气或溶于液体的另一种气体，甚至可能是真空。因空化作用形成的小气泡会随周围介质的振动而不断运动、长大或突然破灭。破灭时周围液体突然冲入气泡而产生高温、高压，同时产生激波。与空化作用相伴随的内摩擦可形成电荷，并在气泡内因放电而产生发光现象。在液体中进行超声波处理的技术大多与空化作用有关。

8.4.3 超声波传感器的典型应用

从超声波的行进方向来看，超声波传感器的应用可分为两种基本类型，即透射型和反射型，如图 8-15 所示。透射型超声波发射器与接收器分别置于被测物两侧，此种类型可以用于防盗报警器、接近开关等。反射型的发射器与接收器置于被测物的同一侧，可用于接近开关、测距、测厚、液位和料位测量、金属探伤等。

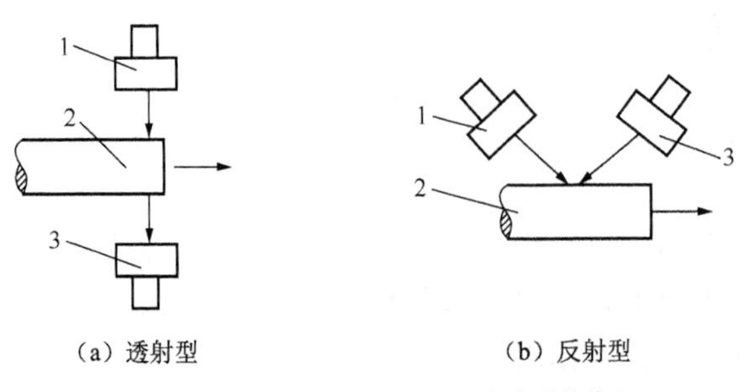

1—超声波发射器；2—被测物；3—超声波接收器。

图 8-15 超声波传感器应用的两种基本类型

1. 超声波遥控开关

图 8-16（a）所示为超声波发射电路。电路可采用分立元器件构成，也可用 NE555 组成。VT_1、VT_2、R_1、R_4、C_1、C_2 构成自激多谐振荡器。超声波发射器件 B 被连接在 VT_1 和 VT_2 的基极上以推挽形式工作，回路时间常数由 R_1、C_1 和 R_4、C_2 决定。超声波发射器件 B 的共振频率与多谐振荡电路的振荡频率一致时，电路可发射超声波。

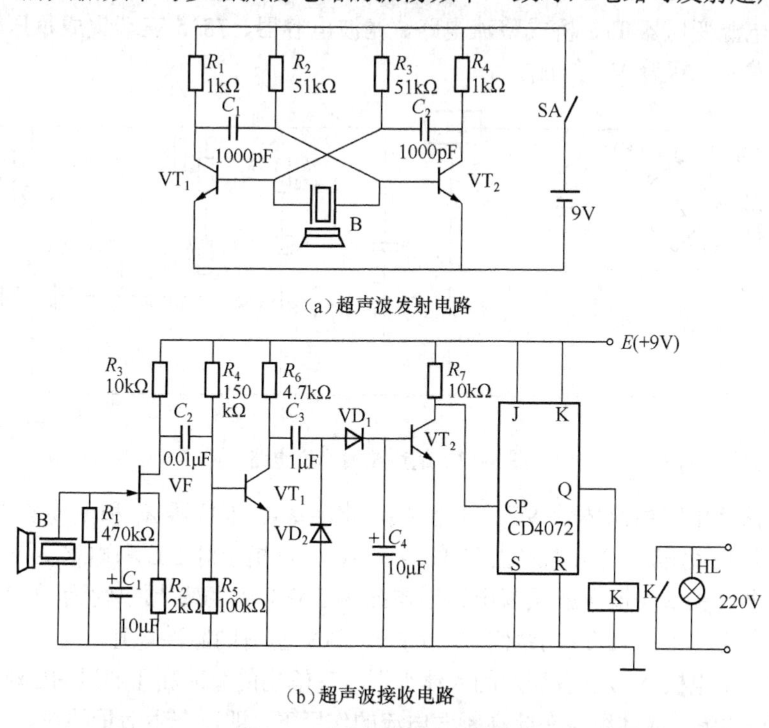

（a）超声波发射电路

（b）超声波接收电路

图 8-16　超声波遥控开关电路

图 8-16（b）所示为超声波接收电路。结型场效应晶体管 VF 构成高输入阻抗放大器，能够很好地与超声波接收器件 B 相匹配，可获得较高接收灵敏度及选频特性。VF 采用自给偏压方式，改变 R_3 的值即可改变 VF 的静态工作点。超声波接收器件 B 将接收到的超声波转换为相应的电信号，经 VF 和 VT_1 两级放大后，再经 VD_1 和 VD_2 将半波整流变为直流信号，作用于 VT_2，使 VT_2 由截止变为导通，其集电极输出负脉冲，使 JK 触发器触发翻转。JK 触发器 Q 端的电平直接驱动继电器 K，使继电器 K 的辅助触点吸合或释放，继电器 K 的触点控制电路的开关。

在发射电路中，VT_1 选用 CS9013 或 CS9014 等小功率晶体管，$\beta \geq 100$，超声波发射器件 B 选用 S-40-16，电源选用 9V 叠层电池，以减小发射器体积和重量。在接收电路中，VF 选用 3DJ6 或 3DJ7 等小功率结型场效应晶体管。VT_1、VT_2 选用 CS9013，$\beta \geq 100$。VD_1 和 VD_2 选用 1N4148。JK 触发器选用 74LS76。超声波接收器件选用 R-40-16 与 S-40-16 配对使用。继电器 K 选用 HH310。

2. 超声波治疗仪

医学研究表明，超声波对人体组织细胞具有微按摩作用，可促进血液循环，改善肌体组织的营养及新陈代谢，提高肌体组织的代谢能力，同时还具有增加热能和消炎、消肿的功效。

超声波治疗仪电路由电源电路、超声波振荡电路和输出电路组成，如图 8-17 所示。电源电路由电源变压器 T_1、桥式整流电路、滤波电容器、7815 三端集成稳压器、开关 S 和电源指示发光二极管 VL 组成。

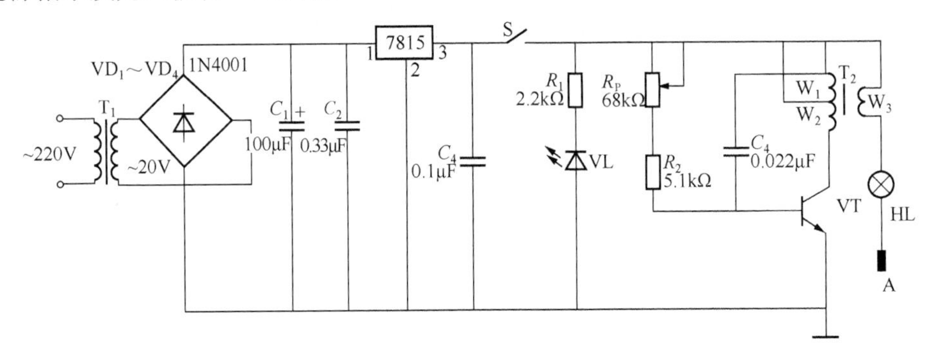

图 8-17 超声波治疗仪电路

超声波振荡电路由晶体管 VT、电容 C_4、电阻 R_2、电位器 R_P 和振荡变压器 T_2 的绕组 W_1、绕组 W_2 组成。输出电路由 T_2 的绕组 W_3、氖指示灯 HL 和电极 A 组成。

接通电源开关 S，超声波振荡电路通电振荡工作，其振荡频率约为 40kHz。超声波振荡电路振荡工作后，在 T_2 的绕组 W_3 上产生 5kV 左右的脉冲电压。

使用时，用电极 A 接触有病灶的人体组织，T_2 输出的脉冲高压通过 HL 对人体辉光放电，产生放电电流。人体组织在此高频弱电流的作用下，即可产生适量的热量，起到消炎、镇痛的作用。调节 R_P 的阻值、改变 C_4 的充电速度，就可改变超声波振荡器的振荡频率。

R_1 和 R_2 均选用 1/4W 金属膜电阻器。R_P 选用小型合成碳膜电阻器或可变电阻。C_1 选用耐压值为 25V 的铝电解电容器；C_2 选用独石电容器或 CBB 电容器。VL 选用 ϕ5mm 的绿色发光二极管。VT 选用 S9015 或 3CG9015 型硅 NPN 型晶体管。S 选用小型单极式开关。

3. 超声波探伤

超声波探伤是一种无损探伤技术，是对工业产品进行无损检测与质量管理的一种十分重要的手段。主要用于检测板材、管材、锻件和焊缝等材料中的缺陷（如裂缝、气孔、夹渣等）。国内外在图像化的超声波探伤技术方面，取得了显著成就，已被广泛应用到冶金、机械、造船、航空、建筑、化工以及原子核能等许多工业领域。探伤方法多种多样，这里仅介绍脉冲反射法。

根据不同的探伤要求，可用不同的探头。例如，锻件探伤一般用（纵波）直探头，焊缝探伤一般用（横波）斜探头，管材探伤一般用水浸聚焦探头，对板材或钢轨探伤一般用轮式探头，对叶片还可采用专用微型表面波探头等。

测试前，先将探头插入探伤仪的连接插座上，探伤仪面板上有一个荧光屏，通过荧光屏可知工件中是否存在缺陷、缺陷大小及缺陷位置。测试时，探头放在工件上，并在工件上来回移动进行检测，探头发出的超声波，以一定的速度向工件内部传播，如果工件中没有缺陷，在超声波传到工件底部才反射，在荧光屏上只出现脉冲 T 和 B，如图 8-18（a）所示。如果工件中有缺陷，一部分超声波在缺陷处反射，另一部分继续传播到工件底部反射，在荧光屏上出现 3 个脉冲，多了一个脉冲 F，如图 8-18（b）所示。通过缺陷脉冲在荧光屏上的位置可确定缺陷在工件中的位置，也可以通过缺陷脉冲的幅度高低来判别缺陷的大小。

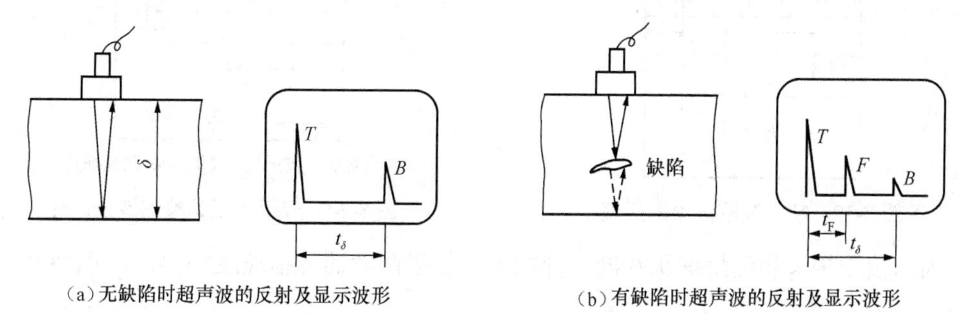

（a）无缺陷时超声波的反射及显示波形　（b）有缺陷时超声波的反射及显示波形

图 8-18　超声波探伤示意图

超声波探伤因具有检测灵敏度高、速度快、成本低等优点，得到人们的普遍重视，并在生产实践中得到广泛的应用。

4. 超声测距

超声波测距的原理：超声波发射器发射超声波，通过被测物体的反射，接收器接收回波，从发射到接收的时差就决定了被测物体的距离，是一种非接触式测量。安装、调试简单，维修、保养方便，测量精度高。可非接触测量有腐蚀性的各种液体、固体，实现料位、液位的自动化控制。

超声波物位传感器是利用超声波在两种介质的分界面上的反射特性制成的，通过测量超声波从被测物界面反射的回波时间，即可确定物位的高低。其检测原理如图 8-19 所示。超声波发射器被置于容器底部，当它向液面发射短促的脉冲时，在液面处产生反射，回波被超声波接收器接收。若超声波在液体中传播的速度为 v，从发射到接收的时间为 t，则液面高度 H 可表示为

$$H=\frac{1}{2}vt \tag{8-2}$$

超声波探头也可以装在液面的上方，让超声波在空气中传播，这种方式便于安装和维修。

超声脉冲的传播时间 t 可以用适当的电路进行精确测量，而速度 v 会随着介质的温度、成分等变化而变化，如 0℃时为 331.36m/s、20℃时为 343.38m/s。因此，需要采取有效的补偿措施。可以设置校正具，如图 8-20 所示。在被测介质中安装两组换能器探

头，一组用于测量探头，另一组用于校正探头。校正的方法是将校正用的探头固定在校正具的一端，校正具的另一端是一块反射板，由于校正探头到反射板的距离 L_0 为一个固定长度，测出超声脉冲从校正探头到反射板的往返时间 t_0，则可得超声波在介质中的传播速度为

$$v_0 = \frac{2L_0}{t_0} \tag{8-3}$$

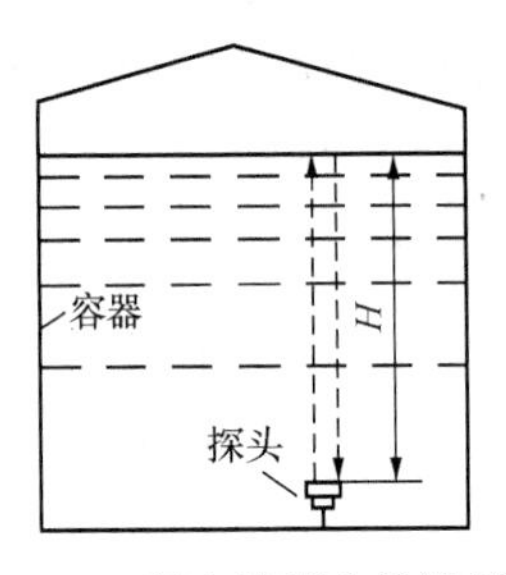

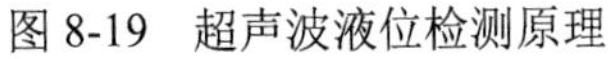
图 8-19 超声波液位检测原理

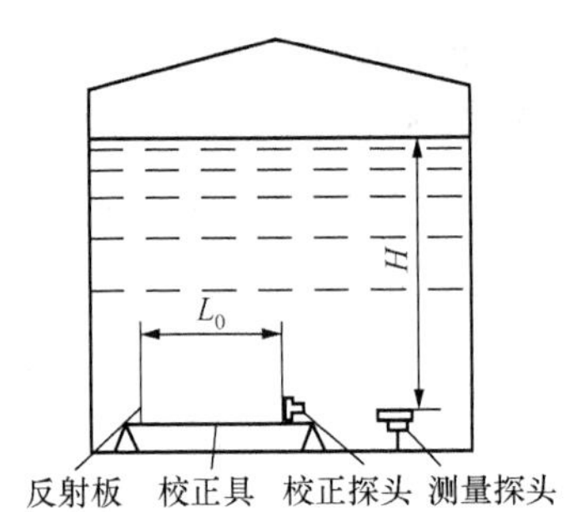

图 8-20 应用校正具检测液位原理

因为校正探头和测量探头在同一介质中，如果两者的传播速度相等，即 $v_0 = v$，则可得

$$H = \frac{L_0}{t_0}t \tag{8-4}$$

由式（8-4）可知，只要测出时间 t 和 t_0，就能获得物位 H，从而消除声速变化引起的误差。

超声波测距还可以应用到其他地方，如机器人防撞、各种超声波接近开关、自动门、倒车雷达、交通车辆的检测以及防盗报警等。

8.5 超声测距仪的设计

8.5.1 超声波测距仪的系统结构

利用超声测距原理测量物体之间的距离，当此距离小于某一设定值时，及时提醒。

系统以 AT89C51 单片机为控制核心，用 HC-SR04 超声波测距模块测量距离，经温度补偿后，用液晶显示距离，超过指定距离，用蜂鸣器报警提示，如图 8-21 所示。系统分为 5 个模块，即单片机、超声模块、DS18B20、LCD1602、蜂鸣器。

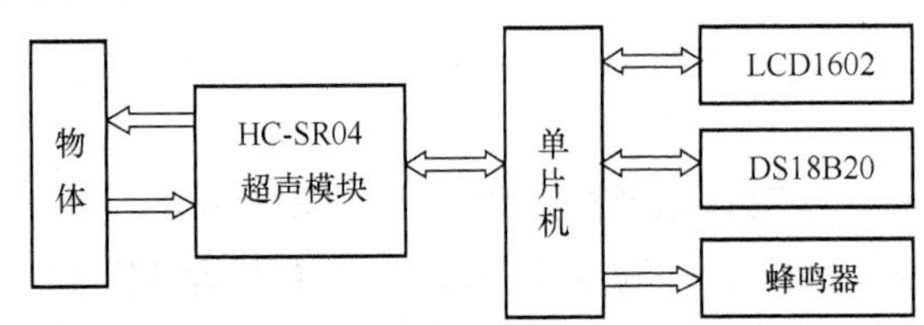

图 8-21 超声波测距仪的系统结构

8.5.2　超声波测距仪的硬件设计

1. 超声波测距模块

超声波测距仪系统选用 HC-SR04 超声测距模块，如图 8-22 所示。测量范围为 2～450cm，精度可达 0.3cm。当单片机给 TRIG 引脚提供至少 10μs 的高电平时，模块会自动发送 8 个 40kHz 的方波，并自动检测是否有信号返回；当有信号返回时，通过 Echo 端输出一个高电平，该高电平持续的时间为超声波发射到返回的时间。

$$测试距离 = \frac{\text{Echo}高电平时间 \times 声速}{2} \tag{8-5}$$

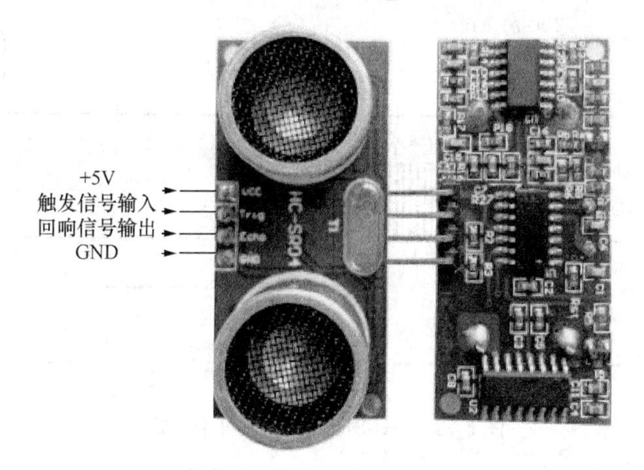

图 8-22　HC-SR04 模块实物

引脚说明如下。

U_{CC}：供 5V 电源。

GND：地线。

Trig：触发信号输入。

Echo：回响信号输出。

HC-SR04 模块的电气参数如表 8-1 所示。

表 8-1　HC-SR04 模块的电气参数

电气参数	HC-SR04 超声波模块
工作电压	直流 5V
工作电流	15mA
工作频率	40kHz
最远射程	4m
最近射程	2cm
测量角度	15°
输入触发信号	10μs 的 TTL 脉冲

续表

电气参数	HC-SR04 超声波模块
输出回响信号	输出 TTL 电平信号，与射程成比例
规格尺寸	45mm×20mm×15mm

HC-SR04 模块的工作时序如图 8-23 所示。只需要提供持续 10μs 以上的脉冲触发信号，此模块就会自动发出 8 个 40kHz 周期的电平并检测回波。当检测到有回波信号时，就设置输出回响信号为高电平。回响信号的脉冲宽度与所测的距离成正比。根据从发射信号到收到回响信号的时间间隔可以计算得到距离。建议测量周期为 60ms 以上，以防止发射信号对回响信号的影响。

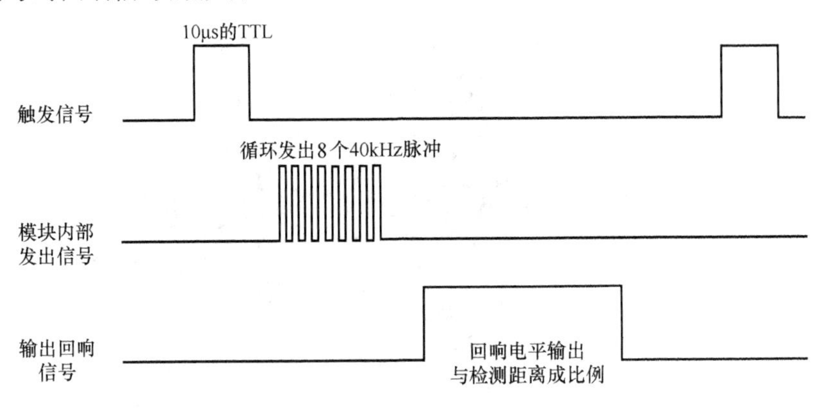

图 8-23　HC-SR04 模块的工作时序

此模块不宜带电连接，若要带电连接，则先让模块的 GND 端接地；否则会影响模块的正常工作。测距时，被测物体的面积不能小于 $0.5m^2$，且要求平面尽量平整；否则将影响测量结果。

2. 超声波测距仪系统电路原理

超声波测距仪系统电路原理如图 8-24 所示。HC-SR04 超声波测距模块的测距信号 Echo 为高电平时，启动单片机定时器定时，Echo 为低电平时，停止定时。根据式（8-5）即可计算出距离，发给液晶显示模块显示，单片机将计算出的距离和警戒距离做比较，当物体距离小于警戒距离时，驱动蜂鸣器报警。

8.5.3　超声波测距仪的软件设计

1. 主程序

系统启动后，首先进行初始化，然后进行温度测量、距离测量。最后将测量结果送到 LCD1602 上显示。如果测量距离超出规定范围，则报警提示。

单片机定时器 T_0 用于测距定时。单片机晶振为 12MHz（11.953MHz），计数时 T_{cy}=1μs。

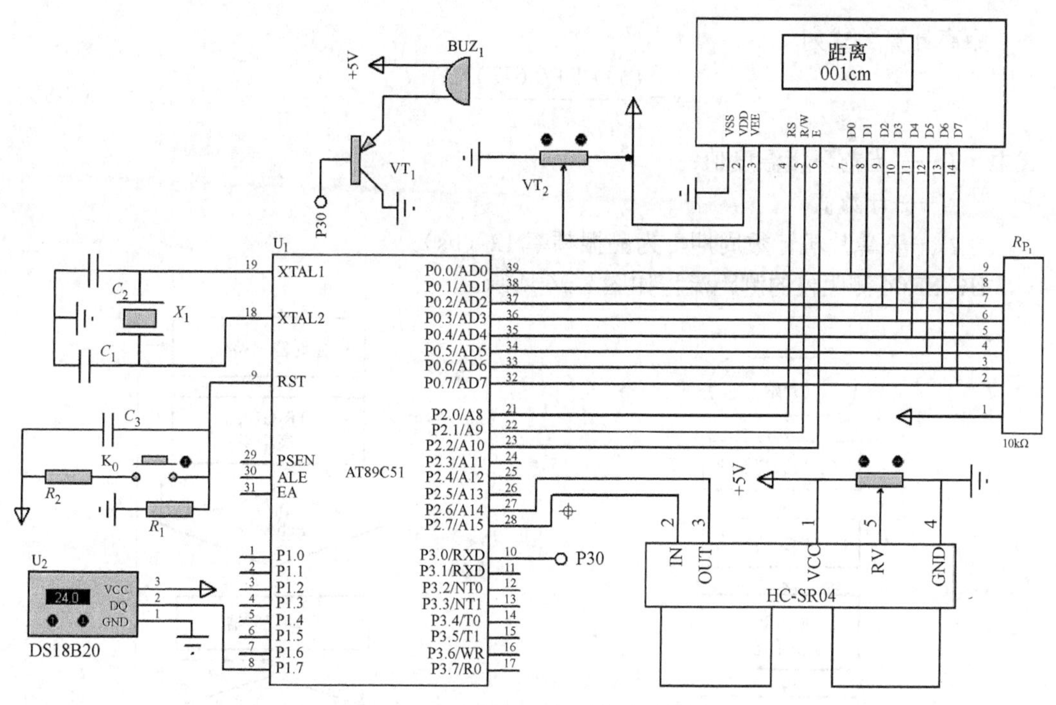

图 8-24　超声波测距仪系统电路原理

使用 DS18B20 测量环境温度，并对声速进行校正，即

$$v = 334.1 + 0.61T \tag{8-6}$$

距离计算公式为

$$s = \frac{(334.1 + T \times 0.61) \cdot N \cdot T_{cy}}{2} \tag{8-7}$$

N 为 T_0 的计数值=$TH_0 \times 256 + TL_0$

超声波测距仪的主程序流程如图 8-25 所示。

2. HC-SR04 测距仪的流程

单片机的 P2.5 口接 HC-SR04 的 Trig 端口，P2.6 口接 HC-SR04 的 Echo 端口，HC-SR04 模块收到测试回波信号后，Echo 口输出一个高电平，并开始测试距离，单片机检测到 Echo 口高电平后即启动计数器开始计数，直到单片机检测到 Echo 口变成低电平时，停止计数，计数器的计数值乘以单片机计数周期就是超声波从发射到接收的往返时间，即距离 $s = v \cdot t/2$ 。

由于在室温下，声速受温度的影响，其变化关系为

$$v = 334.1 + 0.61T \tag{8-8}$$

式中　T——当前温度。

利用 DS18B20 温敏传感器可以得到环境温度，补偿温度对声速的影响。当温度高于 26℃或低于 14℃时，上述公式就不能满足对测量的修正了，所以高于 26℃时取 26℃，低于 14℃时取 14℃。

距离计算公式为

$$s=\frac{(334.1+0.61T)\cdot N\cdot T_{cy}}{2} \tag{8-9}$$

式中　T——当前环境温度值；

N——计数值；

T_{cy}——单片机计数周期，为晶振频率/12（μs）。

HC-SR04 测距仪的测距流程如图 8-26 所示。

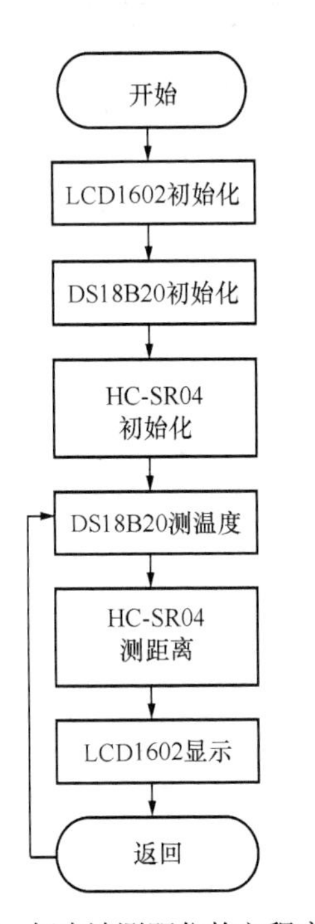

图 8-25　超声波测距仪的主程序流程

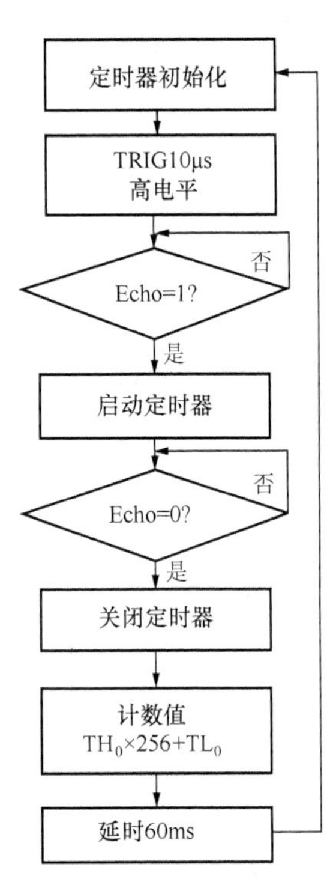

图 8-26　HC-SR04 测距仪的测距流程

8.5.4　超声波测距仪的源程序

超声波测距仪的源程序代码请扫二维码查看。

超声波测距仪的源程序

思考与习题

8.1　声音的频率范围是多少？

8.2　查阅资料认识一个扬声器、话筒的封装、技术指标和典型应用。

8.3　查阅资料，认识一个具体型号的超声波传感器的封装、技术指标和典型应用。

8.4　了解水产养殖智能工厂中声敏传感器的作用，设计一个声敏传感器在该类智能工厂中的应用实例。

第 9 章　生化传感器

生化传感器是一种能够将特定的化学量和生物量按照一定的规则转换成可以接收到的电信号、光信号等物理信号，从而分析出检测物质的种类与多少的装置或器件。生化传感器一般由两部分组成：第一部分是生化识别器，也就是能够识别特定检测物质的特定材料，一般分为化学与生物识别元件，如半导体材料 ISFET 或酶、DNA、组织和微生物等；第二部分是信号转换装置，也就是能够将检测到的变化转换成可以测量的电信号、光信号等，根据信号变化的大小识别出检测物质的种类和多少。

9.1　生化传感器的分类

随着各种新材料、新原理和新技术不断涌现，生化传感器的种类也越来越丰富，研究的方向也越来越多，并且逐渐产品化和商业化，广泛应用在化工、食品、医药、农业、环境监测及科研等各个领域。特别是在精密医学和医疗领域，仪器和技术正经历着从电化学、光学到纳米电子技术的革命性转变，电子生物传感器极有可能成为医学诊断应用的主要传感技术。按照检测原理可以将当前比较热门的生化传感器划分为如图 9-1 所示的几种类型。

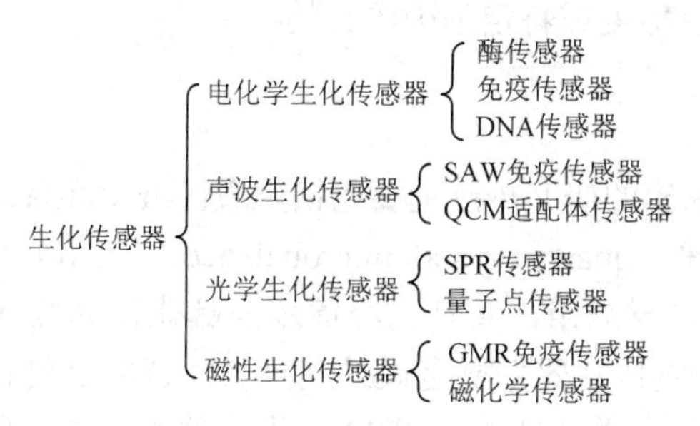

图 9-1　生化传感器的分类

1. 电化学生化传感器

电化学生化传感器是生化传感器技术领域研究时间最长、技术最为成熟的生化传感器之一。从早期提出的用葡萄糖氧化酶与氧电极组合检测葡萄糖的电化学生化传感器，到后来逐渐发展成包括酶传感器、DNA 传感器、免疫传感器等，在环境监测、水质监测、医疗技术和工业生产等多个领域有着广泛应用，如便携式的血糖检测仪、尿素检测仪等。

其中，酶传感器是研究比较成熟的电化学生化传感器之一，它的工作原理是将酶、核酸、细胞等物质作为感受器感受检测的特定物质，通过一系列生化反应将检测到的电化学信号转换成能够被识别的电信号或光信号等，再用电极定量地检测与分析待测物与电信号之间的关系分析测定目标物。常见的酶传感器有葡萄糖传感器、尿素传感器、胆固醇传感器、蛋白质传感器等，其中葡萄糖传感器是到目前为止技术最成熟、使用最广泛的酶生物传感器之一。

根据电子转移机制的不同，葡萄糖传感器的发展已经经历了三代，第一代葡萄糖传感器葡萄糖氧化电极通过测定反应过程产生或者消耗的电活性物质的量来确定被测物的浓度，即通过检测氧气的消耗、过氧化氢的产生或者酸度的变化来间接测定葡萄糖的含量；第二代葡萄糖传感器是用小分子的电子媒介体，如二茂铁及其衍生物、苯醌类和纳米材料等代替氧传递酶与电极之间的电子通道，通过媒介体的电流变化大小来检测待测物的浓度；第三代葡萄糖传感器则将酶直接固定到电极表面，使酶的活性中心部位与电极相接近，从而更好地与检测物发生反应，充分地实现电子转移。

目前，研究发现随着纳米技术的发展，纳米粒子也可以与膜材料结合进而改进生物传感器的性能。

免疫传感器的工作原理是将免疫物质固定在电极表面作为感受器，利用免疫物质抗体与抗原一一对应的特点，对特定的物质进行检测，当电化学反应达到平衡状态时，将生化反应中物质的量变化转换成电信号，从而达到检测的目的。

DNA 传感器的工作原理是以单链或基因探针为感受器，通过检测核酸的杂交反应，将生化反应中特定物质的量变化转换成电信号或者光信号，从而达到检测的目的。在适当的温度、pH 和离子强度下，固定在电极表面的 DNA 探针分子能与目标物选择性杂交，形成双联 DNA，导致电极表面结构发生改变，从而改变电极的信号传导，通过检测电信号的变化来达到检测目标物或特定基因的目的。

2. 声波生化传感器

目前，声波生化传感器的研究热点主要包括声表面波（surface acoustic wave，SAW）传感器和石英晶体微天平（quartz crystal microbalance，QCM）传感器，在环境监测、医疗检测等领域得到了广泛应用，并且已经逐步商品化，如 SAW 免疫传感器和 QCM 适配体传感器。SAW 免疫传感器主要是通过叉指换能器将目的抗原或抗体对应的配体分子的含量转化为振荡频率进行检测。QCM 适配体传感器是利用石英晶体的压电效应制成的质量检测仪器，测量精度可达纳克级。该检测器利用 DNA 探针分子固定在石英晶片表面，然后通过特定分子识别膜特异性、分子空间排布取向等来检测目标物。

3. 光学生化传感器

光学生化传感器随着分子印迹等技术的发展，近几年也成为研究的热点。其中，表面等离子共振（surface plasmon resonance，SPR）传感器在化学和生物上的检测应用非常广泛。SPR 传感器是基于金属与石英或玻璃表面产生的等离子体共振现象，通过光的特征变化（如角度、波长和相位等）来检测特定的物质及多少的。

此外，量子点传感器随着纳米技术的发展近年来也成为研究的热点，量子点传感器主要利用纳米材料比表面积大、丰富的表面功能基团和良好的生物相容性等优点，易与各种生物分子以及电极相结合，在生物和化学领域有着非常好的应用前景。

4. 磁性生化传感器

近年来，随着纳米技术的发展，磁性生化传感器也得到了极大的发展并且在生物和化学检测领域已经有了许多实际的应用。自从 1988 年法国巴黎大学的 Baibich 发现了巨磁阻效应（giant magneto resistive，GMR）后（即材料的电阻率随着材料磁化状态的变化而呈现显著改变的效应），巨磁阻效应及其相关材料的研究迅速成为人们关注的热点，GMR 免疫传感器主要是利用对生物样本进行磁标记，从而进行特定检测的传感器，主要由免疫磁性微球、高磁灵敏度的 GMR 传感器以及相关读出电路三部分构成，并且已经在生物、医学和军事上得到了实际的应用，国内目前也有许多机构对 GMR 生物传感器展开研究，如中国科学院电工研究所、清华大学、电子科技大学等。

基于磁弛豫原理的传感技术的发展，使得磁性纳米粒子作为磁化学传感器，受到人们的广泛关注。磁化学传感器主要利用磁性纳米粒子和靶向分子的一对一特性来实现实际检测，此外，还可以利用磁性纳米粒子的磁可控性来实现自动化操作。磁化学传感器目前在环境监测和生物上已经得到广泛的应用。磁化学传感器还可以检测、各种金属离子、蛋白质、DNA 细胞、肿瘤及癌症，随着相关理论研究的不断深入以及与其他技术的进一步结合，该传感器的应用领域将得到进一步拓展。

9.2　氨氮传感器

氨氮指的是在水体中以游离态氨（NH_3）以及离子态氨（NH_4^+）存在的氮。水体中以这两种不同形态存在的氮的比例与水体的温度及 pH 有关。当水体的 pH 较高时，游离态氨分子为水体中氨氮的主要存在形式；当水体的 pH 较低时，也就是水体呈中性或酸性时，离子态氨为水体中氨氮的主要存在形式。水体中含氮有机物的分解、含氮肥料的使用等是水体中氨氮的主要来源。当水体中的氨氮含量超过一定浓度时会对人体或者水生生物产生一定的伤害，因此水体中的氨氮含量是衡量水质的重要参数。

9.2.1　氨氮传感器的工作原理

氨氮传感器的工作原理

氨氮传感器是一种电化学传感器，铵离子选择性电极法、氨气敏电极法以及吹脱-导电法是目前研究较多的电化学测氨氮的方法。本节主要介绍铵离子选择性电极（ion-selective electrode，ISE）和氨气敏电极的工作原理。

1. 铵离子选择性电极

1）离子选择性电极的基本组成

离子选择性电极基本组成结构示意图如图 9-2 所示。

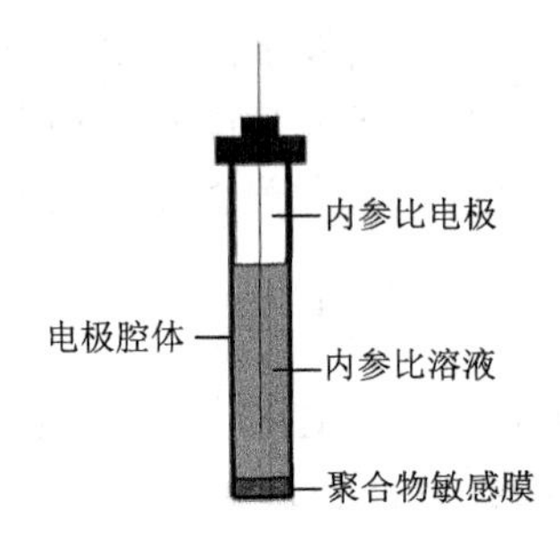

图 9-2 离子选择性电极基本组成结构示意图

（1）聚合物敏感膜。聚合物敏感膜是一种对离子具有高选择性的响应膜，根据待测离子的不同采用不同的材料。铵离子选择性电极大多以 PVC 作为聚合物基底材料，以四硼酸钠作为离子交换剂，以无活菌素（Nonactin）作为离子载体，以邻-硝基苯辛醚（o-NPOE）作为增塑剂。

（2）内参比电极。内参比电极通常为银/氯化银（Ag/AgCl）电极。

（3）内参比溶液。内参比溶液由电解质及响应离子的强电解质溶液组成。铵离子选择性电极通常以 KCl、NH_4Cl 溶液作为内参比溶液。

（4）电极腔体。电极腔体由玻璃或高分子聚合物材料制成。

2）离子选择性电极的响应机理

图 9-3 所示为离子选择性电极电位测量池结构。从图中可以看出，离子选择性电极以测量电池电动势为基础，被测试液作为电解质溶液，溶液中插入以下两个电极。

（1）指示电极（测量电极）：其电极电位与被测试液的活度有定量的函数关系。

（2）参比电极：其电极电位相对恒定不变（单个电极电位无法测量，必须将 ISE 电极与参比电极共同侵入待测样品中，组成一个原电池，通过测定原电池的电动势来得出 ISE 的电动势）。

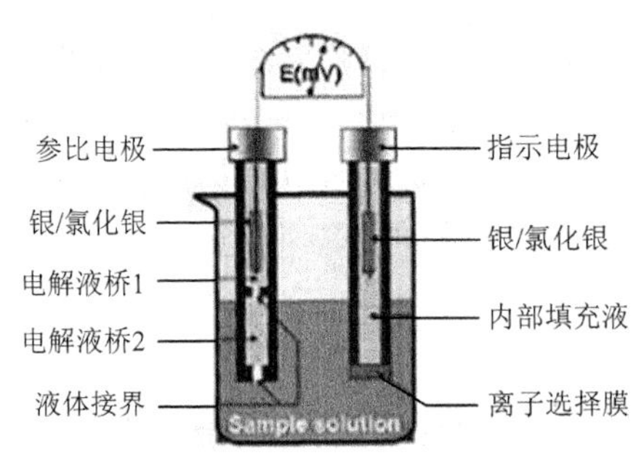

图 9-3 离子选择性电极电位测量池结构

这样就可以通过 ISE 的电动势来确定被测物质的浓度。用盐桥进行连接以降低液接电位和防止样品的污染。将 ISE 与含有一定量的待测离子的样品溶液接触时，在聚合物敏感膜的作用下，干扰离子被排斥在敏感膜的膜相外，待测离子浸入电极内部，离子本身带有电荷，这一扩散过程使电荷在膜两侧的分布不均，从而产生 ISE 的电极电位。在热力学平衡条件下，电位与被测离子活度之间符合能斯特（Nernst）方程，其表达式为

$$E_{\text{ISE}} = E_{\text{内参比}} + E_{\text{膜}} = E^0 \pm \frac{RT}{nF}\ln a_i \qquad (9\text{-}1)$$

式中　E_{ISE}——电极的电极电位；

E^0——常数项；

R，F——分别为摩尔气体常数和法拉第常数，R=8.314 J/(mol·K)，F=96 486.7C/mol；

T——热力学温度；

n——待测离子本身的电荷数；

a_i——待测离子的活度。

在 25℃室温条件下，将有关常数代入式（9-1）后，式（9-1）可简化为

$$E_{\text{ISE}} = E^0 \pm \frac{0.059}{n}\ln a_i \qquad (9\text{-}2)$$

非离子氨百分比浓度。非离子氨浓度无法直接测量得到，通过应用非离子氨百分比浓度表只需要测量铵离子浓度，就能得到非离子氨浓度及总氨氮浓度。不同温度、不同 pH 下的非离子氨百分比浓度表可以在 EPA National Library Network 网站下载。该表 pH 范围为 5～12，间隔为 0.01，温度为 0～40℃，间隔为 0.2℃。常用的非离子氨百分比浓度如表 9-1 所示。

表 9-1　氨在水溶液中非离子氨的百分比浓度　　单位：%

温度/℃	pH								
	6.0	6.5	7.0	7.5	8.0	8.5	9.0	9.5	10.0
5	0.013	0.040	0.12	0.39	1.2	3.8	11	28	56
10	0.019	0.059	0.19	0.59	1.8	5.6	16	37	65
15	0.027	0.087	0.27	0.86	2.7	8.0	21	46	73
20	0.040	0.13	0.40	1.2	3.8	11	28	56	80
25	0.057	0.18	0.57	1.8	5.4	15	36	64	85
30	0.080	0.25	2.80	2.5	7.5	20	45	72	89

3）离子选择性电极的性能指标

（1）电极的选择性系数。选择性系数通常用来衡量电极对干扰离子选择性的好坏和电极抗干扰能力的强弱。在理想条件下，离子选择性电极只对溶液中的待测离子产生能斯特响应。但在实际情况中，电极对溶液中其他多种离子也会产生电位响应，因此，这里用选择性系数 $K_{\text{I,J}}^{\text{POT}}$ 来评价电极的选择性。其中，待测离子和干扰离子分别用 I、J 来表示，$K_{\text{I,J}}^{\text{POT}}$ 值越小，电极的选择性越好，抗干扰能力也越强。常见的选择性系数 $K_{\text{I,J}}^{\text{POT}}$ 的测试方法如图 9-4 所示。铵离子选择性电极的主要干扰离子为钾离子，因为这两种离子都有非常相似的离子半径（分别为 1.38 Å 和 1.43Å）。

（2）电极的线性范围和检出限。如图 9-5 所示，AB 段对应的检测离子的浓度（或活度）范围即为离子选择性电极的线性范围。

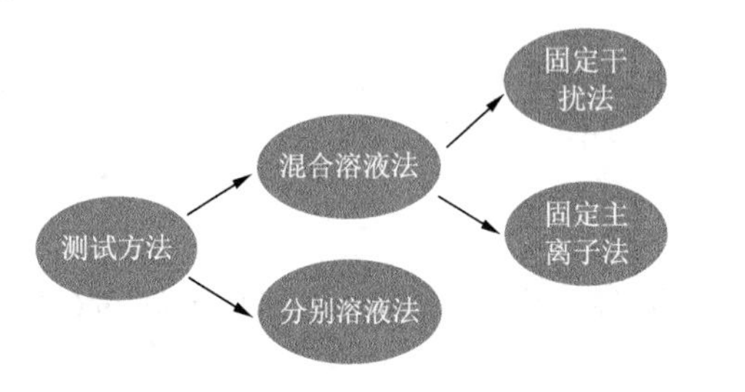

图 9-4 选择性系数的测试方法

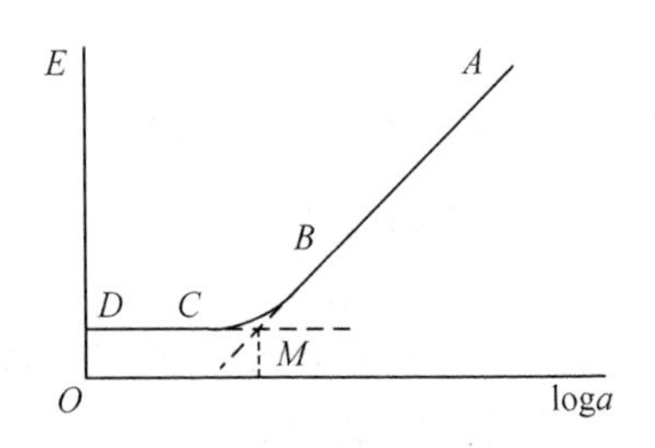

图 9-5 离子选择性电极的校准曲线

从图 9-5 中可以看出，离子选择性电极对一定浓度范围内的待测离子呈现线性响应，该部分（*AB* 段）对应的检测离子的浓度范围即为电极的线性范围。当待测离子的浓度逐渐减小，膜电位逐渐偏离理论值，直至该电极的电位响应曲线变平，膜电位不再发生变化。根据 IUPAC 定义，工作曲线直线延长与该曲线水平延长线交点位置对应的活度值即为该离子选择性电极的检出限，即图中交点 *M* 对应的测定离子的浓度。

（3）电极的响应时间。根据 IUPAC（国际纯粹与应用化学联合会）定义，电极的响应时间为从该电极与参比电极共同接触待测溶液时开始算，到电极电位达到稳定值（波动不大于 1mV）所经过的时间。

2. 氨气敏电极

氨气敏电极是检测样品中氨氮含量的一种电化学传感器，一般由 pH 玻璃电极、Ag/AgCl 参比电极和防水透气膜 3 部分组成。其中，pH 玻璃电极作为指示电极、Ag/AgCl 电极作为参比电极。向样品溶液中加入氢氧化钠将溶液的 pH 调节到 11 以上时，溶液中的 NH_4^+生成 NH_3，NH_3 经透气膜扩散到 NH_4Cl 内充液中，在内充液中反应生成 NH_4^+，使溶液中 H^+浓度及溶液 pH 发生改变，引起 pH 玻璃电极的电极电位改变。当待测溶液的离子浓度等因素稳定时，根据氨气敏电极的电位响应即可测量出溶液中的氨氮浓度。氨气敏电极的优点是操作过程简单，成本较低，易于使用等；缺点是易受溶液中挥发性胺的干扰。

1906 年，Crener 首次发现了玻璃膜两侧的电势与溶液中 H^+活度有关，于是制作出了 pH 玻璃电极。pH 玻璃电极的结构比较简单，在电极玻璃管下端装一个特殊质料的球形薄膜，玻璃管内装有一定 pH 的缓冲溶液作内参比溶液，溶液中浸一根内参比电极 Ag/AgCl，如图 9-6 所示。

pH 玻璃电极只对溶液中的 H^+敏感，不受溶液中其他离子影响，测定时易达到平衡。20 世纪 30 年代以来，pH 玻璃电极已成为实验室中的常用工具。

如图 9-7 所示，赛默飞世尔科技公司的 Orion 9512HPBNWP 高性能氨气敏电极能快速、简单、准确、经济地测量水溶液中的氨含量。将样品中的铵离子转换成氨后，该气敏电极可用于测量铵离子；或将样品凯氏消化后，进行有机氮的测量。样品无须蒸馏，颜色和浊度都不影响测量结果。除了挥发性胺外，溶液中几乎全部阴离子、阳离子、溶解物质都不影响测量结果。

图 9-6　pH 玻璃电极

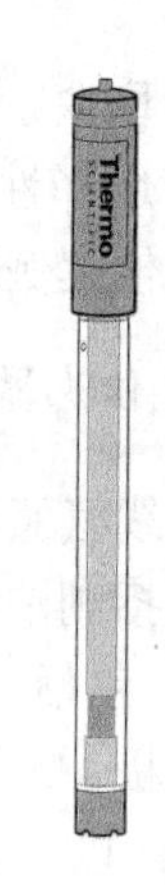

图 9-7　Orion 9512HPBNWP 氨气敏电极

9.2.2　氨氮传感器的选择与使用

受到含有大四环内酯类抗生素的生理膜中离子行为的启发，Simon 等在 20 世纪 70 年代首次提出了以无活菌素（Nonactin）作为离子载体，开发了含内充液的铵离子选择性电极，并计算碱性阳离子和钙离子的选择性系数。结果表明，当 K^+浓度比样品中 NH_4^+浓度高出 1～2 个数量级时，K^+的干扰非常显著，因此，K^+成为铵离子选择性电极中的主要干扰离子，钾离子的选择系数是开发铵离子选择性电极时必须考虑的因素之一。

然而，NH_4^+ - ISE 的使用主要集中在两个领域，即环境水质监测和生物体液分析。下面主要从环境水质监测方面简要讲述 NH_4^+ - ISE 的选择与使用。

1. 铵离子选择性电极在环境水质监测中的使用

最初，Schwarz 等在内充溶液型 NH_4^+ - ISE 的研究中做出了突出贡献。在多传感器模块中嵌入 NH_4^+ - ISE 和 NO_3^- - ISE，用于天然地下水的分析与监测。这种复合传感器对水质监测的现场应用具有良好的耐受性，但没有考虑该传感器对 NH_4^+/K^+的选择性以及其他影响监测结果的因素。

Pankratova 等开发了一种基于多离子选择性电极的自动监测平台，用于监测自然水环境中有关氮碳循环的多种离子，即氢离子、碳酸盐、钙离子、硝酸盐和铵离子，并论述了不同离子选择性电极在连续监测自然水环境生态状况中的适用性。电位测量平台通过外部泵在自然水环境（如湖泊）的不同深度进行自动采样。采集到的水样流过一个包含多种电极的流动池。

Crespo 等首次也是目前唯一一个将全固态铵离子选择性电极整合到水质传感器探头中，用于湖泊水质的实时现场监测。

丁兰等报道了全固态 NH_4^+ - ISE 在海水中总氨氮检测中的应用。电极为经聚噻吩修饰的玻碳电极，顶部为离子选择性膜。将聚乙烯醇（PVA）水凝胶膜（pH=7.0）和只有氨气能透过的气体渗透膜固定在电极上。海水样品中溶解的 NH_3 气体全部通过透气层，在局部 pH=7.0 时转化为 NH_4^+。生成的 NH_4^+被离子选择性膜检测。因为气体渗透膜只允许气体不允许其他离子通过，避免了电极电位响应中存在其他阳离子的干扰，因此对

NH_4^+的响应完全取决于海水样品中存在的 NH_3。

本节就离子选择性电极在环境水质监测中的使用选择了几个较为突出的案例进行了简要讲述，其他案例可自行查阅相关学术文献。

2. 商业氨氮传感器的选择与使用

HYDRA 在线氨氮监测仪是一款检测水中氨氮（NH_4^+－N）含量的在线设备，适用于各种水体，包括湖泊、溪流、地下水及废水等。它的传感器部分使用四电极体系确定 NH_4^+－N 含量，包括一个氨离子电极（NH_4^+）、一个钾离子电极（K^+）、一个温度电极以及一个 pH 电极。NH_4^+电极主要测量氨离子（NH_4^+）而不是氨（NH_3），NH_4^+和 NH_3 在溶液中根据 pH 以一定的比例存在，溶液酸性越强，越有利于 NH_4^+的形成，碱性越强，越有利于溶解态 NH_3 的生成；样品中的 K^+在测量 NH_4^+的过程中会产生干扰，因此需要测定溶液中的 K^+含量来修正数据，具体为配套的 C22 数据记录仪从氨电极检测的数据中减去钾电极的数据，即为溶液中实际存在的 NH_4^+信号；传感器中 pH 电极主要测量溶液的 pH 值，C22 记录仪将依据存储的 pH 与 NH_4^+离子的浓度曲线，来计算总 NH_4^+－N 含量；传感器中的温度电极用于测量温度，并对每一个电极的数据进行补偿。

氨氮传感器本身具备内部信号调节功能，可以使数据信号更为稳定、准确，使得与数据记录仪之间的最远距离可达 200m。传感器背后有一个 NPT 螺纹，便于在某一物体上安装固定，传感器防水等级为 IP68，端口有一个电极防护套，更换电极时可拆卸下来。传感器的线缆不能作为承重缆使用，且不可浸入水中。

配套的 C22 数据记录仪可将所有测量数据显示在屏幕上，记录仪提供 4～20mA 输出信号以及两个报警继电器，启动传感器中的喷射清洁器可以进行清洗。清洗可冲刷掉电极上形成的生物膜或其他附着物，减少对电极的损害，清洁周期和持续时间可自行设定。清洁过程中，C22 记录仪的信号输出（4-20mA）保持在最后一个信号值或预设值。

9.2.3 氨氮传感器的典型应用

1. 三电极复合探头

NH_4^+、pH 和温度 T 这 3 个参量是现场实时测量水中氨氮含量的必要因素。NH_4^+/pH/T 三电极复合探头采用标准的圆形结构，在圆形剖面的径线上安装三电极，并线装排列。把三电极的测量头部安装在一个圆形的测量腔内，测量腔的一端与安装在保护罩下端的防水直流泵的出口用软管相接。工作时，直流泵使被测液体在测量腔内恒速循环，这样既可以使 NH_4^+/pH/T 三电极响应时间加快，同时起到三电极的自清洁作用。pH 电极采用玻璃电极，T 电极的敏感元件为 P-N 结温敏传感器，NH_4^+选择全固态离子选择性电极。

2. 放大电路

放大电路为 3 路，即 NH_4^+、pH 和 T 各需要一路放大器。对于 pH 和 NH_4^+化学传感器，放大器的设计要求是特殊的。由于电极的输出阻抗高达 $10^9\Omega$ 以上，要求放大电路的输入阻抗也高；在水下长期工作，要求不开封情况下仍能方便地对 NH_4^+/pH/T 电极进行标定、校准。仪用放大器（又称测量放大器）是专为此应用场合设计的放大器。

仪用放大器电路如图 9-8 所示。图中左边部分由运放 A_1、A_2 构成对称同相放大器，右边部分由运放 A_3 和电阻 R_3～R_6 组成减法器。设 $R_1=R_2=R_g$，$R_3=R_4=R_5=R_6$，则 $u_0=-(1+2R/R_g)u_I$。仪用放大器增益调整仅调 R_g，不需多个电位器联动，也不会影响电路的对称性，具有输入阻抗高、对称性好、共模抑制比高、增益设定调整方便、体积小等特点。

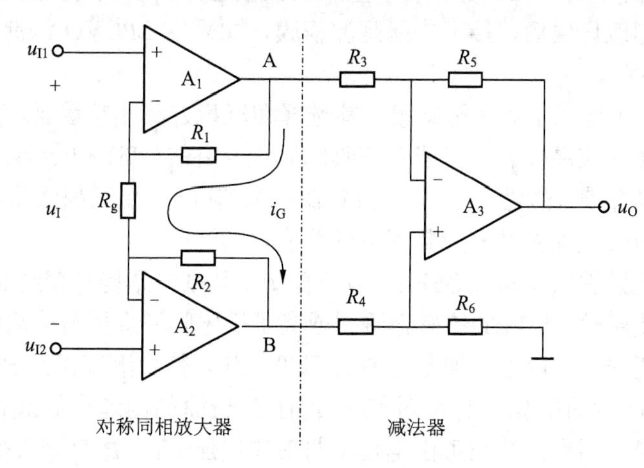

图 9-8 仪用放大器电路

9.3 场效应晶体管传感器

近年来，生物传感器的研究已成为研究热门的传感器领域之一，随着各种检测方法、技术的发展，在目前各种生物传感技术中，场效应晶体管（field effect transistor，FET）生物传感器因其超灵敏检测、大规模生产能力和低成本制造等优点而备受瞩目。场效应晶体管简称场效应管，是一种利用电场效应来控制输出电流大小的半导体器件。场效应晶体管概念最早由 Lilienfeld 于 1930 年提出；1952 年，Shockley 提出并制作了单极场效应晶体管；1970 年，Bergveld 研制出离子敏场效应晶体管（ion sensitive field effect transistor，ISFET），这种传感器可以用于测量电化学和生物体内的活性离子。

ISFET 是一种微电子离子选择性敏感元件，Janata 首次提出将 ISFET 与酶相结合，在 1980 年发表了第一篇关于场效应管生物传感器的论文。他将青霉素酶固定在 ISFET 上，成功地测定了青霉素。从此之后，场效应管生物传感器的研究成为备受人们关注的领域之一。近 30 年来，ISFET 的发展非常迅猛，ISFET 具有响应速度快、灵敏度高、尺寸小、鲁棒性好和片上集成电路的潜力。由于 ISFET 的优点，ISFET 在化工、食品、医药、环境监测及科学研究中具有广阔的应用前景。例如，基于 ISFET 的 pH 传感器具有体积小、响应速度快、制作工艺与标准 MOS 工艺兼容等优点。此外，ISFET 可广泛应用于医学诊断、临床或环境样品监测、发酵和生物过程控制与测试等生物医学、药品或食品领域，如基于 ISFET 的青霉素传感器、基于 ISFET 的 zeta 电位分析仪（蛋白质检测)、尿素检测和 ISFET 葡萄糖传感器等是 ISFET 在医疗领域的应用。

9.3.1 ISFET 传感器的制造技术和工作原理

ISFET 传感器的制造技术和工作原理

ISFET 是离子敏感、选择性电极制造技术与固态微电子学相结合的产物，其优点是可以采用 CMOSIC 工艺批量制作，工艺简单。ISFET 与普通 MOSFET 的差别只在于栅介质，金属栅极被电介质层代替作为传感膜。制作好栅氧化层后，接下来就是淀积膜，如采用 LPCVD 法淀积 Si_3N_4 膜、溅射工艺淀积 Al_2O_3 膜。

对于 ISFET，关键在于离子敏感膜，其选择和沉积方法非常重要。离子敏感膜的沉积要求既不损害场效应晶体管，又能保证膜的质量。目前，ISFET 沉积敏感膜方式有物理气相沉积法（包括真空蒸发、直洗和射频溅射）、化学气相沉积法及浸泡涂覆法。对于有机敏感膜，以浸泡涂覆法和射频溅射法为宜。

ISFET 实际上是敏感膜与 MOSFET 的复合体，其基本结构与普通 MOSFET 类似，如图 9-9 所示。使用时，ISFET 的栅介质（或离子敏感膜）直接与待测溶液接触，在溶液中必须设置参考电极，以便施加电压使 ISFET 工作。待测溶液相当于一个溶液栅，它与栅介质界面处产生的电化学势将对 ISFET 的 Si 表面的沟道电导起调制作用，所以 ISFET 对溶液中离子活度的响应可由电化学势对阈电压 U_T 的影响来表征，即

$$U_T = (\varphi_1 + U_1) - \left[\frac{Q_{OX}}{C_{OX}} - 2\varphi_F + \frac{Q_B}{C_{OX}}\right] \tag{9-3}$$

式中 φ_1——溶液与栅介质界面处的电化学势；

U_1——参考电极和溶液之间的结电势；

Q_{OX}——氧化层和等效界面态的电荷密度；

Q_B——衬底耗尽层中单位面积的电荷；

φ_F——衬底体费米势；

C_{OX}——单位面积栅电容。

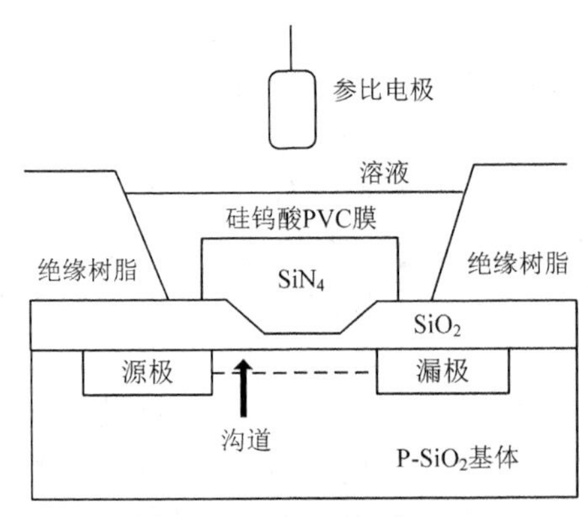

图 9-9 ISFET 的结构示意图

对确定结构的 ISFET，则式（9-3）中除 φ_1 外，其余各项均为常数，所以 U_T 的变化只取决于 φ_1 的变化，而 φ_1 的大小取决于敏感膜的性质和溶液离子活度。根据能斯特关

系有

$$\varphi_1=\varphi_0 \pm \frac{RT}{z_i F}\ln a_i \tag{9-4}$$

式中 φ_0——常数；

R——气体常数，取 8.314J/(K·mol)；

F——法拉第常数，取 9.649×10^4C/mol；

a_i——溶液离子活度；

z_i——离子价数；

T——绝对温度。

将式（9-4）代入式（9-3），得到

$$U_\mathrm{T}=(\varphi_1+U_1)-\left[\frac{Q_\mathrm{OX}}{C_\mathrm{OX}}-2\varphi_\mathrm{F}+\frac{Q_\mathrm{B}}{C_\mathrm{OX}}\right]\frac{RT}{z_i F}\ln a_i \tag{9-5}$$

由式（9-5）可知，对给定的 ISFET 和参考电极 ISFET 的 U_T 与待测溶液中离子活度的对数呈线性关系，有

$$U_\mathrm{T}=C+S\cdot\ln a_i \tag{9-6}$$

如用 pH 值表示，则有

$$U_\mathrm{T}=C+S\cdot\mathrm{pH} \tag{9-7}$$

对式（9-7）进行微分，可得

$$S=\frac{\mathrm{d}U_\mathrm{T}}{\mathrm{dpH}} \tag{9-8}$$

式中 S——ISFET 的灵敏度。

由上述可知，可用 ISFET 的阈值电压 U_T 的变化来测量溶液中的离子活度。

9.3.2 ISFET 的分类

ISFET 自面世以来，就成为研究热点，在离子敏感膜的选用与制造工艺、读出电路、传感器的非线性补偿、封装、后端信号处理电路以及制作工艺等多个方面的研究均取得众多成果，推动了 ISFET 传感器的成熟和走向应用。ISFET 有很多种，按照敏感膜的不同一般可分为酶 ISFET、免疫 ISFET、组织 ISFET 和微生物 ISFET 等。其中 pH 离子敏场效应晶体管是应用最为广泛的 ISFET 之一，以下主要介绍 pH 离子敏场效应晶体管。

pH 的测定在实际生活中的应用非常广泛，传统测定 pH 的方法一般是利用电位计来测定，但是相对来说电位计不太方便携带，因此，相比之下，利用 ISFET 测定 pH 更具有实际应用价值。敏感膜在能够检测特定物质的检测范围和检测门限上发挥了关键的作用。在 H^+ 的检测过程中，最早采用 SiO_2 作为敏感膜，随着检测技术和材料研究技术的发展，后来又发现了更多的材料作为敏感膜的选择，如 Si_3N_4、Al_2O_3、Ta_2O_5 等，并且研究表明这几种材料的灵敏度分别为 Si_3N_4（53～55mV/pH）< Al_2O_3（54～56mV/pH）< Ta_2O_5（56～58mV/pH），响应曲线如图 9-10 所示，从线性度和灵敏度等方面来讲，Ta_2O_5 的性能最好，最适合作为 pH-ISFET 的敏感膜。

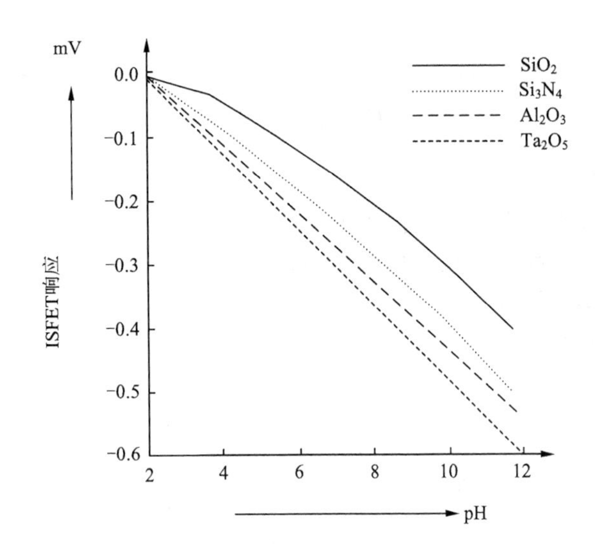

图 9-10　4 种敏感膜的 pH 响应曲线

ISFET 传感器除了最前端的离子敏场效应晶体管进行化学变量和电学变量的转换外，还必须有读出电路来获得变化后的电学变量。ISFET 的读出电路具有两方面的功能：一是给 ISFET 的工作提供合适的偏置；二是从 ISFET 中读取一个随离子浓度值呈线性变化的电压或电流。按照文献报道年份先后，主要分为以下几类。

1989 年，Wong 等报道了一种 ISFET 运算放大器结构的读出电路，该电路采用差分结构以减小温度对 ISFET 工作的影响。1998 年，Ravezzi 设计了一种 ISFET 传感器读出电路的微系统，并且可以实现 1/20pH 的分辨率、3～11 的 pH 动态范围。3 年后，又提出了一种基于开关电容技术的电路结构，可以实现 1/50pH 的高分辨率。2004 年，Yehya 等提出了一种使用浮地式电流传输器构成的 pH 传感器读出电路结构，pH 值动态范围是 2～12。同年，Chung 等提出了由一个差分放大器和一个桥型浮地式漏源跟随器构成的电路结构，它提高了系统的抗噪声能力。Leila 等提出了利用跨导线性原理实现的电路，降低电路的电压和功耗，减少温度对检测结果的影响。2005 年，Chen 设计了一种能够消除场效应管的体效应对传感器性能的影响，同时实现电压和电流的输出，并且当 pH 为 4～10 时具有较好的线性度。2007 年，Chen 又提出了一种改进的电路，此电路的结构更加简单。2006 年，Premanode 等提出了一种适用于植入式电子系统的读出电路具有微功耗的优点。全电流反馈可有效地稳定 ISFET 的直流特性。2008 年，张冲等提出了适合于 ISFET 读出电路的高精度 CMOS 放大器。随着相关研究的深入及成果的应用转化，ISFET 传感器品类将会越来越丰富。

9.3.3　ISFET-pH 传感器的典型应用和实验设计

1. ISFET-pH 传感器的典型应用

近年来，H^+、Ca^{2+}、K^+、Cl^-、Na^+、$NH4^+$等多种 ISFET 已研制开发成功，同时在产业化方面也取得了一定的进展。随着自动控制技术、化学分析技术及计算机技术等的发展，基于ISFET的嵌入式控制系统更好地应用到了实际的工业生产和环境监测中。相比于发达国家，我国由于起步比较晚，在各方面的技术如传感器制作工艺等方面还不够成熟，需要不断改进、提高。在环境监测和水产养殖水质检测系统中，pH是重要检测指标之一，但现在的pH电极其敏感部件大多数使用的还是pH玻璃电极，导致了水质传感器使用寿命短、易受温度影响、维护费用高等诸多缺点。图9-11和表9-2分别为目前国外公司所研制的几款非玻璃型pH-ISFET传感器的实物和性能参数。

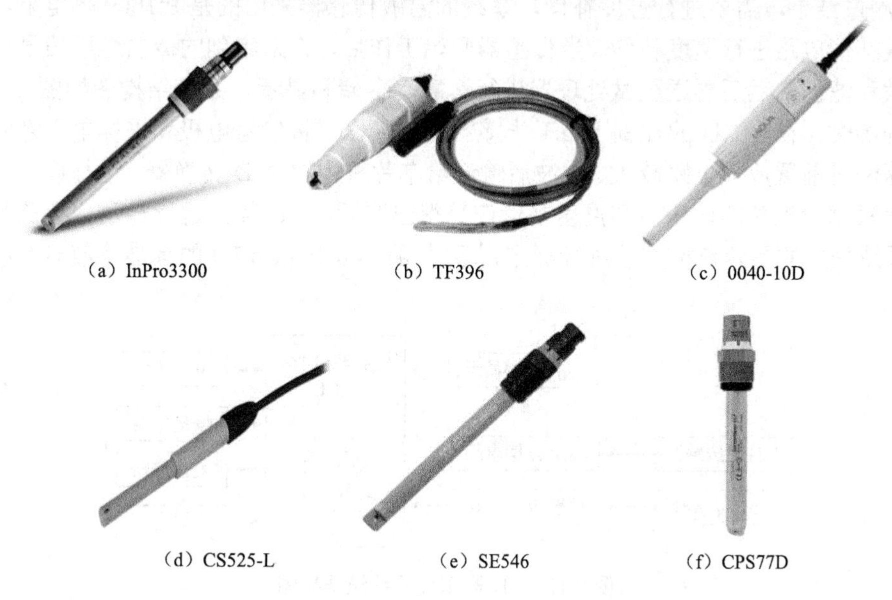

（a）InPro3300　（b）TF396　（c）0040-10D

（d）CS525-L　（e）SE546　（f）CPS77D

图9-11　6款非玻璃型pH-ISFET传感器的实物

表9-2　6款非玻璃型pH-ISFET传感器的性能参数

传感器型号	pH测量范围	工作温度范围/℃	公司
InPro3300	0～14	0～80	瑞士METTLER
CS525-L	0～14	0～70	美国Campbell Scientific
0040-10D	0～14	0～40	日本HORIBA
TF396	2～12	0～100	美国Emerson
SE546	0～14	-15～135	德国knick
CPS77D	0～14	-15～135	德国Endress+Hauser

与传统的玻璃电极相比，非玻璃型离子选择场效应晶体管pH电极的优点有以下几个。

（1）响应时间更短，可提供稳定的pH测量，从而在实际应用中能更好地实现过程控制。

（2）在低温下具有更高的稳定性，适合在低温环境下使用。

（3）由于没有玻璃灯泡，不存在玻璃破裂的风险，所以用于更复杂的实验环境下，可节约实验成本。

2. 便携式 pH 检测系统的实验设计

接下来设计了便携式低功耗的 pH 检测系统，系统以低功耗单片机 MS430F169 为控制核心，包括显示模块、按键模块、电源模块、复位与晶振电路等，pH 传感器采用的是雷磁 pH 复合电极，输出信号为-414～414mV，对应的 pH 为 0～14，测量温度为 0～60℃，测量精度为 0.01pH，满足需求。根据 pH 传感器的能斯特方程可知，温度会影响 pH 的测量结果，需要进行温度补偿，系统的温敏传感器采用的是 Pt1000 热电阻，设计了温度补偿电路进行温度补偿。当传感器开始工作后，将采集到的微弱电压信号进行差分放大和滤波，然后再送至微处理器进行运算、存储和显示，系统结构图如图 9-12 所示。开始时，在 MCU 的控制下 pH 传感器开始工作，将参考电极和采样电极之间的微弱电压经过前置放大电路放大、滤波后输送给单片机内置 A/D 转换器，进行模/数转换，系统再根据检测到的电压值和温度补偿信号得出实际的 pH 值，进行显示、存储和处理等。系统采用的是两点标定法进行标定，即用 pH=4.0 和 pH=7.0 的标准溶液对系统进行标定。

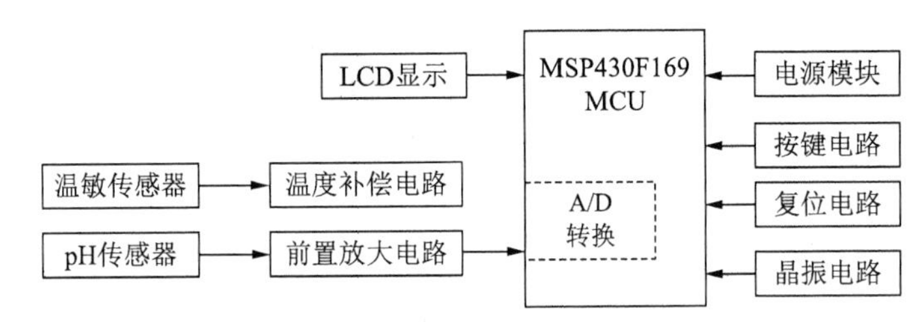

图 9-12　pH 检测仪的系统结构图

1）系统的硬件设计

MSP430F169 最小系统板及周围电路包括 LCD 显示模块、电源模块、复位电路、按键电路及晶振电路等，如图 9-13 所示。MCU 选用 TI 公司生产的 MSP430F169 单片机芯片，芯片的数据处理速度为 8MIPS，设计简单，噪声低，适用于精密仪器仪表，相比传统的 51 单片机，其具有高速、高可靠、低功耗、抗干扰能力强等优点，而且自带 12 位的 A/D 转换功能，简化了硬件电路的设计。电源模块将电池电压稳压后向控制器和传感器等模块供电，通信接口 USB 可连接计算机进行数据传输或对系统进行调试。

雷磁 pH 复合电极的 pH 测量范围为 0～14，对应的输出信号范围为-414～414mV，测量温度为 0～60℃，测量精度为 0.01pH，理论上电极的输出电压与 pH 间的对应关系如图 9-14 所示。

溶液的 pH 是由传感器的采样电极与参比电极两端间输出电压的大小决定的，有一定的线性关系，而传感器输出的电压为 mV 级，不能直接用 A/D 采集，因此设计了前置放大电路对 pH 传感器的电压信号进行放大和滤波，然后送至 A/D 转换器，前置放大电路如图 9-15 所示。

由于玻璃电极的内阻高达 $10^{10}\Omega$，要实现高阻抗输入，则需要运放拥有很高的输入阻抗才能保证得到正确的电压信号，所以对于运放 A_1 需要采用精度高、频带宽、共模抑制比高的运算放大器，这里采用的是 INA116，可以通过改变其外接电阻 R_g 的大小，实现范围为 1～1000 的可调增益。

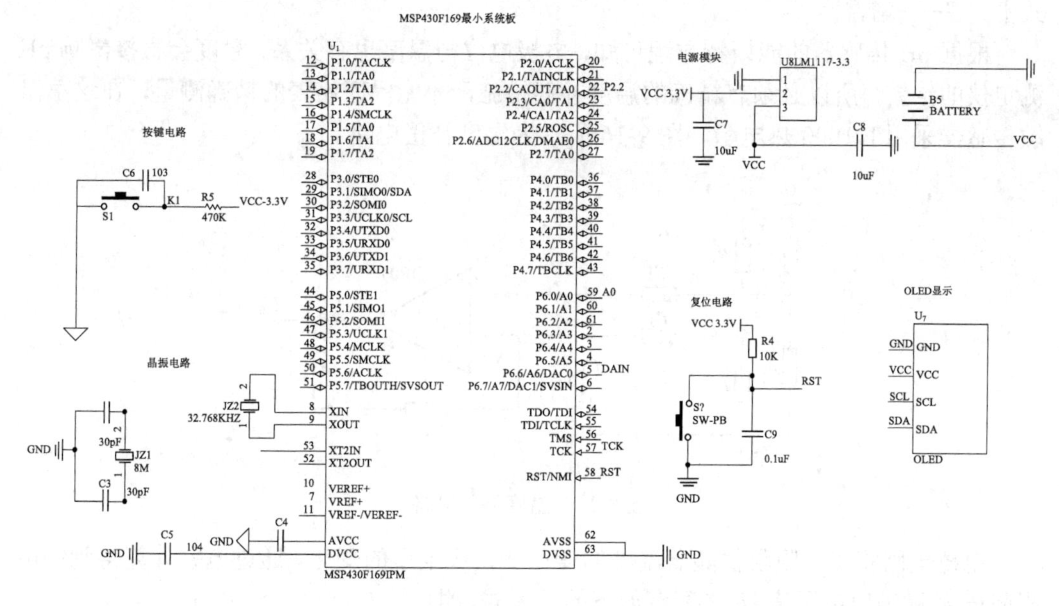

图 9-13　MSP430F169 最小系统板电路

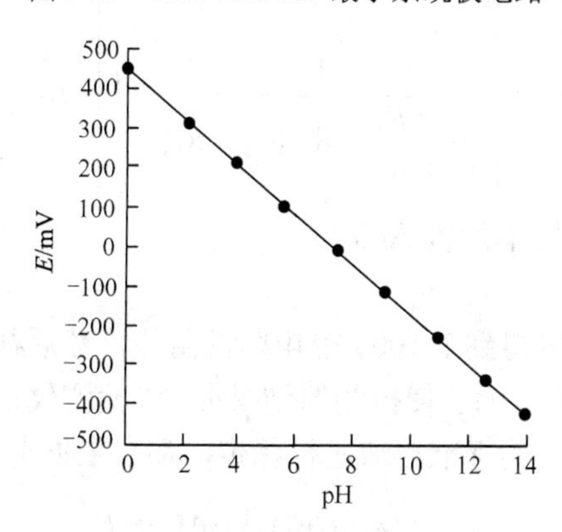

图 9-14　传感器的输出电压与 pH 间的对应关系

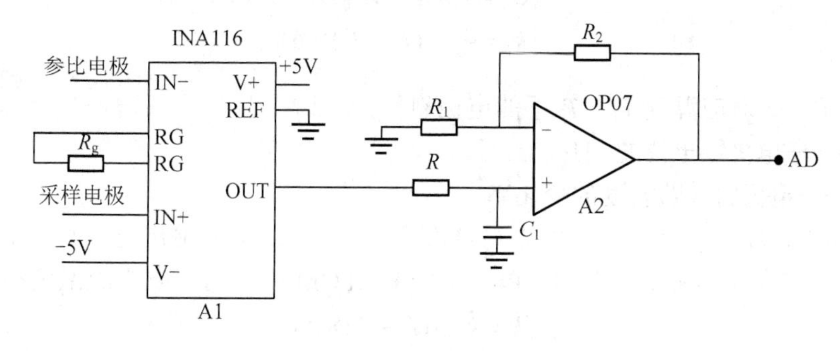

图 9-15　前置放大电路

$$R_g = \frac{50\text{k}\Omega}{G-1} \tag{9-9}$$

式中 G——增益。

根据 pH 传感器的能斯特方程可知，电极电位与温度也有关系，温度会直接影响 pH 测定仪的结果，所以必须有精确的温度补偿措施，才能保证仪表的精确测量，在这里温敏传感器采用 Pt1000 热电阻，图 9-16 所示为温度补偿电路。

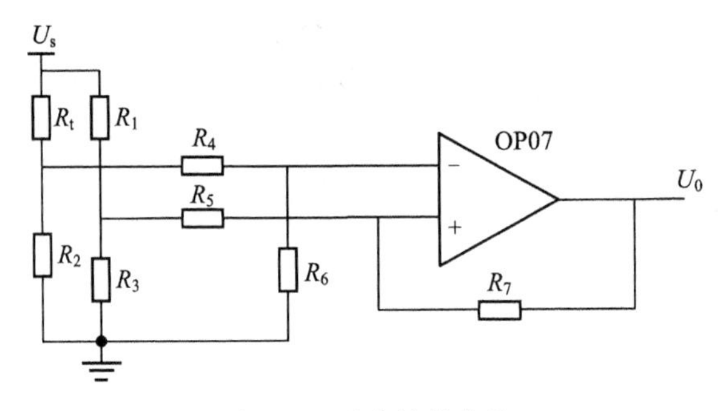

图 9-16 温度补偿电路

电桥电路将铂电阻阻值随着温度的变化变换成电压的变化。通过电路计算得到铂电阻阻值 R_t 和输出电压值 U_0 之间有如下的关系式，即

$$R_t = \left[\frac{1}{\dfrac{U_0 \times R_4}{U_s \times R_7} + R_3/(R_1 + R_3)} - 1 \right] \cdot R_2 \tag{9-10}$$

式中 U_0——输出电压，接单片机 A/D；

U_s——参考电压。

根据上述公式可以计算得到 Pt1000 热电阻的阻值，然后根据其电阻与温度之间的对应关系即可得到当前温度值。为了使检测的结果准确，检测仪在使用前需要对电极进行标定，即用 pH=4.0 和 pH=7.0 的标准溶液进行标定，那么依据电极理论与标定结果，有

$$\begin{cases} U_2 = (\text{pH}_2 - \text{pH}_0) \times k_2 \\ U_1 = (\text{pH}_1 - \text{pH}_0) \times k_1 \\ k_2 = k_1 + (T_2 - T_1) \times \Delta k \end{cases} \tag{9-11}$$

式中 k_1，k_2——对应温度 T_1、T_2 下的电极斜率；

pH_0——电极零电位的 pH；

Δk——电极斜率随温度的变化率。

仅有 pH_0、k_1、k_2 为未知，由式（9-11）可计算出 25℃时输出电压与 pH 的斜率 k 和零电位的 pH 的值 pH_0，并存储在单片机的 E^2RPOM 中，用于电极的温度补偿。

$$\begin{cases} k = k_1 + (T - T_1) \times \Delta k \\ \text{pH} = \text{pH}_0 + \dfrac{U}{k} \end{cases} \tag{9-12}$$

再次测量时，当待测溶液的温度为 T 时，单片机检测到的电极电压为 U，系统就会读取之前的标定参数斜率 k 和 pH_0，根据式（9-12）即可计算出当前温度下的实际 pH。

2）系统的软件设计

系统的软件流程框图如图 9-17 所示，整体功能是采集电路输出电压，计算出溶液的 pH。需要注意的是，为了测量准确，传感器在使用前需要用 pH=4.0 和 pH=7.0 的标准溶液进行标定。在微控制器的控制下，传感器输出的电压信号经电压放大电路，将处理过的电压信号送至微控制器，经内部 A/D 转换为数字信号，进行计算、显示、存储等处理。图 9-18 是系统标定程序的流程框图，每次使用前需要对传感器进行两点标定，分别用 pH=6.86 和 pH=9.18 的标准溶液进行标定，等待数据显示稳定，读出与 pH 相对应的两个电压值 U_1 和 U_2，然后计算出 pH 与输出电压之间的线性方程的斜率 k 和截距 b，用户每次标定后可覆盖之前计算得到的 k 和 b，之后返回主程序开始测量。

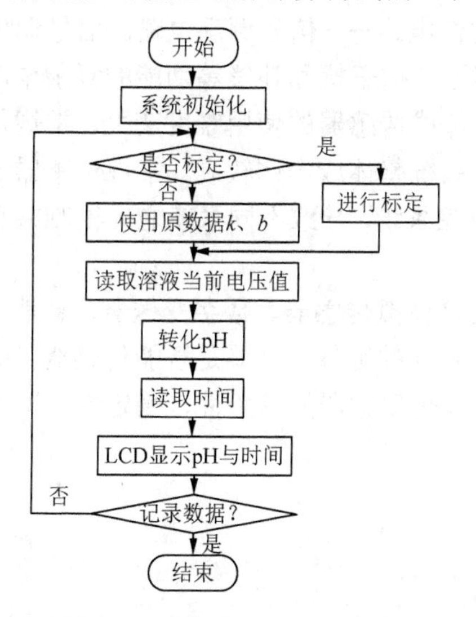

图 9-17　系统的软件流程框图

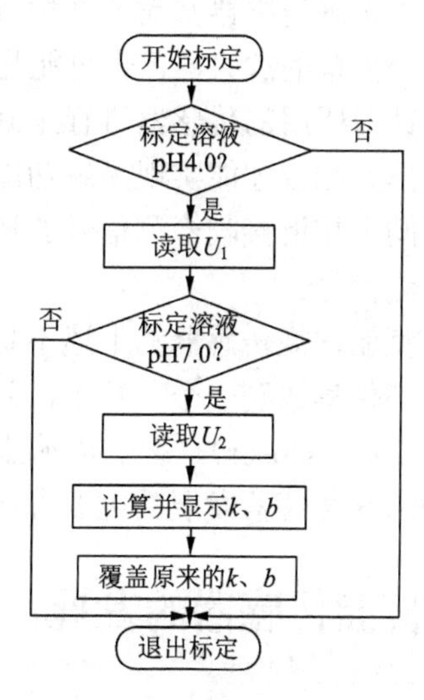

图 9-18　系统标定流程框图

9.3.4　电压转换程序及显示源程序

电压转换程序及显示源程序代码请扫二维码查看。

电压转换程序及显示源程序

思考与实践

9.1　简述氨氮传感器的工作原理。

9.2　查阅资料，认识一个具体型号的氨氮传感器。

9.3　了解水产养殖智能工厂中氨氮传感器的作用，设计一个氨氮传感器在该类智能工厂中的应用实例。

第 10 章　智能传感器

常规传感器可以实现将物理量转换为电信号的功能，但是大多数常规传感器在技术或者经济性方面都存在一些不足。为了确保传感器有效测量，使用前通常须进行标定，也就是说，传感器的输出须符合某个预定标准，这样它们测得的数值才能真实地反映被测物理量的大小。传感器在使用过程中，其性能会随时间或所处的工作环境发生变化，因此大多数常规传感器都需要某种特殊的硬件电路——信号调理电路。信号调理电路可能只是一个简单的放大器，也可能是带有滤波、抗干扰和补偿等功能的复杂电路。而且通常需要针对所用的传感器进行正确调试，造成传感器的使用难度变大。常规传感器需要与运算单元配合才能实现系统功能，导致系统整体成本比较高。常规传感器通常需要在物理空间上靠近接收检测信号的控制和监控系统，导致不同系统之间很难共享同一个传感器检测信号。

为了克服常规传感器的上述不足，人们将模拟传感器、数字变送器、补偿电路、微处理器等部件集成到一个芯片上，并封装成独立的组件，这就是智能传感器（intelligent sensor 或 smart sensor）。智能传感器可大大提高传感器的易用性、稳定性、准确性和可靠性，是未来传感器发展的主要方向之一。

10.1　智能传感器的发展

智能传感器最初是由美国宇航局在 1978 年提出的。宇宙飞船上需要大量传感器不断地向地面发送温度、位置、速度和姿态等数据信息，一台计算机很难同时处理如此庞杂的数据，因此，希望传感器自身具有信息检测、信息处理、信息记忆、逻辑判断、故障诊断、非线性补偿、自校正、自调整及人机通信等功能。世界上第一个智能传感器是美国霍尼韦尔（Honeywell）公司在 1983 年开发的 ST3000 系列智能力敏传感器。它具有多参数传感（差压、静压和温度）与智能化信号调理等功能。

多年来，为了实现和完善智能传感器的功能，人们主要做了以下工作。

1. 传感器信号数字化

在设计带有传感器的系统时，首先会建立传感器对被测物理量响应的数学模型，以及信号调理电路对传感器输出信号的期望响应的数学模型，然后用电路实现这些数学模型。但模型与实际电路的响应常有偏差。正是由于这个原因，如今的设计中包含模/数转换电路，它负责将模拟信号转换为数字量。模/数转换器其实就是一个单片的半导体器件，它能够准确地、稳定地工作于变化的环境中，大多数的环境补偿电路都可以集成到模/数转换器件中，大大减少系统的器件总数，无论从系统性能还是商业前景的角度来看，都是大有益处的。

2. 增加智能功能

传感器信号被数字化之后，主要通过两种途径对这些数据进行处理，实现算法定义的功能。第一种是采用专用的数字硬件电路，通过硬件实现设计的算法；另一种是采用微处理器完成。一般来说，专用硬件比微处理器系统的速度更快，但是其成本较高并且缺乏灵活性。

系统具有了智能的特点，就可以实现自动完成标定，通过纯数学的处理算法消除器件漂移，甚至还能通过定期监控环境条件自动进行调整来补偿环境变化。可见，只要赋予系统一个“大脑”，就能实现许多人们想实现的功能。

3. 实现快速且可靠的通信

实现传感器数据共享，就可以很容易地扩大那些需要共享传感器输出信号的系统的规模。由于传感器输出信号是数字的，因此能够可靠地实现共享。就像在人类的世界中共享信息后会使信息量增大一样，与本系统或者其他系统中的某个部件共享传感器测量值后也会使系统的总测量值变多。为了实现传感器数据共享的目标，必须装备带有标准通信接口的智能传感器，使它们能与其他部件交换信息。通过标准通信方式，保证尽可能广泛、简便和可靠地共享传感器输出信号，从而最大限度地发挥传感器及其产生信息的作用。

4. 智能传感器的生成

智能传感器就是把上述的 3 个特点结合在一起，即：含有一个或者多个测量敏感元件；具有分析敏感元件测量结果的运算元件；拥有与外界相连的通信接口。它使传感器能在一个更大的系统中与其他部件交换信息，其中后面两点是智能传感器与常规传感器的主要区别，智能传感器具有将数据直接转变为信息的能力，能在本地使用信息，将信息传输至系统中的其他部件，这些都是常规传感器无法做到的。

10.2　智能传感器的结构

智能传感器的结构

智能传感器首先借助其传感单元，感知待测量，并将其转换成相应的电信号。该信号通过放大、滤波等处理后，经过 A/D 转换，再基于应用算法进行信号处理，获得待测量大小等相关信息。然后，将分析结果保存起来，通过接口将它们传输到现场用户或借助通信将其传输至系统或上位机等。由此可知，智能传感器主要完成信号感知与调理、信号处理和通信三大功能。

因此，智能传感器主要由传感器、信号调理电路、A/D 转换器、微处理器、存储单元、通信接口和控制单元等部分组成，如图 10-1 所示。

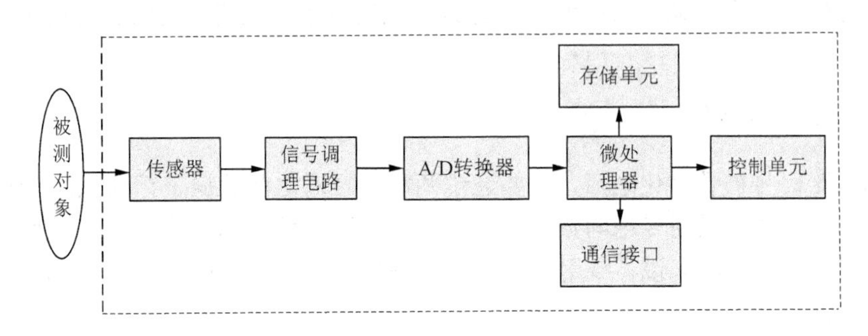

图 10-1　智能传感器的结构

传感器对被测对象进行检测，检测到的数据经信号调理电路（滤波、放大等）后送到 A/D 转换器，将模拟信号转换为数字信号；经系统处理后，进行数据存储、交换，或经接口输出。微处理器是智能传感器的核心，它不但可以对传感器的测量数据进行计算、修正，还可以控制反馈回路对传感器进行调节，对传感器输出的微弱信号进行放大，实现传感器与其他设备的通信。

由此可以看出，智能传感器，简单地说，就是带微处理器、兼有信息检测和信息处理功能的传感器。

10.3　智能传感器的功能、特点和局限性

智能传感器是一种多学科交叉融合的产物。早期，很多人认为智能传感器是在工艺上将传感器与微处理器组装在同一个芯片上的装置，或者认为智能传感器是用 IC 技术将一个或者多个敏感元件和信号处理器集成在同一块硅芯片上的装置。随着以传感器系统发展为特征的智能传感器技术的出现，人们逐渐发现上述对智能传感器的认识是不完全的。对智能传感器而言，重要的是将传感器与微处理器智能地结合，若没有赋予足够的智能结合，只能说是“传感器微型化”，或者是智能传感器的低级阶段，还不能说是“智能传感器”。

1. 智能传感器的功能

目前还没有关于传感器智能化的明确定义，一般来说，可以从以下几方面概括其功能。

（1）在自我完善能力方面。

① 具有改善静态性能，提高静态测量精度的自校正、自校零、自校准功能。

② 具有提高系统响应速度，改善动态特性的智能化频率自补偿功能。

③ 具有抑制交叉敏感，提高系统稳定性的多信息融合功能。

（2）在自我管理与自适应能力方面。

① 具有自检验、自诊断、自寻故障、自恢复功能。

② 具有判断、决策、自动量程切换与控制功能。

（3）在自我辨识与运算处理能力方面。

① 具有从噪声中辨识微弱信号与消噪的功能。

② 具有多维空间的图像辨识与模式识别功能。

③ 具有数据自动采集、存储、记忆与信息处理功能。

（4）在交互信息能力方面，具有双向通信、标准化数字输出以及拟人类语言符号等多种输出功能。

2. 智能传感器的特点

与传统传感器相比，智能传感器具有以下特点。

1）精度高

由于智能传感器具有数据调理功能，可以通过软件修正各种系统误差。例如，通过自动校零，去除零点漂移；与标准参考基准实时对比，自动进行系统标定；对非线性等系统误差进行自动校正；通过对采集的数据进行统计处理，消除粗大误差影响等。例如，美国霍尼韦尔公司 PPT 系列智能精密力敏传感器精度为 0.05%，比传统力敏传感器提高一个数量级；美国 BB 公司 XTR 精密电流变送器精度为 0.05%，非线性误差仅为 0.003%。

2）测量范围宽

与传统传感器相比，智能传感器一般都有较宽的测量范围。例如，美国 ADI 公司 ADXRS300 角速度集成传感器（陀螺仪）的测量范围为±300°/s。并联一只电阻测量范围可以扩展到±1200°/s，这是传统传感器很难达到的。

3）信噪比高、分辨力高

由于智能传感器具有数据存储、记忆、处理功能，通过软件进行数字滤波、信息分析等处理，可以去除输入数据中的噪声，提取有用信号；通过数据融合、神经网络技术，可以消除多参数状态下交叉灵敏度的影响，保证在多参数状态下对特定参数测量的分辨能力。例如，ADXRS300 角速度陀螺仪集成传感器，能在噪声环境下保证精度不变，其角速度噪声可低至 0.2°/s/Hz。

4）可靠性高、稳定性高

智能传感器能自动补偿因工作条件、环境参数发生变化引起的系统特性漂移。例如，温度变化产生的零点和灵敏度漂移；被测参数变化后能自动改换量程；实时、自动地对系统进行自我检验，分析、判断采集的数据合理性，并给出异常情况应急处理（报警或故障提示）。

5）自适应性强

智能传感器具有判断、分析、处理功能，能根据系统工作情况决策各部分的供电情况和与上位计算机的数据传送速率，实现系统低功耗和提高系统数据传输效率。

6）性价比高

智能传感器的卓越性能，不是通过对传感器本身的完善、精心设计、精雕细琢获得的，而是通过与微处理器、计算机相结合，采用廉价的集成电路和强大的软件来实现的。因此其性价比高。

7）体积小

随着微电子技术的迅速发展，智能传感器正朝着小和轻的方向发展，以满足航空航天及国防需求，同时也为一般工业和民用设备的小型化、便携化发展创造了条件。例如，汽车电子技术和智能微尘（smart micro dust），其中，智能微尘是一种超微型传感器。用肉眼来看，它和一颗砂粒没有多大区别，但其内部却包含了从信息采集、信息处理到信息发送所必需的全部部件。

8）低功耗

降低功耗不仅可简化系统电源及散热电路的设计，延长智能传感器的使用寿命，还为进一步提高智能传感器芯片的集成度创造了有利条件，对智能传感器具有重要意义。智能传感器普遍采用大规模或超大规模互补金属氧化物半导体（complementary metal oxide semiconductor，CMOS）电路，使传感器的耗电量大为降低，有的可用纽扣电池供电。不测量时，待机模式可将智能传感器的功耗降至更低。

3. 智能传感器的局限性

既然将标准且独立的传感器升级成互联的智能传感器后可获得巨大效益，为何不将所有的传感器都做成智能的呢？原因很简单，有些情况不适合采用互联智能传感器，一般说来，以下情况不适合。

（1）无法在合理的时间内赚回产品开发和制造成本。

为了使产品具有较长的使用寿命，用户通常愿意为此支付必要的设备开发与制造费用。这个原则不但适用于普通货物（如纸巾），也适用于采用高新技术的产品（如智能传感器）。没有哪家公司愿意长期生产一种制造成本比利润还高的产品。因此，在投入时间和资金为设备增添智能之前，传感器制造商应当确定用户是否愿意接受产品差价或者为更优质的服务买单，这部分费用至少要抵消开发成本以及增加的生产费用。

（2）终端用户无法或者不愿意提供智能设备运行或与之通信所需的基础条件。

这种不应该或无法使用智能传感器的情况是用户无法提供智能传感器工作所需的最基本条件，即传感器的供电和通信信道要求，与前面提到的传感器制造商要能赚回生产成本的条件类似，这里的情况是制造商可能无法以较低成本来增加智能传感器工作所需的额外条件，供电功率和通信信道都是保证智能传感器能够正常工作必不可少的基础条件。没有供电，传感器可能根本无法开机；没有通信信道，传感器就无法输出采集到的信息。

有关智能传感器实现方面的问题也不可忽视。虽然越来越多的制造工厂都已建立了数字化网络，但这会增加制造商的运营成本，成为减少利润的致命杀手。尽管一些新的网络协议可以通过导线为设备供电的同时还能用于通信，如以太网供电技术（power-over-ethernet，PoE），但是那些老工厂的联网成本会特别大。目前，市场上出现了新一代的低功耗型无线传感器，它们能够解决上述问题。遗憾的是，尽管无线传感器的长期运行成本可能很低，但是其初始设备购置的费用则可能比有线网络更大。

（3）某些应用的环境约束不允许增加实现智能和互联所需的电路。

某些特殊应用的环境条件不允许增加额外的电路。这些环境条件可能是设备尺寸、工作温度、严重振动或腐蚀性化学物。在上述情况下，尽管将所测参数数字化可以显著提高传感器的性能，但由于工作条件的限制，采用加固型常规传感器可能是唯一的选择。

10.4　智能化的实现途径

智能传感器的“智能化”主要体现在强大的信息处理功能上，实现智能传感器的“智能化”需要多项技术共同作用。

1. 采用新的检测原理和结构

采用新的检测原理，通过微机械精细加工工艺设计新型结构，真实地反映被测对象的完整信息，这是传感器智能化的重要技术途径之一。例如，多振动智能传感器就是利用这种方式实现智能化的。工程中的振动通常是多种振动模式的综合效应，常用频谱分析方法解析振动。由于传感器在不同频率下灵敏度不同，会造成分析上的失真。采用微机械加工技术，可在硅片上制作出极其精细的沟、槽、孔、膜、悬臂梁、共振腔等，构成性能优异的微型多振动传感器。目前，已能在 2mm×4mm 的硅片上制成 50 条振动板、谐振频率为 4～14kHz 的多振动智能传感器。

2. 应用人工智能材料

利用人工智能材料的自适应、自诊断、自修复、自完善、自调节和自学习特性，制造智能传感器。人工智能材料具有感知环境变化（普通传感器的功能）、自我判断（处理器功能）及发出指令和采取行动（执行器功能）等特点，因此，利用人工智能材料就能实现智能传感器对环境检测和反馈信息调节与转换的功能。

3. 集成化

智能传感器是利用集成电路工艺和微机械技术将传感器敏感元件与相关的电子线路集成在一个芯片上，如图 10-2 所示。通常具有信号提取、信号处理、逻辑判断、双向通信等功能。与传统传感器相比，集成化使得智能传感器具有体积小、成本低、功耗小、速度快、可靠性高、精度高、功能强大等优点。

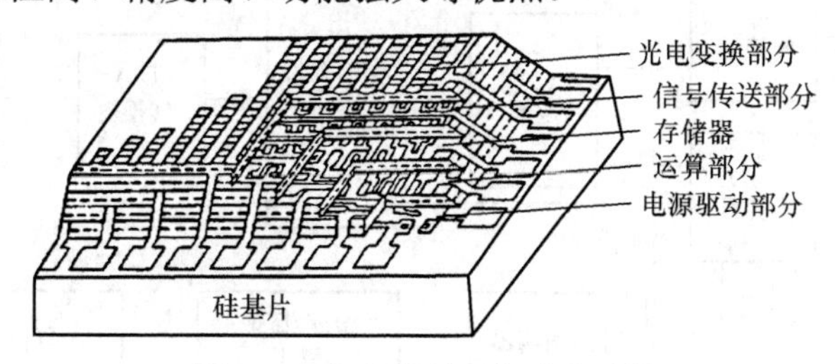

图 10-2　智能传感器集成化结构

4. 软件化

智能传感器主要是利用计算机软件对测量数据进行处理。用软件实现非线性校正、自补偿、自校准，以提高传感器的精度、重复性等；用软件实现信号滤波，如快速傅里叶变换、小波变换等，以简化硬件、提高信噪比、改善传感器动态特性；采用人工智能、神经网络、模糊理论，以提高传感器的分析、判断、自学习能力。

5. 多传感器信息融合技术

单个传感器在某一采样时刻只能获取一组数据，由于数据量少，经过处理得到的信息只能用来描述环境的局部特征，且存在着交叉敏感度的问题。多传感器系统通过多个传感器获得更多种类、更多数量的数据，能够对环境进行更加全面和准确的描述。

6. 网络化

独立的智能传感器，虽然能够做到快速、准确地检测环境信息，但随着测量和控制范围的不断扩大，单节点、被动的信息获取方式已经不能满足人们对分布式测控的要求，智能传感器与通信网络技术相结合，形成网络化智能传感器。网络化智能传感器使传感器由单一功能、单一检测向多功能和多点检测发展；从被动检测向实时处理方向发展；从本地测量向远距离实时在线测控发展。传感器可以就近接入网络，传感器与测控设备间无须点对点连接，大大简化了连接线路，节省投资，也方便了系统的维护和扩充。

10.4.1 集成化

集成化方式可分为传感器信号调理器和传感器信号处理系统两种。

1. 传感器信号调理器

传感器信号调理器是将 A/D 转换器、温度补偿及自动校正电路集成在一起，输出模拟量或数字量。例如，菲利普公司生产的 UZZ9000 型单片角度传感器信号调理器，配上 KMZ41 型磁阻式角度传感器后即可精确地测量角度。UZZ9000 型电压输出式角度传感器信号调理器的内部结构如图 10-3 所示。

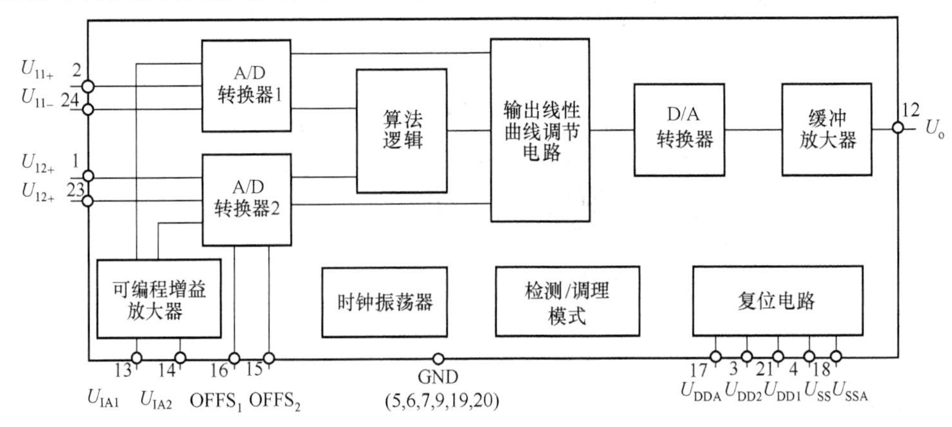

图 10-3 UZZ9000 型传感器信号调理器的内部结构

UZZ9000 的输出电压与被测角度信号成正比，测量角度的范围是 0°～360°，其测量范围和输出零点均可从外部调节。UZZ9000 能将两个有相位差的信号，一个视为正弦信号U_{I_1}，另一个视为余弦信号U_{I_2}，转换成线性输出信号。这两个信号直接取自两个用来测量角度的磁阻传感器。利用 UZZ9000 可完成模/数转换、线性化及数/模转换等功能。

2. 传感器信号处理系统

传感器信号处理系统在芯片内集成了微处理器（μP）或数字信号处理器（DSP），并且带串行总线接口。与传感器信号调理器相比，传感器信号处理系统则以数字电路为主，其性能比传感器信号调理器更先进、使用更灵活，如美国美信（MAXIM）公司生产的 MAX1460（带 DSP），如图 10-4 所示。

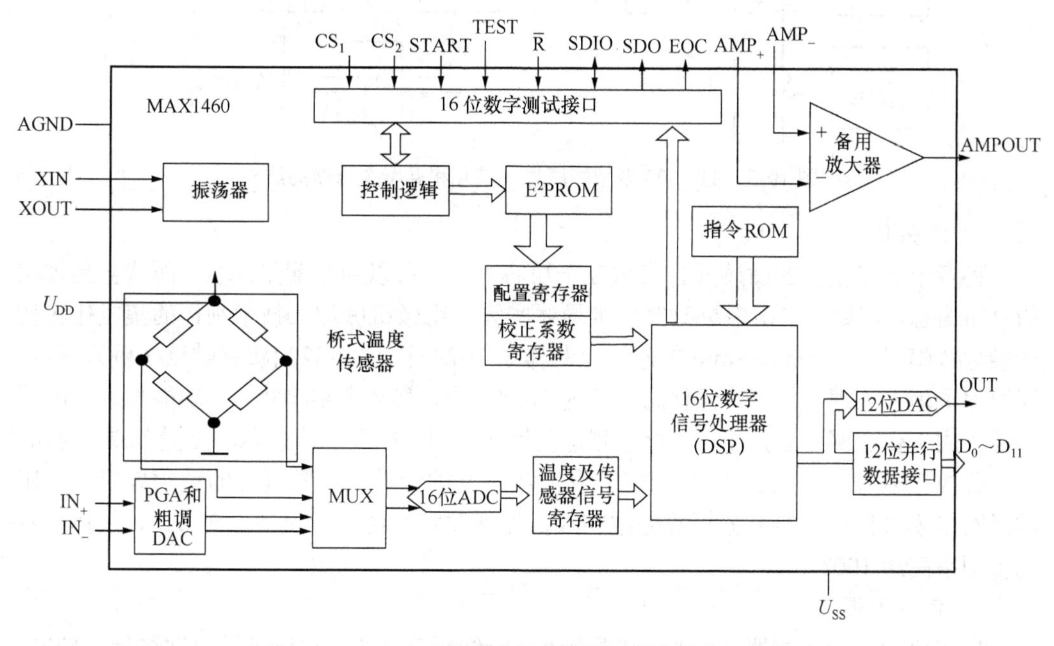

图 10-4　MAX1460 传感器信号处理系统的内部结构

现代传感器技术以硅材料为基础，采用微机械加工技术和大规模集成电路工艺实现传感器系统的集成化，使得智能传感器具有以下特点。

1）微型化

以硅及其他新型材料为基础，采用微机械加工技术和大规模集成电路工艺使得传感器的体积已达微米级。一种微型的血液流量传感器，其尺寸为 1mm×5mm，可以放在注射针头内送进血管，测量血液流动情况。

2）高精度

与分体结构传感器相比，一体化的传感器迟滞、重复性指标得到改善，时间漂移减小，精度提高。信号调理电路与敏感元件一体化，可以大大减小由引线长度带来的寄生变量影响，这对电容式传感器具有特别重要的意义。

3）多功能

将多个不同功能的敏感元件集成在一块芯片上，传感器可测量不同性质的参数，实现综合检测。例如，美国霍尼韦尔公司 20 世纪 80 年代初期生产的 ST-3000 型智能压力（差）和温度变送器，就是在一块硅片上感受压力、压差及温度 3 个参量的敏感元件，如图 10-5 所示。不仅增加了传感器的功能，而且可以通过数据融合技术消除交叉灵敏度的影响，从而提高传感器的稳定性与精度。

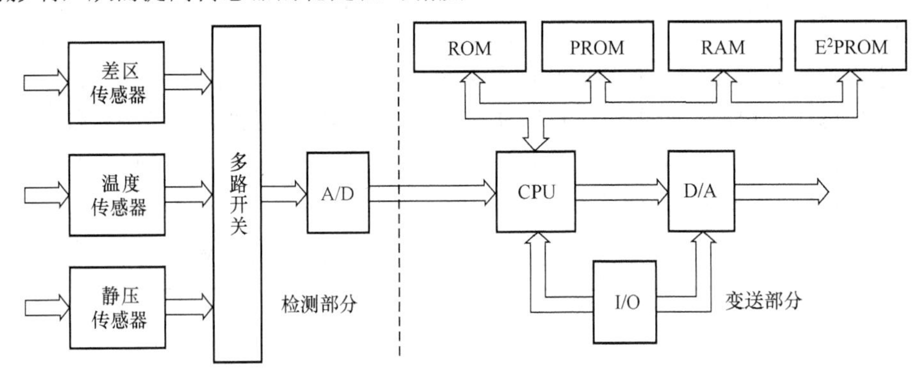

图 10-5 ST-3000 型智能压力（差）和温度变送器的结构

4）阵列化

将多个功能相同的敏感元件集成在一块芯片上，可以用来测量线状、面状甚至体状的分布信息。例如，丰田中央研究所半导体实验室用微机械加工技术制作的集成化应变计触觉传感器，在 8mm×8mm 的硅片上制作了 1024 个（32×32）敏感触点（桥），基片四周做了信号处理电路，其元件总数约为 16 000 个。将多个结构相近、功能相近的敏感元件集成制作在同一芯片上，在保证测量精度的同时，扩大了传感器的测量范围。例如，基于磁控溅射方法形成的“电子鼻”，利用各种气敏元件对不同气体的敏感效应，采用神经网络模式识别和组分分析等先进的数据处理技术，经过学习后，对 12 种气体样本的鉴别率高达 100%。

5）使用方便

集成化的智能传感器，外接连线数量少，接线极其简便。它还可以自动进行自校准，无须用户长时间多环节调节与校验。

10.4.2 软件化

不论智能传感器以何种硬件组成方式实现，传感器与计算机微处理器相结合实现的智能传感器系统都是在最小硬件基础上采用软件来“赋予”智能化功能的。传感器数据经过 A/D 转换，获得的数字信号一般不能直接给微处理器使用，还须根据需要进行加工处理，如非线性校正、噪声抑制、自补偿、自检、自诊断等，这些功能往往用软件实现。

1. 非线性自动校正技术

测量系统的线性度（非线性误差）是影响系统精度的重要指标之一。产生非线性的原因，一方面是由于传感器本身的非线性，另一方面非电量转换过程中也会出现非线性。传统传感器技术主要是从传感器本身的设计和电路环节设计非线性校正器。智能传感器系统的非线性自动校正技术是通过软件来实现的，如图 10-6 所示。它能够自动按照非线性特性进行特殊转换，使输出 y 与输入 x 呈理想直线关系。也就是说，智能传感器系统能够进行非线性的自动校正，只要前端传感器及其调理电路的输入-输出特性（x–u）具有重复性即可。

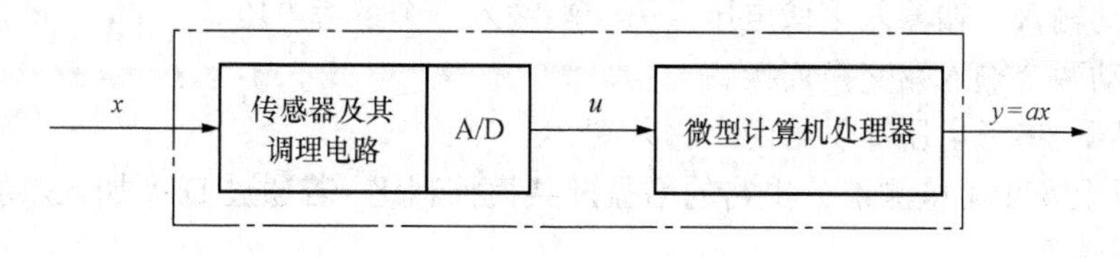

图 10-6 非线性自动校正

2. 软件抗干扰技术

被测信号在进入测量系统之前与之后都可能会受到各种干扰与噪声的侵扰。把有用信息从混杂有噪声的信号中提取出来是测量系统的主要功能。智能传感器系统具有数据存储、记忆与信息处理功能。通过智能化软件可以进行数字滤波、数据分析、统计平均处理等，可以消除偶然误差、排除干扰，将有用信号从噪声中提取出来，使智能传感器系统具有更高的信噪比与分辨率。

利用软件进行抗干扰处理的方法可以归纳成两种：一种方法是利用数字滤波器来滤除干扰；另一种方法是软件冗余，如软件看门狗、指令冗余、软件陷阱、多次采样技术、延时防抖动、定时刷新输出等。如果信号的频谱与噪声的频谱不重合，则可用滤波器消除噪声；当信号与噪声频带重叠或噪声的幅值比信号大时就需采用其他的噪声抑制方法，如相位技术、平均技术等。

3. 自补偿技术

传感器自补偿技术主要用于消除因工作条件、环境参数变化后引起系统特性的漂移，如温度变化引起的零点漂移等。另一个重要用途是改善传感器系统的动态特性，使其频率响应特性向更高或更低频段扩展。若无法进行完善的实时自校准，可采用补偿法消除因工作条件、环境参数变化引起系统特性漂移，如零点漂移、灵敏度温度漂移等。自补偿与信息融合技术有一定程度的交叠，但信息融合技术有更深、更广的内涵。

4. 自检技术

自检是智能传感器自动或人为触发的自我检验的过程。自检的内容分为硬件自检和软件自检。硬件自检是指对系统中硬件设备功能的检查，主要是 CPU、存储器和外围设备；软件自检则是系统中 ROM 或磁盘存放的软件检验。无论是硬件自检还是软件自检都由 CPU 执行自检软件来实现。智能传感器的自检过程一般按照下述方法进行。

（1）检测零点漂移。输入切换接地以检测零点漂移下的漂移值并存储，用于零点补偿；如果有偏大的零点失调发生，则可能是系统发生了故障，应向主控计算机报警。

（2）A/D 自检。对内部标准参考电压进行 A/D 转换，以进行 A/D 转换器的自检。

（3）D/A 自检。通过 D/A 产生斜坡信号，再由 A/D 返读，可实现 D/A 的自检及对模拟部件、D/A 及 A/D 的线性度的检测。

（4）差动放大器电路的自检可通过以下 4 步完成。

① 差动输入两端输入零伏电压。

② 差动输入一端输入零伏电压，另一端输入一个参考电压。

③ 差动两个输入端交换连接。

④ 将同一参考电压提供给两个输入端。

通过以上 4 步可检测差分电路的增益及共模抑制比。若通过 D/A 加入斜坡信号，则可检测其线性度。

（5）ROM 自检。检查的方法较多，常采用“校验和”来进行检查。在将程序写入 ROM 之后，保留一个地址单元写入“检验字”，检验方法是奇校验。对 ROM 校验返回时，若校验不是奇校验，就去执行 ROM 故障程序；否则，ROM 自检通过。

（6）RAM 自检。若 RAM 中尚未存入信息，常用反复法检验。首先将一段伪随机码写入存储单元，而后再从各单元中读出并与原先写入的代码比较，以判断 RAM 是否能够正常写入和读出。

若 RAM 中已经存入数据，为了不破坏 RAM 中原有的内容，常用“异或”法来自检。即先从被检查的 RAM 单元中读出数据，存入寄存器，将其求反后与原单元内容做“异或”运算，若所得结果全为“1”，则表明该单元工作正常；反之，该单元工作异常。

5. 智能信号处理技术

随着科学技术的发展，智能传感器的功能将逐步增强，它将利用人工神经网络、人工智能、信息处理技术（如传感器信息融合技术、模糊理论等），使传感器具有分析、判断、自适应、自学习等更高级的功能，可以完成图像识别、特征检测、多维检测等复杂任务。

10.4.3 网络化

将传感器技术与网络技术相结合，便形成网络化传感器。它能够通过各类集成化的微型传感器实现实时监测、感知、采集各种环境或监测对象的信息，通过嵌入式系统对信息进行处理，并通过随机自组织通信网络将感知的信息传送到用户终端，从而形成精度高、功能强的测控网络。

网络化智能传感器一般由信号采集单元、数据处理单元和网络接口单元组成，如图 10-7 所示。这 3 个单元可以是独立的芯片，也可以集成在一块芯片上。

信号经过采集、调理、A/D 转换成数字量后，再送给微处理器进行数据处理，最后将测量结果传输给网络，实现各个传感器节点之间、传感器与执行器之间、传感器与系统之间的数据交换及资源共享，更换传感器时无须进行标定和校准，做到“即插即用”。

网络的选择可以是传感器总线、现场总线，也可以是企业内部的 Ethernet，或直接是 Internet。但为保证所有的传感器节点和控制节点都能够实现即插即用，必须保证网络中所有的节点都能够遵守统一的协议。

网络化智能传感器的关键技术是网络接口技术。网络化传感器必须符合某种网络协议，使现场测控数据能直接进入网络。由于目前工业现场存在多种网络标准，因此也随之发展起来多种网络化智能传感器，具有各自不同的网络接口单元。

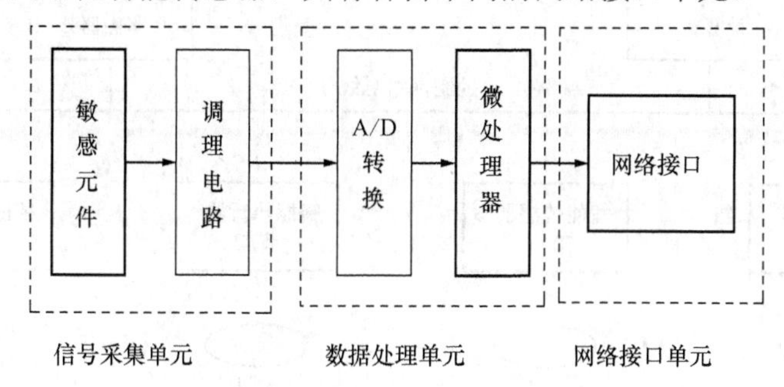

图 10-7　网络化智能传感器的基本结构

1. 基于现场总线的智能传感器

现场总线技术是一种集计算机技术、通信技术、集成电路技术及智能传感技术于一体的控制技术。按照国际电工委员会 IEC61158 的标准定义：安装在制造和过程区域的现场装置与控制室内的自动控制装置之间的数字式、串行、多点通信的数据总线称为现场总线。一般认为，现场总线是一种全数字化、双向、多站的通信系统，是用于工业控制的计算机系统工业总线。

现场总线是连接智能化现场设备和控制室之间全数字式、开放式和双向传输的通信网络。基于现场总线的网络化智能传感器结构如图 10-8 所示。

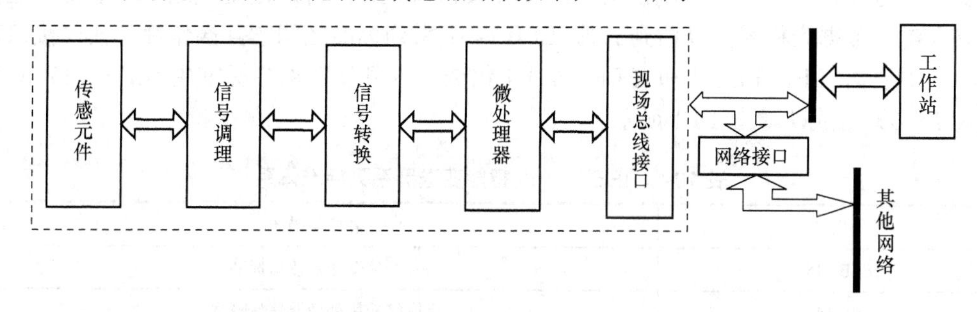

图 10-8　基于现场总线的网络化智能传感器结构

自 20 世纪 80 年代以来，现场总线技术一直受到人们的关注。进入 20 世纪 90 年代，现场总线控制系统一度成为人们研究的热点，各种各样的现场总线产品不断涌现。图 10-9 描述了一个通用分布式测试和控制系统框架。

以现场总线技术为基础，以微处理器为核心的现场总线智能传感器与一般智能传感器相比，具有一些突出的特点：数字化信号取代了 4～20mA 模拟信号，增强了信号的抗干扰能力；采用统一的网络化协议，实现了执行器与传感器之间的信息对等交换；能对系统进行校验、组态、测试，从而改善了系统的可靠性。

基于现场总线的智能传感器技术在应用过程中也存在诸多问题，如总线标准不统一。由于各种标准采用的通信协议不一致，存在着智能传感器的兼容和互换性问题，影响了网络化智能传感器的应用。

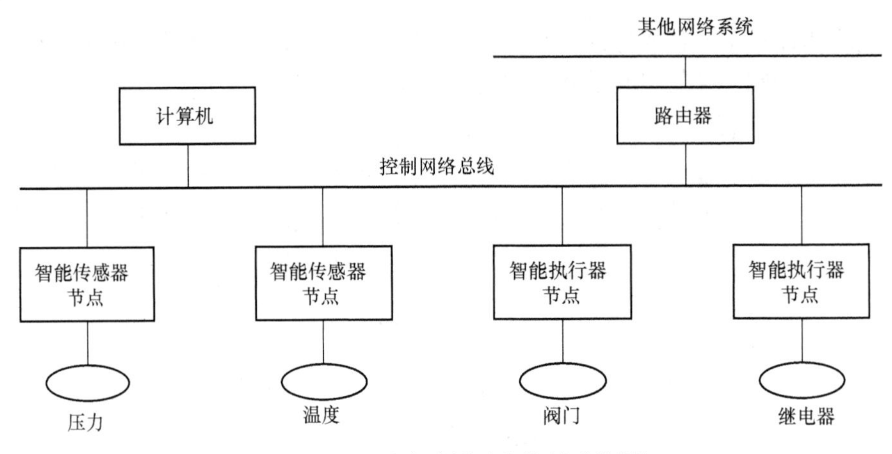

图 10-9　通用分布式测试和控制系统框架

2. 基于 IEEE 1451 标准的网络化智能传感器

为了给传感器配备一个通用的软、硬件接口，使其方便地接入各种现场总线以及 Internet/Intranet，从 1993 年开始，美国国家标准技术研究所和 IEEE 仪器与测量协会的传感技术委员会联合组织了智能传感器通用通信接口标准的制定，即 IEEE 1451 智能变送器接口标准。

IEEE 1451 标准可以分为软件接口和硬件接口两大部分。软件接口部分定义了一套使智能变送器顺利接入不同测控网络的软件接口规范；同时通过定义通用的功能、通信协议及电子数据表格式，以达到加强 IEEE 1451 系列标准之间的互操作性。软件接口部分标准主要由 IEEE 1451.0 和 IEEE 1451.1 组成。硬件接口部分标准由 IEEE 1451.*x*（*x* 代表 2～6）组成，如表 10-1 所示。

表 10-1　IEEE 1451 智能变送器系列标准体系

代号	名称与描述
IEEE 1451.0	智能变送器接口标准
IEEE 1451.1	网络应用处理器信息模型
IEEE 1451.2	变送器与微处理器通信协议与 TEDS 格式
IEEE 1451.3	分布式多点系统数字通信与 TEDS 格式
IEEE 1451.4	混合模式通信协议与 TEDS 格式
IEEE 1451.5	无线通信协议与 TEDS 格式
IEEE 1451.6	CANopen 协议变送器网络接口

IEEE 1451.1 标准采用通用的 A/D 或 D/A 转换装置作为传感器的 I/O 接口，将传感器的模拟信号转换成标准规定格式的数据，连同一个小存储器——传感器电子数据表（TEDS），与标准规定的处理器目标模型——网络适配器（NCAP）连接，使数据可按网络规定的协议登录网络。这是一个开放的标准，它的目标不是开发另一种控制网络，而是在控制网络与传感器之间定义一个接口标准，使传感器的选择与控制网络的选择分

开，从而使用户可根据自己的需要选择不同厂家生产的智能传感器，实现真正意义上的即插即用。

IEEE 1451.2 标准主要定义接口逻辑和 TEDS 格式，同时，提供了一个连接智能变送器接口（STIM）和 NCAP 的 10 线标准接口——变送器独立接口（TTI）。TTI 主要用于定义 STIM 和 NCAP 之间节点连线及同步时钟的短距离接口，使传感器制造商能把一个传感器应用到多种网络或应用中。符合 IEEE 1451.2 标准的网络传感器的典型体系结构如图 10-10 所示。

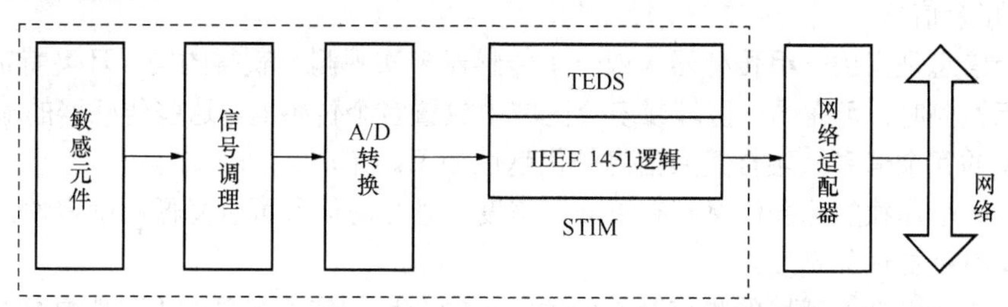

图 10-10　基于 IEEE 1451.2 标准的网络传感器结构

10.4.4　多传感器的信息融合

传感器一般存在交叉灵敏度问题，表现在传感器的输出值不单单取决于一个参量。例如，一个力敏传感器，当压力参量恒定而温度发生改变时，这个力敏传感器就存在对温度参量的交叉灵敏度。传感器在单个使用时，存在性能不稳定的问题。单个传感器瞬时获得的信息量有限，而多传感器融合技术具有无可比拟的优势。例如，人用单眼和双眼分别去观察同一物体，两者再经大脑神经中枢所形成的影像就不同，后者更具有立体感和距离感。这是因为用双眼观察物体时尽管两眼的视角不同，所得到的影像也不同，但经过神经中枢融合后会形成一幅新的影像，这是人脑的一种高级融合技术。

多传感器信息融合技术就是通过对多个参数的监测，在一定准则下进行分析、综合、支配和使用，通过它们之间的协调和性能互补，克服单个传感器的不确定性和局限性，提高整个传感器系统的有效性，获得对被测对象的一致性解释与描述，进而实现相应的决策与估计，使系统获得比各组成部分更充分的信息。

与单传感器系统相比，运用多传感器信息融合技术在解决探测、跟踪和目标识别等问题方面，能够增强系统生存能力，提高整个系统的可靠性和健壮性，增强数据的可信度，提高精度，扩展整个系统的时间、空间覆盖率，增强系统的实时性和信息利用率等。

1. 多传感器信息类型

多传感器感知系统采集到的信息多种多样，为使这些信息能得到统一协调的利用，有必要对信息进行分类。系统采集的信息，根据关系大致可分为 3 类，如图 10-11 所示。针对不同类型的信息，采用不同的融合方法。

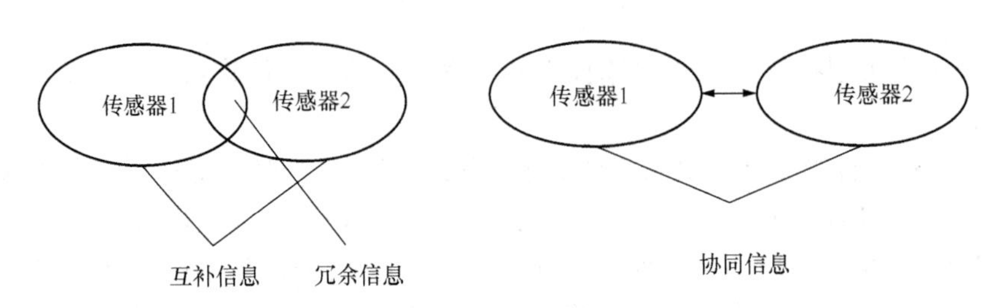

图 10-11　多传感器信息的关系

1）冗余信息

冗余信息是指由一组传感器（或一个传感器多次观测）获得的同一环境特征信息。在对目标检测时，可在同一区域或多个区域中放置多个传感器，这些传感器的输出就是检测对象的冗余信息。融合冗余信息的优越性如下。

（1）每个单独的冗余信息具有不同可信度，融合的信息可以降低不确定性，提高对监测对象特征描述的精度。

（2）由于每个传感器的噪声是不相关的，融合后的信息在总体上可明显抑制噪声。

（3）在传感器失效或出错时，冗余信息的融合还可以提高检测的可靠性。

在对冗余信息的处理中，有两个问题需加以注意。一是可能会出现传感器冲突的现象，即用于检测对象中同一特征的传感器可能会获得矛盾的信息。二是观测数据的一致性检验问题，即必须确定用于检测同一对象特征的多个不同传感器的信息确实是描述该同一特征的。有些算法提出了解决上述两个问题的方法，如利用模糊逻辑和神经网络的方法来处理不确定信息可以获得令人满意的结果。

2）互补信息

在有些情况下，信息的获取受到传感器结构、时间、空间范围等诸多因素的限制，故单个传感器很难获得被测对象的全局信息，这时往往需要采用多个传感器进行测量；另外，用不同的传感器有时可获得被测对象的不同特征。互补信息就是两个或多个独立传感器所提供的、从不同侧面描述同一对象或环境的、彼此间又不相互重复的多个信息。互补信息的融合可以给出关于对象和环境的更全面、更完整的描述。如果将这些被感知到的特征看作特征空间的特征向量，则每个传感器只能提供特征空间的一个子空间，而互补信息则提供了另外的独立的特征向量。这样，特征空间的维数增加使多传感器系统的精度也随之提高。例如，在矿井环境监测过程中，将温敏传感器、湿敏传感器、氧气传感器及风速传感器等组合起来，就可以得到煤矿井下环境的气候状况；将一氧化碳传感器、二氧化碳传感器、煤尘及瓦斯传感器等组合起来，就可以监测矿井自然起火状况、煤尘和瓦斯含量等安全信息。

3）协同信息

协同信息是指在多传感器系统中，传感器获得的相互依赖或相互配合的信息。例如，在监测煤矿井下是否发生煤炭自然起火时，可利用一氧化碳传感器、烟雾传感器、温敏传感器等的配合来获得井下自然起火的可靠信息。这类信息的融合被广泛应用于物体识别和空间识别。

在智能仪表系统中，多传感器系统获得的信息除进行上述 3 种融合之外，还采用了复合信息融合，即先进行局部融合，包括一级融合和二级融合，再进行全局融合。

2. 多传感器信息融合的过程

数据融合过程主要包括信号获取、数据预处理、特征提取、融合计算、结果输出等环节，其过程如图 10-12 所示。

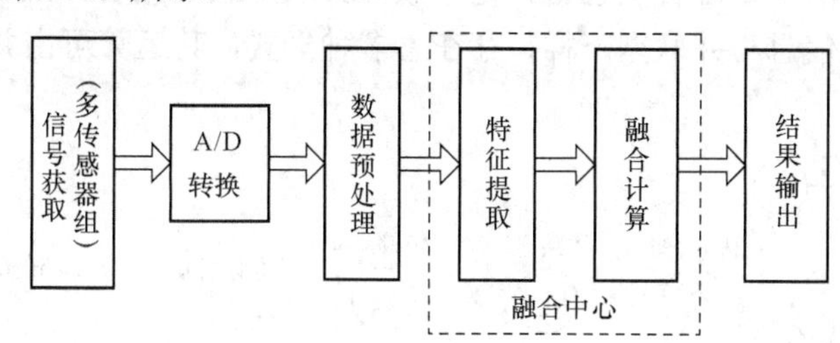

图 10-12　多传感器数据融合的过程

由于被测对象多半为具有不同特征的非电量，如压力、温度、速度等，因此首先要将它们转换成电信号，然后经过 A/D 转换将它们转换为计算机能处理的数字量。数字化后的电信号由于环境等随机因素的影响，不可避免地存在一些干扰和噪声信号，通过预处理滤除数据采集过程中的干扰和噪声，以便得到有用信号。预处理后的有用信号经过特征提取，并对某个特征量进行数据融合计算，最后输出融合结果。

1）信号获取

传感器信号获取的方法很多，可根据具体情况采取不同方法。例如，图形景物信息的获取一般可利用摄像系统或电荷耦合器件（CCD）。外界的图形景物信息经过摄像系统或电荷耦合器件转换成电信号，再经 A/D 转换后进入计算机系统。

2）数据预处理

在信号获取过程中，常常混有噪声；在 A/D 转换过程中，又增加了量化噪声。因此，在对多传感器信号融合处理前，有必要对传感器输出信号进行预处理，以尽可能地去除这些噪声。信号预处理的方法主要有去均值、滤波、消除趋势项、野点剔除等。

3）特征提取

对来自传感器的原始信息进行特征提取，特征可以是被测对象的各种物理量。

4）融合计算

数据融合计算方法较多，主要有数据相关技术、状态估计和目标识别技术等。

3. 多传感器的信息融合方式

多传感器信息融合方式有 3 种，即串行融合、并行融合、混合型融合，如图 10-13 所示。$C_1,C_2,\cdots,C_n$ 表示 n 个传感器，$S_1,S_2,\cdots,S_n$ 表示来自各个传感器信息融合中心的数据，$Y_1,Y_2,\cdots,Y_n$ 表示融合中心。

图 10-13（a）所示是串行融合，当前传感器要接收前一级传感器的输出结果，每个传感器既有接收信息的功能又有局部信息融合功能。各个传感器的处理同前一级传感器的输出形式有很大的关系。最后一个传感器综合了所有前级传感器输出的信息。串联结

构的优点是具有很好的性能及融合效果；缺点是对线路的故障非常敏感。

图 10-13（b）所示是并行融合，各个传感器直接将各自的输出信息传输到传感器融合中心，传感器之间没有互相影响，融合中心对各个信息按适当方法综合处理后，输出结果。

图 10-13（c）所示是混合型融合，是串联和并联形式的结合。既可先串后并，也可先并后串，其输入信息与并联型一样，存在着多种形式，其运算可由并联型和串联型的综合得到。

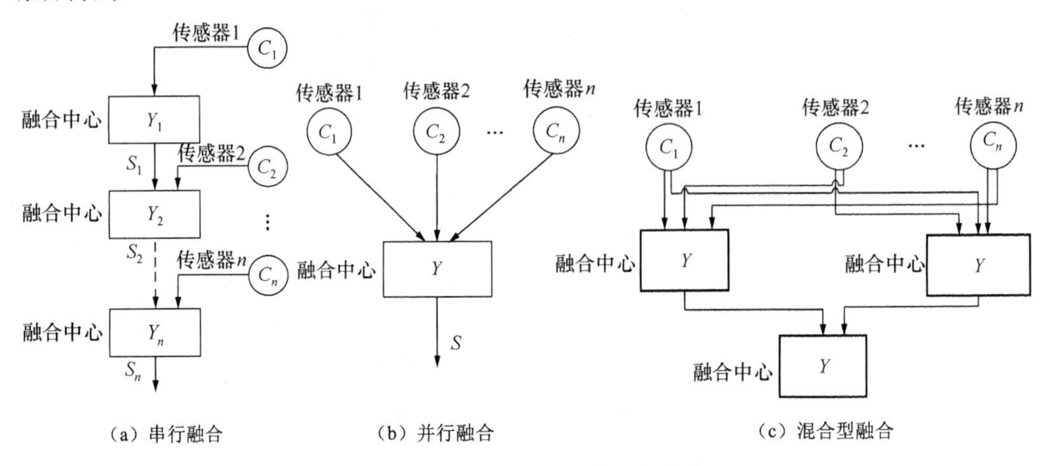

图 10-13　多传感器的信息融合方式

在多传感器数据融合系统中，各种传感器的数据可以具有不同的特征，可能是实时的或非实时的、模糊的或确定的、互相支持的或互补的，也可能是互相矛盾或竞争的。

多传感器信息融合，也根据信息表征的层次分为 3 类，即数据层融合、特征层融合和决策层融合。不同层次的数据融合采用的数据融合方法也不相同。

1）数据层融合

在数据层融合中，首先将全部传感器的观测数据进行融合，然后从融合的数据中提取特征向量，并进行判断识别，如图 10-14（a）所示。这要求传感器是同类的，例如，传感器测量同一物理现象，如两个视觉图像或两个超声波传感器；相反，如果传感器不是同类的，它们必须在特征层或决策层融合。数据层融合能提供最精确的结果，但需要很大的通信带宽，一般适用于小规模的融合系统。

数据层融合的主要方法有线性加权法、Brovery 变换和小波变换融合等。

2）特征层融合

在特征层融合中，从观测数据中提取特征矢量后将它们连接成单个特征向量，再对其进行识别，如图 10-14（b）所示。例如，通过摄像头获取的数据是图像数据，则特征就是从图像像素信息中抽象提取的线形、边缘、纹理等。这一结构的优点是冗余度高、计算负荷分配合理、信道压力轻；但由于各传感器进行了局部信息处理，阻断了原始信息间的交流，导致部分信息的丢失。

特征层数据融合方法主要有 Dempster-Shafer 推理法、贝叶斯估计法、表决法和神经网络法等。

3）决策层融合

决策层数据融合是在最高层进行的信息融合，直接针对具体决策目标，如图 10-14（c）所示。在决策层融合中，每一个传感器首先根据本身的单源数据做出决策，分别建立对同一目标的初步判决和结论，然后对这些决策进行相关处理和融合，从而获得最终的决策。精确性是最差的，但需要的带宽最小。

决策层数据融合方法主要有贝叶斯估计法、神经网络、模糊集理论和可靠性理论等。

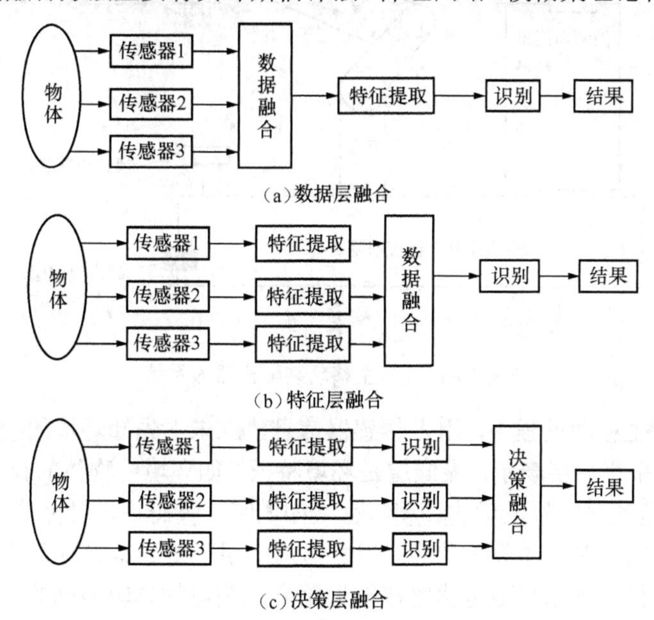

图 10-14　信息融合层次

上述 3 个层次的信息融合各有特点，在具体的应用中根据融合的目的和条件选用。表 10-2 对它们的特点进行了比较。

表 10-2　3 个融合层次的特点比较

融合层次	信息损失	实时性	精度	容错性	抗干扰性	计算量	融合水平
数据层	小	差	高	差	差	大	低
特征层	中	中	中	中	中	中	中
决策层	大	好	低	好	好	小	高

4. 多传感器融合实例

多传感器信息融合技术在机器人，特别是移动机器人领域有着广泛的应用。自主移动机器人是一种典型的装备有多种传感器的智能机器人系统。当它在未知和动态的环境中工作时，将多传感器提供的数据进行融合，从而准确、快速地感知环境信息。

图 10-15 所示为美国斯坦福大学研制的自主移动装配机器人系统，它能实现多传感器信息的集成与融合。其中，机器人在未知或动态环境中的自主移动建立在视觉（双摄像头）、激光测距和超声波传感器信息融合的基础上；机械手装配作业的过程

则建立在视觉、触觉、力觉传感器信息融合的基础上。该机器人采用的信息融合为并行结构。

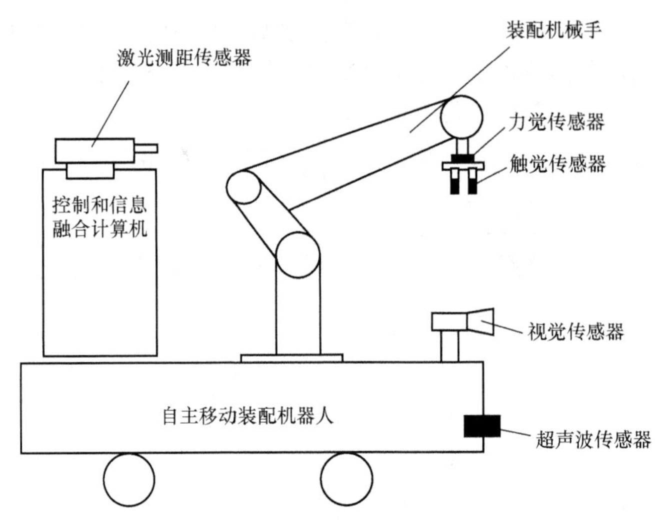

图 10-15　自主移动装配机器人系统

在机器人自主移动过程中，用多传感器信息建立未卜先知环境的模型，该模型为三维环境模型。它采用分层表示，最低层是环境特征（如环境中物体的长度、宽度、高度、距离等）；高层是抽象符号表示的环境特征（如道路、障碍物、目标等）。其中，视觉传感器提取的环境特征是最主要的信息，视觉信息还用于引导激光测距传感器和超声波传感器对准被测物体。激光测距传感器在较远距离上获得物体较精确的位置，而超声波传感器用于检测近距离物体。当将三者在不同时刻测量的距离数据融合时，每个传感器的坐标框架首先变换到共同的坐标框架中，然后采用以下 3 种不同的方法得到机器人位置的精确估计：参照机器人本身位置的相对位置定位法；目标运动轨迹记录法；参照环境静坐标的绝对位置定位法。每一种扩展的卡尔曼滤波确定二维物体相对于机器人的准确位置和物体的表面结构形状，并完成对物体的识别。

在机器人装备作业过程中，信息融合则是建立在视觉、触觉、力觉传感器基础上的。装配过程表示为由每一步决策确定的一系列步骤。整个过程的每一步决策都由传感器信息融合来实现。其中视觉传感器用于识别具有规则几何形状的零件以及零件的定位，即用摄像头识别二维零件并判定位置；力觉传感器检测机械手末端与环境的接触情况以及接触力的大小，从而提供在接触时物体的准确位置；视觉与触觉相结合用于识别缺少识别特征的物体，如无规则几何形状的零件。此外，力觉传感器还用于提供高精度轴孔匹配、零件传送和取放中的信息。多传感器信息通过一定的信息融合算法提供装配作业过程中的决策信息。

10.5　典型智能传感器——线激光三维扫描传感器

线激光三维扫描传感器

在工业 4.0 时代的今天，自动化技术和设备发展越来越成熟，人们对个性化产品的形状尺寸要求越来越高。因此，如何精准、高效地获取物体的三维信息并重建其三维形貌成了社会研究的热点。基于线激光的三维扫描传感器以其非接触性、精度高和成本低的特点，越来越被广泛地应用到工业领域。在线激光三维扫描传感器的测量过程中，图像传感器采集激光图像，经过滤波、放大和数字化后，传送至图像处理器，图像处理器运行图像处理算法，提取图像特征，通过数字通信接口输出。因此，线激光三维扫描传感器是一个典型的智能传感器。

10.5.1　线激光三维扫描传感器的结构

图 10-16 所示为线激光三维扫描传感器的结构，线激光照射在被测对象表面反射发出光信号，感光元件感应光信号，经过信号调理电路滤波和放大，再经过 A/D 转换数字化图像，传输至图像处理器，图像处理器上的软件处理图像数据，将被测对象结构信息通过通信接口输出。

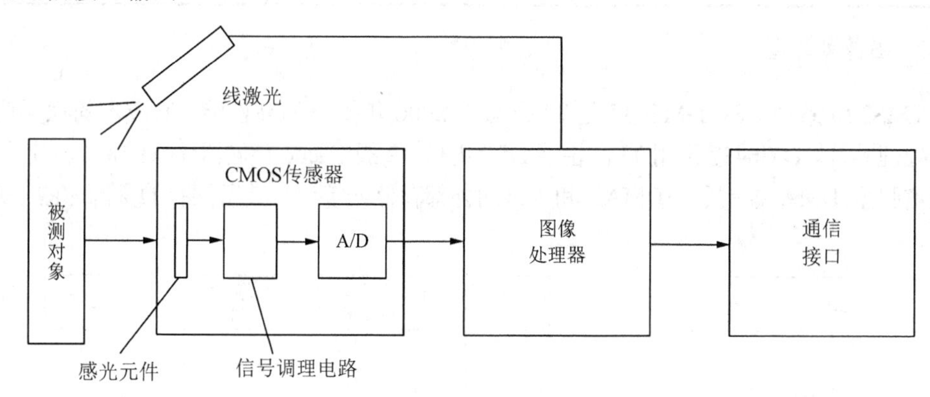

图 10-16　线激光三维扫描传感器的结构

1. 激光器

目前市场上存在的激光器主要有 3 种，即气体式、固体式和半导体式激光器。气体式激光器是以气体作为介质的激光器，其产生光束的单色性、相干性等特性较好，但是其体积较大；固体式激光器不仅体积小、原理简单，而且储存能力强、稳定可靠，但是成本较高；半导体式激光器是以半导体作为介质的激光器，不仅体积更小、结构简单、价格低廉、工作效率高，而且该类激光器的技术更成熟。该传感器选用波长为 635～660nm 的半导体式一字红色激光器，其工作电压为直流 3.6～5V，功率大于 5mW。

2. CMOS 传感器

目前核心成像部件有两种：一种是利用电荷耦合的 CCD 元件；另一种是利用互补金属氧化物导体的 CMOS 元件。这两种成像部件虽然光电转换的原理是相同的，但是也有很多差异。由于成像过程的不同，CMOS 相机输出信号的一致性要差于 CCD 相机，而且存在更高的固定噪声，但是它的读出速度要比 CCD 相机快且功耗低。集成性方面，CMOS 相机也优于 CCD 相机，而且成本低廉。CMOS 传感器采用型号为 ANA800 的 1/3

CMOS 800TVL MINI 摄像机，体积小，图像传输快，提供的分辨率为 720(H)×576(V)，由 12V 直流电压提供电源，相机具体参数如表 10-3 所示。

表 10-3　相机具体参数

名称	指标
尺寸（长×宽×高）	36×36×11
分辨率	720(H)×576(V)
视频输出	1Vp-p(75Ω/BNC)
扫描频率	50Hz
传感器	1/3 PC1099 CMOS
功耗	40mW(MAX)
曝光时间	20ms
电源	直流 12V±10%

3. 图像处理器

TMS320 系列 DSP-DM6437 是 TI 公司于 2006 年推出的高性能、低成本的视频应用开发处理芯片。DM6437 采用 TI 高性能 DSP 内核、2 级 Cache 存储器体系结构，片上有 64 通道增强型 DMA 控制器 EDMA3 和丰富的外部存储器接口，其所拥有的资源如图 10-17 所示。

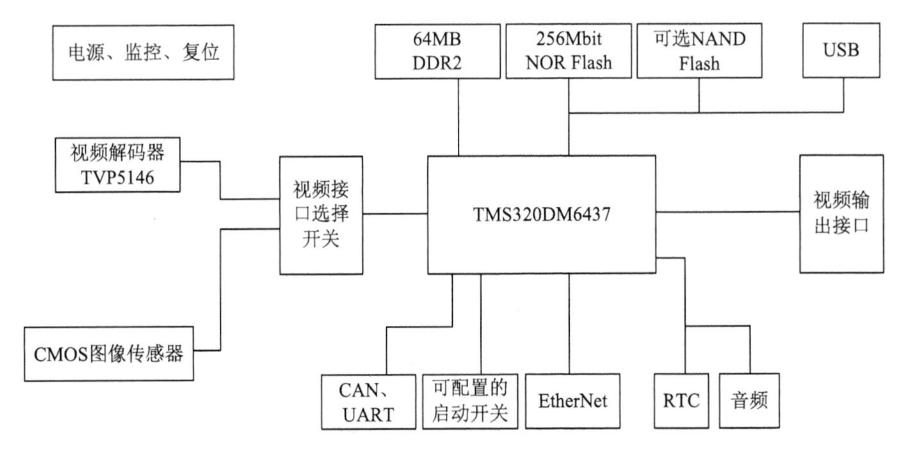

图 10-17　图像处理器资源框图

10.5.2　线激光三维扫描传感器软件

1. 图像预处理

传感器用到的图像处理器 DM6437 上有一个视频处理前段子系统 VPSS，该子系统分为预处理前端 VPFE 和预处理后端 VPBE。预处理前端有 3 个功能，即预览器 Previewer、缩放器 Resizer 和 H3A。预览器 Previewer 主要是将相机采集到的图像从 RGB 格式转为 YCbCr4∶2∶2 格式；缩放器 Resizer 主要是将预览器处理后的视频数据进行硬件层面的图像缩放，缩放范围为 1/4x～4x；H3A 是实现 RGB 格式图像在硬件层面的自动对焦、白平衡和曝光。预处理后端主要实现视频图像的输出与显示。在图像分割之前，需要进行图像灰度化、二值化等预处理。

2. 图像灰度化

用矩阵函数 $\boldsymbol{f}(u,v)$ 来表示一幅数字图像，其中，(u,v) 代表图像上的像素点坐标，函数 $\boldsymbol{f}(u,v)$ 的值代表像素点 (u,v) 的灰度值。假设一幅图像 $\boldsymbol{f}(u,v)$ 的尺寸为 $M\times N$ 像素，则这幅图像可以用一个 $M\times N$ 的矩阵来表示，即

$$\boldsymbol{f}(u,v)=\begin{bmatrix} f(0,0) & f(0,1) & \cdots & f(0,N-1) \\ f(1,0) & f(1,1) & \cdots & f(1,N-1) \\ \vdots & \vdots & \vdots & \vdots \\ f(M-1,0) & f(M-1,1) & \cdots & f(M-1,N-1) \end{bmatrix} \tag{10-1}$$

其中，矩阵中的每个 $\boldsymbol{f}(u,v)$ 都是离散值，且 $\boldsymbol{f}(u,v)\in[0,255]$，像素值为 0（黑）、225（白）。

灰度图像所表达的信息与彩色图像是一样的，同样可以描述其分布特点，只是降低了存储代价和计算代价。CMOS 相机采集图像存在很多噪点，想要得到合理的灰度图像就需要更高要求的测量环境，如在暗箱环境中，得到的灰度图如图 10-18（a）所示。

3. 二值化

在二值化图像中，图像上的所有像素值不是 0 就是 255，这样的图像对于计算而言，不仅可以更加清楚地识别出图像的几何特征，而且大大降低了图像识别过程中的工作量。

在图像处理过程中，经常会用到二值化处理，这也使得二值化方法越来越多，选择一个适合传感器的二值化方法，对测量处理和结果至关重要。要进行二值化处理就必须先确定这个特定的灰度阈值，为了减小环境因素对该处理的影响，线激光三维扫描传感器选 OTSU 法。OTSU 法又叫作大津法，就是将整幅图像分成物体和背景两部分，然后给定一个灰度阈值，通过这个灰度阈值来求出整幅图像的灰度值方差，最后把方差值大的灰度阈值提取出来，并将该阈值代入二值化函数中，得到的二值化图如图 10-18（b）所示。

4. 图像分割

图像分割，简单地说就是从原图像中去掉不影响测量结果的像素点。在二值化图像中可以通过寻找连通区域的方法来寻找激光条纹所在位置，然后再用标记的方法确定激光条纹准确的位置。

传感器具体选用基于区域增长并以像素扫描方式的 8 邻域区域连通，通过判断目标左下方、正下方和右下方的像素点来寻找连通区域，最后保留面积最大的连通区域，即激光线所在区域。分割图像如图 10-18（c）所示。

5. 激光条纹中心线提取

因为激光条纹本身就会因为聚焦透镜的汇聚作用不同而具有一定的宽度，所以获取

激光条纹中心线是必要的操作。为了实现在线三维测量，所以快速而又准确地获取条纹中心线，决定了最后三维形貌重构数据的精确性。

传感器采用水平中值法，该方法的原理是逐行扫描图像，找到激光线的左、右边界点，求出几何中心点，扫描完整幅图像后，激光条纹的中心线也提取出来了，并将中心线标为红色，如图 10-18（d）所示。

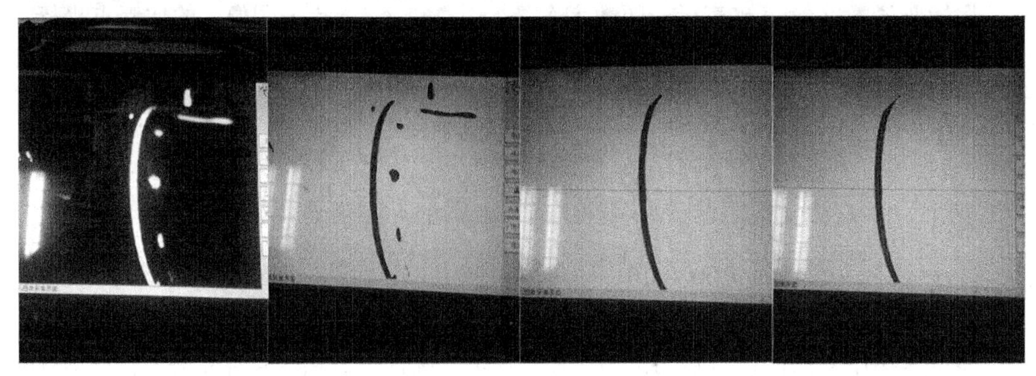

（a）灰度图像　（b）二值化图像　（c）分割图像　（d）提取中心线图像

图 10-18　图像处理结果

6. 被测物体表面三维重建

利用激光条纹中心线的像素坐标，可以得出被测物体表面深度值 z 和 y 坐标。在此之前，需要推导像素坐标和 (y,z) 之间的关系。

1）物体表面坐标与像素横坐标的关系推导

图 10-19 所示为成像系统结构，其中，$P_0(y_0,z_0)$ 为参考点，对应像点 $I_0(u_0,v_0)$。测量点 $P_1(y_1,z_1)$ 对应像点 $I_1(u_1,v_1)$，测量点 $P_2(y_2,z_2)$ 对应像点 $I_2(u_2,v_2)$。

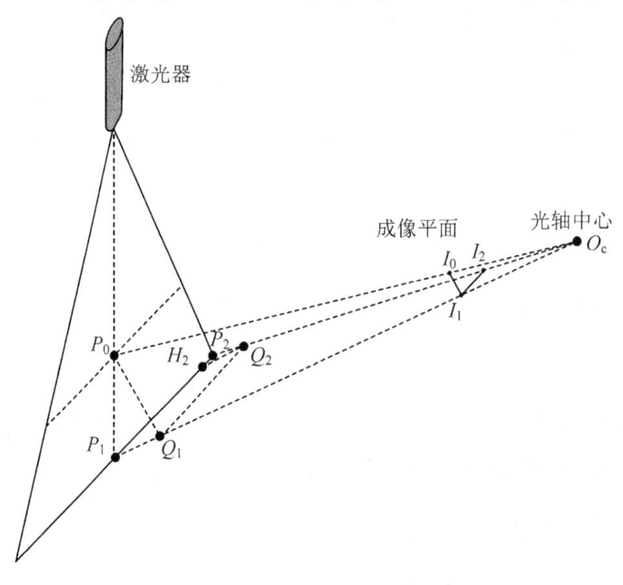

图 10-19　成像系统结构

利用空间几何关系，可得

$$\frac{z_1 - z_0}{u_1 - u_0} = K_u \tag{10-2}$$

式中　K_u——常数，和系统物理参数有关。

式（10-2）中求解 z_1，可得

$$z_1 = K_u u_1 + (z_0 - K_u u_0) \tag{10-3}$$

令 $C_u = z_0 - K_u \cdot u_0$，式（10-3）可以表示为

$$z_1 = K_u u_1 + C_u \tag{10-4}$$

式中　C_u——常数，和系统物理参数及参考点相关。

另外，假设图 10-19 中 w 为 O_cP_1 的距离，d 为 O_cP_0 的距离，θ 为 $\angle P_0P_1Q_1$，则有

$$w = d + (z_1 - z_0) \cdot \cos\theta \tag{10-5}$$

根据相机成像原理，有

$$\frac{v_2 - v_0}{y_2 - y_0} = \frac{f}{w} \tag{10-6}$$

式中　f——相机焦距。

结合式（10-5）和式（10-6），可以得出以下关系式，即

$$y_2 - y_0 = \frac{d}{f}(v_2 - v_0) + \frac{\cos\theta}{f}(v_2 - v_0)(z_2 - z_0) \tag{10-7}$$

根据式（10-5）和式（10-7），且 z_0=0，简化得

$$\Delta y = \left(\frac{d}{f} - \frac{5\cos\theta}{4f}\right)\Delta v + \frac{3\cos\theta}{8f}\Delta v\Delta u \tag{10-8}$$

因为相机焦距 f、$\angle\theta$ 和 d 是固定值，所以可以将其中的系数转变为间接系数 a_1 和 a_2，即简化式（10-8）得

$$\Delta y = a_1\Delta v + a_2\Delta v\Delta u \tag{10-9}$$

2）系统标定

上述表达式中的 K_u、C_u、a_1 和 a_2 的值和系统参数有关，需要通过校准实验来获得，该过程称为系统标定。通过实验，得到系统数据，如表 10-4 所示。

表 10-4　标定数据

z	y_a	y_b	v_a	v_b	u	Δv	Δu
0	0	54	114	477	584	363	0
5	0	54	119	473	598	354	14
10	0	54	121	470	613	349	29
15	0	54	124	467	628	343	44
20	0	54	126	464	641	338	57
25	0	54	129	461	654	332	70
30	0	54	132	458	667	326	83

用 Matlab 画出线性图形，如图 10-20 所示，并得出以下关系式，即

$$z=\frac{3}{8}\Delta u-\frac{5}{4} \tag{10-10}$$

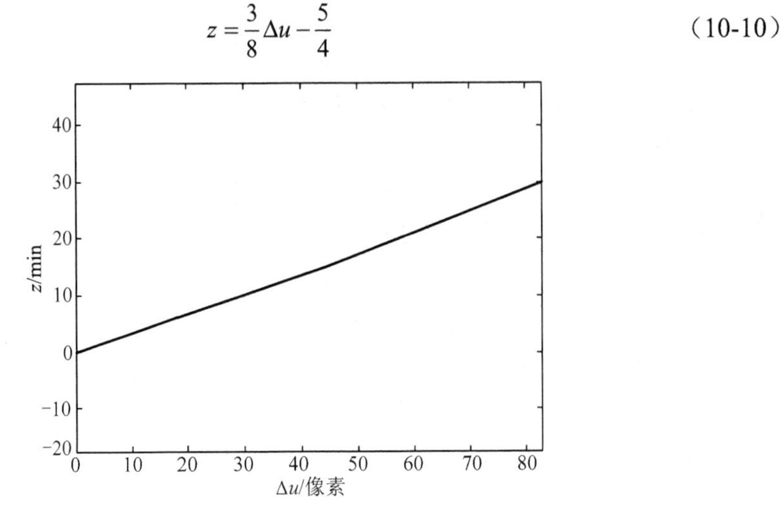

图 10-20　深度值标定线性图

再根据表 10-4 所列的标定数据计算出两个系数 a_1 和 a_2，代入式（10-8），求出最终的物体相对高度与像素坐标的关系式为

$$\Delta y=0.194\Delta v+(1.91\times10^{-4})\,\Delta v\Delta u \tag{10-11}$$

3）三维重建

只要获得激光条纹中心线的像素坐标，就可以得出被测物体表面深度值 z 和相对高度 y。由于旋转台每次测量都是转动 9°，完成物体 360° 扫描只需要测量 40 次，即得到 40 组激光条纹中心线坐标数据。设定第一次测量时光平面与世界坐标的 Y_wZ_w 平面重合，则随后测得的物体在世界坐标上的坐标为（$z\sin\theta$，y，$z\cos\theta$），其中 θ 为第一次测量与当前测量相比转动角度值。以苹果为测量对象，最终用 Matlab 软件显示重建物体三维形貌如图 10-21 所示。根据 Matlab 软件得到被测苹果的最大直径为 147mm、高度为 99mm。

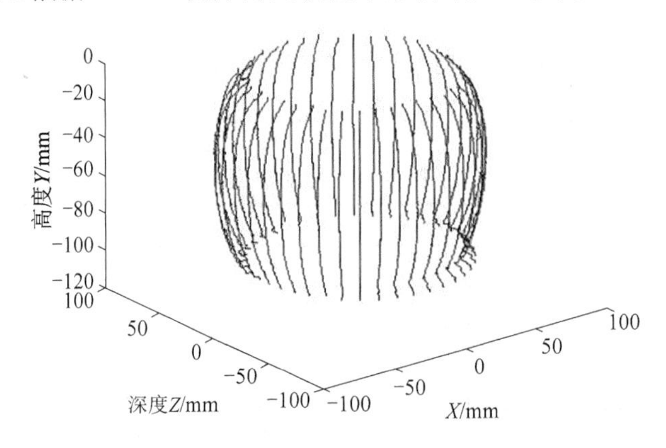

图 10-21　被测物表面三维形貌图

10.5.3　图像处理核心源程序

图像处理核心源程序

图像处理核心源程序代码请扫二维码查看。

思考与练习

10.1　什么是智能传感器？与传统传感器相比其突出特点是什么？

10.2　智能传感器网络化的意义是什么？网络化智能传感器在硬件结构上与传统传感器的显著区别是什么？

10.3　查阅资料，认识一个具体型号的智能传感器，描述其封装、引脚、结构、特点。

10.4　了解水产养殖智能工厂中包含哪些智能传感器，设计一个智能传感器在该类智能工厂中的应用实例。

参考文献

陈杰，黄鸿，2003. 传感器与检测技术[M]. 北京：高等教育出版社.

丁兰，2017. 全固态氨氮传感器在环境监测中的应用[D]. 大连：大连理工大学.

丁镇生，2003. 传感及其遥控遥测技术应用[M]. 北京：电子工业出版社.

樊尚春，2004. 传感器技术及应用[M]. 北京：北京航空航天大学出版社.

李景虹，王美佳，刘晓庆，2004. 脱氧核糖核酸电化学纳米传感器的制备方法[P]. CN1525163A.

李林功，2015. 传感器技术及应用[M]. 北京：科学出版社.

李龙，2016. 基于新型分子识别机制的电位型传感器技术研究[D]. 北京：中国科学院大学.

郝芸，2002. 传感器原理与应用[M]. 北京：电子工业出版社.

何道清，张禾，谌海云，2008. 传感器与传感器技术[M]. 2版. 北京：科学出版社.

何希才，2005. 传感器技术与应用[M]. 北京：北京航空航天大学出版社.

胡海燕，2007. 水产养殖废水氨氮处理研究[D]. 青岛：中国海洋大学.

黄成功，2009. 基于MPX4115的小型无人机气压高度测量系统设计[J]. 宇航计测技术，29（4）：30-35.

黄继昌，1998. 传感器工作原理及应用实例[M]. 北京：人民邮电出版社.

金发庆，2004. 传感器技术与应用[M]. 2版. 北京：机械工业出版社.

梁威，2004. 智能传感器与信息系统[M]. 北京：北京航空航天大学出版社.

刘笃仁，2006. 传感器原理及其应用技术[M]. 西安：西安电子科技大学出版社.

刘君华，2010. 智能传感器系统[M]. 2版. 西安：西安电子科技大学出版社.

刘亮，2005. 先进传感器及其应用[M]. 北京：化学工业出版社.

刘迎春，叶湘滨，1997. 传感器原理设计与应用[M]. 长沙：国防科技大学出版社.

罗静静，左晶晶，季仲致，等，2021. 面向脉诊客观化的脉搏传感器研究综述[J]. 仪器仪表学报，41（8）：1-14.

栾桂冬，张金铎，金欢阳，2002. 传感器及其应用[M]. 西安：西安电子科技大学出版社.

马净，李晓光，宁伟，2004. 几种常用温度传感器的原理及发展[J]. 中国仪器仪表，6：1-2.

蒲晓允，李招权，黄辉，2004. NH_4^+敏传感器的研制及初步应用[J]. 第三军医大学学报，26（9）：774-777.

钱显毅，2008. 传感器原理与应用[M]. 南京：东南大学出版社.

强锡富，2004. 传感器[M]. 3版. 北京：机械工业出版社.

沙占友，2003. 湿度传感器的发展趋势[J]. 电子技术应用，7：6-7.

沙占友，2004. 集成化智能传感器原理和应用[M]. 北京：电子工业出版社.

沙占友，2004. 智能传感器系统设计和应用[M]. 北京：电子工业出版社.

孙宝元，杨宝清，2004. 传感器及其应用手册[M]. 北京：机械工业出版社.

孙余凯，2006. 传感器技术基础与技能实训教程[M]. 北京：电子工业出版社.

孙余凯，吴鸣山，项绮明，2006. 传感器技术基础与技能实训教程[M]. 北京：电子工业出版社.

宋翔，汪静，蒋慧琳，等，2021. 多维思政元素融入的“传感器”课程改革探索[J]. 电气电子教学学报，43（5）：73-77.

涂有瑞，1999. 飞速发展的磁传感器[J]. 传感器技术，18（4）：5-8.

薛广营，2009. 便携式氨氮检测仪的研制[D]. 长春：吉林大学.

王俊峰，孟令启，2006. 现代传感器应用技术[M]. 北京：机械工业出版社.

王雪文，张志勇，2004. 传感器原理及应用[M]. 北京：北京航空航天大学出版社.

王煜东，2004. 传感器及应用[M]. 北京：机械工业出版社.

王智慧，李忠慧，2000. 超声波互相关流量测量技术及应用综述[J]. 测控技术，19（3）：11-13.

武世香，陈士芳，1994．Ta_2O_5敏感膜H^+-ISFET研究[J]．哈尔滨工业大学学报，26（4）：46-49．

吴玉锋，2003．气体传感器研究进展与发展方向[J]．计算机测量与控制，10（11）：731-734．

肖瑞超，位耀光，他旭翔，等，2017．工厂化水产养殖水质监测系统[J]．水产学杂志，30（5）：51-56．

徐科军，2006．传感器与检测技术[M]．北京：电子工业出版社．

徐振方，刘建娟，薛萌，2021．传感器行业产业专利导航分析研究[J]．电气防爆，4：6-9．

阎军，王航，1993．环境检测传感器[J]．国外分析仪器技术与应用，3：41-43．

虞享，魏亚东，1991．S_3N_4膜pH-ISFET输出特性研究[J]．半导体学报，12（4）：253-256．

杨林鑫，王研，陈嘉茵，等，2021．无酶葡萄糖电化学传感器的研究进展[J]．东莞理工学院学报，28（5）：98-106．

张福学，1996．传感器应用及其电路精选[M]．北京：电子工业出版社．

张福学，1997．现代实用传感器电路[M]．北京：中国计量出版社．

张宏建，蒙建波，2004．自动检测技术与装置[M]．北京：化学工业出版社．

赵常志，孙伟，2012．化学与生物传感器[M]．北京：科学出版社．

赵岩，2009．ISFET生物传感器电流模式读出电路的研究[D]．长沙：湖南大学．

邹玲媛，承宪成，2002．非离子氨（UIA)水质评价指标及换算方法[J]．水产科学，21（2）：42-43．

左伯莉，刘国宏，2007．化学传感器原理及应用[M]．北京：清华大学出版社．

BAKKER E, PRETSCH E, BÜHLMANN P, 2000. Selectivity of potentiometric ion sensors[J]. Analytical Chemistry, 72(6): 1127-1133.

BERGVELD P, 1970. Development of an ion-sensitive solid-state device for neurophysiological measurements[J]. IEEE Transactions on Biomedical Engineering, 17(1): 70-71.

CHEN D, CHAN P, 2007. A CMOS ISFET interface circuit with dynamic current temperature compensation technique[J]. IEEE Transactions on Circuits and Systems, 54(1): 119-129.

KOCH S, WOIAS P, MEIXNER L K, et al., 1999. Protein detection with a novel ISFET-based zeta potential analyzer[J]. Biosensors & Bioelectronics, 14: 413-421.

LINDNER E, PENDLEY B D, 2013. A tutorial on the application of ion-selective electrode potentiometry, an analytical method with unique qualities, unexplored opportunities and potential pitfalls; Tutorial[J]. Analytica Chimica Acta, 762: 1-13.

MOSS S, JOHNSON C, JANATA J, 1978. Hydrogen calcium FET transducers: a preliminary report[J]. IEEE Transactions on Biomedical Engineering, 25(1): 49-54.

PANG H, CAI W, SHI C, et al., 2021. Preparation of a cobaltFe2+-based phosphate sensor using an annealing process and its electrochemical performance[J]. Electrochemistry Communications, 2021:106933.

ROSATZIN T, BAKKER E, SUZUKI K, et al., 1993. Lipophilic and immobilized anionic additives in solvent polymeric membranes of cation-selective chemical sensors[J]. Analytica Chimica Acta, 280(2): 197-208.

SHEPHERD L, TOUMAZOU C, 2005. Weak inversion ISFETs for ultra-low power biochemical sensing and real-time analysis[J]. Sensors and Actuators B, 107(2): 468-473.

WONG H, WHITE M, 1989. CMOS-integrated ISFET-operational amplifier chemical sensor employing differential sensing[J]. IEEE Transactions on Electron Devices, 36(3): 479-486.

附录　Proteus 使用简介

Proteus 是英国 Lab Center Electronic 公司出版的 EDA 工具软件，是一款将电路仿真软件、PCB 设计软件和虚拟模型仿真软件三合一的设计平台。Proteus 的使用简介可扫描二维码查看。

Proteus 使用简介